中等职业教育课程改革国家规划新教材
全国中等职业教育教材审定委员会审定

电子技术基础与技能

褚丽歆 主编

单色版
通信类

人 民 邮 电 出 版 社
北 京

图书在版编目（CIP）数据

电子技术基础与技能 : 通信类 / 褚丽歆主编. --
北京 : 人民邮电出版社, 2010.8（2020.7重印）
中等职业教育课程改革国家规划新教材
ISBN 978-7-115-22518-4

Ⅰ. ①电… Ⅱ. ①褚… Ⅲ. ①电子技术－专业学校－
教材 Ⅳ. ①TN

中国版本图书馆CIP数据核字(2010)第073003号

内 容 提 要

本书依据教育部最新颁布的《中等职业学校电子技术基础与技能教学大纲》编写而成。

全书包括模拟电路和数字电路的基本内容，以小制作（半导体收音机、直流稳压池源、篮球比赛 24 秒计时器、会闪光的哆啦 A 梦）为引线，分别讲解半导体器件、基本放大电路、其他常用应用电路、无线电接收与发送基础知识、直流稳压电源、数字电路基础、组合逻辑电路、触发器、时序逻辑电路、555 集成电路及模数转换电路等内容。每单元按照情景导入→知识链接→技能实训编写体例串联教学内容，注重理论与实际应用相结合，重点培养学生的实际动手能力。

本书可作为中等职业学校通信专业、电子信息类等电类专业的“电子技术基础与技能”课程教材，也可作为社会培训用书及电子爱好者参考用书。

◆ 主　　编　褚丽歆
　责任编辑　王　平
◆ 人民邮电出版社出版发行　　北京市丰台区成寿寺路 11 号
　邮编　100164　　电子邮件　315@ptpress.com.cn
　网址　http://www.ptpress.com.cn
　北京捷迅佳彩印刷有限公司印刷
◆ 开本：787×1092　1/16
　印张：17.75　　　　　　　2010 年 8 月第 1 版
　字数：439 千字　　　　　　2020 年 7 月北京第 14 次印刷

定价：25.00 元

读者服务热线：(010)81055256　印装质量热线：(010)81055316
反盗版热线：(010)81055315
广告经营许可证：京东市监广登字 20170147 号

中等职业教育课程改革国家规划新教材
出版说明

为贯彻《国务院关于大力发展职业教育的决定》（国发〔2005〕35号）精神，落实《教育部关于进一步深化中等职业教育教学改革的若干意见》（教职成〔2008〕8号）关于“加强中等职业教育教材建设，保证教学资源基本质量”的要求，确保新一轮中等职业教育教学改革顺利进行，全面提高教育教学质量，保证高质量教材进课堂，教育部对中等职业学校德育课、文化基础课等必修课程和部分大类专业基础课教材进行了统一规划并组织编写，从2009年秋季学期起，国家规划新教材将陆续提供给全国中等职业学校选用。

国家规划新教材是根据教育部最新发布的德育课程、文化基础课程和部分大类专业基础课程的教学大纲编写，并经全国中等职业教育教材审定委员会审定通过的。新教材紧紧围绕中等职业教育的培养目标，遵循职业教育教学规律，从满足经济社会发展对高素质劳动者和技能型人才的需要出发，在课程结构、教学内容、教学方法等方面进行了新的探索与改革创新，对于提高新时期中等职业学校学生的思想道德水平、科学文化素养和职业能力，促进中等职业教育深化教学改革，提高教育教学质量将起到积极的推动作用。

希望各地、各中等职业学校积极推广和选用国家规划新教材，并在使用过程中，注意总结经验，及时提出修改意见和建议，使之不断完善和提高。

教育部职业教育与成人教育司

2010年6月

前　　言

本书依据教育部最新颁布的《中等职业学校电子技术基础与技能教学大纲》编写而成，坚持“以就业为导向，以全面素质为基础，以能力为本位”的宗旨，加强课本内容与学生生活及现代社会和科技发展的联系，体现框架的均衡性、综合性和选择性，力争做到将深奥的知识浅显化，抽象的知识形象化，教材编排生动活泼，图文并茂，符合中职学生的认知特点。

本书以4个电子产品小制作为框架，进行知识点的编排和讲解，目的是使学生对这门课程产生一种熟知和亲切感，引发学生对这门课的学习兴趣。学习过程中，教材围绕知识点分为4条主线。第1条主线是小制作1——半导体收音机，按产品结构由小到大，由零到整，循序渐进地引出第1单元～第4单元。第2条主线是小制作2——直流稳压电源，按产品结构由小到大，由零到整，循序渐进地引出第5单元。第3条主线是小制作3——篮球比赛24秒计时器，引出第6单元～第9单元。第4条主线是小制作4——眼睛会循环变频闪动的玩具，引出第10单元。全书编写整体框架见下图。

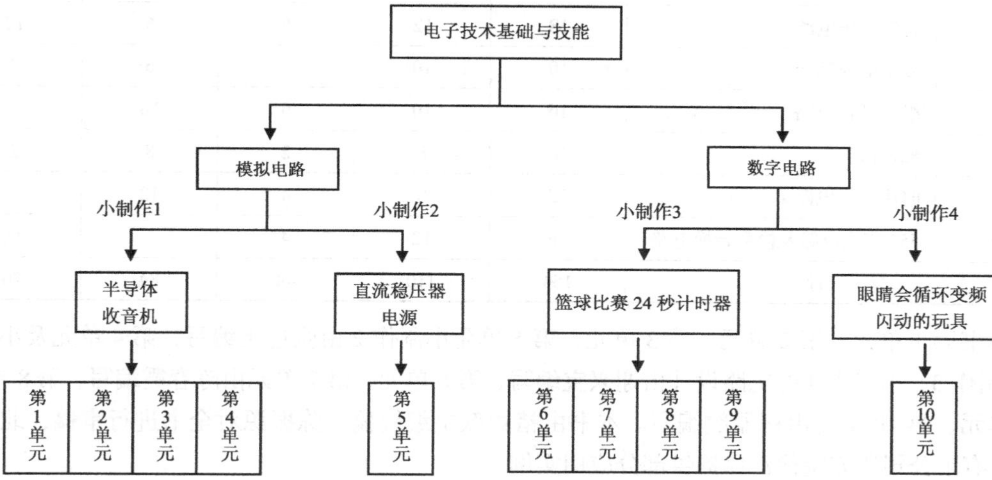

本书的另一大特点是将技能训练与小制作教学中的理论知识充分融合。例如，小制作1——半导体收音机，介绍其组装打破了传统方式，即理论知识全部学完后，利用市场现成套件集中组装。本书的半导体收音机电路是依据本书理论电路自行设计完成，并且将半导体收音机按知识点进行拆分组装，分为中频放大器、功率放大器、正弦波振荡器、检波、变频等几部分电路，边学边练。当小制作学完后，半导体收音机也组装完成了。

本书编写将理论知识与实际应用紧密结合，突出理实一体化的特点。为满足不同层次学习的要求，本书还配有知识拓展、实际应用、应用实例等内容以开拓学生的视野和思维。各单元中不仅在单元最后安排了大量练习题，而且在每一节的后面加有小练习，以帮助学生及时巩固所学知识。

本书总课时建议为154，课时分配见“课时分配建议表”。

课时分配建议表

序　号	课程内容	教学时数				
		合　计	讲　授	实　验	备注1（必修）	备注2（选修）
1	半导体器件	16	10	6	14	2
2	基本放大电路	22	16	6	12	10
3	其他常用应用电路	18	12	6	10	8
4	无线电接收与发送基础知识	16	12	4		16
5	直流稳压电源	18	12	6	6	12
6	数字电路基础	10	10		6	4
7	组合逻辑电路	16	10	6	16	
8	触发器	10	8	2	8	2
9	时序逻辑电路	12	8	4	12	
10	555集成电路及模数转换电路	16	12	4		16
合　计		154	110	44	84	70

本书第1单元、第2单元、第3单元、第5单元小制作2由张连飞编写，第4单元及小制作1、小制作3、小制作4的电路设计由谢兴宝编写，第6单元、第7单元由陈春霞编写，第8单元、第9单元、第10单元由褚丽歆编写。本书由褚丽歆主编统稿，陈振源对全书进行审稿，北京兆维科技有限公司研究院徐江伟提供部分应用实例。

本教材经全国中等职业教育教材审定委员会审定通过，由上海交通大学王琴副教授、广东省电子技术学校杨文龙老师审稿，在此表示诚挚感谢！

由于编写水平有限，书中难免有错误和不妥之处，恳请广大读者批评指正。

编　者

2010年6月

目　　录

小制作 3　篮球比赛 24 秒计时器

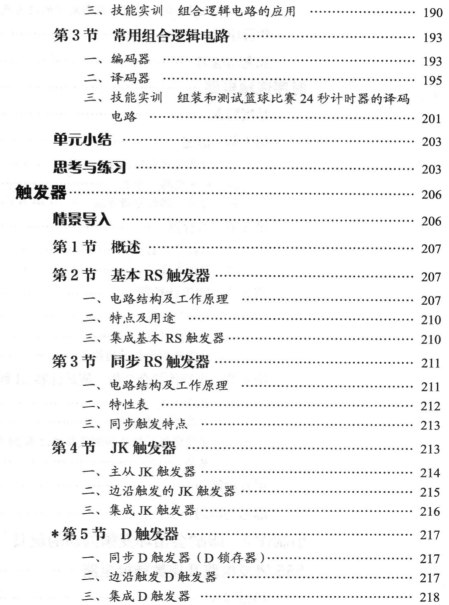

绪　论

当今，人类社会已步入科学技术高速发展的信息时代，当你通过卫星转播欣赏世界杯足球赛时，当你使用移动电话与朋友交谈时，当你打开计算机在互联网上和未曾见面的网友聊天时，当你在家里欣赏家庭影院的高保真音响和高清晰图像时，你可知道，所有这些现代技术都离不开电子技术。可以说电子技术已广泛应用于工业、农业以及人们日常生活中，大大改变着人们传统的生产模式和生活方式。

图 0.1 展示人们正在享受着电子产品营造的丰富多彩的生活场景。

（a）家庭生活　　（b）证券交易大厅

图 0.1　生活实例图

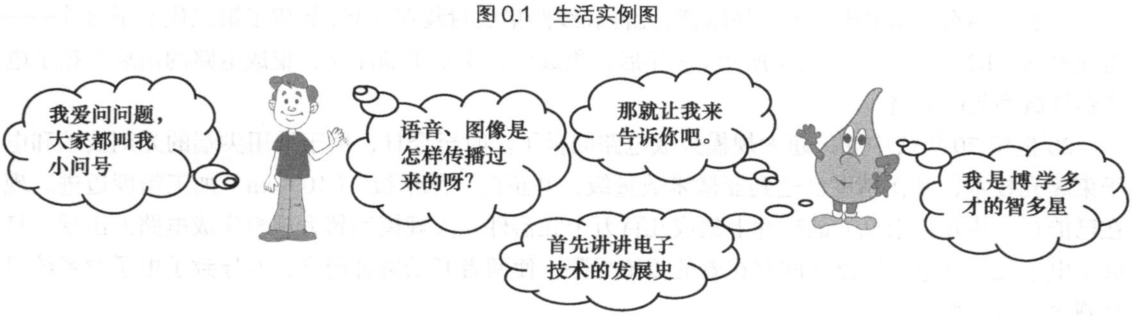

我们一起和小问号、智多星走进电子世界吧。

20 世纪是电子技术迅猛发展的时期，从分立元件到超大规模集成电路，从理论到实际，都取得了巨大的成功，为信息社会奠定了坚实的物质基础。也正是因为电子技术的高速发展，我们的生活才变得更加丰富多彩。

1. 电子技术的发展

电子器件的更新换代推动了电子技术的发展，电子技术发展史上有 3 个重要的里程碑。

（1）1906 年，美国发明家德福雷斯特（L.Do.Forest，1873 年—1961 年）等人发明了第一代电子器件——电子管，如图 0.2（a）所示。电子管的出现被称为电子技术的开端，它推动了无线电电子技术的蓬勃发展。

电子管体积大、重量重、寿命短、耗电大，它可构成整流、稳压、检波、放大、振荡等多种功能电路。世界上第一台电子计算机用 1.8 万只电子管，占地 170m^2，重 30t，耗电 150kW。

随着航空工业的发展，特别是雷达、火箭的发明，对电子管又提出了更新、更高的要求，这促使新类型电子器件的出现。

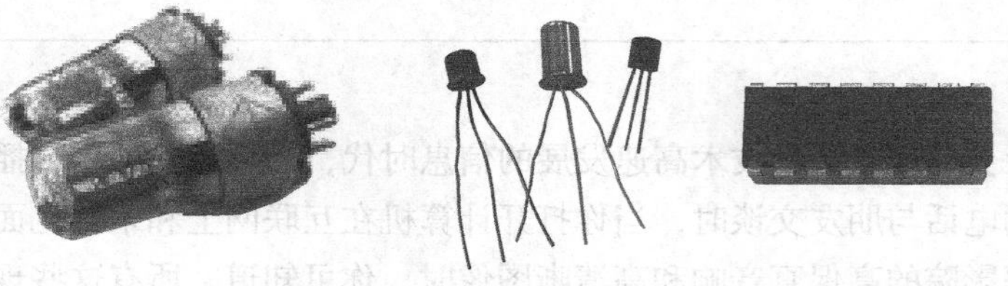

（a）电子管　　（b）晶体管　　（c）集成电路

图 0.2　电子器件

（2）1948 年，肖克利（W.Shckly）等人发明了第二代电子器件——晶体管（半导体器件），如图 0.2（b）所示。晶体管的出现在电子技术发展史上具有划时代的意义，它开创了电子技术的新纪元，使电子设备逐步踏上固体化征途，并促进了许多新兴科学的发展，正因如此，肖克利等人由于发明晶体管以及在半导体理论方面的贡献，而共同荣获 1956 年度诺贝尔物理奖。

同电子管相比，晶体管具有诸多优越性，其体积、重量等方面优于电子管。晶体管的出现使电子设备体积缩小，耗电减少，可靠性提高。由于晶体管可形成大规模工业化生产，其售价便宜，使电子设备成本也大幅度降低。但是，当成百上千只晶体管和其他分立元件组成电路时，存在着体积大、焊点多、可靠性差等诸多有待改进的问题。

（3）1959 年，基尔比等人将晶体管、元件和线路集成封装在一起，制成了第三代电子器件——集成电路（IC），如图 0.2（c）所示。3 年后，集成电路实现了商品化，集成电路的出现开拓了电子器件微型化的道路。

20 世纪 70 年代中期，超大规模集成电路问世了。时至今日，由于采用尖端的光刻技术和电子束曝光技术，制作精度已达到亚微米数量级，并正向“原子级”（10^{-10}cm）加工精度迈进。现在已能在一块几毫米见方的硅片上集成几百万个元器件。大规模和超大规模集成电路的出现，打破了电子元件和电子线路之间存在着的传统界限，使两者开始融合起来，并导致了电子学系统设计观念的重大变革。

2. 典型电子电路举例

为更好地了解电子电路在实际中的应用，下面介绍一些典型电子产品的电路。

（1）半导体收音机。电路组成如图 0.3 所示。它所涉及的基础知识主要有半导体器件、基本放大电路、高频信号处理等知识，这些将分别在第 1 单元～第 4 单元中介绍。

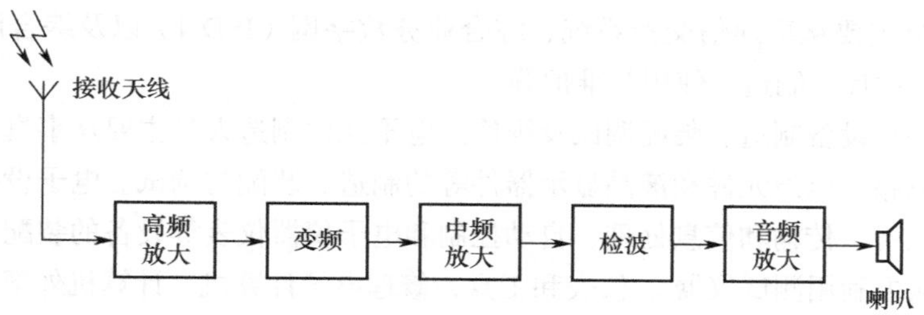

图 0.3 半导体收音机的结构方框图

（2）直流稳压电源。电路组成如图 0.4 所示。它所涉及的基础知识主要有整流滤波、稳压电路、开关电源、集成稳压电源等知识，这些将在第 5 单元中介绍。

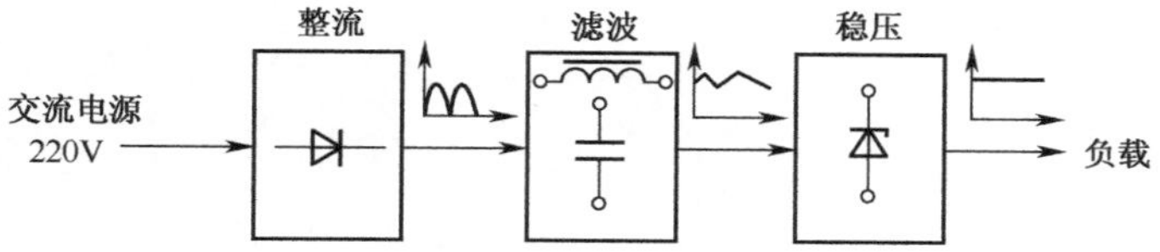

图 0.4 直流稳压电源的电路构成图

（3）篮球比赛 24 秒计时器。电路组成如图 0.5 所示。它所涉及的基础知识主要有数字电路基础、组合逻辑电路、时序逻辑电路等，这些将分别在第 6 单元～第 9 单元中介绍。

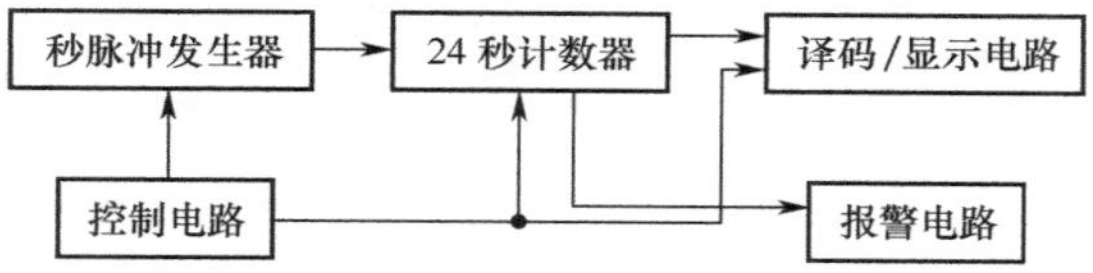

图 0.5 篮球比赛 24 秒计时器构成图

（4）眼睛会循环变频闪动的玩具。电路组成如图 0.6 所示。它所涉及的基础知识主要有脉冲波形产生电路、555 定时器的应用、数/模转换器，这些将在第 10 单元中介绍。

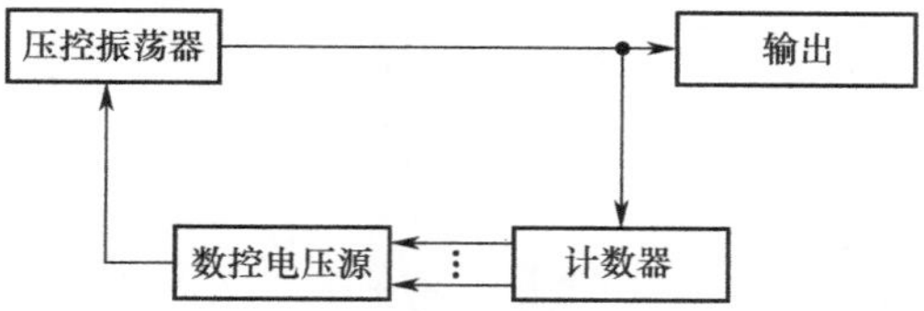

图 0.6 循环变频振荡器的框图

3. 相关职业

电子技术的应用十分广泛。根据其使用领域可分为消费电子、通信、计算机、汽车、测控技术等，在这些领域中涉及到的职业如下所述。

（1）工程技术。计算机与应用工程技术人员主要从事计算机软硬件及网络的设计、开发、调试、集成维护、管理等。电气工程技术人员主要从事电机与电气、电力拖动与自动控制系统及装置、电线电缆电工材料等的开发、设计、制造、试验等。电子工程技术人员主要从事电子材料、电子元器件、微电子、雷达系统工程、广播视听设备、电子仪器等的设计、制造、使用维护等。

通信工程技术人员主要从事通信交换系统、综合业务数字网（ISDN）以及综合网和有线传输系统的研究、开发、设计、制造、使用与维护等。

（2）电子元件与设备制造、装配调试及维修。电子元件制造人员主要从事真空电子器件、半导体器件、集成电路、电声元件和液晶显示器件等的制造、装配与调试。电子设备装配调试人员主要通信、广播视听、传输和信息处理、自动控制和电子仪器仪表等设备的装配与调试。电子产品维修人员主要从事利用测试仪器、仪表和工具，修理电子计算机、计算机外部设备和其他电子产品，包括仪器仪表等。

学好本课程，掌握电子应用技术，具备相应专业技能，是从事上述职业的前提条件。在本课程的学习过程中，只要注意学习方法，勤奋努力，勇于动手实践，就一定能步入到丰富多彩的电子世界中去。

小制作1

半导体收音机

我已经知道了发展史，我更想知道这些产品是如何实现这些功能的?
那就从收音机讲起吧。

收音机是日常生活中常用的小电器，且现在多采用专用集成电路制作。但为了能更清楚、有条理地讲解模拟电路的知识，采用由分立元件构成的超外差式收音机。其实物外观和内部元器件示意图如实例图1.1所示。它的原理框图如实例图1.2所示。其中涉及到接收调谐回路、变频电路、中频放大电路、检波电路、前置放大功率放大电路等基本电路，而且电路主要用到二极管、三极管等半导体器件。因此按照本制作引出的相关知识点，将学习半导体器件的基础知识及由半导体器件（三极管）组成的放大电路。在此基础上学习其他常用电路的基本工作原理。

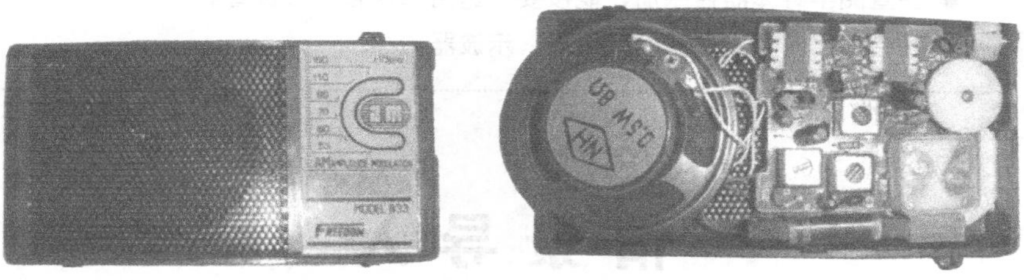

（a）外观图　　（b）内部元器件

实例图1.1　半导体收音机

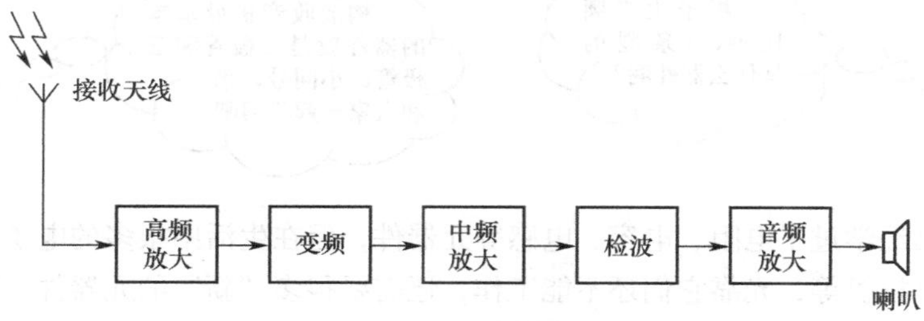

实例图1.2　半导体收音机结构方框图

第1单元

半导体器件

知识目标

- 熟识二极管的外形和符号。
- 掌握二极管的单向导电性和主要参数，了解伏安特性。
- 了解稳压二极管的功能及使用常识。
- 了解其他特殊二极管及应用。
- 了解三极管的结构，掌握三极管符号、电流分配关系及放大作用。
- 了解三极管的输入、输出特性和主要参数，掌握三极管的3种工作状态。
- 了解场效晶体管的分类、主要参数和工作特点。
- 了解晶闸管的结构、导电特性、引脚排列及在可控整流、交流调压方面的应用。

技能目标

- 会使用万用表检测二极管好坏和判别极性。
- 会测量三极管的引脚及检测质量好坏。
- 会查阅半导体器件手册，能按要求选用二极管、三极管。
- 学会使用信号发生器、万用表、示波器。

情景导入

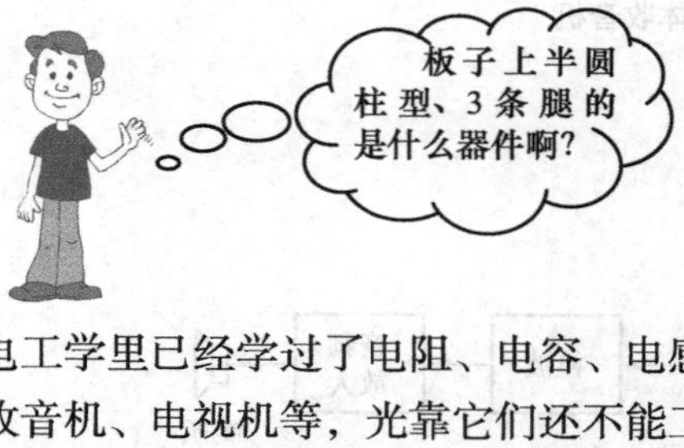
板子上半圆柱型、3条腿的是什么器件啊?

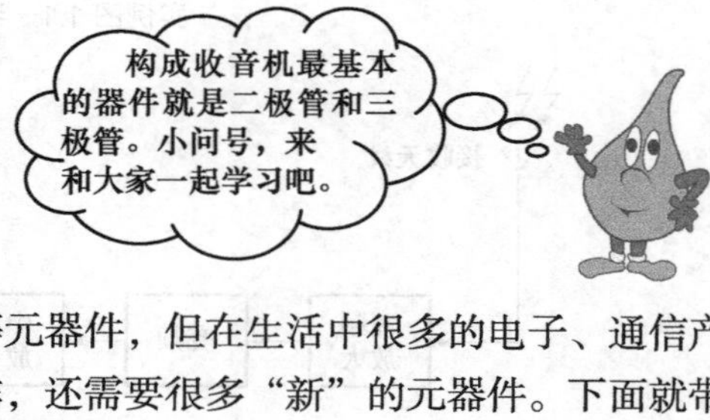
构成收音机最基本的器件就是二极管和三极管。小问号，来和大家一起学习吧。

在电工学里已经学过了电阻、电容、电感等元器件，但在生活中很多的电子、通信产品，如手机、收音机、电视机等，光靠它们还不能工作，还需要很多“新”的元器件。下面就带领大家走进电子元器件的世界，揭开这些元器件的神秘面纱。

有一类导电能力介于导体与绝缘体之间的物质称为半导体，如硅（Si）、锗（Ge）等。用半导体材料制作的元器件统称为半导体器件，它们具有许多“新”特性，琳琅满目的现代电子产品正是在这个基础上实现的。半导体器件虽然种类繁多，但最基本的是二极管与三极管（见图 1.1），而现代电子产品中应用最广泛的则是由很多个三极管（或与三极管作用基本相同的场效晶体管）做在一片半导体芯片上构成的集成电路。

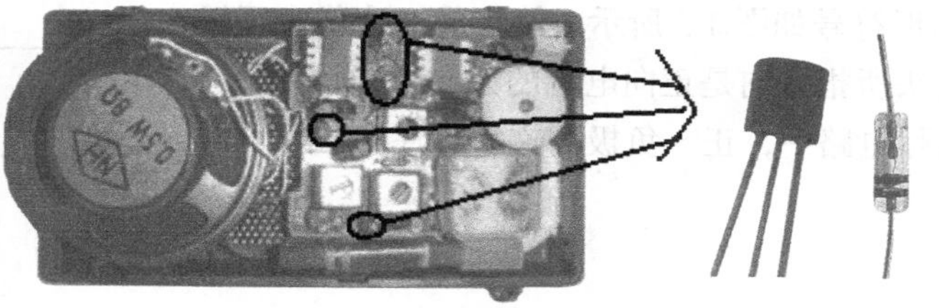

图 1.1　收音机内部半导体元器件

第 1 节　二极管

二极管家族中有多个种类，其中最基本的是普通二极管，另外，还有许多特殊二极管。二极管最基本的特性就是单向导电性。在一条电路中若要使在一个方向上可以流过电流而另一个方向却不导电，这就需要具有单向导电性的元器件，这正是二极管的用武之地。

一、二极管的结构及符号

1. 二极管的外形结构

如图 1.2 所示为用于家用电器、稳压电源等电子产品中的各种不同外形的二极管。

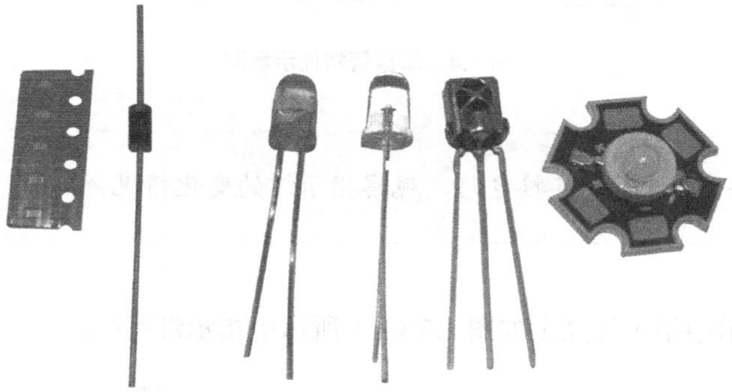

图 1.2　二极管的外形

二极管的两条引线是不可换用的，一条为二极管正极，另一条为二极管负极。在管壳上有正、负极的标志，如标有白圈或黑圈或色点的一端为负极。管壳上还印有型号等字样。

二极管通常用塑料、玻璃或金属材料作为封装外壳。

2. 二极管的内部结构简介

半导体材料掺入不同的杂质可以做成 **N** 型和 **P** 型两种不同的半导体材料。当把一块 **P** 型半导体和一块N型半导体用特殊工艺紧密结合时，在二者的交界面上会形成一个具有特殊现象的薄层，称为PN结。PN结具有单向导电的特性，二极管正是以一个PN结为核心构成的，从P区引出的电极为正极，从N区引出的电极为负极。

3. 图形符号

普通二极管的图形符号如图1.3所示，箭头的一边代表正极，另一边代表负极（箭头所指方向是正向电流的方向），通常用文字符号VD表示。在实际电路中，正、负极的文字标注和+、-号标注均可省去。

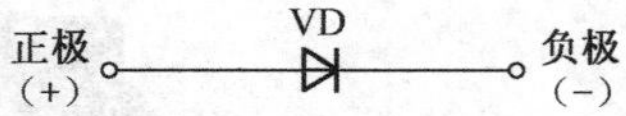

图1.3 二极管符号

4. 二极管分类

（1）按材料分，有硅材料二极管、锗材料二极管等。

（2）按功能分，首先可以分成普通二极管和特殊二极管两大类。

普通二极管主要是利用单向导电性工作，最基本的就是整流管，还有工作频率高的检波管，适用于较高频率、较大电流的快恢复二极管等。

特殊二极管不是利用单向导电性工作，而是利用各自的独特性能工作。常用的有稳压二极管、变容二极管、发光二极管、光敏二极管、红外线发射/接收二极管等。

二、二极管的单向导电性

电阻是双向导电，如图1.4所示的二极管如何导电呢？下面来学习二极管的导电特性。

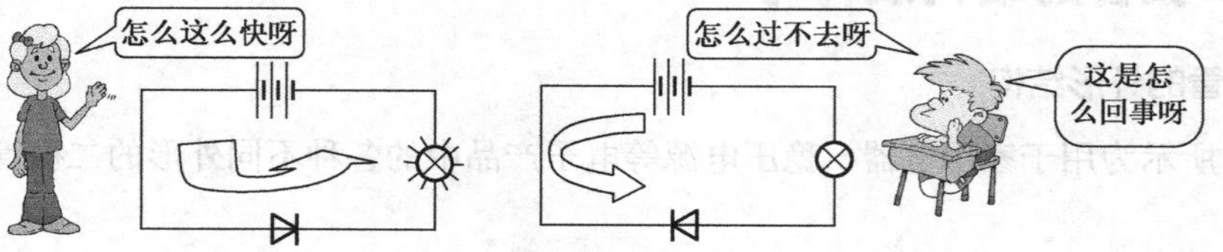

图1.4 二极管特性示意图

看一看　如按图1.5所示连接电路，观察指示灯的变化情况。

实验现象

如图1.5（a）所示中指示灯亮；如图1.5（b）所示中指示灯不亮。

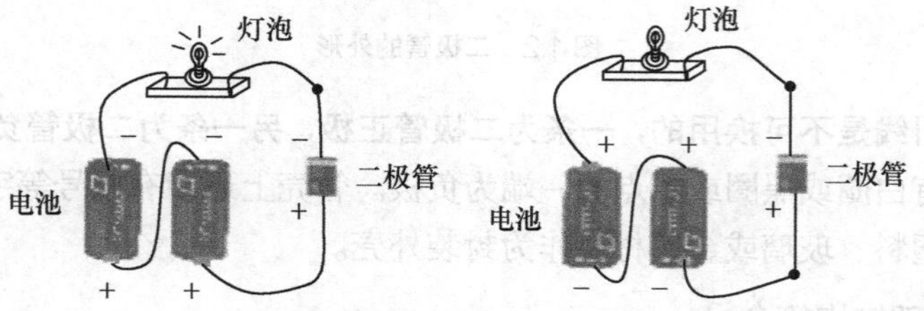

（a）加正向电压导通　（b）加反向电压截止

图1.5 二极管导电性实验

知识探究

（1）加正向电压导通。在二极管的两端加电压称为给二极管以偏置。如果将高电位与二极管的正极相连，低电位与二极管的负极相连，称为给二极管外加正向偏置，简称正偏，如图 1.5（a）所示。此时，二极管内部呈现较小的电阻，有较大的电流通过，二极管的这种状态为正向导通状态，二极管相当于开关闭合。

（2）加反向电压截止。如果将低电位与二极管的正极相连，高电位与二极管的负极相连，称为给二极管外加反向偏置，简称反偏，如图 1.5(b)所示。此时，二极管内部呈现较大的电阻，几乎没有电流通过，二极管的这种状态称为反向截止状态，二极管相当于开关打开。

归纳 二极管具有外加正向电压导通，外加反向电压截止的导电特性，即单向导电性。

三、二极管的伏安特性、主要参数

二极管的导电特性比电阻复杂得多，不是一个电阻值就能说清楚的。因此，若要详细了解二极管的导电性能，则需要了解二极管两端电压与通过其电流的关系。

1. 二极管的伏安特性

加在二极管两端的电压与通过二极管的电流之间的关系称为伏安特性，由此得到的曲线称为伏安特性曲线，该曲线可通过实验的方法得到，也可利用晶体管图示仪十分方便地观测出。

看一看 利用晶体管图示仪观测二极管的伏安特性曲线。

实验现象

利用晶体管图示仪，得到如图 1.6 所示二极管的正向、反向伏安特性曲线。

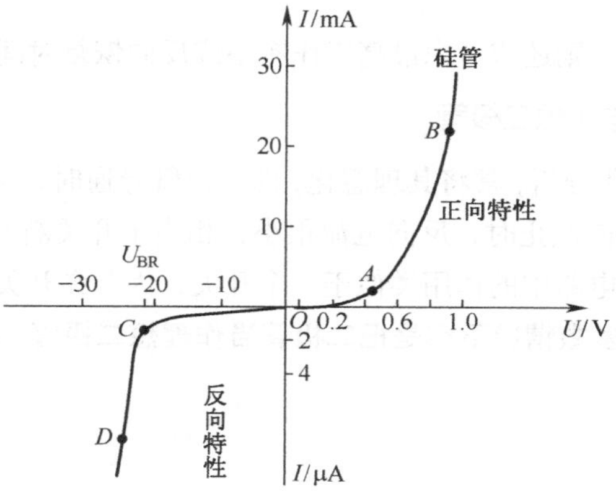

图 1.6 二极管的伏安特性曲线

知识探究

（1）正向特性（见图 1.6 中 *OAB* 段）。

① 当二极管两端所加的正向电压由零开始增大时，在正向电压比较小的范围内，正向电流很小，二极管呈现很大的电阻，如图中 *OA* 段，通常把这个范围称为死区，相应的电压叫死区电压。

硅二极管的死区电压为 0.5V 左右，锗二极管的死区电压约为 0.1 ～ 0.2V。

② 外加电压超过死区电压以后，二极管呈现很小的电阻，正向电流 I_D 迅速增加，这时二极管处于正向导通状态，如图中 *AB* 段为导通区，此时二极管两端电压降变化不大，该电压值称为**正向压降**（或管压降），**常温下硅二极管约为 0.6 ～ 0.7V，锗二极管约为 0.2 ～ 0.3V。**

（2）反向特性（见图 1.6 中 *OCD* 段）。

① 当给二极管加反向电压时，所形成的反向电流是很小的，而且在很大范围内基本不随反向电压的变化而变化，即保持恒定，如曲线 *OC* 段，称其为反向截止区，此区的电流 I_R 称为反向饱和电流。

② 当反向电压大到一定数值（U_{BR}）时，反向电流会急剧增大，如图中 *CD* 段，这种现象称为反向击穿，相应的电压叫反向击穿电压。正常使用二极管时（稳压二极管除外），是不允许出现这种现象的，因为击穿后电流过大将会损坏二极管。

不同的材料、结构和工艺制成的二极管，其伏安特性是有差别的，但伏安特性曲线的形状基本相似。

从二极管伏安特性曲线可以看出，二极管的电压与电流变化不呈线性关系，其内阻不是常数，所以二极管属于非线性器件。

2. 二极管的主要参数

二极管有很多的参数，这些参数可以用来表示二极管的工作性能，以整流二极管为例，最主要的参数有以下两个。

（1）最大整流电流（I_{FM}）。I_{FM} 是指二极管长期工作时，允许通过二极管的最大正向平均电流，通常称作额定工作电流。不同型号的二极管其 I_{FM} 差异很大，如果电路中实际工作电流超过了 I_{FM}，那么二极管发热过多就可能烧坏 PN 结，使二极管永久损坏。

（2）最高反向工作电压（U_{RM}）。二极管在使用时允许加上的 U_{RM}，通常称作额定工作电压。为了确保二极管安全工作，半导体器件手册中规定最高反向工作电压为反向击穿电压的 1/2 ～ 1/3。

如果在较高频率下工作，则还应考虑最高工作频率或反向恢复时间等参数。

3. 二极管的开关特性与理想二极管

二极管在应用时，为简化分析，常将其理想化，即二极管导通时，两端压降很小，可视为短路，相当于开关闭合；二极管反向截止时，反向电流很小，相当于开关断开。具有这种理想特性的二极管称为理想二极管，它在电路中的作用类似于一个开关，因此在开关电路中有广泛的应用。

对于使用者来说，绝大多数情况下都是把二极管当作理想二极管，在电路里就是一个正向通、反向不通的自动开关。

4. 二极管应用

二极管因具有单向导电性，所以成为整流电路（详见第 5 单元）的主要元器件，而整流电路是组成直流稳压电源的一部分。此外它还有其他应用，如钳位、限幅等。

在电子设备中较常用的二极管如下。

（1）整流二极管：如 2CZ、2DZ 系列，以及 1N4001 ～ 7 等系列，主要用于整流。

（2）高频小电流二极管：如 2AP 系列，以及 1N60、1N4148 等，可用于高频电路。

（3）稳压二极管：如 2CW、2DW 系列，1/2W 及 1W 等系列，用于各种稳压电路。

应用实例

二极管的种类很多，不同的种类有不同的应用。如图 1.7（a）所示整流二极管的应用实例为 5 号电池充电器。充电器电路的重要组成之一是整流电路，而整流电路的核心元器件就是整流二极管。

如图 1.7（b）所示为红外发送（左）接收（右）二极管；如图 1.7（c）所示是红外接收发送二极管的应用实例遥控器。

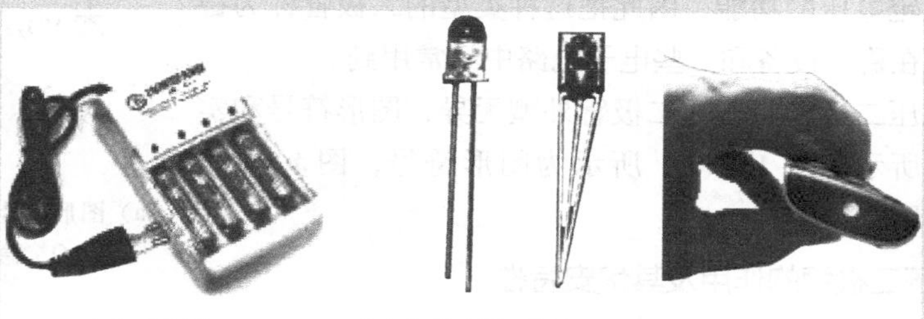

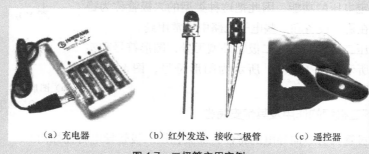

（a）充电器　（b）红外发送、接收二极管　（c）遥控器

图 1.7　二极管应用实例

【例 1.1】二极管电路如图 1.8 所示（设二极管为理想二极管），判断图中二极管是导通还是截止，并确定各电路的输出电压值。

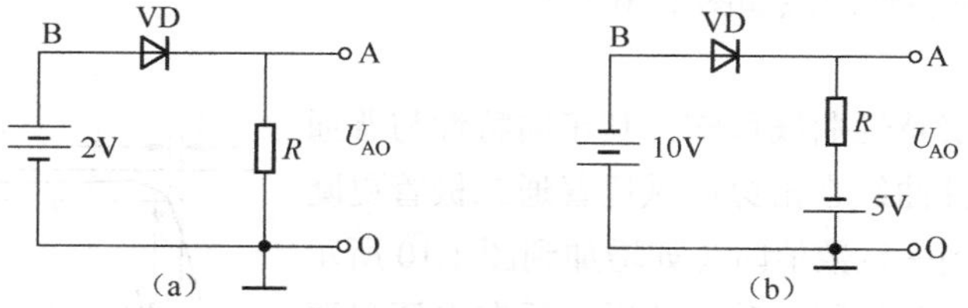

图 1.8　例 1.1 电路图

解：首先假设二极管断开，确定二极管两端的电位，以判断二极管两端加的是正向电压还是反向电压。

对图 1.8（a），首先假设二极管断开，求二极管两端电压。

$$U_B = 2V，U_A = 0V$$

显然二极管处于正向偏置状态，因此二极管导通，又因为设二极管为理想二极管，即二极管导通电压为 0，所以

$$U_{AO} = 2V$$

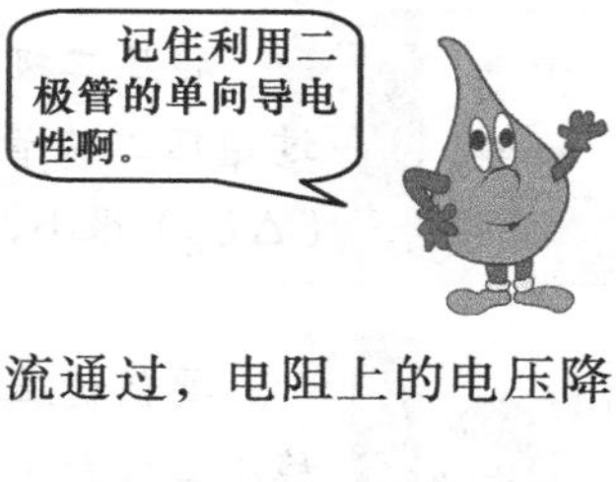

对图 1.8（b），首先假设二极管断开，求二极管两端电压。则

$$U_B = -10V，U_A = -5V$$

显然二极管处于反向偏置状态，因此二极管截止，电路中无电流通过，电阻上的电压降为 0，则

$$U_{AO} = -5V$$

四、稳压二极管

上面介绍的用作整流、检波、开关等的二极管均具有相似的伏安特性曲线，均属于普通二极管。此外还有许多特殊用途的二极管，如稳压二极管、发光二极管、光电二极管、变容二极管等，这里先介绍稳压二极管。

1. 稳压二极管结构

稳压二极管是一种用特殊工艺制造的硅材料二极管，由于它具有稳定电压的功能，因此把这种类型的二极管称为稳压二极管，在稳压设备和一些电子电路中经常用到。

小型稳压二极管与普通二极管外型无异，图形符号和实物如图 1.9 所示。图 1.9（a）所示为图形符号，图 1.9（b）所示为实物图。

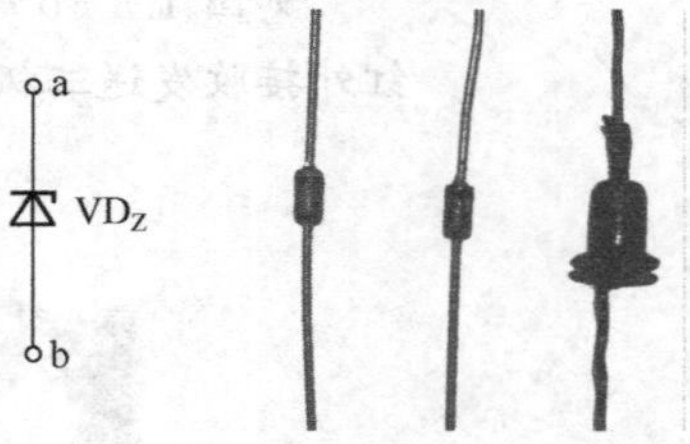

（a）图形符号　　（b）实物图

图 1.9　稳压二极管图形符号和实物

2. 稳压二极管的作用及其伏安特性

普通二极管具有单向导电的特性，那么稳压二极管导电特性如何？

看一看　利用晶体管图示仪观测稳压二极管的伏安特性曲线。

实验现象

稳压二极管的伏安特性曲线如图 1.10 所示。

知识探究

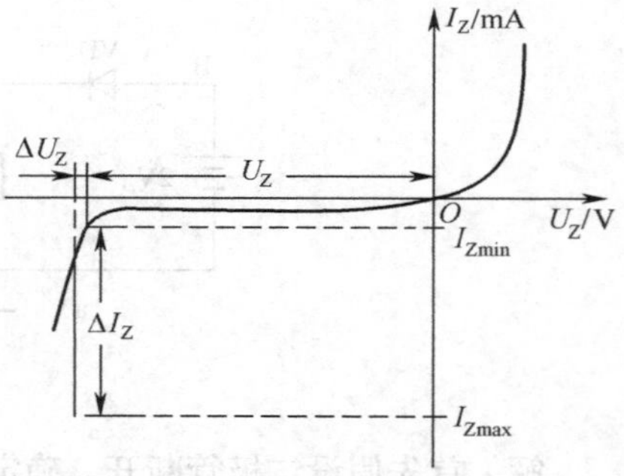

图 1.10　稳压二极管伏安特性曲线

由稳压二极管伏安特性曲线可知，其正向特性与普通二极管相同，反向特性曲线在击穿区域比普通二极管更陡直。当反向电压增加到一定数值时（如增加到图 1.10 所示的电压值 U_Z），反向电流急剧上升。此后，反向电压只要稍有增加（如增加了 ΔU_Z），反向电流就会增加很快（如图中的 ΔI_Z），这种现象就是电击穿，电压 U_Z 称为击穿电压。由此可见，通过稳压二极管的电流在很大范围内变化时，如图 1.10 中从 I_{Zmin} 变化到 I_{Zmax}，而稳压二极管两端电压变化则很小，仅为图中的 ΔU_Z。一般应用中，可以忽略 ΔU_Z，认为稳压二极管两端的电压基本保持不变。稳压二极管能稳定电压正是利用其反向击穿状态下，即使电流变化很大，但其两端电压几乎不变的特性来实现的。

归纳　稳压二极管工作在特性曲线的反向击穿区，表明稳压二极管在击穿状态下，流过稳压二极管的电流在较大范围内变化（ΔI_Z）时，而稳压二极管两端电压变化（ΔU_Z）很小，理想情况下认为几乎不变，这就是稳压二极管的稳压作用。

注意　要使稳压二极管正常工作，还有一个值得注意的条件，那就是要适当限制通过稳压二极管的反向电流。否则，过大的反向电流，如超过图 1.10 中的 I_{Zmax}，将造成稳压二极管击穿后的永久性损坏。因此，在实际工作中，为了保护稳压二极管，要在外电路串联一个限流电阻。

3. 稳压二极管的主要参数

（1）稳定电压 U_Z。该参数是指稳压二极管正常工作时其两端具有的电压值。每个稳压二极管都有一个确定的稳定电压值 U_Z，同一系列里不同型号的稳压二极管的稳定电压值不同，组成常用值系列。即使同一型号的稳压二极管，也有一定的误差，但在一般使用时可以忽略。

（2）稳定电流 I_Z。该参数是指稳压二极管正常工作时稳定电流的参考值。

（3）最大稳定电流 I_{ZM}。该参数是指稳压二极管允许长期通过的最大工作电流。

（4）额定功耗。该参数是由稳压二极管允许温升决定的。

4. 简单的稳压电路

如图 1.11 所示为一个稳压二极管稳压电路，当输入电压波动或负载变化时，如使输出电压 U_o 下降，则流过稳压二极管的反向电流 I_Z 也减小，导致通过限流电阻 R 上的电流也减小，这样使 R 上的压降 U_R 也下降，根据 $U_o = U_i - U_R$ 的关系，使输出 U_o 的下降受到限制，从而使输出电压恒定。上述过程可用符号表达为

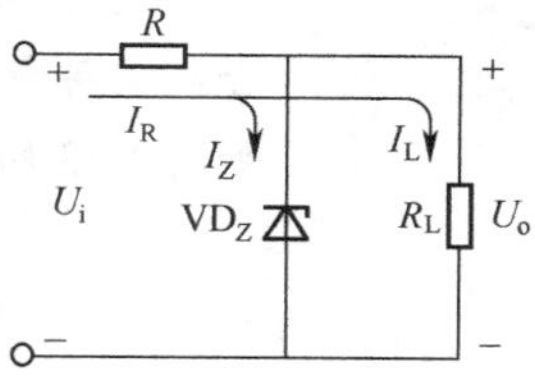

图 1.11　硅稳压二极管稳压电路

$$U_o \downarrow \rightarrow I_Z \downarrow \rightarrow I_R \downarrow \rightarrow U_R \downarrow \rightarrow U_o \uparrow$$

硅稳压二极管稳压电路结构简单，元件少。但输出电压由稳压二极管的稳定电压值决定，不可随意调节，而且输出电流的变化范围较小，只适用于局部电路或小型的电子设备中。

五、其他特殊二极管

前面已学习了特殊二极管之一稳压二极管，这里再介绍几种特殊二极管：发光二极管、光电二极管和变容二极管。

1. 发光二极管

发光二极管（LED）是将电信号变成光信号的一种半导体器件，它具有功耗低、体积小、工作可靠等特点。发光二极管的 PN 结工作在正向偏置状态。其图形符号如图 1.12（a）所示，图 1.12（b）所示为实物。

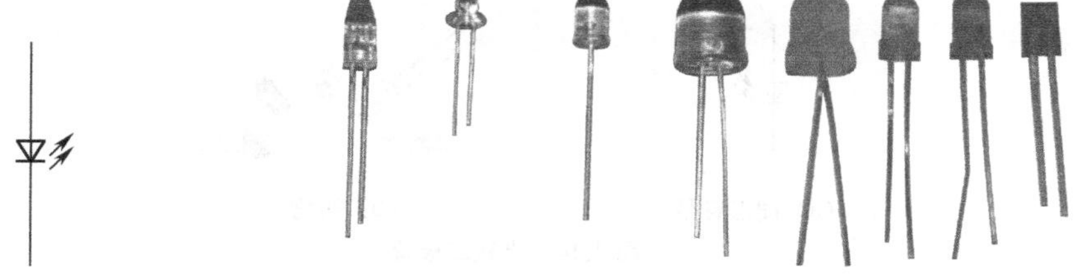

（a）图形符号　　（b）实物

图 1.12　发光二极管

发光二极管能够发红色、绿色、黄色、蓝色以及七彩光。目前市场上常见的是白色透明外壳（见图 1.12（b）左图），从外表上看不出颜色。图 1.12（b）右图所示发光二极管可以从管壳颜色辨别发光颜色。发光二极管是由磷化镓、砷化镓半导体材料制成的，发光颜色主要取决于所用材料。材料不同，其正向压降也有较大差别（约 1.5 ～ 3V）。**与普通二极管一样，也具有单向导电性，即只有二极管导通了才能发光。**

测量发光二极管时，一般用指针式万用表，表内电池只有 1.5V，不能直接用来测量，可以再外串 1 节电池（黑笔接负极），用 R×100 挡测试，正向电阻较小且测正向电阻时二极管发光，反向电阻约为无穷大，则说明发光二极管是好的。

注意

发光二极管是一种电流型器件，虽然在它的两端直接接上 3V 的电压后能够发光，但容易损坏，在实际使用中一定要串接限流电阻，工作电流因型号不同而不同，一般为几毫安到几十毫安。

应用实例

发光二极管在日常生活中无处不在，不仅家用电器、仪器仪表上的指示灯及广告显视屏等用发光二极管，而且手电筒、钥匙扣、装饰灯等也在使用发光二极管，如图 1.13 所示。

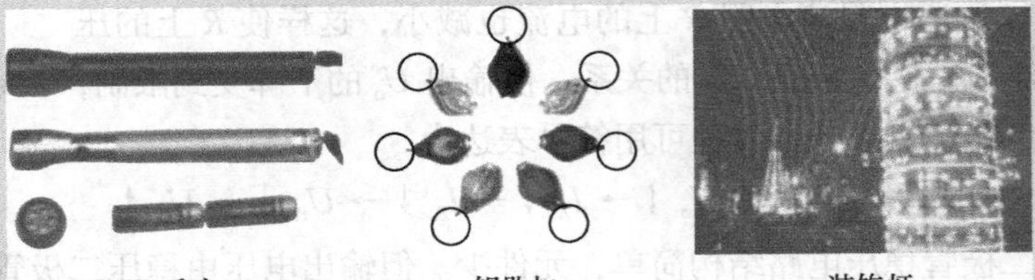
LED 手电　　钥匙扣　　装饰灯

图 1.13　发光二极管应用实例

用高亮度的白色发光二极管耗电量极小；亮度远大于普通的灯泡，而光色更接近自然光，利于辨认物体真实颜色，其寿命可在 10 万小时以上，几乎不考虑更换 LED 的问题。

2. 光电二极管

光电二极管又称光敏二极管，是将光信号转换成电信号的一种半导体器件，其 PN 结一般工作在反向偏置状态。目前使用最多的是硅（Si）光电二极管。下面介绍 PN 结型光电二极管，其图形符号如图 1.14（a）所示，图 1.14（b）所示为实物图。

（a）图形符号

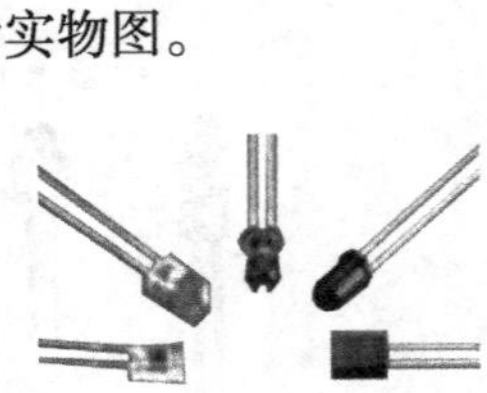
（b）实物

图 1.14　光敏二极管

PN 结型光电二极管同普通二极管一样，也是 PN 结构造，只是结面积较大，工作时加反向电压，在光照下产生光电流，光电流随光照强度的增加而上升。管壳上有光窗，从而使入射光容易注入 PN 结中进行光电转换，结面积大增加了有效光面积，提高了光 / 电转换效率。

在有光照射时，光电二极管在一定的反偏电压范围内（$U_R \geq 5V$），其反向电流将随光照强度的增加而线性增加，这时的反向电流又叫光电流。

在无光照射时，光电二极管的伏安特性和普通二极管一样，此时的反向饱和电流叫暗电流，一般在几微安到几百微安之间，其值随反向偏压的增大和环境温度的升高而增大。在检测弱光电信号时，必须考虑用暗电流小的光电二极管。

光电二极管常用于可见光、红外光接收及光电转换自动控制、报警、计数等设备中。

判别光电二极管的好坏可用万用表的 R×1k 挡，要求无光照射时电阻要大，有光照射时电阻要小；若有光照、无光照时电阻差别很小，则表明光电二极管质量不好。

3. 变容二极管

变容二极管用半导体材料硅或锗制成，利用 PN 结结电容随反向电压的增加而减小的原理工作。其图形符号与实物图如图 1.15 所示。

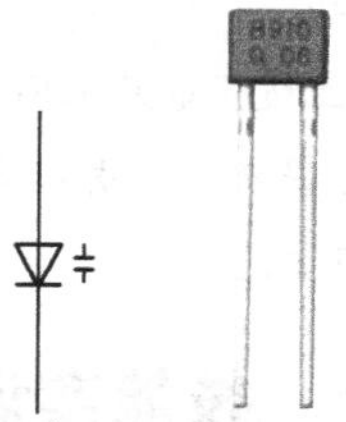

（a）图形符号　（b）实物图

图 1.15　变容二极管

变容二极管常用于高频电路中，可作变容器，通过改变其反偏电压来选择电视频道或收音机调台等。

应用实例

如图 1.16（a）所示为楼道光控灯的情况。光控灯利用光电二极管的特性，当光线暗时，自动亮灯。

如图 1.16（b）所示为电视机的电子调谐器，变容二极管是电子调谐器的重要元器件之一，利用电压—电容特性实现调谐作用。

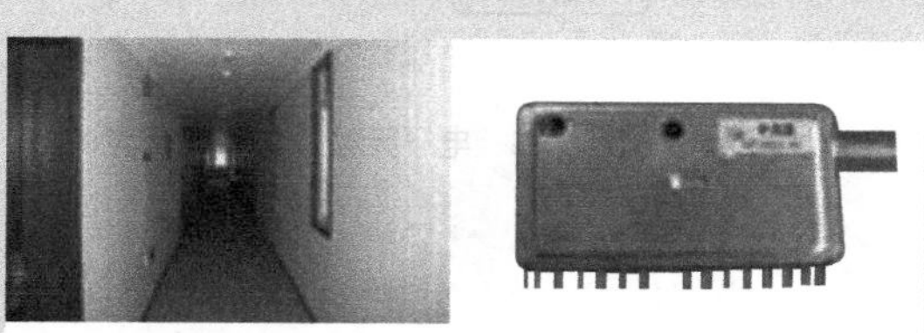

（a）楼道光控灯　（b）电子调谐器

图 1.16　光电二极管、变容二极管应用实例

知识拓展

1．半导体器件手册的内容

二极管的类型非常多，从半导体器件手册可以查找常用二极管的技术参数和使用资料，这些参数是正确使用二极管的依据。一般半导体器件手册包括器件型号、主要参数、主要用途、器件外形等内容。

2．半导体器件手册的使用

已知二极管的型号查找其用途和主要参数，这常用于对已知型号的二极管进行分析，判断是否满足电路要求。根据使用的要求，选二极管型号。如当设备中的二极管损坏时，如没有同型号的二极管更换，应查看手册，选用三项主要参数 I_{DM}、U_{RM}、f_M 满足要求。但并非替换的二极管一定要比原二极管各项参数都高才行，关键是能否满足电路需要，只要满足电路要求即可。硅管与锗管在特性上是有差异的，一般不宜互相代用。

小练习

1. 二极管导通时，电流是从哪个电极流入？从哪个电极流出？
2. 锗、硅二极管导通时的电压降分别为多少？

3. 硅稳压二极管工作在二极管伏安特性曲线中的哪一段？使用中要注意什么？

4. 发光二极管、光电二极管分别在什么偏置状态下工作？

5. 二极管电路如图 1.17 所示，判断图中二极管是导通还是截止，并确定输出电压 U_o。设二极管是理想二极管。

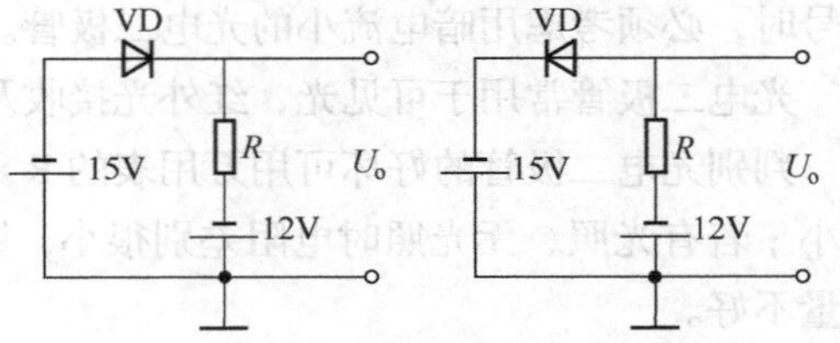

图 1.17 小练习 5 用图

六、技能实训 万用表使用及二极管检测

日常生活中的家用电器，如电视机、冰箱、洗衣机内部电路都要用到电子元器件。若出现如图 1.18 所示情况——电器的电路板上的电子元器件坏了，如何进行检测，这将是本实训要解决的问题。

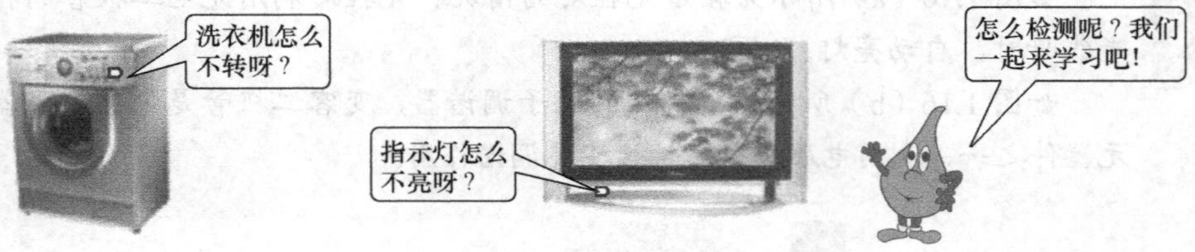

图 1.18 电子元器件的检测示意图

1. 实训目标

（1）学会万用表的使用方法，会用万用表测量直流电流、直流电压、电阻等参数。

（2）掌握用万用表判别二极管质量和极性的方法。

（3）掌握稳压二极管稳压电路的输入电压与负载波动的变化关系。

2. 实训解析

（1）万用表的使用

随着电子技术的发展，数字式万用表得到了广泛应用。但是在许多电路及仪器的检测中，离不开指针式万用表。特别是在实验中，仍要经常使用指针式万用表。下面以常用的 MF—47 为例，介绍指针式万用表的使用方法。MF—47 指针式万用表实物如图 1.19 所示。

MF—47 万用表面板由表盘、转换开关、表头指针、机械调零旋钮、零欧姆调零旋钮和表笔插孔构成，其测电阻、直流电流、直流电压的方法如表 1.1 所示。

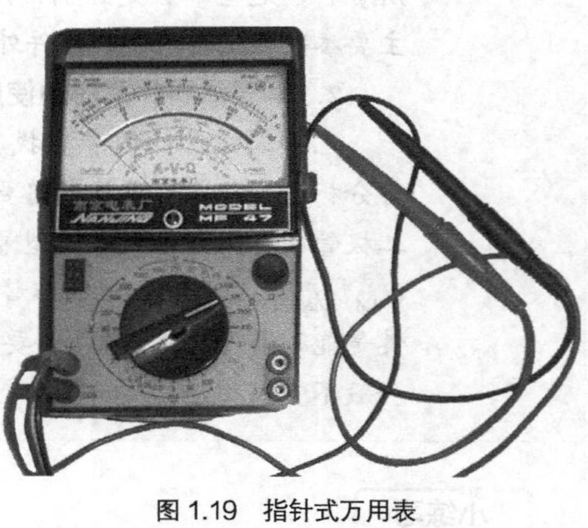

图 1.19 指针式万用表

表 1.1 万用表使用图解表

内容	方法步骤		示意说明
测电阻	调零	转动转换开关至所需测量的电阻挡，将红、黑表笔两端短接，看指针是否指在零欧姆处，若不是，应调整零欧姆调零旋钮，使指针指在零欧姆处	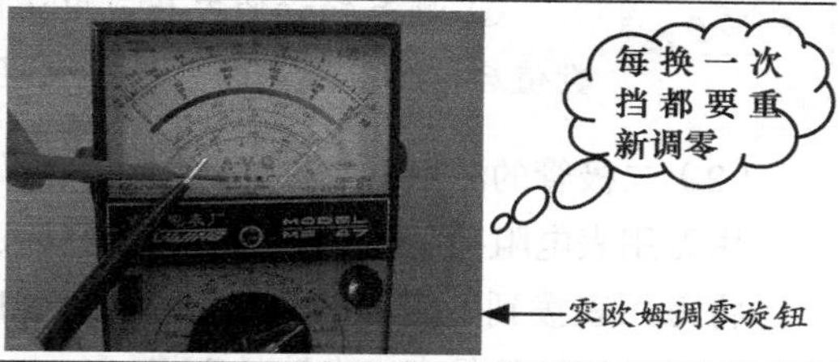
	测电阻	切断电源，红、黑表笔分别与待测电阻两端接触	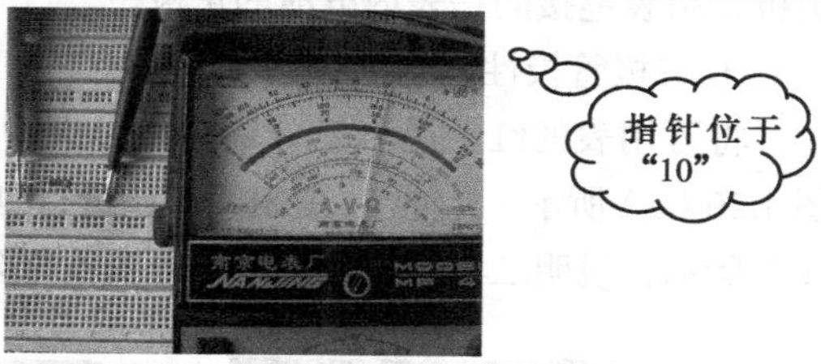
	读数据	依据第一条刻度线中数据来读取，最右端为 0，最左端为∞，另外注意读取的真正数值为第一条刻度线中数值与量程挡的乘积。例如选择 $R\times100$ 挡，待测电阻阻值位于“10”的位置，则待测电阻阻值为：$10\Omega\times100=1\ 000\Omega$	
测直流电流	选量程	转动量程开关至所需电流挡。如待测电流约为 5mA 以下，则可转至直流电流 5mA 挡	
	连接法	将万用表串联于电路中，红表笔接电流流入端，黑表笔接电流流出端	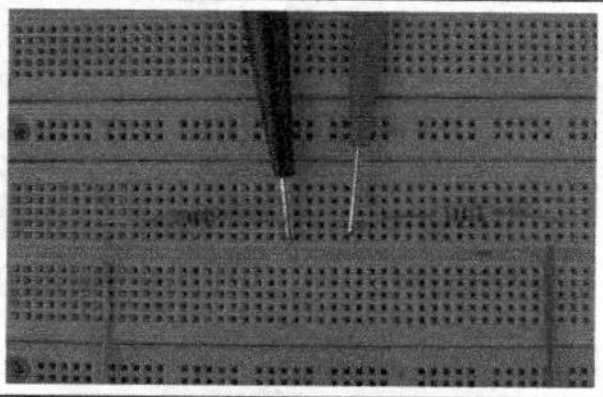
	读数据	依据第 2 条刻度线中的第 2 组数据来读取。因为量程转换开关选择在 5mA 挡，意味着此时满刻度为 5mA，即以 10 当 1，以 50 当 5 来读数。即读取的每个数据除以 10 即可，此时所测电流为 1mA	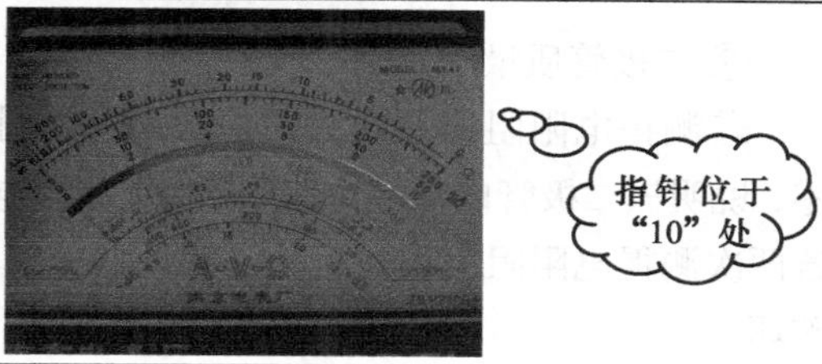
测直流电压	选量程	转动量程开关至所需电压挡。如待测电压约为 5V 以下，则可转至直流电压 5V 挡	
	连接法	将表并联于电路中，红表笔接元件一端，黑表笔接元件的另一端	
	读数据	依据第 2 条刻度线中的第 3 组数据来读取。因为选择 10V 挡，意味着此时满刻度为 10V，所以这种情况下可直接读取，此时所测电压为 3V	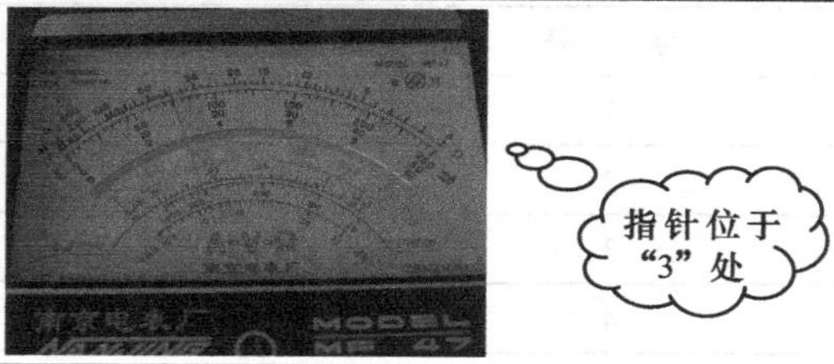

注意

① 测量高电压与大电流时，为避免烧坏开关，应在切断电源情况下变换量程。

② 测未知量的电压或电流时，应先选择最高电压或电流量程，待第一次读取数值后，方可逐渐转至适当位置，这样既可取得较准确读数，又可避免烧坏电路。

（2）二极管的测量

用万用表电阻挡可以检测二极管的好坏、判别二极管的极性。

将万用表拨到电阻挡的 $R\times100$ 或 $R\times1k$ 挡，注意机械式万用表的红表笔接的是表内电池的负极，黑表笔接的是表内电池的正极。

① 二极管极性的判别

将万用表的红、黑表笔分别接在二极管两端，若测得的电阻阻值比较小（几千欧以下），如图 1.20（a）所示；再将红、黑表笔对调进行测量，而测得的电阻阻值比较大（几百千欧），如图 1.20（b）所示，说明二极管质量良好，且测得电阻阻值小的那一次黑表笔接的是二极管的正极。

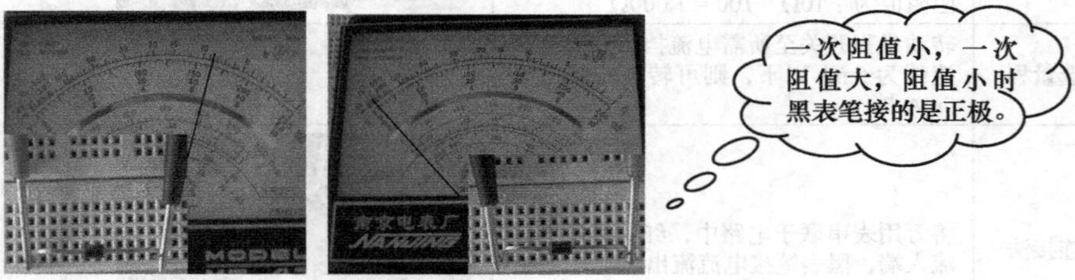

一次阻值小，一次阻值大，阻值小时黑表笔接的是正极。

（a）阻值较小　　（b）阻值较大

图 1.20　二极管极性的判别

② 二极管质量的判别

若测得电阻阻值一次大，一次小，说明该二极管质量良好；若两次测得电阻阻值都接近于零，说明该二极管内部已短路；若两次测得电阻阻值都接近于无穷大，说明该二极管内部已断路；若两次测得电阻阻值很接近，说明该二极管单向导电性已被破坏。

（3）硅稳压二极管稳压电路

硅稳压二极管稳压电路如图 1.21 所示。图中 R 为限流电阻；VD_Z 为硅稳压二极管 2CW14；R_L 为负载电阻。

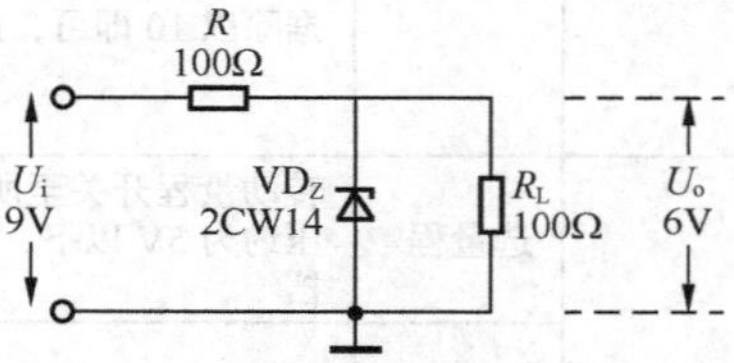

图 1.21　硅稳压二极管稳压电路

3. 实训操作

实训器材如表 1.2 所示。

表 1.2　　实训器材

序　号	名　称	规　格	数　量
1	万用表	MF—47	1 块
2	二极管	1N4001/1N4004/1N4007	各 1 只
3	稳压二极管	2CW14	1 只
4	电阻	1kΩ/2kΩ/100Ω/200Ω	各 1 只

（1）用万用表 $R\times100$ 或 $R\times1\text{k}$ 挡测量给出的不同型号 3 只晶体二极管的数据，以及判别其极性。将结果填入表 1.3 中。

表 1.3　万用表测量二极管的数据

	正向电阻值	反向电阻值	质　　量	红表笔接（ ）极	黑表笔接（ ）极
VD_1					
VD_2					
VD_3					

（2）按图 1.21 接好硅稳压二极管稳压电路；接入输入电压 U_i，将其分别调为 12V 和 10V，测量电阻 R_L 电压 U_o，除去 VD_Z，再测电阻 R_L 电压 U_o' 值；并将其值填入表 1.4 中。将电阻 R_L 阻值改为 200Ω，再重复上述过程。

表 1.4　硅稳压二极管稳压电路实验数据

负载电阻 R_L	100Ω		200Ω	
输入电压 U_i（V）	12	10	12	10
有 VD_Z 稳压 U_o（V）				
无 VD_Z 稳压 U_o'（V）				

4. 实训总结

（1）根据表 1.3 数据，把二极管性能，按其优、劣作出标注。

（2）讨论用万用表的不同电阻挡测量二极管的正向电阻，结果为什么不一样？

（3）根据表 1.4 数据，说明接稳压二极管和不接稳压二极管，哪种输出电压值稳定？

（4）表 1.4 中电压 U_o、U_o' 的大小，是取决于什么？

（5）填写如表 1.5 所示总结表。

表 1.5　总结表

课题							
班级		姓名		学号		日期	
实训收获							
实训体会							
实训评价	评定人	评　　语				等级	签名
	自己评						
	同学评						
	老师评						
	综合评定等级						

实训拓展

万用表判别硅二极管和锗二极管：使用万用表电阻挡（$R\times100$ 或 $R\times1\text{k}$ 挡），分别测量二极管的正反向电阻，硅二极管的正向电阻值要比锗二极管的正向电阻值大，且硅二极管的反向电阻值也比锗二极管的反向电阻值大。

第2节 三极管

三极管是具有电流放大作用的半导体器件，为此三极管组成的放大电路在实际电子设备中得到广泛应用，如收音机、电视机、扩音机、测量仪器、自动控制装置等。如图 1.22 所示为三极管放大作用的应用示意图。本节重点学习三极管的放大作用。

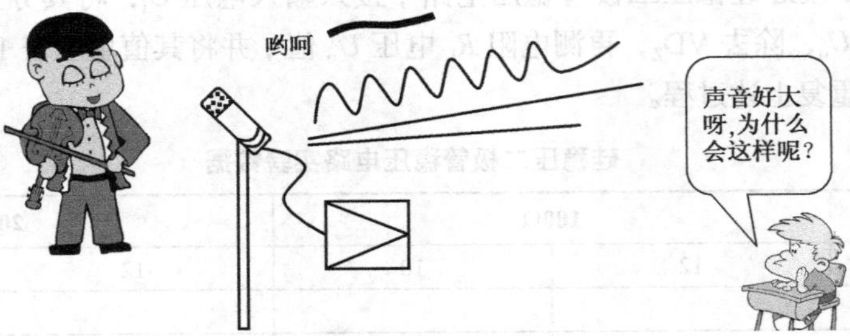

图 1.22 三极管作用示意图

一、三极管的结构及分类

1. 三极管的结构

如图 1.23（a）所示为三极管实物图，如图 1.23（b）所示为常见的三极管封装外形。三极管常采用金属、塑料或玻璃封装。

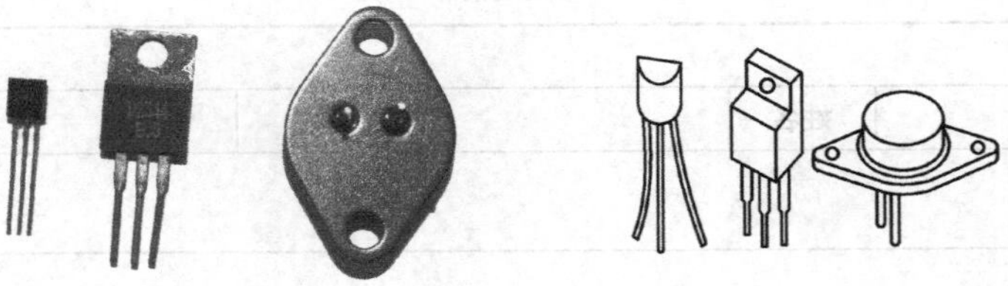

（a）实物　　（b）外形

图 1.23 常见的三极管

三极管是由两个 PN 结构成的，两个 PN 结将整个半导体基片分为 3 个区——发射区、基区和集电区。由 3 个区各引出一个电极，分别为发射极 e、基极 b 和集电极 c。发射区与基区之间的 PN 结称为发射结，集电区与基区之间的 PN 结称为集电结。三极管按结构可分为 NPN 型和 PNP 型两类，它们的结构及图形符号如图 1.24 所示，三极管文字符号为 VT。

注意 三极管内部结构的特点是基区薄，掺杂浓度低；发射区掺杂的浓度比集电区、基区大得多；集电结面积比发射结的面积大，所以使用时，发射极和集电极一般不能互换。

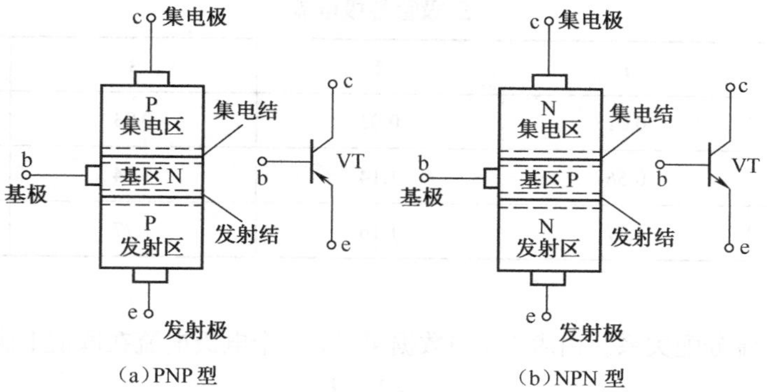

图 1.24　三极管示意结构及图形符号

2. 三极管的分类

三极管的种类很多，通常按以下方法进行分类。

（1）按半导体材料分，可分为硅管和锗管。硅三极管工作稳定性优于锗三极管，因此当前生产和使用的多为硅三极管。

（2）按内部基本结构分，可分为 NPN 型和 PNP 型两类。目前，我国制造的硅管多为 NPN 型（也有少量 PNP 型），锗管多为 PNP 型。

（3）按功率大小分，可分为小功率管、中功率管和大功率管。

（4）按工作频率分，可分为超高频管、高频管、低频管。

二、三极管电流放大作用

1. 三极管的电流放大作用

在给三极管两个 PN 结加电压时，流过三极管各电极的电流，分别用 I_B、I_C、I_E 表示。

看一看　按图 1.25 连接电路，观察各极电流的大小及其关系。

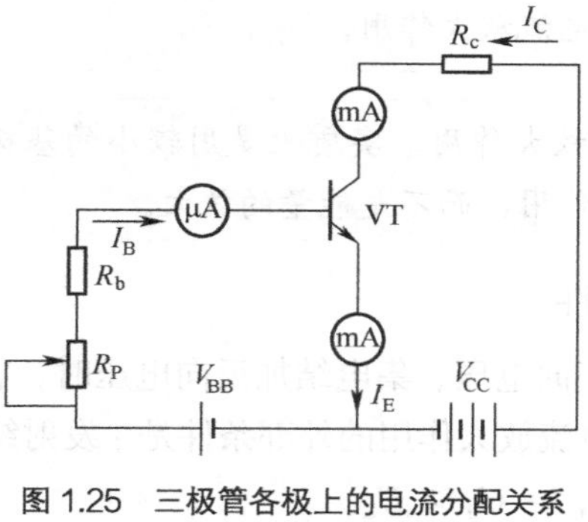

图 1.25　三极管各极上的电流分配关系

实验现象

实验中电流表显示三极管 3 个电极的电流值如表 1.6 所示。

表 1.6　　三极管各极电流

序　　号	1	2	3	4
I_B/mA	0.01	0.02	0.03	0.04
I_C/mA	0.56	1.14	1.74	2.33
I_E/mA	0.57	1.16	1.77	2.37

知识探究

（1）三极管电流分配关系。由表 1.6 中数据可见，3 个电极电流在取值上满足下列关系式：

$$I_E = I_B + I_C \tag{1-1}$$

如：当 $I_B = 0.01$mA，$I_C = 0.56$mA 时，$I_E = 0.57$mA。

（2）三极管电流放大作用。对表 1.6 中的数据进行分析可以得到以下几点结论。

① I_B 变化时 I_C 也跟着变化，I_C 受 I_B 控制，如：$I_B = 0.02$mA，$I_C = 1.14$mA；$I_B = 0.03$mA，$I_C = 1.74$mA。

② I_C 与 I_B 之间的比值几乎是一个常数，用 $\overline{\beta}$ 表示，$\overline{\beta}$ 称为共发射极直流电流放大系数。如 $I_B = 0.01$mA 时，$I_C/I_B = 56$；$I_B = 0.02$mA 时，$I_C/I_B = 57$。即

$$\overline{\beta} = \frac{I_C}{I_B} \tag{1-2}$$

而

$$I_C \gg I_B$$

所以

$$I_E \approx I_C$$

③ ΔI_C 与 ΔI_B 的比值几乎是一个常数，用 β 表示，β 称为共发射极交流电流放大系数。I_B 的微小变化引起 I_C 的较大变化，I_C 的变化量 ΔI_C 受 I_B 的变化量 ΔI_B 的控制，如 $\Delta I_B = 0.02 - 0.01 = 0.01$mA 时，$\Delta I_C = 1.14 - 0.56 = 0.58$mA，$\Delta I_C/\Delta I_B = 58$。即

$$\overline{\beta} = \frac{\Delta I_C}{\Delta I_B} \tag{1-3}$$

归纳　三极管在一定的外界电压条件下所具有的 I_C 受 I_B 控制且二者成线性关系的特性，称为三极管的直流电流放大作用。而 ΔI_C 受 ΔI_B 控制且二者成线性关系的特性，称为三极管的交流电流放大作用。

注意　三极管的电流放大作用，实质上是用较小的基极电流去控制集电极的大电流，是“以小控大”的作用，而不是能量的放大。

2. 具有电流放大作用的条件

只有给三极管的发射结加正向电压、集电结加反向电压时，它才具有上述电流放大作用和电流分配关系。所以三极管具有电流放大作用的外部条件是：发射结正偏，集电结反偏。即对 **NPN 型，3 个电极上的电位分布是 $U_C > U_B > U_E$。**

对于 PNP 型，同样要求发射结加正向偏置，集电结加反向偏置，即 3 个电极上的电位分布是 $U_C < U_B < U_E$。只是应注意，因 PNP 型的导电极性与 NPN 型不同，所以 PNP 型接电源时极性与 NPN 型相反。

3. 三极管的连接方式（组态）

三极管的主要用途之一是构成放大器，简单地说，放大器的工作过程是从外界接受弱小信号，经放大后送给用电设备。放大器方框图如图 1.26 所示，其中接收外界信号的一边叫输入端，有两个端钮（1、2）；送出信号的一边叫输出端，该端也有两个端钮（3、4）。因三极管只有 3 个电极，构成放大器时只能提供 3 个端，所以一定有一个电极要作为输入和输出的公共端。**当把三极管的发射极作公共端时，称三极管为共发射极连接方式或组态。相应的还有共基极组态。共集电极组态，**如图 1.27 所示。

图 1.26　放大器方框图

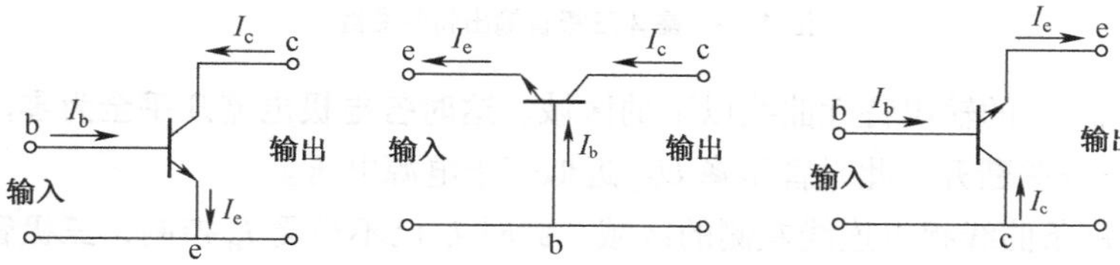

（a）共发射极组态　　（b）共基极组态　　（c）共集电极组态

图 1.27　三极管的 3 种组态

三、三极管的特性曲线及主要参数

1. 三极管伏安特性曲线（以共发射极组态为例）

同二极管一样，可以通过伏安特性曲线描述三极管各极电流与极间电压之间的关系。只是三极管伏安特性曲线分为输入特性曲线和输出特性曲线。

（1）三极管输入特性曲线。反映输入电流 I_B 与输入电压 U_{BE} 之间的关系曲线称为输入特性曲线，它以输出电压 U_{CE} 一定值作参考量。当 $U_{CE} \geqslant 1V$ 之后，输入特性曲线基本重合，如图 1.28 所示。

通常，把三极管电流开始明显增长的发射结电压称为导通电压。在室温下，硅管的导通电压约为 0.6 ～ 0.7V，锗管的导通电压约为 0.2 ～ 0.3V。

（2）三极管输出特性曲线。反映输出电流 I_C 与输出电压 U_{CE} 之间关系的曲线叫输出特性曲线，它以输入电流 I_B 一定值作参考量，如图 1.29 所示。它表明了在一组输入电流 I_B 作用下，I_C 与 U_{CE} 之间的变化关系。也就是说，三极管特性曲线是具有相近特性的所有曲线构成一个曲线族，通常把它分成截止、饱和、放大 3 个区域。每个区域对应 PN 结的不同偏置状态，各有不同特点。

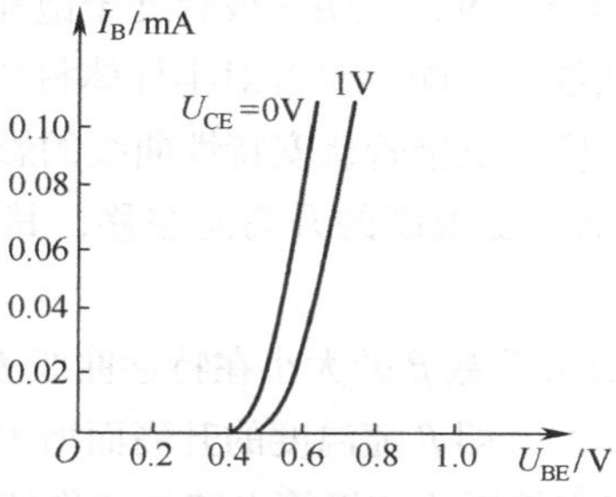

图 1.28　晶体三极管输入特性曲线

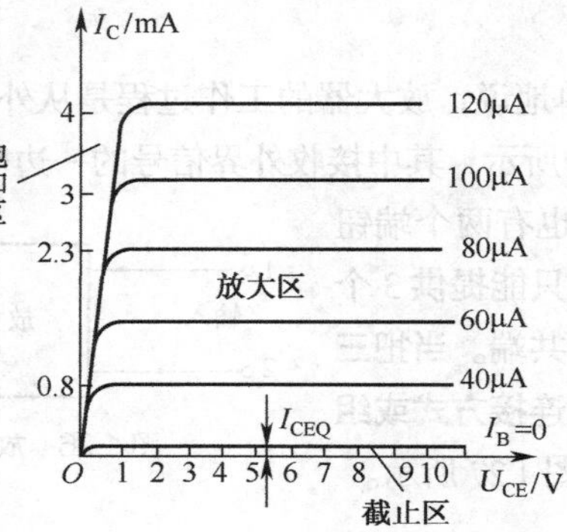

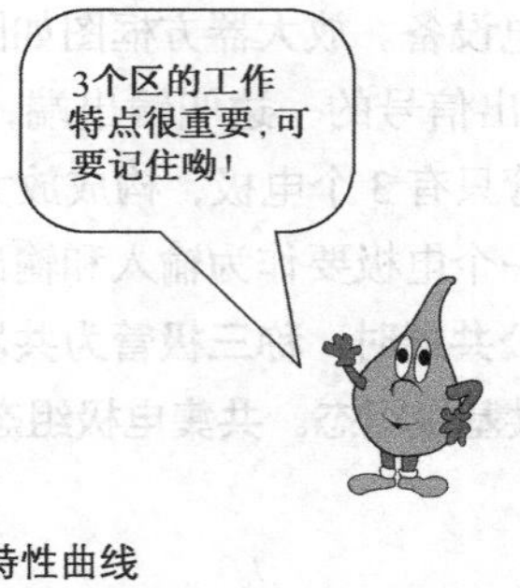

图 1.29　晶体三极管输出特性曲线

① 截止区：$I_B=0$ 的输出特性曲线以下的区域。这时各电极电流几乎全为零，三极管内部各极开路，即相当于开关断开。此时管压降 U_{CE} 近似等于电源电压。

② 饱和区：每条曲线拐点连线左侧的区域。此时 I_C 已不再受 I_B 控制，三极管没有电流放大作用。三极管饱和时的 U_{CE} 值称为饱和压降，记作 U_{CES}，小功率硅管的 U_{CES} 约为 0.3V，锗管约为 0.1V，此时三极管的集电极、发射极间呈现低电阻，相当于开关闭合。

③ 放大区：每条曲线的平直部分所构成的区域。在该区域三极管具有电流放大作用。在放大区的三极管 I_C 只受 I_B 控制，与 U_{CE} 几乎无关。

【例 1.2】测量三极管 3 个电极对地电位如图 1.30 所示，试判断三极管的工作状态。

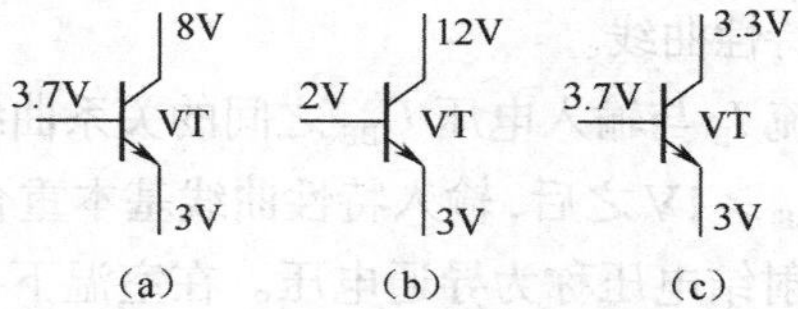

图 1.30　例 1.2 用图

解：(a) 图中 $U_{BE}=3.7V-3V=0.7V$，说明三极管导通。

再计算 $U_{CE}=8V-3V=5V>1V$，说明三极管处于放大状态。

(b) 图中 $U_B<U_E$，U_{CE} 很大，说明三极管处于截止状态。

(c) 图中 $U_{BE}=3.7V-3V=0.7V$，说明三极管导通。

再计算 $U_{CE}=3.3V-3V=0.3V<1V$，说明三极管处于饱和状态。

(3) 温度对三极管伏安特性曲线的影响。温度对半导体材料的导电性能影响很大，所以温度对三极管的性能也会产生影响。温度对三极管伏安特性曲线的影响主要表现在以下两个方面。

① 对 U_{BE} 的影响。输入特性曲线随温度的升高向左移，其变化规律是温度每升高 1℃，U_{BE} 下降 2 ～ 2.5mV。

② 对 β 的影响。三极管电流放大系数 β 的大小在特性曲线表现为输出特性曲线之间间距的大小，随温度升高，曲线间的间距变大，即 β 随温度的升高而增大。

三极管特性随温度的变化，将直接影响三极管电路的工作情况，在实际使用中必须加以克服。

归纳　三极管具有“开关”和“放大”两大功能。当三极管工作在饱和与截止区时，相当于开关的闭合与断开，即有开关的特性，可应用于脉冲数字电路中；当三极管工作在放大区时，它有电流放大的作用，可应用于模拟电路中。

2. 三极管主要参数

三极管的性能可用参数表示。三极管的参数可作为设计电路、合理使用器件的参考。三极管的参数很多，主要参数如下。

（1）电流放大系数。

① 共发直流电流放大系数$\bar{\beta}$。它是反映三极管直流电流放大能力强弱的参数，它的定义是当U_{CE}为常数时

$$\bar{\beta}=\frac{I_C}{I_B} \tag{1-4}$$

② 共发交流电流放大系数β。它是反映三极管交流电流放大能力强弱的参数，它的定义是当U_{CE}为常数时

$$\beta=\frac{\Delta I_C}{\Delta I_B} \tag{1-5}$$

当三极管工作频率不太高时，$\bar{\beta}$和β近似相等。

（2）反向饱和电流。

① 集—基反向饱和电流I_{CBO}。它是指三极管发射极开路时，流过集电结的反向漏电电流。通常锗管的I_{CBO}为微安数量级，而硅管比锗管小一至二个数量级。反向电流I_{CBO}会随温度上升而增大，I_{CBO}大的三极管工作稳定性较差。

② 集—射反向饱和电流I_{CEO}。它是指三极管基极开路时，集电极与发射极之间加上一定的电压时集电极的电流。I_{CEO}与I_{CBO}的关系为

$$I_{CEO}=(1+\beta)I_{CBO} \tag{1-6}$$

I_{CEO}是I_{CBO}的（$1+\beta$）倍，所以它受温度影响不可忽视。

除以上参数外，还有一些三极管正常工作时所不能超越的极限参数，读者可通过手册查阅，这里就不一一列举。

小练习

1. 三极管有几个PN结？你能说出它的名称吗？三极管3个电极电流之间的关系，你知道吗？

2. 三极管具有什么作用？在什么条件下才能发挥此作用呢？

3. 三极管具有两个PN结，二极管具有一个PN结，能不能把两只二极管当作一只三极管用？为什么？发射区和集电区都是同类型半导体材料，可以互换使用吗？

4. 已知某三极管，当$I_B=20\mu A$时，$I_C=2mA$；当$I_B=60\mu A$时，$I_C=5mA$，试求此三极管的电流放大系数β为多少？

5. 硅三极管各电极对地电位如图1.31所示，选择处于正常放大状态的三极管。

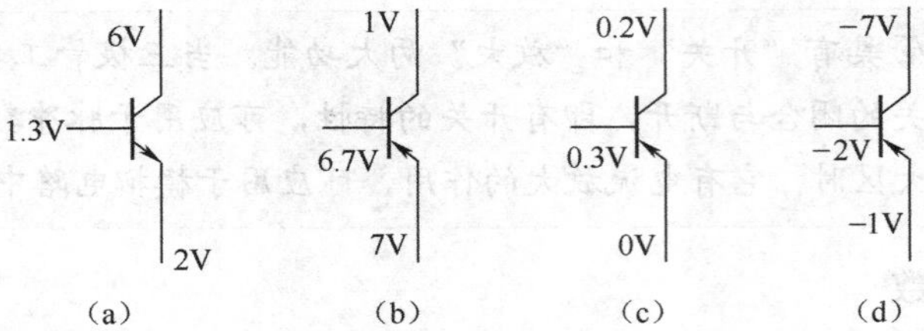

图 1.31 小练习 5 用图

四、技能实训 三极管的检测

二极管和三极管的核心都是 PN 结，因此万用表同样可以检测三极管。如图 1.32 所示情况，如何用万用表检测三极管这是本实训要解决的问题。

1. 实训目标

（1）进一步熟练使用万用表。

（2）认识三极管的外形。

（3）掌握用万用表判别三极管基极和类型的方法。

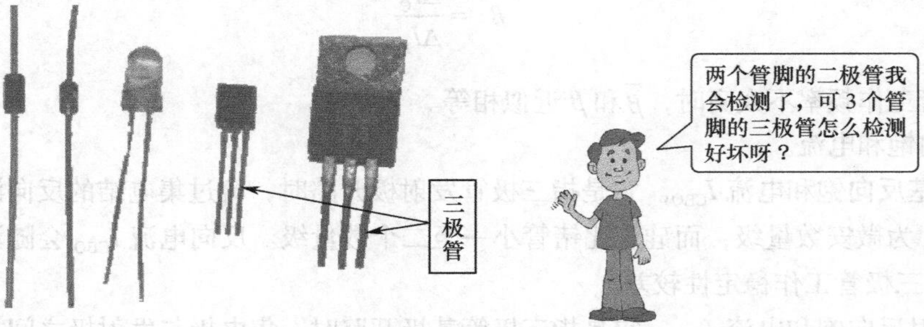

图 1.32 三极管的检测

2. 实训解析

判别三极管基极与类型。将万用表置于 $R\times100$ 或 $R\times1\text{k}\Omega$ 挡。然后任意假定一个电极是基极 b，并用一只表笔与假定的 b 极相接触，另一只表笔分别与另外两个电极相接触，如图 1.33 所示。如图 1.33（a）所示，两次测得电阻均很小，对换表笔后，如图 1.33（b）所示两次测得电阻均很大，则表明假定正确，且测得电阻均很小时，黑表笔接的是 NPN 型三极管的基极。如果两次测得电阻值一大一小，则表明假设的电极不是真正的 b 极，则需重新假设，然后再按上述方法测试。

若为 PNP 型三极管，上述方法中将黑、红表笔对换即可。

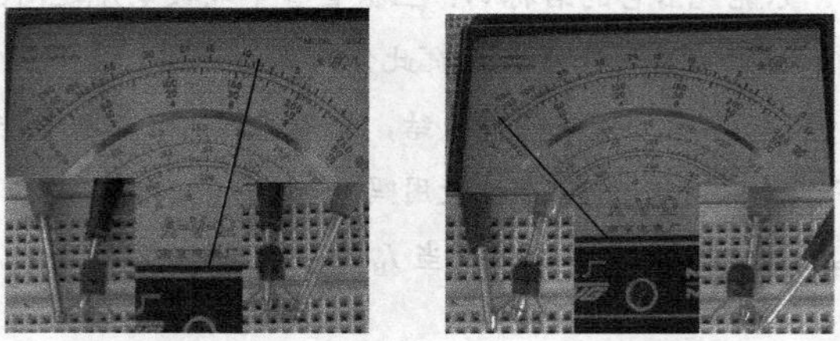

（a）阻值较小　　（b）阻值较大

图 1.33 三极管 NPN 型基极的判别

检测三极管好坏。将万用表置于 R × 100 或 R × 1kΩ 挡。将黑表笔与 NPN 型三极管的 b 极接触，红表笔分别与 c 极和 e 极接触（如果是 PNP 型三极管，则将红、黑表笔对调即可），如果两次测量阻值均很小，再将黑表笔与 c 接触，红表笔与 e 接触，测量阻值较大；将两表笔对调，再测量，阻值仍较大，说明此三极管是好的。

3. 实训操作

实训器材如表 1.7 所示

表 1.7　　实训器材

序　　号	名　　称	规　　格	数　　量
1	万用表	MF—47	1 台
2	三极管	8550	2 只
3	三极管	8050	2 只

用万用表欧姆挡测量不同型号三极管的极间电阻值并判别其基极及其类型。将结果填入表 1.8 中。

表 1.8　　用万用表测量不同型号三极管的极间电阻值并判别其基极及其类型

元件	b-e 间电阻值	b-c 间电阻值	接假设基极的表笔	类　　型
VT_1				
VT_2				

4. 实训总结

（1）用万用表测量小功率三极管时，为什么忌用“$R\times1$”、“$R\times10$”或“$R\times10\text{k}$”挡？

（2）简述用万用表检测三极管好坏、导电类型的方法。

（3）填写如表 1.9 所示的总结表。

表 1.9　　总结表

课题						
班级		姓名		学号		日期	
实训收获						
实训体会						
实训评价	评定人	评　　语			等级	签名
	自己评					
	同学评					
	老师评					
	综合评定等级					

实训拓展

用万用表判别三极管的集电极和发射极。当基极 b 确定后，可接着判别发射极 e 和集电极 c。若是 NPN 型三极管，可将万用表的黑表笔和红表笔分别接触两个待定的电极，然后用手指捏紧黑表笔和基极 b（不能将两极短路，即相当接一个电阻），观察表针摆动幅度，如图 1.34（a）所示；然后将黑、红表笔对调，按上述方法重测一次，如图 1.34（b）所示。比较两次表针摆动幅度，摆动幅度较大的一次黑表笔所接引脚为集电极 c，红表笔所接为发射极 e。若为 PNP 型三极管，上述方法中将黑、红表笔对换即可。

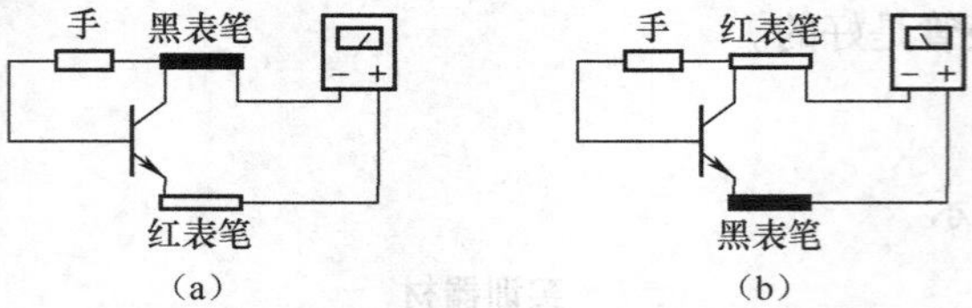

图 1.34　万用表判别三极管的集电极和发射极

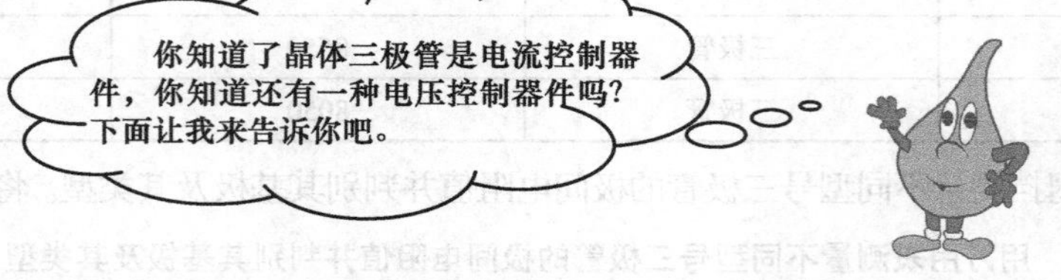

你知道了晶体三极管是电流控制器件，你知道还有一种电压控制器件吗？下面让我来告诉你吧。

*第 3 节　其他半导体器件

一、场效晶体管

场效晶体管简称场效应管，它也是一种具有 PN 结的半导体器件。如图 1.35 所示为几种场效晶体管的实物图。

图 1.35　场效晶体管实物图

场效晶体管有 3 个电极，即栅极 G、源极 S 和漏极 D，分别与三极管的基极 b、发射极 e 和集电极 c 相对应，但两种器件工作过程却有着本质的不同。

从控制作用看，三极管是利用输入电流控制输出电流的器件，称之为电流控制器件，而场效晶体管则是利用输入电压产生电场效应来控制输出电流的器件，称为电压控制器件。与三极管相比，它具有输入阻抗高、噪声低、热稳定性好、耗电省、制造工艺简单、成本低等优点，便于实现集成化，因此场效晶体管广泛应用于各种集成电路中，尤其是大规模、超大规模集成电路中。

1. 场效晶体管的类型、结构及符号

（1）场效晶体管的类型。场效晶体管按其结构的不同分为结型场效晶体管和绝缘栅型场效晶体管。每种类型的场效晶体管又分为 N 沟道、P 沟道。其中 N 沟道、P 沟道绝缘栅型场效晶体管又按工作方式的不同再分为增强型和耗尽型，而 N 沟道、P 沟道结型场效晶体管均为耗尽型场效晶体管。

（2）场效晶体管的结构及图形符号。如图 1.36（a）所示为 N 沟道增强型绝缘栅场效晶体管结构示意图，它是用一块杂质浓度较低的 P 型硅片作衬底，在上面扩散两个相距很近，掺杂浓度高的 N 型区（图中 N^+ 区），并用金属线引出两个电极，分别称为源极 S 和漏极 D，在硅片表面生成一层薄薄的绝缘层（SiO_2），绝缘层上再制作一层铝金属膜作为栅极 G。如图 1.36（b）为图

形符号，漏极 D 极与源极 S 极之间是 3 段断续线，表示为增强型；若是连续线表示为耗尽型。B 为衬底引线，一般与源极 S 相连，箭头向内表示为 N 沟道，反之为 P 沟道。

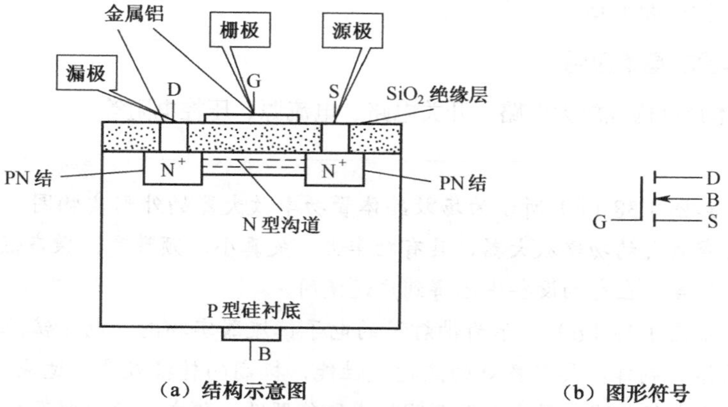

图 1.36　N 沟道增强型绝缘栅场效晶体管

因为栅极与其他电极及硅片之间是绝缘的，所以称为绝缘栅型场效晶体管。又由于它是由金属、氧化物、半导体所组成，简称 MOS 场效晶体管。

如图 1.37 所示为 N 沟道结型场效晶体管的结构示意图和符号，它是在一块 N 型单晶硅片的两侧形成两个高掺杂浓度的 P^+ 区，这两个 P^+ 区和中间夹着的 N 区之间形成两个 PN 结。两个 P^+ 区连在一起所引出的电极为栅极 G，两个 N 区引出的电极分别称为源极 S 和漏极 D。

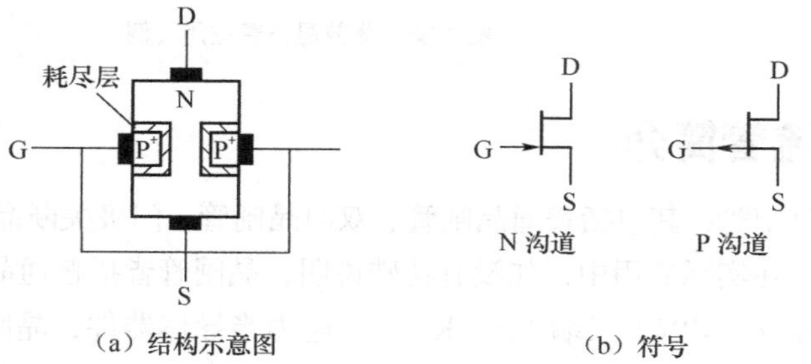

图 1.37　N 沟道结型场效晶体管

2. 绝缘栅型场效晶体管主要参数

场效晶体管的技术参数从不同侧面反映了它的一些特性，是选用器件的依据。

（1）开启电压 $U_{GS(th)}$。$U_{GS(th)}$ 是指 U_{DS} 为定值（测试条件）、增强型场效晶体管开始产生 I_D 电流时的栅源电压 U_{GS}。$U_{GS(th)}$ 是增强型场效晶体管的重要参数，对于 N 沟道场效晶体管，$U_{GS(th)}$ 为正值，对 P 沟道场效晶体管，$U_{GS(th)}$ 为负值。

（2）夹断电压 $U_{GS(off)}$。$U_{GS(off)}$ 是指 U_{DS} 为定值（测试条件）、耗尽型场效晶体管处于刚开始夹断时的栅源电压 U_{GS}，属耗尽型场效晶体管的参数，N 沟道场效晶体管的 $U_{GS(off)}$ 为负值。

（3）饱和漏电流 I_{DSS}。I_{DSS} 是指在 U_{GS}=0 条件下，且 U_{DS}>$U_{GS(off)}$ 时所对应的漏极电流。

（4）跨导 g_m。g_m 是指 U_{DS} 为定值时，栅源输入信号 U_{GS} 与由它引起的漏极电流 I_D 之比，即

$$g_m=\frac{I_D}{U_{GS}} \quad (1\text{-}7)$$

它是表明栅源电压 U_{GS} 对漏极电流 I_D 控制作用大小的一个重要参数。

（5）漏极击穿电压 $U_{(BR)DS}$。$U_{(BR)DS}$ 是指漏极与源极之间允许加的最大电压，实际电压值超过该参数时会使 PN 结反向击穿。

3. 场效晶体管的基本应用

利用场效晶体管可构成放大电路、开关电路、电流源、压控电阻等。

应用实例

如图 1.38（a）所示为场效晶体管功率放大器的外形实物图。用场效晶体管作为功率放大的功率放大器，具有功率大、失真小、频带宽、噪声低、音质优、性能佳等优点，在音响设备中已得到广泛使用。

如图 1.38（b）所示为钠灯用的电子镇流器实物图。电子镇流器采用大电流场效晶体管制作，具有良好的热稳定性能，极高的转换效率，适应恶劣的应用场合。应用于车船照明、风力发电照明、太阳能照明、停电应急照明及安全照明等。

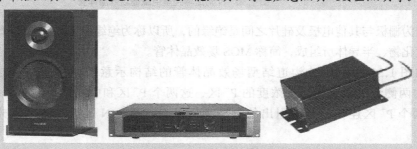

图 1.38　场效晶体管应用实例

二、晶体闸流管简介

晶体闸流管简称晶闸管，其包括普通晶闸管、双向晶闸管、门极关断晶闸管、逆导晶闸管等。晶闸管也称为可控硅。在实际应用中，如没有特殊说明，晶闸管皆指普通晶闸管。

晶闸管是一种四层（PNPN）三端（A、K、G）电力半导体器件，晶闸管的文字符号为 VS，其结构、图形符号、实物和引脚排列如图 1.39 所示。

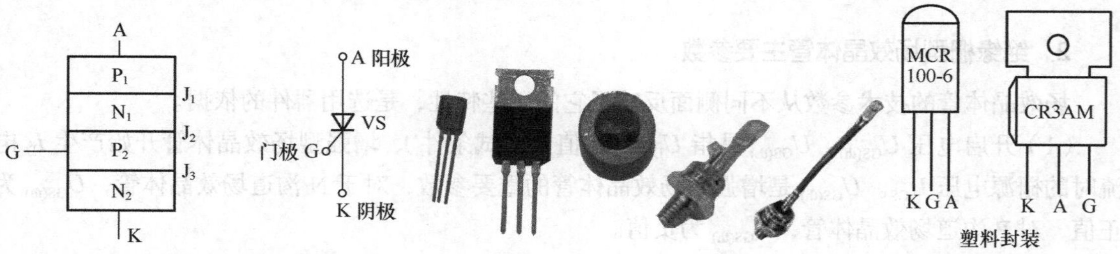

（a）结构　（b）图形符号　（c）实物　（d）引脚排列

图 1.39　晶闸管

普通晶闸管可以根据其封装形式来判断出各电极。大电流晶闸管多采用螺栓式及平板式封装，有的大电流晶闸管还带有散热冷却装置。中小电流晶闸管多采用陶瓷封装、塑料封装及金属外壳封装，它们的外形与三极管相应的封装外形相同，如图 1.39（d）所示为两种常用塑料封装的引脚排列图。

虽然有些晶闸管外形与三极管相同，但实质上它们的工作原理完全不同，主要有两大区别。

一是三极管可以作放大器件用，也可以作开关器件用，而晶闸管只能作开关器件用。二是三极管导通条件是一个导通电压，硅管 0.7V、锗管 0.3V，低于这个电压就处于截止状态。晶闸管的导通是给触发极一个触发电压（具体要看晶闸管参数），可以通过改变电压相位来改变晶闸管的导通程度，但不能自行关断，必须在阴、阳极加反向电压或切断电源才能将其关断。

晶闸管主要应用于整流、逆变、斩波、交流调压、变频等交流装置和交流开关以及家用电器实用电路中。由晶闸管组成的装置是静止型的，具有体积小、寿命长、效率高、控制性能好、无噪声、成本低、维修方便等优点，因而得到广泛应用。

应用实例

如图 1.40 所示产品都是利用晶闸管的可控特性来实现各自产品控制的功能。

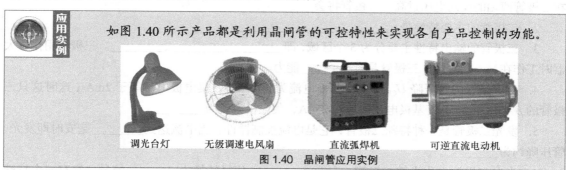

图 1.40 晶闸管应用实例

小练习

1. 场效晶体管按其结构可分为哪几种类型？
2. 电路符号中，箭头背向沟道的是什么 MOS 管？箭头朝向沟道的又是什么 MOS 管？
3. 场效晶体管与三极管相比，具有哪些优点？
4. 单向晶闸管由几层半导体组成？其 3 个电极的名称是什么？

（1）二极管由一个 PN 结构成，其主要特性是单向导电，即正偏时导通，反偏时截止。二极管两端电压与通过二极管的电流之间的关系为二极管的伏安特性，它描述了二极管电压与电流间的关系。

（2）特殊二极管有稳压二极管、发光二极管、光电二极管、变容二极管等，稳压二极管工作在二极管伏安特性曲线的反向击穿区，在工作电流允许范围内其电压是稳定的；发光二极管具有将电信号转换成光信号的作用；而光电二极管则是将光信号转换成电信号。

（3）三极管由两个 PN 结构成，按其结构分为 NPN 和 PNP 两类。三极管的集电极电流受基极电流的控制，所以三极管是一种电流控制器件。在满足发射结正偏、集电结反偏的条件下，具有电流放大的作用。三极管的输出特性曲线可分成截止区、饱和区和放大区。

（4）场效晶体管是一种电压控制器件。场效晶体管与三极管有很多可对应之处，但二者又有本质区别。

（5）晶闸管是一种 4 层（PNPN）电子半导体器件，它只能作开关器件用，且当控制极被触发时，正向导通。但须注意，晶闸管一旦被触发后将维持导通状态，直到阳极电流小于维持电流，晶闸管才自动关断。

思考与练习

一、填空题

1. 在电路中，如果流过二极管的正向电流过大，二极管将会________甚至________，如果加在二极管两端的反向电压过高，二极管将会________。

2. 二极管的主要特性是________。

3. 三极管的输出特性主要分为3个区域，即________、________、________。三极管用作放大器时工作在________区。三极管具有________能力。

4. 某三极管的管压降 U_{CE} 不变，基极电流为20μA时，集电极电流等于2mA；这时这只三极管的 $\beta=$________。若基极电流增加到25μA，集电极电流为________。

5. 发光二极管是一种特殊二极管，它是电流控制器件，当电流达到________毫安时即发光，管压降约为________。

6. 光电二极管也称光敏二极管，它能将________信号转换为________信号，它有一个特殊的PN结，工作于________状态。

7. 某放大电路中，三极管3个电极电流如图1.41所示，已测量出 $I_1=-1.5$mA，$I_2=-0.03$mA，$I_3=1.53$mA，由此可知：

（1）电极1是________极，电极2是________极，电极3是________极。

（2）此三极管电流放大系数 β 为________。

（3）此三极管类型是________型。

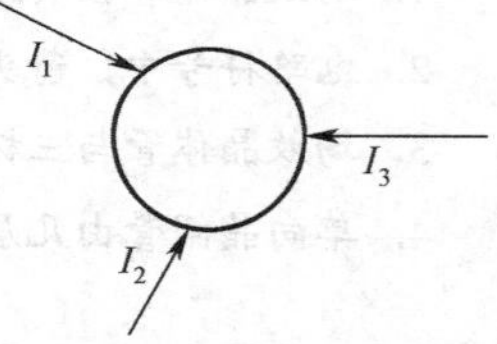

图1.41　填空题7用图

*8. 场效晶体管是一种________控制器件，它是利用输入电压产生的________来控制输出电流。场效晶体管的3个电极分别是________、________、________。

*9. 场效晶体管按结构的不同分为________型和________型两大类，各类又有________沟道和________沟道的区别。

*10. 晶闸管一旦导通，要使其关断，必须在晶闸管阳、阴极间施加________电压。

二、选择题

1. 当三极管的发射结正向偏置，集电结反向偏置时，则三极管处于：________。

A. 放大状态　　B. 饱和状态　　C. 截止状态

2. NPN型三极管处于放大状态时，各极正确的电位关系是________。

A. $U_C>U_E>U_B$　　B. $U_C>U_B>U_E$　　C. $U_C<U_B<U_E$

3. 硅三极管各电极对地电位如图1.42所示，选择处于正常放大状态的三极管。________

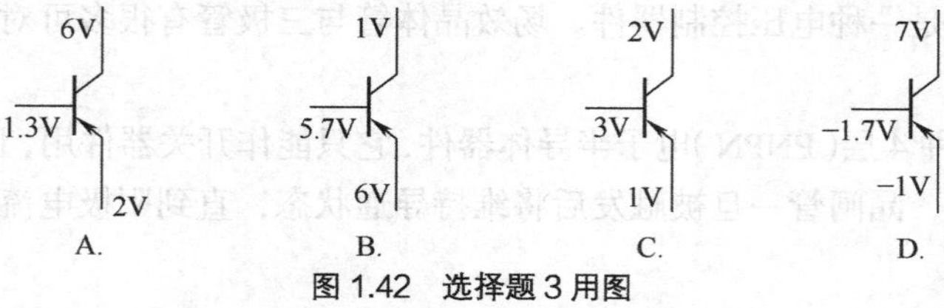

图1.42　选择题3用图

*4. 场效晶体管的栅极通常用字母________表示。

A. S　　　　B. G　　　　C. D

5. 稳压二极管工作在________状态，发光二极管工作在________状态，光电二极管工作在________状态。

A. 正向　　　　B. 反向　　　　C. 反向击穿

三、综合题

1. 判断图 1.43 中二极管是否导通（设二极管为理想二极管），并求出 U_{AO} 值。

2. 两只稳压二极管，一个稳压值是 6V，另一个稳压值是 7.5V，问串联使用时稳压值是多少？并联使用时稳压值是多少？

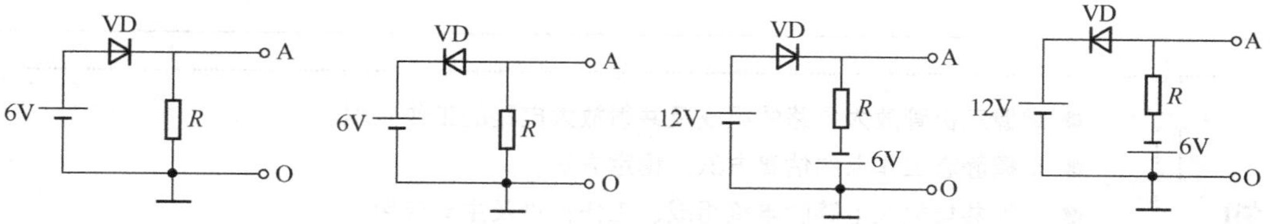

图 1.43　综合题 1 用图

四、实训题

1. 用万用表测量二极管的极性，如图 1.44 所示。

（1）为什么在阻值小的情况下，黑笔接的一端必定为二极管正极，红笔接的一端必定为二极管的负极？

（2）若将红、黑笔对调后，万用表指示将如何？

（3）如正向、反向电阻值均为无穷大，二极管性能如何？

（4）如正向、反向电阻值均为零，二极管性能如何？

2. 判断基极和三极管类型，如图 1.45 所示。

将万用表拨到 $R\times100$ 或 $R\times1\text{k}$ 挡，并将黑笔接到某一假定为基极的引脚上，红笔先后接到其余两个引脚上。

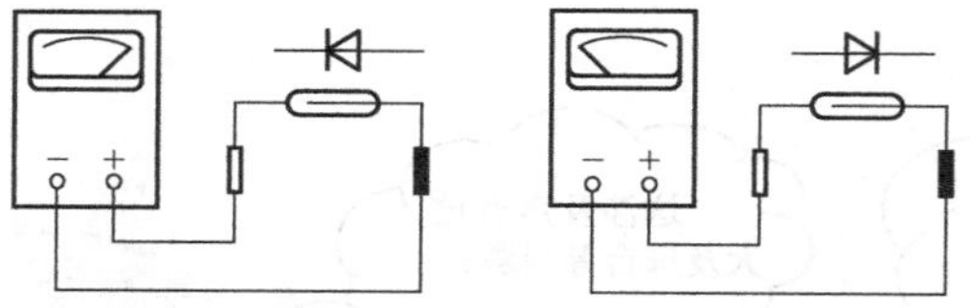

（a）表示阻值小　　（b）表示阻值大

图 1.44　实训题 1 用图

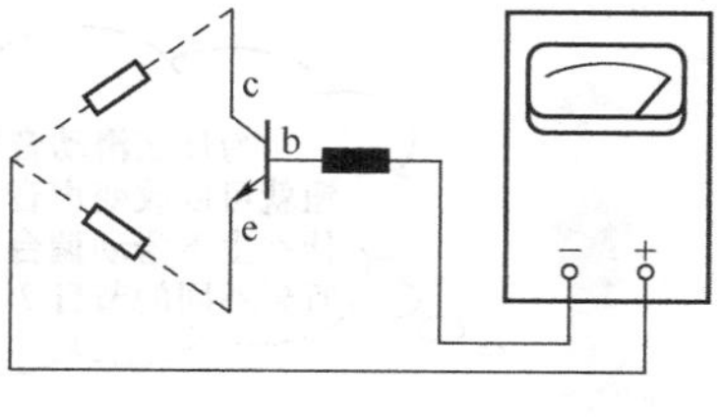

图 1.45　实训题 2 用图

（1）如果两次测得的电阻都很小，而对换表笔后测得两个电阻值都很大，则可确定黑笔所接的为哪个极，及此三极管为何种类型？

（2）如果将红笔接到某一假定为基极的引脚上，黑笔先后接到其余两个引脚上。如果两次测得的电阻都很小，而对换表笔后测得两个电阻值都很大，则可确定红笔所接的为哪个极，及此三极管为何种类型？

第 2 单元

基本放大电路

知识目标

- 掌握三极管放大电路的组成及共射放大电路的工作原理。
- 掌握静态工作点的估算方法、稳定方法。
- 了解共集放大电路的电路组成、工作特性及主要应用。
- 了解共基放大电路的电路结构特点。
- 了解多级放大器的各种耦合方式的特点。
- 了解放大器的幅频特性的重要意义。
- *了解场效晶体管放大电路的特点及应用。
- 了解谐振放大器的性能指标并能识读典型电路图，理解其工作原理。

技能目标

- 会用万用表调试基本放大电路、分压式偏置电路的静态工作点。
- 学会组装收音机中频放大电路，掌握测试方法。

情景导入

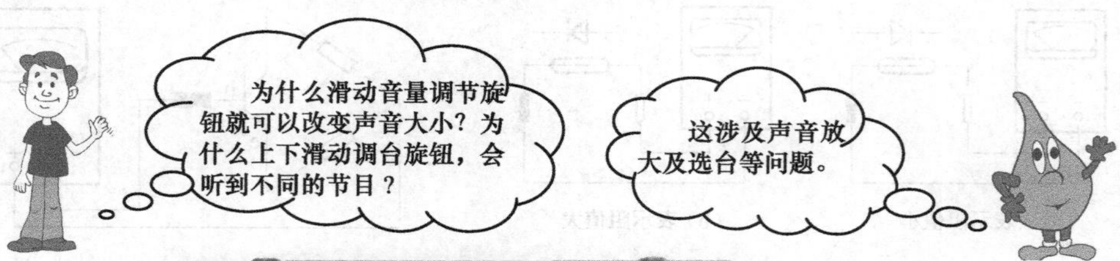

为什么滑动音量调节旋钮就可以改变声音大小？为什么上下滑动调台旋钮，会听到不同的节目？
这涉及声音放大及选台等问题。

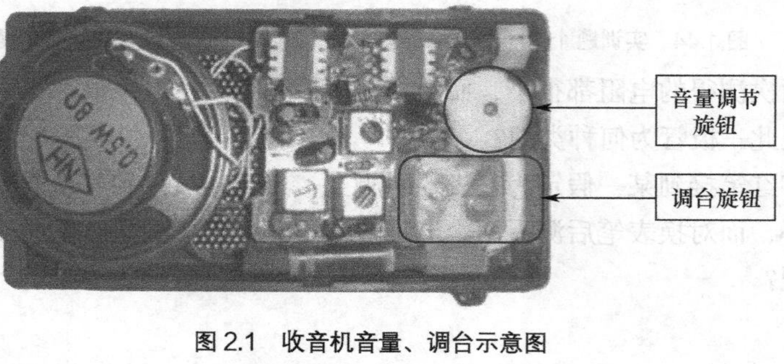

图 2.1　收音机音量、调台示意图

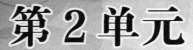

本单元首先介绍放大电路的基本概念及主要参数；再介绍共发射极基本放大电路和共发射极分压偏置放大电路的分析方法，以及共集放大电路、共基放大电路的结构、特点及应用；然后再介绍多级放大器的耦合方式及其特点；最后介绍中频调谐放大电路。

第 1 节　三极管放大电路的基本概念

若电子电路或设备具有把外界送给它的弱小电信号不失真地放大至所需数值并送给负载的能力，那么这个电路就称为放大电路。扩音机就是放大电路的典型应用，如图 2.2 所示。话筒的作用是把声音信号转换成电信号，经扩音机对其放大后，送给扬声器（喇叭），而扬声器（喇叭）的作用与话筒正好相反，是把电信号又还原成了声音信号。

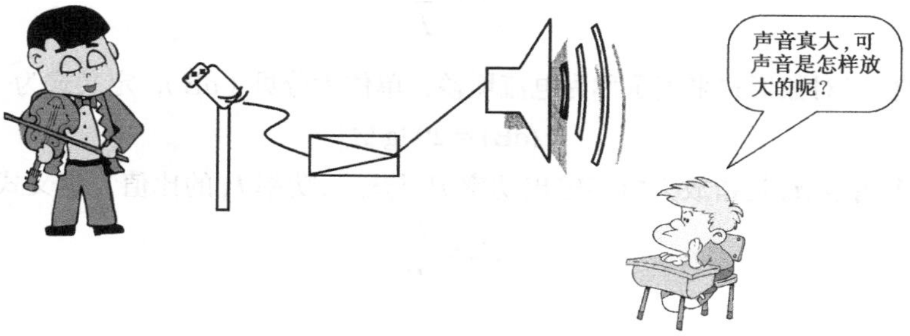

图 2.2　扩音机结构示意图

因为放大电路输出信号功率比输入信号功率大得多，而输出功率是从直流电源转化而来的，从这点来看，放大电路必须接直流电源才能工作，**因此放大电路实质上是一种能量转换器，它将直流电能转换成交流电能输出给负载。**本节从三极管基本放大电路入手，着重介绍低频放大电路的组成和基本工作原理。

一、放大电路的基本概念、技术指标

1. 放大电路的分类

放大电路按信号源所提供信号的幅度划分，有小信号放大电路和大信号放大电路两类；按工作频率的高低划分，有直流放大电路、低频放大电路、中频放大电路、视频放大电路、高频放大电路等类；按用途划分，放大电路有电压放大电路、电流放大电路和功率放大电路 3 类。

2. 放大电路的方框图

实际放大电路的类型有各种各样，但都可以用一个方框图来表示，如图 2.3 所示，其中 U_S 称信号源，它代表待放大的弱小电信号；R_L 称负载，它代表实际用电设备（例如喇叭、显像管等）。有信号源的一端叫输入端，有负载的一端叫输出端。

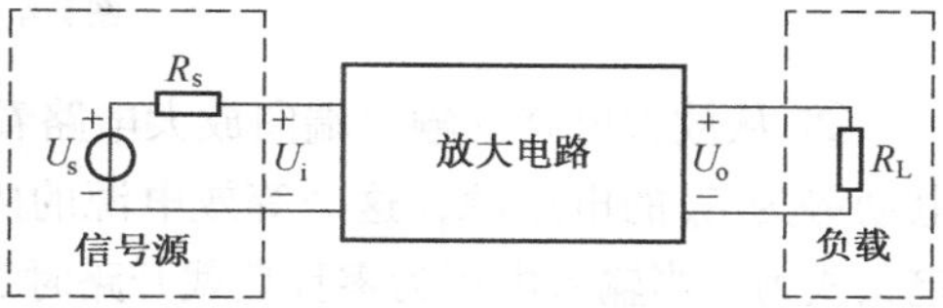

图 2.3　放大电路的方框图

3. 放大电路的主要性能指标

衡量放大电路性能的几个主要性能指标如下所述。

（1）放大倍数。放大倍数是衡量放大电路放大能力的一项技术指标，常用A表示。它是在输出波形不失真的情况下输出端电量与输入端电量的比值。

① 电压放大倍数A_u是指放大电路的输出电压有效值U_o与输入电压有效值U_i的比值，定义式为

$$A_u = \frac{U_o}{U_i} \tag{2-1}$$

电压放大倍数在工程中常用对数形式来表示，称为电压增益，单位为分贝（dB），定义式为

$$A_u(\text{dB}) = 20\lg|A_u| \tag{2-2}$$

② 电流放大倍数A_i是指放大电路的输出电流有效值I_o与输入电流有效值I_i的比值，定义式为

$$A_i = \frac{I_o}{I_i} \tag{2-3}$$

电流放大倍数以对数形式来表示称为电流增益，单位为分贝（dB），定义式为

$$A_i(\text{dB}) = 20\lg|A_i| \tag{2-4}$$

③ 功率放大倍数A_p是指放大电路输出功率P_o与输入功率P_i的比值，定义式为

$$A_p = \frac{P_o}{P_i} \tag{2-5}$$

功率增益定义式为

$$A_p(\text{dB}) = 10\lg|A_p| \tag{2-6}$$

（2）输入电阻和输出电阻。

① **输入电阻R_i是从放大电路的输入端向放大电路看进去的等效电阻**，如图2.4左边所示。如果把一个内阻为R_s的信号源U_s加到放大电路的输入端时，放大电路就相当于信号源的一个负载电阻，这个负载电阻也就是放大电路的输入电阻R_i。此时放大电路向信号源吸取电流I_i，而放大电路输入端电压为U_i，所以

$$R_i = \frac{U_i}{I_i} \tag{2-7}$$

R_i越大的放大电路，其输入回路所取用的信号电流I_i越小，放大电路向信号源索取的电流越小。

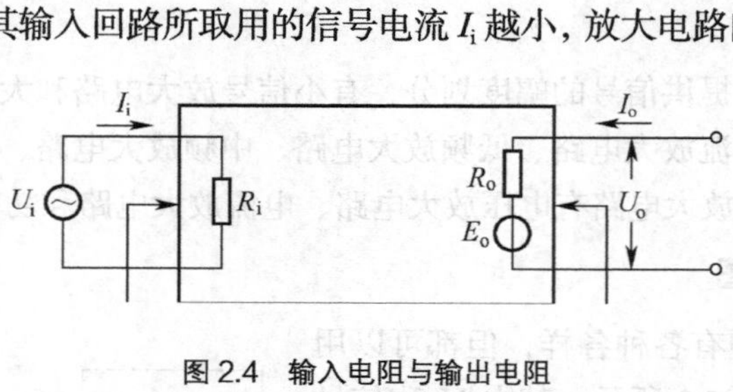

图2.4 输入电阻与输出电阻

② 从放大电路的输出端向放大电路看，整个放大电路可以看成是一个等效电阻为R_o、等效电动势为E_o的电压源，这个等效电源的内阻R_o就是放大电路的输出电阻，如图2.4右边所示。定义式为：当输入电压为零且负载开路时，输出端外加一个电压U_o，测得电流I_o，有

$$R_o = \frac{U_o}{I_o} \tag{2-8}$$

输出电阻 R_o 越小，放大电路带负载能力越强，并且负载变化时对放大电路影响小，所以放大电路输出电阻越小越好。

除上述的几个基本技术指标外，放大电路在具体应用时还涉及到通频带、频率失真等技术指标，将在后续具体电路中介绍。

二、共发射极基本放大电路的组成

（1）电路组成。共发射极基本放大电路（固定偏置放大电路）如图 2.5 所示。在放大电路中，通常把输入和输出的公共端用“⊥”表示，且习惯上电源用简化法的图形符号，只标出电源电压的端点 V_{CC}，而电源的负极就接在公共端“⊥”上。

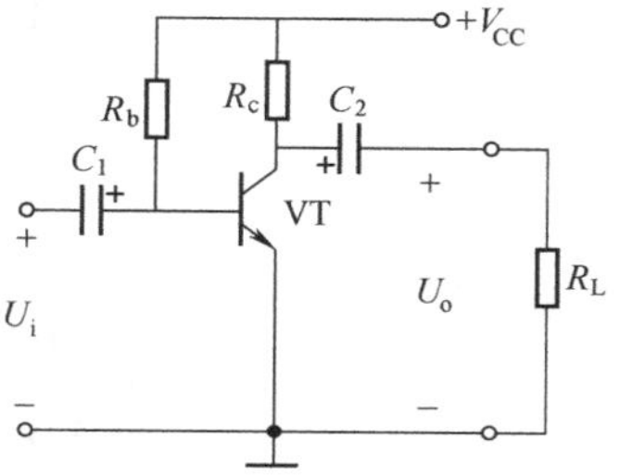

图 2.5　共发射极基本放大电路

（2）元器件作用。

① 三极管 VT 采用 NPN 型硅三极管，是放大电路的核心，**实现电流放大作用。**

② 直流电源 $+V_{CC}$ 的作用**一是保证三极管工作在放大状态，**即发射结正偏，集电结反偏；**二是在受输入信号控制的三极管作用下向负载提供能量。**

③ 基极偏置电阻 R_b 的作用是**电源电压通过 R_b 向基极提供合适的偏置电流 I_B。**R_b 阻值范围一般为几十千欧至几百千欧。

④ 集电极负载电阻 R_C 的**作用是一方面电源 V_{CC} 通过 R_C 为集电极供电；另一方面是将集电极电流的变化转换成集—射极之间的电压变化，**即将放大的集电极电流转换为放大的电压输出。其阻值范围一般为几千欧至几十千欧。

⑤ 耦合电容 C_1、C_2 **起“隔直通交”的作用。**一方面可避免放大电路的输入端与信号源之间、输出端与负载之间直流电的互相影响，使晶体三极管的静态工作点不会因接入信号源和负载而发生变化；另一方面又要保证输入和输出的交流信号畅通地进行传输。通常 C_1 和 C_2 选用电解电容器，使用时注意正负极性，取值范围为几微法到几十微法。

（3）放大电路的电压、电流符号规定。放大电路没有输入交流信号时，三极管的各极电压和电流都为直流。当有交流信号输入时，电路的电压和电流是由直流成分和交流成分叠加而成的，为了便于区分不同的分量，通常做以下规定。

① 直流分量：用大写字母和大写下标表示，如 I_B、I_C、I_E、U_{BE}、U_{CE}。

② 交流分量：用小写字母和小写下标表示，如 i_b、i_c、i_e、u_{be}、u_{ce}。

③ 交直流叠加瞬时值：用小写字母和大写下标表示，如 i_B、i_C、i_E、u_{BE}、u_{CE}。

④ 交流有效值：用大写字母和小写下标表示，如 U_i、U_o。

三、共发射极放大电路的基本工作原理

1. 放大电路的静态工作点

（1）**静态是指放大电路无信号输入时放大电路的直流工作状态。静态工作点是指在静态情**

况下，电流电压参数在三极管输入输出特性曲线族上所确定的点，用 Q 表示。一般包括 I_{BQ}、U_{BEQ}、I_{CQ}、U_{CEQ}。放大电路的静态工作点的设置是否合适，是放大电路能否正常工作的重要条件。

（2）静态工作点对放大电路工作的影响。为了直观说明静态工作点对放大电路工作的影响，请看下面的实验。

看一看 按如图 2.6 所示连接电路，注意观察电路中 R_b 分别为 690kΩ、470kΩ、220kΩ 情况下的输出电压波形，并测量其静态工作点的数值。

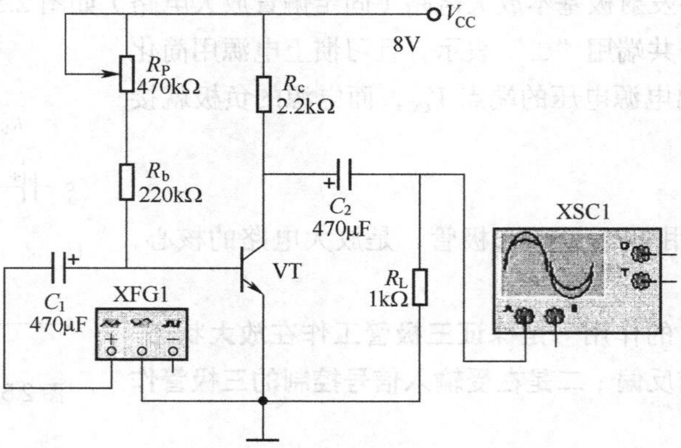

图 2.6　静态工作点对放大电路的影响

实验现象

当电阻 R_b 为 690kΩ、220kΩ 时，输出波形有失真；

当电阻 R_b 为 470kΩ 时，输出波形无失真。

实验数据及输出波形如表 2.1 所示。

表 2.1　　实验数据记录表

R_b/kΩ	I_{BQ}/μA	I_{CQ}/mA	U_{CEQ}/V	U_o/V	波　形
690	10	1.6	4.2	1.25	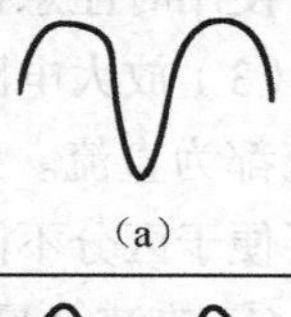 (a)
470	18	2.3	2.3	1.7	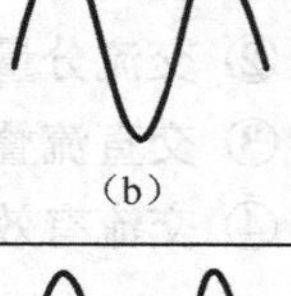 (b)
220	35	3.6	0.2	1.6	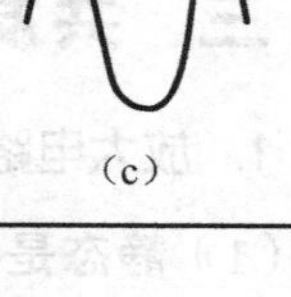 (c)

知识探究

实验得出：当 R_b = 690kΩ 时，I_{CQ} = 1.6mA，该电路输出波形有失真；当 R_b = 220kΩ 时，静态工作点 I_{CQ} = 3.6mA，电路输出波形也有失真，这两种情况说明静态工作点不合适。只有 R_b = 470kΩ 时，静态工作点 I_{CQ} = 2.3mA，不仅输出波形无失真且放大倍数最大，说明此时静态工作点是合适的。

通过演示可以看出，静态工作点对放大电路的放大能力、输出电压波形都有影响。只有当静态工作点在放大区时，三极管才能不失真地对信号进行放大。一般来说，Q 总是设在三极管输出特性曲线放大区的中央，通过调节电阻 R_b 可达到目的。

（3）静态工作点 Q 的设置。若 R_b（690kΩ）过大，I_{BQ} 会出现过小，也就是 **Q 过低进入截止区的情况，输出波形就会出现正半周失真，如表 2.1 中图（a）所示的情形，称为截止失真**；若 R_b（220kΩ）过小，I_{BQ} 会出现过大，即 **Q 过高进入饱和区情况，输出波形就会出现负半周失真，如表 2.1 中图（c）中所示的情形，称为饱和失真**；当 R_b = 470kΩ 时，输出波形正常，如表 2.1 中图（b）所示的情形，此时工作点才是合适的。

消除放大电路截止失真的方法是适当降低偏置电阻 R_b；消除放大电路饱和失真的方法是适当增大偏置电阻 R_b。

> **归纳** 要使放大电路正常工作，必须使它具有合适的静态工作点。

另外，即使静态工作点 Q 合适，当输入信号幅度过大时，输出波形的顶部、底部也会同时出现失真的情形，因此固定偏置放大电路一般在小信号下工作。

2. 放大电路的工作原理

放大电路有交流信号输入时的工作状态叫做动态。

在共发射极基本放大电路（固定偏置放大电路）中，输入弱小的交流信号通过电容 C_1 的耦合送到三极管的基极和发射极，相当于基—射极间电压 u_{BE} 发生了变化，于是使三极管的基极电流 i_B 发生变化，基极电流的变化放大 β 后集电极电流 i_C 发生相应的变化，集电极电流流过电阻 R_C，则 R_C 上电压也就发生了变化，输出电压 $u_{CE} = V_{CC} - R_C i_C$，所以集—射极间的电压 u_{CE} 的变化与 i_C 变化情况正相反。u_{CE} 通过电容 C_2 隔离了直流成分 U_{CEQ}，输出的只是放大信号的交流成分 u_o。各部分变化情况如图 2.7 所示。

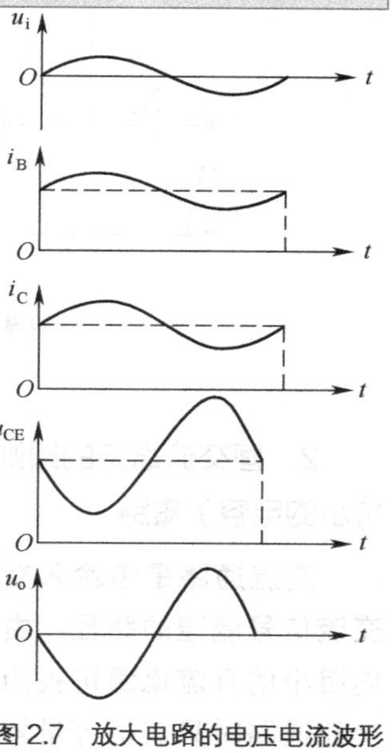

图 2.7　放大电路的电压电流波形

> **归纳** 在共发射极基本放大电路中，输出电压 u_o 与输入信号电压 u_i 频率相同，相位相反，幅度得到放大，故这种放大电路有电压放大和电压倒相的作用。

小练习

1. 放大电路的主要指标有哪些？
2. 什么是放大电路的静态？什么是静态工作点？什么是放大电路动态？

3. 共发射极基本放大电路由哪些元器件组成？各元器件有什么作用？

4. 什么叫饱和失真？什么叫截止失真？如何消除这两种失真？

5. 如果输入电压是20mV，输出电压是2V，问电压放大电路的电压放大倍数是多少？合多少分贝？

第2节 三极管放大电路的基本分析方法

为了解放大电路的基本性能，需要对放大电路进行分析，常用的分析方法有近似计算法、图解法和微变等效电路法。本节将介绍近似计算法。

一、画直流通路和交流通路

1. 画直流通路的原则——电容开路

直流通路是指静态时，放大电路直流电流通过的路径。在直流情况下电容可视为开路，因此画直流通路时把电容支路断开即可，如图2.8（a）所示为放大电路，图2.8（b）所示为其直流通路。

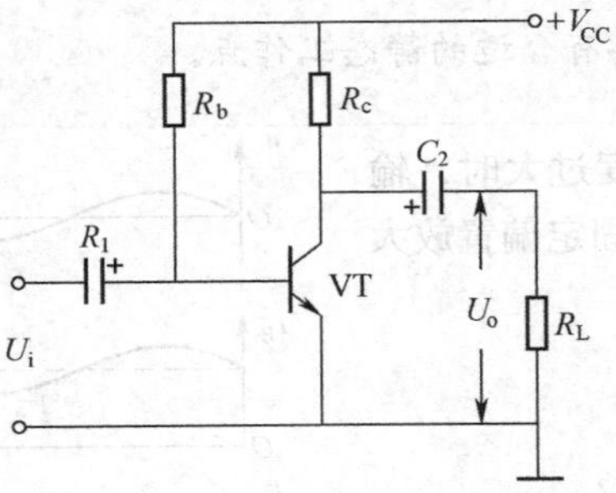

（a）基本放大电路

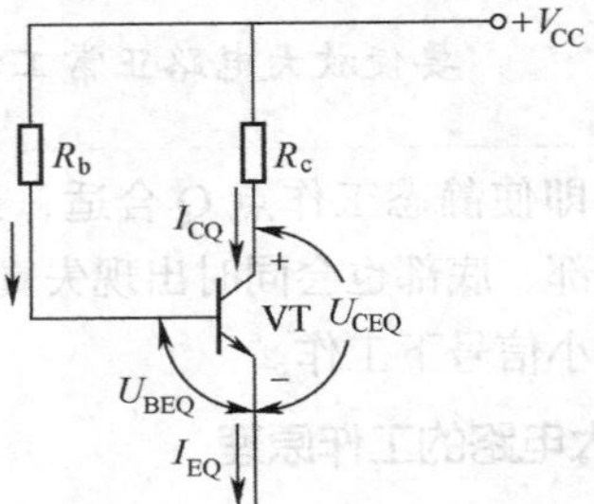

（b）基本放大电路的直流通路

图2.8 基本放大电路的直流通路

2. 画交流通路的原则——电源和电容（容抗小的电容）短路

交流通路是指输入交流信号时，放大电路交流信号流通的路径。由于容抗小的电容以及内阻小的直流电源可视为对交流短路，因此画交流通路时只需把容量较大的电容及直流电源简化为一条短路线即可，如图2.9所示。

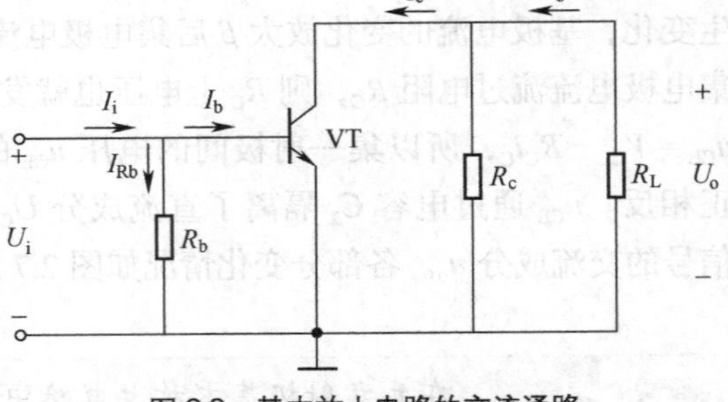

图2.9 基本放大电路的交流通路

*二、静态工作点的近似计算法

1. 静态工作点的估算

所谓近似计算法就是在一定条件下，当忽略次要因素之后，用公式简便地算出结果的方法。静态工作点可以根据放大电路的直流通路来求得。设电路参数 V_{CC}、R_b、R_C 已知，可列出下列方程：

$$I_{BQ}=\frac{V_{CC}-U_{BEQ}}{R_b} \quad (2\text{-}9)$$

硅管的 U_{BEQ} 约为 0.7V，锗管的约为 0.3V，$V_{CC}>>U_{BEQ}$ 时，则可将 U_{BEQ} 略去来估算 I_{BQ}

即

$$I_{BQ}\approx\frac{V_{CC}}{R_b} \quad (2\text{-}10)$$

根据三极管的电流放大特性可得

$$I_{CQ}\approx\beta I_{BQ} \quad (2\text{-}11)$$

在集电极回路中可列方程：

$$U_{CEQ}=V_{CC}-I_{CQ}R_C \quad (2\text{-}12)$$

2. 静态工作点的练习

【例 2.1】 如图 2.8（b）所示，已知 $V_{CC}=12V$，$R_C=3.9k\Omega$，$R_b=300k\Omega$，$\beta=38$，试求放大电路的静态工作点。

解：

$$I_{BQ}=\frac{V_{CC}-U_{BE}}{R_b}\approx\frac{V_{CC}}{R_b}=0.04mA$$

$$I_{CQ}=\beta I_{BQ}=1.5mA$$

$$U_{CEQ}=V_{CC}-R_CI_{CQ}=12-3.9\times1.5=6V$$

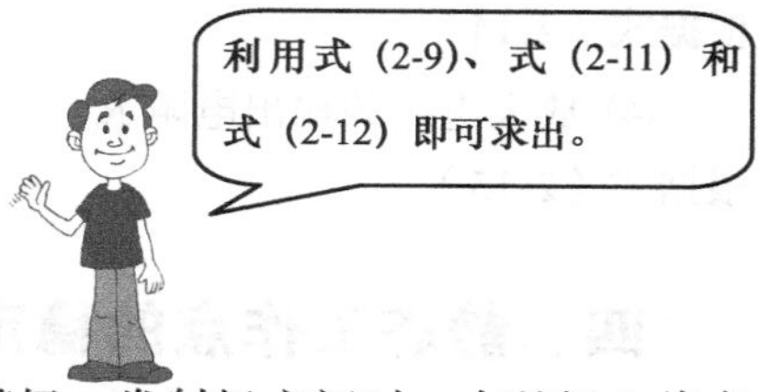

利用式（2-9）、式（2-11）和式（2-12）即可求出。

＊三、交流参数的计算方法

交流参数可根据交流通路来求解。

1. 交流参数

从图 2.9 可看到，交流信号电压 U_i 加在三极管的输入端基极、发射极之间时，在基极上将产生相应的基极变化电流 i_b，这反映了三极管本身具有一定的输入电阻。

（1）三极管的输入电阻 r_{be}

$$r_{be}(\Omega)=300+(1+\beta)\frac{26(mV)}{I_{EQ}(mA)} \quad (2\text{-}13)$$

其中 $I_{EQ}\approx I_{CQ}$。

（2）放大电路的输入电阻 R_i。由图 2.9 可见，R_i 为 R_b 和 r_{be} 的并联值，即

$$R_i=R_b//r_{be}$$

当 $R_b>>r_{be}$ 时

$$R_i\approx r_{be} \quad (2\text{-}14)$$

（3）放大电路的输出电阻 R_o。从图 2.9 可见，输出电阻为 R_c，即

$$R_o=R_c \quad (2\text{-}15)$$

（4）电压放大倍数 A_u。

因为

$$A_u=\frac{U_o}{U_i}$$

所以

$$A_u=\frac{-I_cR_L'}{I_br_{be}}=-\frac{\beta R_L'}{r_{be}} \quad (2\text{-}16)$$

其中 $R_L'=R_C//R_L$，当不带负载（空载）时，$R_L'=R_C$。式中的负号表示输入电压和输出电压反相。

2. 交流参数的练习

【例 2.2】在如图 2.8（a）所示的放大电路中，已知 $R_c = 1k\Omega$，$I_E = 2.6mA$，$\beta = 50$，

求：① 输出端不带负载时，放大电路的放大倍数 A_{u1}；

② 输出端带负载电阻 $R_L = 1k\Omega$ 时的电压放大倍数 A_{u2}；

③ 放大电路的输入电阻 R_i；

④ 放大电路的输出电阻 R_o。

解：① 根据式（2-13）先求 r_{be}

$$r_{be} = 300 + (1+\beta)\frac{26(\text{mV})}{I_{EQ}(\text{mA})} = 300 + (1+50)\times\frac{26}{2.6} = 810\Omega$$

根据式（2-16）输出端不带负载时，放大电路的放大倍数 A_{u1}

$$A_{u1} = -\frac{\beta R_c}{r_{be}} = -62$$

② 负载电阻 $R_L = 1k\Omega$ 时电压放大倍数 A_{u2}

$$A_{u2} = -\frac{\beta R_L'}{r_{be}} = -31$$

③ 放大电路的输入电阻 R_i

根据式（2-14） $R_i \approx r_{be} = 810\Omega$

④ 放大电路的输出电阻 R_o

根据式（2-15） $R_o = R_c = 1k\Omega$

四、静态工作点的稳定问题

前面学习的固定偏置放大电路，依靠 V_{CC} 和 R_b 实现了三极管的偏置，确定了静态工作点。这种电路虽然结构简单，但有一个很大的缺点，就是静态工作点不够稳定，极易受温度变化或更换三极管等因素的影响而变动。当 Q 点变动到不合适的位置时将引起放大信号失真。因而在放大电路中必须稳定工作点，以保证尽可能大的输出动态范围和避免非线性失真。

1. 放大电路静态工作点不稳定的原因

（1）温度升高会使三极管的参数 I_{CBO}（或 I_{CEO}）增大，结果使集电极电流 I_C 增大；

（2）温度升高会使三极管的参数 β 增加，即使 I_{BQ} 不变，$I_{CQ} = \beta I_{BQ}$ 也增加；

（3）温度升高会使 U_{BE} 减小，而 $I_{BQ} = \dfrac{V_{CC} - U_{BEQ}}{R_b}$，则 I_C 增大；

（4）更换三极管时，可能 β 会不同，也同样会使工作点有较大的变化。

可见，温度的变化是影响静态工作点的主要因素。因此在实际应用时，很少采用固定偏置放大电路，大多采用能自动稳定静态工作点的放大电路，常见的电路形式有分压式偏置放大电路、集电极—基极偏置放大电路。在这里只介绍分压式偏置放大电路。

2. 分压式偏置放大电路

（1）电路组成。如图 2.10 所示的电路为共发射极分压式偏置放大电路。R_{b1} 是上偏置电阻，R_{b2}

是下偏置电阻，电源电压 V_{CC} 经 R_{b1}、R_{b2} 串联分压后为三极管基极提供 U_B。R_{b1} 一般为几十千欧；R_{b2} 一般为十几千欧；R_e 是发射极电阻，起到稳定静态电流 I_E（I_C）的作用；与 R_e 并联的旁路电容 C_e 的作用是提供交流信号的通道，减少信号的损耗，使放大电路的交流信号放大能力不致因 R_e 而降低，C_e 的取值范围一般为 50 ~ 100μF。

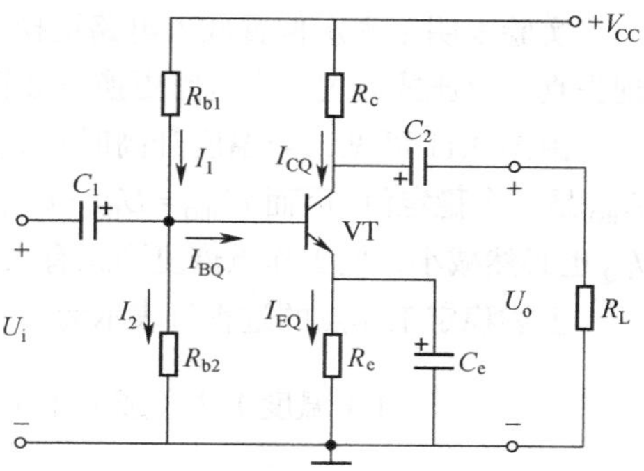

图 2.10 分压式偏置放大电路

（2）稳定条件

$$I_2 >> I_{BQ} \qquad (2\text{-}17)$$

$$U_B >> U_{BEQ} \qquad (2\text{-}18)$$

在实际应用中，硅管一般为 $I_2 = (5 \sim 10)I_B$，$U_B = (5 \sim 10)U_{BE} = 3 \sim 5V$；锗管一般为 $I_2 = (5 \sim 10)I_B$，$U_B = (5 \sim 10)U_{BE} = 1 \sim 3V$。

$$U_B = (5 \sim 10)U_{BE}$$

（3）稳定静态工作点的原理。下面通过演示来证明分压式偏置放大电路具有稳定静态工作点的作用。

看一看 按图 2.11 连接电路，观察电路更换三极管（β 不同）前后的静态工作点的情况。同时按图 2.6（固定偏置放大电路）连接电路，观察电路更换三极管（β 不同）前后的静态工作点的情况。比较两电路的结果。

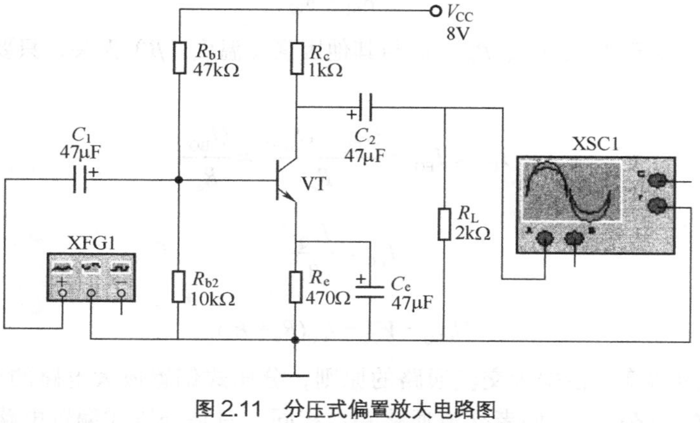

图 2.11 分压式偏置放大电路图

实验现象

分压式偏置放大电路：第 1 只三极管为 I_{CQ1}，输出波形正常；

第 2 只三极管 $I_{CQ2} = I_{CQ1}$，输出波形正常。

固定偏置放大电路：第 1 只三极管为 I_{CQ1}，输出波形正常；

第 2 只三极管 $I_{CQ2} \neq I_{CQ1}$，输出波形失真。

知识探究

在前面放大电路静态工作点不稳定的原因中提到，温度变化时，不管 β、I_{CBO}、U_{BE} 哪个因素变化，最终结果都是反映在工作点 I_{CQ} 的变化上。所以只要能稳定 I_{CQ}，也就稳定了静态工作点。

实验表明：固定偏置放大电路更换三极管（β不同）后，工作点变了，致使电压输出波形出现失真；分压式偏置放大电路更换三极管（β不同）后，工作点不变（稳定），输出波形正常。

由图 2.11 可见，当温度升高时，I_{CQ} 将增大，则 I_{EQ} 流经 R_e 产生的电压 U_{EQ} 随之增加，又因 U_{BQ} 是一个稳定值，因而 $U_{BEQ}=U_{BQ}-U_{EQ}$ 将减小。根据三极管的电流控制作用，基极电流 I_{BQ} 减小，I_{CQ} 也必然减小，使工作点恢复到原有状态。这就是稳定静态工作点的原理。

上述稳定工作点的过程可表示为

$$T（温度）\uparrow（或\beta\uparrow）\rightarrow I_{CQ}\uparrow\rightarrow I_{EQ}\uparrow\rightarrow U_{EQ}\uparrow\rightarrow U_{BEQ}\downarrow\rightarrow I_{BQ}\downarrow$$

$$\rightarrow I_{CQ}\downarrow$$

事实上，**电路中的发射极电阻 R_e 产生了直流负反馈，起到了稳定静态工作点的作用。**

归纳 分压偏置放大电路具有自动调整功能，当 I_{CQ} 要增加时，电路不让其增加；当 I_{CQ} 要减小时，电路不让其减小，从而迫使 I_{CQ} 稳定。所以该电路具有稳定静态工作点的作用。

（4）电路参数的估算。

① 静态工作点的估算。根据画直流通路的原则，分压式偏置放大电路的直流通路如图 2.12 所示。

在 $I_2>>I_{BQ}$、$U_B>>U_{BEQ}$ 条件下，可得到

$$U_{BQ}=\frac{R_{b2}}{R_{b1}+R_{b2}}V_{CC} \qquad (2\text{-}19)$$

可见，U_{BQ} 只取决于 V_{CC}、R_{b1}、R_{b2}，而与其他因素（温度、β）无关，只要这几个参数稳定，U_{BQ} 就稳定不变。

$$I_{CQ}\approx I_{EQ}=\frac{U_{BQ}-U_{BEQ}}{R_e}\approx\frac{U_{BQ}}{R_e} \qquad (2\text{-}20)$$

$$I_{BQ}=\frac{I_{CQ}}{\beta} \qquad (2\text{-}21)$$

$$U_{CEQ}=V_{CC}-I_{CQ}(R_c+R_e) \qquad (2\text{-}22)$$

② 交流参数的估算。根据画交流通路的原则，分压式偏置放大电路的交流通路如图 2.13 所示，与固定偏置电路相比，两者交流通路基本相同，只是分压式偏置电路用 $R_{b1}//R_{b2}$ 代替了固定偏置电路中的 R_b，所以估算电压放大倍数、输入电阻、输出电阻的方法与固定偏置电路相同。

$$A_u=-\frac{R'_L}{r_{be}} \qquad (R'_L=R_C//R_L) \qquad (2\text{-}23)$$

$$R_i=r_{be}//R_{b1}//R_{b2} \qquad (2\text{-}24)$$

$$R_o=R_c \qquad (2\text{-}25)$$

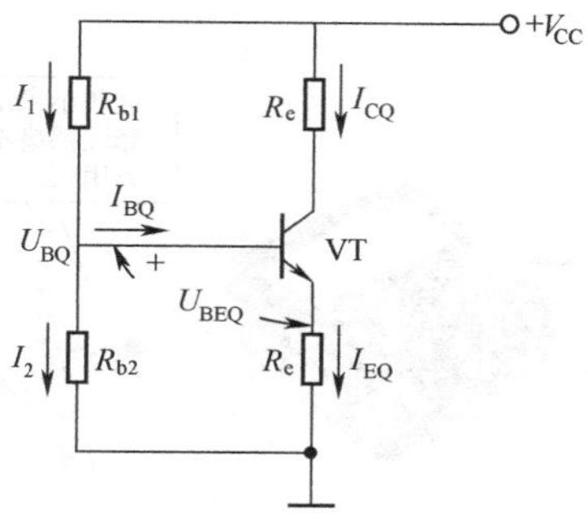

图 2.12　分压式偏置放大电路的直流通路

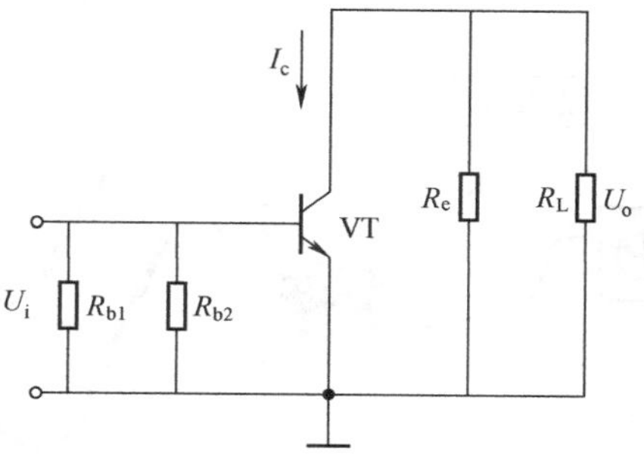

图 2.13　分压式偏置放大电路的交流通路

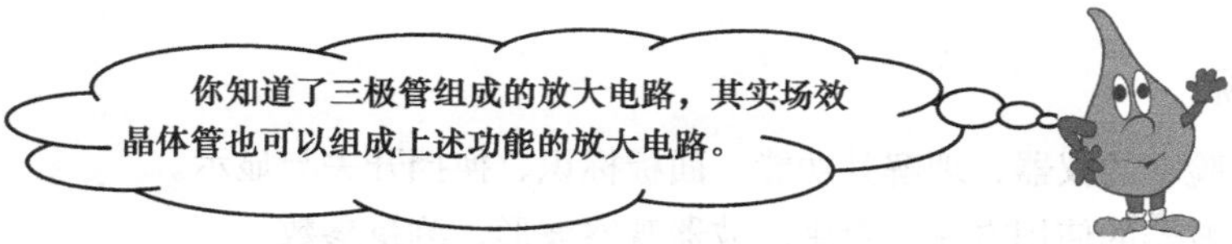

你知道了三极管组成的放大电路，其实场效晶体管也可以组成上述功能的放大电路。

* 五、场效晶体管放大电路

在第 1 单元中介绍了场效晶体管和三极管一样，也具有放大作用，所以，**利用场效晶体管同样可以组成与三极管共发射极、共集电极、共基极放大电路相对应的 3 种组态放大电路，即共源极、共漏极和共栅极放大电路**。虽然场效晶体管放大电路的组成原则与三极管放大电路相同，但由于场效晶体管是电压控制器件，且种类较多，故在电路组成上仍有其特点。

场效晶体管放大电路的主要优点是输入电阻高、噪声低、热稳定性好等。但由于场效晶体管的跨导 g_m 较小，其电压放大倍数较低，它常用作多级放大器的输入级。

小练习

1. 画放大电路原理图的直流通路、交流通路的原则是什么？

2. 对基本放大电路进行静态分析也就是要求哪 3 个参数？对基本放大电路进行动态分析也就是要求哪 3 个参数？试写出其公式。

3. 分压式偏置放大电路结构与基本放大电路有何不同？它的主要作用是什么？

4. 如图 2.14 所示电路，$U_{BEQ}=0.7V$，$r_{be}=1k\Omega$。

（1）画出直流通路，并计算静态工作点 I_{BQ}、I_{CQ}、U_{CEQ}；

（2）画出交流通路，并计算电压放大倍数 A_u、输入电阻 R_i、输出电阻 R_o。

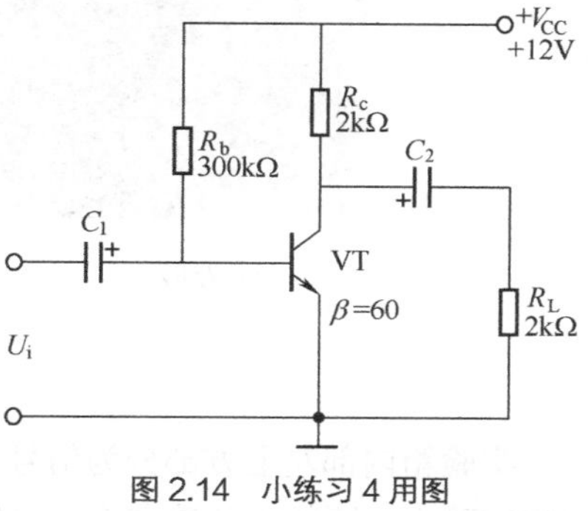

图 2.14　小练习 4 用图

六、技能实训　常用电子仪器的使用

日常生活中家用电器，如彩色电视机、电饭煲、收音机等在使用过程中出现故障，要使用相应的仪器仪表进行检测维修，如图 2.15 所示。检测维修要用到最基本的仪器仪表——万用表、示波器、信号发生器，这些仪器仪表如何使用，将是本实训要解决的问题。

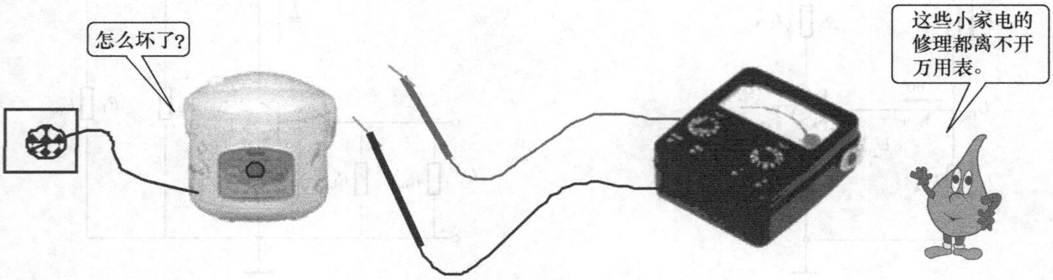

图 2.15　小电器检修示意图

1. 实训目标

（1）认识实验室的仪器，理解其功能、面板标识、换挡开关与显示。

（2）学会示波器的使用方法，会用示波器观察波形、测量参数。

（3）学会信号发生器的使用方法，会用信号发生器为实验电路提供输入信号。

（4）做简单的测量练习，了解仪器的操作要领与注意事项。

2. 实训解析

（1）实验箱的使用。以 ELB 型电子实验箱为例，介绍它的使用方法。实验箱如图 2.16 所示，图 2.16（a）所示为实验箱外形，图 2.16（b）所示为实验箱内部结构。打开实验箱，其内部有稳压电源、信号发生器及连接电路使用的面包接线板。

（a）外形

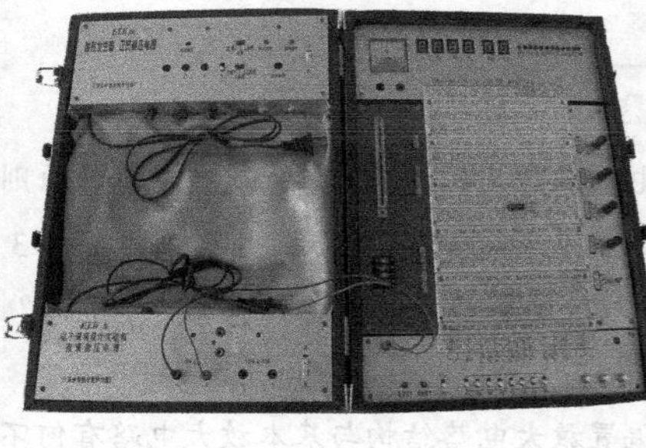

（b）内部结构

图 2.16　实验箱

实验箱内部左上方部分为信号发生器，调节其幅度旋钮、频率旋钮，从红、黑两个插孔即可引出实验中需要的正弦波交流输出信号。

实验箱内部左下方部分为直流稳压电源。从红、黑两个插孔即可引出实验中需要的 +12V 直流稳压电源。

实验箱内部右边中部为连接电路使用的面包接线板。

（2）示波器的使用。下面以日立 V—212 双踪示波器为例，介绍示波器的使用方法。示波器实物面板如图 2.17 所示。

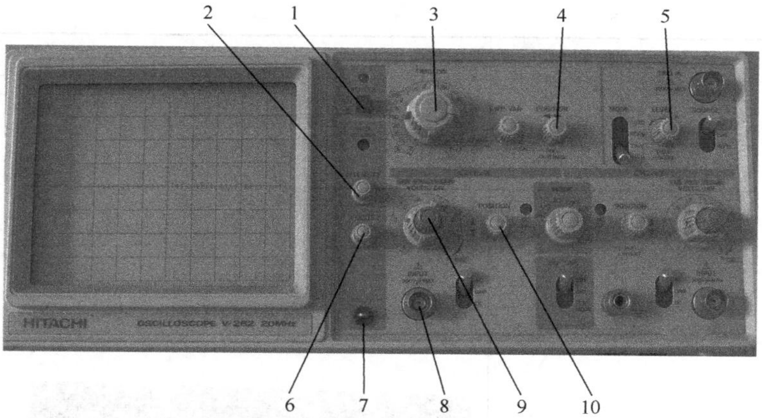

1—电源开关　2—辉度调节　3—扫描时间选择旋钮　4—坐标水平位移调节钮　5—触发电平旋钮
6—聚焦调节钮　7—标准方脉冲信号输出　8—左通道 Y 轴放大器输入耦合方式
9—左通道幅值刻度选择旋钮　10—左通道坐标上下位移调节旋钮

图 2.17　日立 V—212 示波器面板

使用的具体方法（以单踪为例）如表 2.2 所示。

表 2.2　　示波器使用方法图解表

内　　容	方 法 步 骤	示意图说明
准备	打开电源	
	分别调节 4、10 位移旋钮，将基线调整在中心位置	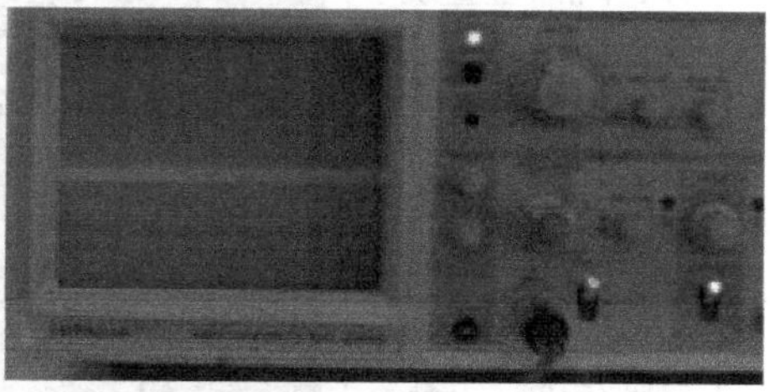
	分别调节 2 辉度调节、6 聚焦调节钮使基线清晰	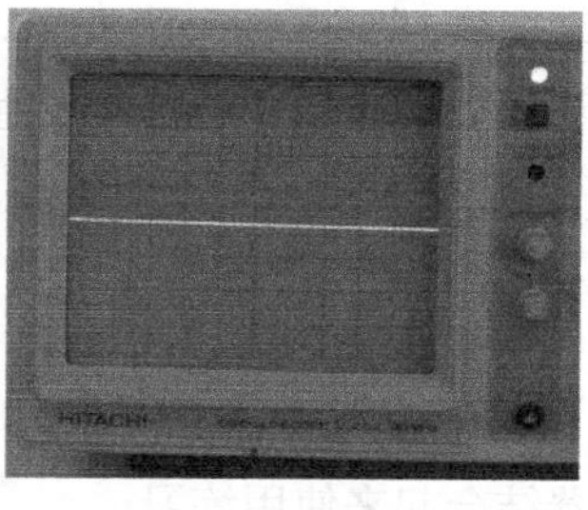
校准测量	调节 9 左通道幅值刻度选择旋钮到 0.5V/div 挡	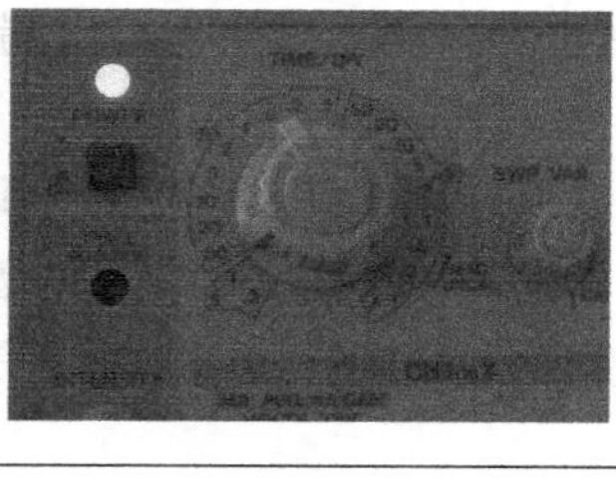

续表

内 容		方 法 步 骤	示意图说明
校准测量		调节 3 扫描时间选择旋钮到 0.5ms/div 挡	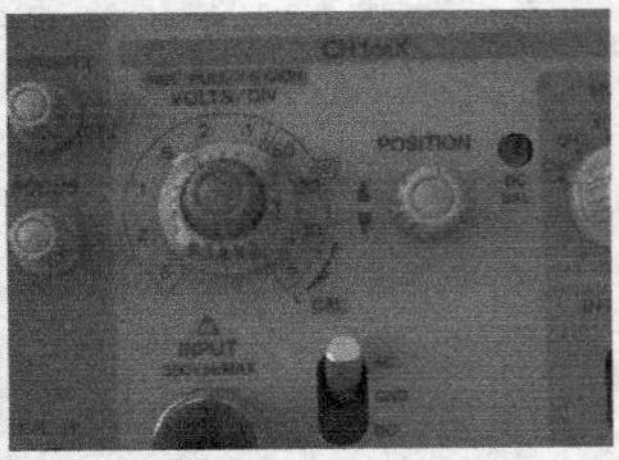
		将探头接到 8 输入端，另一端接到 7 校准方波信号输出端。完成此接线，调节 5 触发电平旋钮，此时应出现示波器本身的校准方波波形	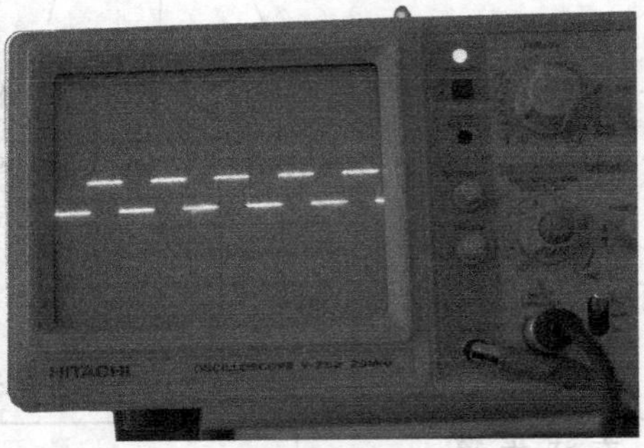
	测方波幅度	当 9 旋钮为 1V 时，看到方波峰—峰值为 1 个格（竖直方向数），则方波峰—峰值 U_{PP}= 1V	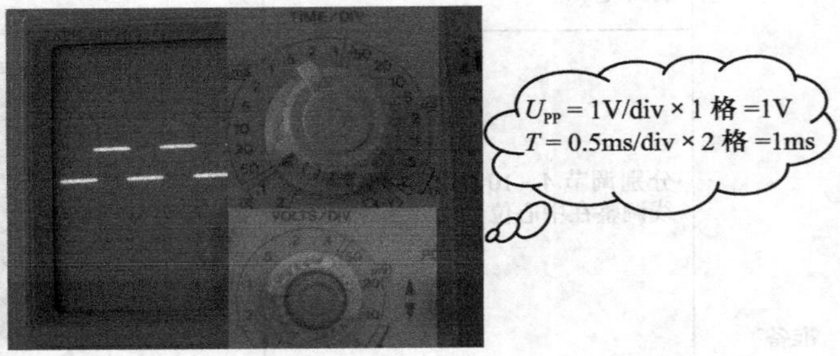
	测方波频率	当 3 扫描时间选择旋钮为 0.5ms/div 时，可以看到每个方波的周期占 2 个空格（水平方向数），则方波周期 T=1ms，其频率 f=1kHz	

（3）信号发生器的使用。下面以实验箱中的信号发生器为例，介绍它的使用方法，如图 2.18 所示为信号发生器实物图。

① 打开电源开关。

② 调节频率旋钮，使输出信号频率为所需要的挡位。

③ 调节幅度旋钮，使输出信号幅度为所需要的挡位。

（4）将信号发生器与示波器结合起来使用练习。

① 按照如图 2.19 所示连接电路。信号发生器输出端的两根线分别与示波器输出端的两根线相连。

② 分别调节信号发生器的幅度、频率旋钮，使之输出正弦交流信号。

③ 用示波器观测信号发生器输出的正弦交流信号的幅度和频率。

④ 读取示波器显示波形的幅值和周期，如图 2.20 所示。

⑤ 计算频率 f。

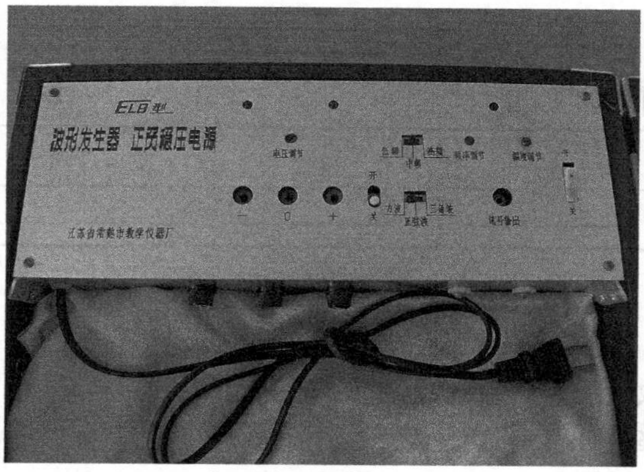

图 2.18 信号发生器

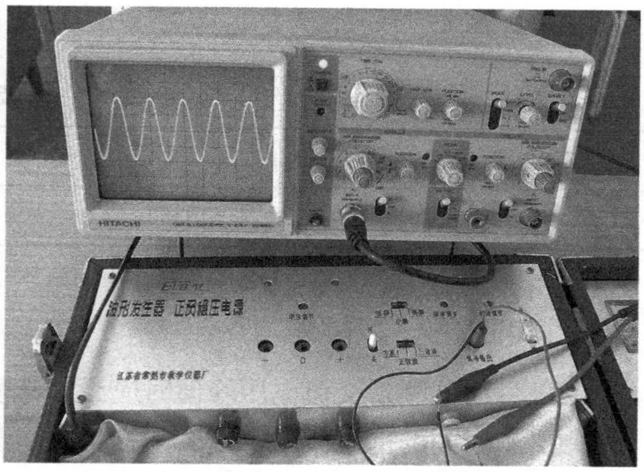

图 2.19 示波器与信号发生器连接

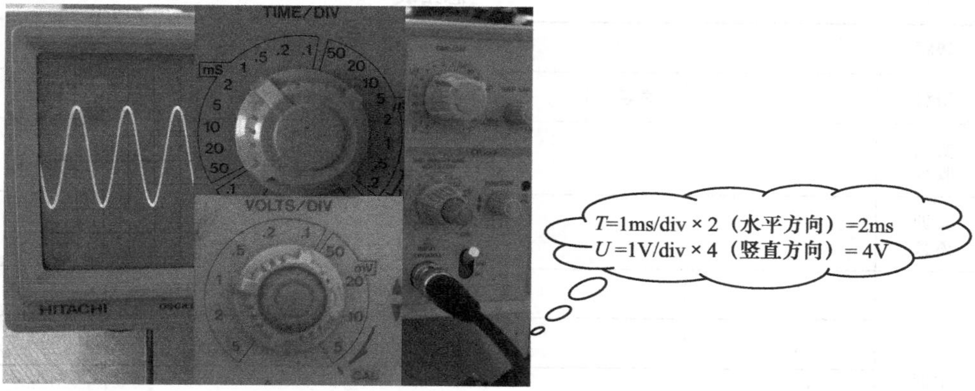

图 2.20 信号发生器与示波器练习

注意，示波器读出的数是待测信号波形的周期，而要知道其频率，需要通过公式的换算，即

$$f=\frac{1}{T}=\frac{1}{2\times10^{-3}}=0.5\times10^{3}=500\text{Hz}$$

3. 实训操作

实训器材如表 2.3 所示。

表 2.3 实训器材

序　号	名　称	规　格	数　量
1	示波器	V—212 双踪	1 台
2	实验箱	ELB	1 台
3	电阻	1kΩ	1 只
4	电阻	2kΩ	1 只

用示波器观测正弦交流信号，步骤如下。

（1）调节信号发生器幅度、频率调节旋钮，使之输出任意两个幅度、频率不同的信号。

（2）用示波器观测上述两个信号，将数据填入表 2.4 中。

（3）计算f。

表 2.4　　示波器信号

U_{1P-P}	U_{2P-P}	T_1	T_2	f_1	f_2

4. 实训总结

（1）示波器测量交流电压峰值时应当怎样读取数据？

（2）观察到的信号波形个数，与扫描时间选择有什么关系？

（3）填写如表 2.5 所示的总结表。

表 2.5　　总结表

课题							
班级		姓名		学号		日期	
实训收获							
实训体会							
实训评价	评定人	评　　语				等级	签名
	自己评						
	同学评						
	老师评						
	综合评定等级						

实训拓展

用示波器观察波形时，荧光屏上分别出现如图 2.21 所示的情况，怎样校正？简述应当调节哪些旋钮，怎样调节？

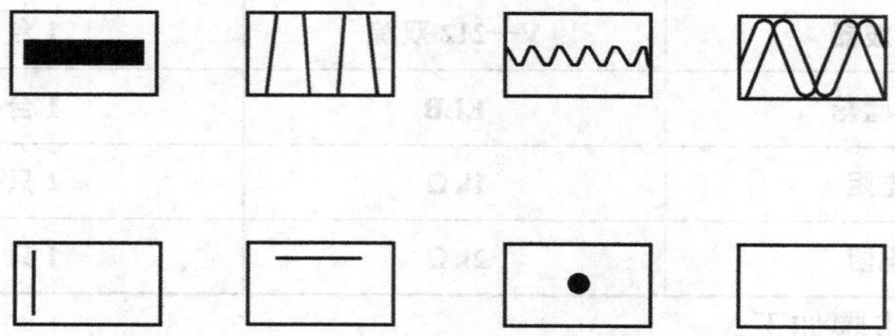

图 2.21　示波器显示的情况

七、技能实训　单管共发射极放大电路静态及动态调测

日常生活中的家用电器，如收音机、电视机、音响等都要用到放大电路，但如果放大电路出现问题，即如图 2.22 所示的情景示意图，如何进行检测？这就是本实训要解决的问题。

图 2.22　放大电路应用示意图

1. 实训目标

（1）了解静态工作点和电路参数对放大电路的影响。

（2）掌握共发射极基本放大电路的静态工作点及放大倍数的测量方法。

（3）能正确使用测量仪器仪表进行测试，准确读取数据。

（4）了解负载变化对电压放大倍数的影响；观察静态工作点的选择对输出波形的影响。

2. 实训解析

（1）实验原理电路如图 2.23 所示。

（2）调节电路中偏置电阻支路上的电位器即可调整静态工作点。

（3）合适的静态工作点是波形不失真的重要条件。

（4）共发射极放大电路具有电压放大作用，且输出电压与输入电压相位相反。

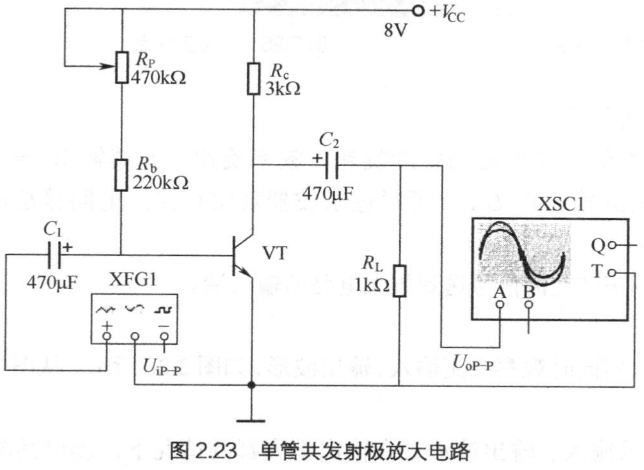

图 2.23　单管共发射极放大电路

3. 实训操作

实训器材如表 2.6 所示。

表 2.6　　　　实训器材

序　号	名　称	规　格	数　量
1	万用表	MF-47	1台
2	示波器	V-212 双踪	1台
3	信号发生器	ELB	1台
4	三极管	9013	1只
5	电位器	470kΩ	1只
6	电容器	470μF	2只
7	电阻	220kΩ/3kΩ/1kΩ	各1只

（1）单管共发射极放大电路静态工作点的调测。

① 按电路原理图 2.23 连接电路，如图 2.24 所示为实物连接电路图。图中，电源位置接直流稳压电源，输入端接信号发生器，输出端接示波器。

② 接通直流电源 8V，不加输入信号。调节 R_P 使 U_{CEQ} = 1.5V 左右。具体方法是将万用表置于直流电压 10V 挡，表并接于放大电路中三极管的 c、e 之间，如图 2.25 所示，即可得到静态工作点 U_{CEQ}。

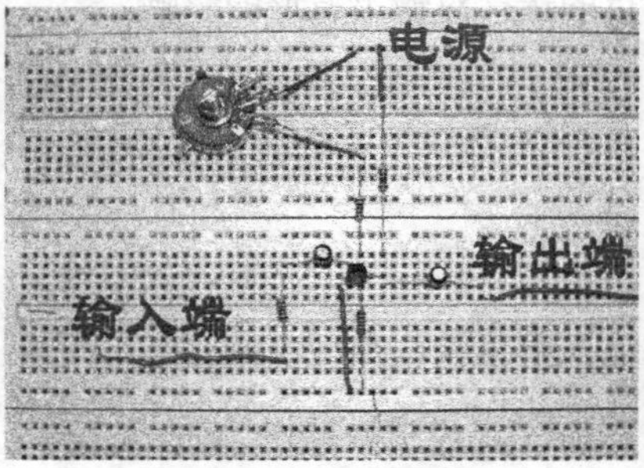

图 2.24　实物的连接电路图

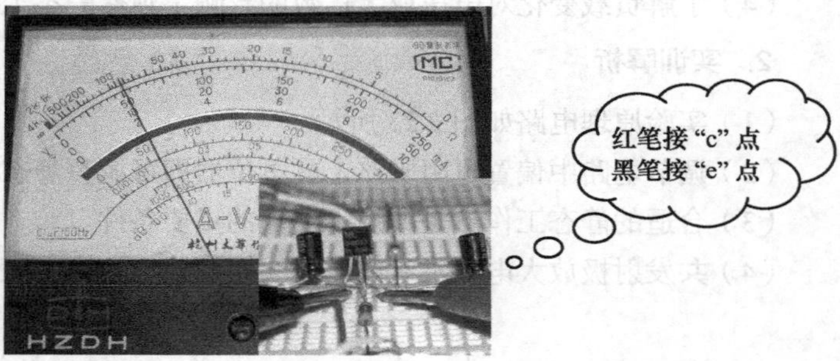

图 2.25　测量工作点

（2）输入正弦交流信号。

① 调节实验箱中信号发生器的幅度旋钮、频率旋钮，使其输出 f = 1kHz，U_{iP-P} = 20mV 的正弦交流信号。该信号的 f、U_{iP-P} 可通过示波器观察得到。电路接法前面已介绍过，不再重复。

② 将已调节好的正弦交流信号送到放大电路的输入端。

（3）观察波形。

① 通过双踪示波器同时观察交流输入、输出波形，如图 2.26 所示。从图中可以看到输入波形、输出波形相位相反。

② 如图 2.26 所示输入、输出波形，在输出不失真的情况下，读出其电压峰——峰值 U_{iP-P}、U_{oP-P}，然后根据公式计算电压放大倍数 A_u。并记录数据填入表 2.7 中。

$$A_u = \frac{U_o}{U_i} = \frac{2V}{20mV} = 100$$

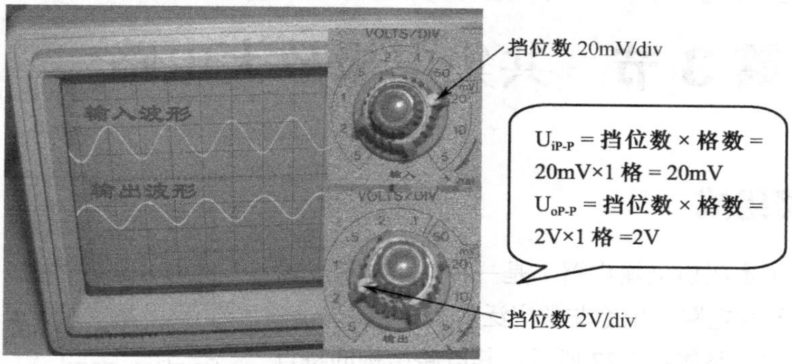

图 2.26　输入、输出波形

表 2.7　　　　实验数据记录表

项目	U_{CEQ}/V	U_{iP-P}/V	U_{oP-P}/V	A_u
数值				

4. 实训总结

（1）整理实验数据，并画出输入、输出波形。

（2）静态工作点太低（I_{CQ} 很小）或太高（I_{CQ} 很大），对输出电压信号波形有何影响?

（3）填写如表 2.8 所示的总结表。

表 2.8　　　　总结表

课题						
班级		姓名		学号	日期	
实训收获						
实训体会						
实训评价	评定人	评　　语			等级	签名
	自己评					
	同学评					
	老师评					
	综合评定等级					

实训拓展

（1）观察静态工作点对波形失真的影响。在上述实验操作的基础上，调节 R_P（较大及较小），观察输出波形失真的情况。

（2）输入信号对波形失真的影响。增大输入信号的幅度，观察输出波形的变化情况。

*第 3 节　共集电极放大电路

一、电路组成

射极跟随器（也叫射极输出器）是一种共集电极（简称共集）组态的放大电路，用途非常广泛。

射极输出器的电路如图 2.27 所示。其电路结构的特点是集电极直接接直流电源，输出信号 U_o 由发射极电阻 R_e 两端引出，故称射极输出器；交流信号的输入、输出均以集电极为公共端，因而又称共集电极放大电路。

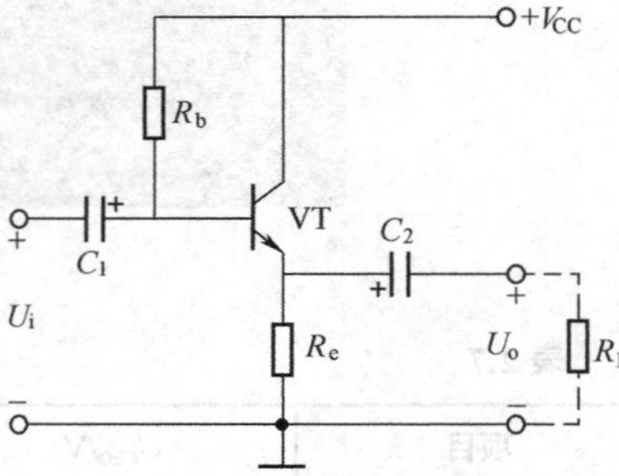

图 2.27　射极输出器电路

二、电路工作特性

1. 电压放大倍数 A_u 近似为 1

分析射极输出器输入输出关系，可知 $U_i = U_{be} + U_o$ 或 $U_o = U_i - U_{be}$（U_{be} 很小，予以忽略）

$$U_o \approx U_i$$

$$A_u = U_o/U_i \approx 1 \text{（但恒小于 1 ）} \quad (2\text{-}26)$$

由此可知，射极输出器输入输出关系有以下两个特性。

（1）$A_u>0$，说明**射极输出器的输出电压和输入电压同相位**，故又称射极输出器为射极跟随器。

（2）$A_u \approx 1$，但略小于 1，其输出电压和输入电压幅度近似相等，故**射极输出器无电压放大能力**。

2. 输入电阻

输入电阻是基极与地之间看进去的等效电阻，$R_i = r_{be} + (1+\beta)R_e \approx \beta R_e$，其值约为数十欧到数百千欧。与共发射极放大电路比较，射极输出器的输入电阻比较高。

3. 输出电阻

射极输出器的输出电压相当稳定，即具有恒压输出特性，因此输出电阻很小。输出电阻的估算式为

$$R_o = \frac{r_{be}}{\beta} // R_e \approx \frac{r_{be}}{\beta} \quad (2\text{-}27)$$

一般只有几十欧，所以它带负载能力强。

三、共集电极放大电路的用途

射极输出器应用广泛，虽然它没有电压放大作用，但电流放大作用仍然存在，并且具有射极跟随性及输入电阻很高，输出电阻很低的特点。因为输入电阻高，取用信号源的电流小，在用于电子测量电路输入级时，可以提高测量仪表的精度。由于输出电阻低，带负载的能力强，因此作输出级，可以向负载输出较大的功率。在作中间级时，其高输入阻抗对前级影响甚小，而对后级因输出电阻低，又有射极跟随性，在与输入电阻不高的共发射极放大电路配合时，既可保证输入

的相位不变，又可起到阻抗变换的作用，从而可以提高多级放大电路的放大能力。

小练习

1. 画出射极输出器的电路图。
2. 射极输出器为什么又称射极跟随器？又称共集电极放大电路？
3. 射极输出器有什么特点？
4. 射极输出器有什么作用？

*第 4 节 共基极放大电路

一、电路的结构

共基极放大电路原理图如图 2.28（a）所示，交流等效电路如图 2.28（b）所示。由图可见，该电路的输入回路与输出回路的公共端为三极管的基极，故称为共基极放大电路。

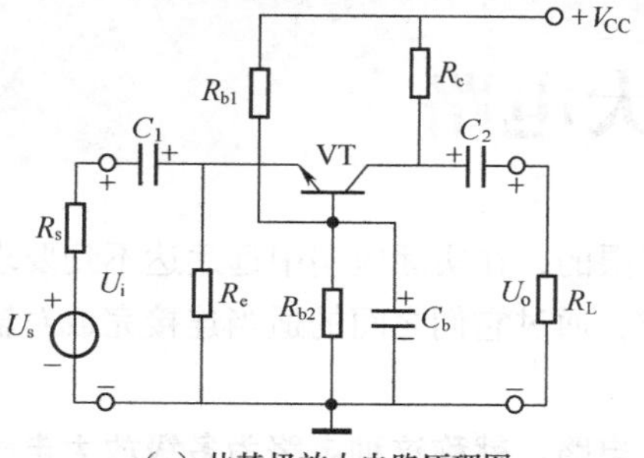

（a）共基极放大电路原理图

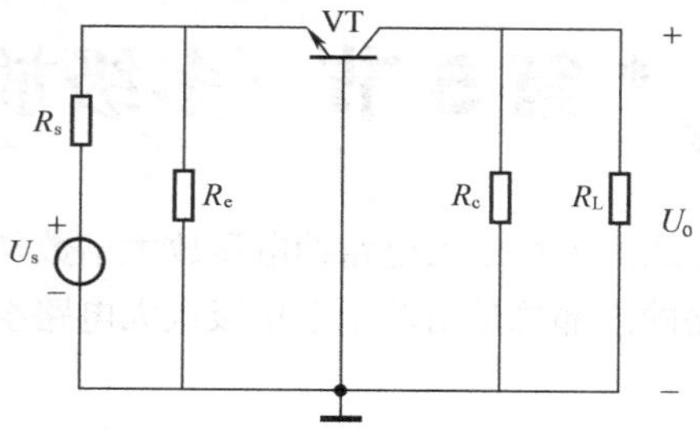

（b）交流等效电路图

图 2.28 共基极放大电路结构图

二、电路工作特性

1. 放大倍数

$$A_u = \frac{U_o}{U_i} = \frac{\beta R_L'}{r_{be}} \tag{2-28}$$

由式（2-28）可知，**共基极放大电路的电压放大倍数和共发射极放大电路的相同，但输出电压和输入电压的相位相同。**共基极放大电路的电流放大倍数小于 1。

2. 输入电阻

$$R_i = R_e // \frac{r_{be}}{1+\beta} \tag{2-29}$$

实际电路中常满足 $R_e >> r_{be}$，可见，**共基极放大电路的输入电阻值较小。**

3. 输出电阻

$$R_o = R_c \tag{2-30}$$

三、3 种组态放大电路比较

（1）共发射极放大电路：有一定的电压、电流放大倍数，输出信号与输入信号反相，输入电阻适中，输出电阻较高，多用作多级放大电路的中间级。

（2）共集极放大电路：有电流放大，但无电压放大作用，A_u<1 且又趋近于 1。U_o 与 U_i 同相，R_i 大，R_o 小，多用于输入级、输出级或中间级（也称缓冲级）。

（3）共基极放大电路：电压放大倍数与共发射极放大电路相同，但 U_o 与 U_i 同相。其输入电阻很小，输出电阻较大，多用作高频、宽带放大以及恒流源电路。

小练习

1. 画出共基极放大电路的原理图。

2. 既能放大电压，又能放大电流的是哪种组态的放大电路？可以放大电压，但不能放大电流的是哪种组态的放大电路？只能放大电流，但不能放大电压的是哪种组态的放大电路？

3. 在共发射极、共集、共基 3 种基本放大电路组态中，电压放大倍数小于 1 的是哪种组态的放大电路？输入电阻最大的是哪种组态的放大电路？输入电阻最小的是哪种组态的放大电路？输出电阻最大的是哪种组态的放大电路？输出电阻最小的是哪种组态的放大电路？

*第 5 节　多级放大电路

前面介绍的单级放大电路的电压放大倍数是有限的，在实际应用中远远达不到要求。一个实用放大电路的内部总是由若干个单级放大电路组成，通过它们之间的适当连接完成对输入信号的放大。

如果一个电路中包含两个或两个以上单级放大电路，就称这种电路为多级放大电路。在多级放大电路中，与信号源相接的叫首级或第 1 级，与负载相接的叫末级或最后一级，其余各级统称为中间级。如图 2.29 所示为多级放大电路的方框图。

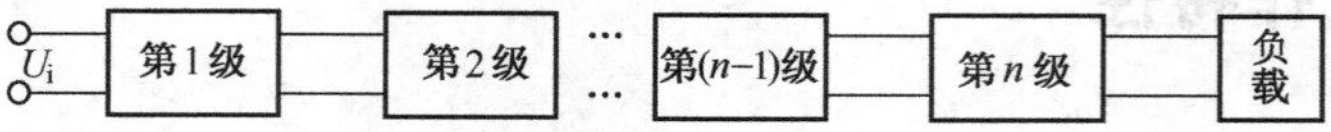

图 2.29　多级放大电路的结构方框图

一、耦合方式及特点

1. 多级放大电路的耦合方式

多级放大电路中每个单管放大电路称为“级”，多级放大电路是由两个或两个以上的单级放大电路组成，级与级之间的连接方式叫耦合。**常用的耦合方式有阻容耦合、变压器耦合、直接耦合和光电耦合。**为确保多级放大电路能正常工作，级间耦合必须满足以下两个基本要求。

（1）必须保证前级输出信号能顺利地传输到后级，并尽可能地减小功率损耗和波形失真。

（2）耦合电路对前、后级放大电路的静态工作点没有影响。

2. 多级放大电路的耦合方式及特点

（1）阻容耦合。如图 2.30（a）所示放大电路为阻容耦合方式。级与级之间通过前级的输出耦合电容 C 和后级的输入电阻连接起来，故称为阻容耦合方式。

优点：第一，因为耦合电容有隔直流作用，所以**各级静态工作点彼此独立，互不影响**，这使电路的设计和调整十分方便；第二，在信号频率已知的前提下，选用容量较大的电容进行耦合，因为电容上交流信号损失很小，所以传输效率较高。

缺点：不能放大直流信号和频率很低的信号。

常用于交流放大电路中。

（2）直接耦合。如图 2.30（b）所示放大电路为直接耦合方式，级与级之间没有隔直耦合电容或变压器，而是通过导线连接起来，故称为直接耦合方式。

优点：第一，不仅可以放大交流信号，也可以放大直流信号；第二，**易于集成化**。

缺点：各级静态工作点互相影响，且存在严重零点漂移问题（目前采用集成电路，因此关于零点漂移问题在介绍集成运算放大器时再讲解）。

常用于集成电路中。

（3）变压器耦合。如图 2.30（c）所示放大电路为变压器耦合方式，级与级之间通过变压器连接，故称为变压器耦合方式。

优点：第一，因为变压器只能传递交流信号不能传递直流信号，所以各级静态工作点也是彼此独立的；第二，因为变压器具有阻抗变换作用，能使放大电路获得最大功率输出。

缺点：不能放大直流信号和频率很低的信号；体积大，重量大；不易于集成化。

常用于功率放大和调谐放大电路中。

（4）光电耦合。如图 2.30（d）所示放大器为光电耦合，前级与后级的耦合元器件是光电耦合器。前级的输出信号通过发光二极管转换为光信号，该光信号照射在光电三极管上，还原为电信号输出。光电耦合既可传输交流信号又可传输直流信号；既可实现前后级的电隔离，又便于集成化。光电耦合器种类很多，常用于控制电路中传输数字信号，若要用于模拟信号放大，应选用线性光耦。

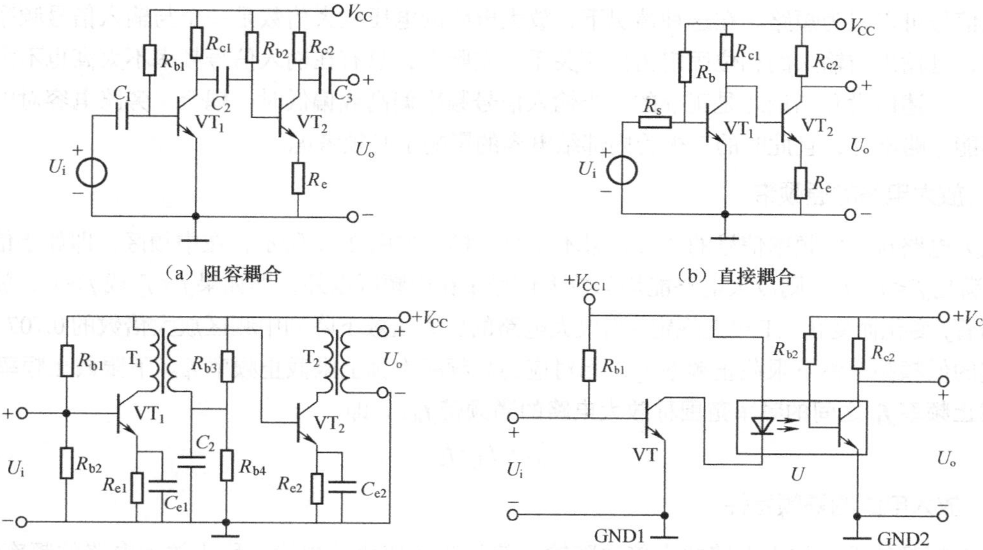

（a）阻容耦合　（b）直接耦合　（c）变压器耦合　（d）光电耦合

图 2.30　放大电路级间耦合方式

二、多级放大电路的动态分析

1. 多级放大电路的电压放大倍数

在多级放大电路中，前一级的输出就是后一级的输入，所以**多级放大电路的电压放大倍数等于各单级放大电路电压放大倍数的乘积。**

$$A_u = A_{u1} \cdot A_{u2} \cdot A_{u3} \cdot \cdots \cdot A_{un} \tag{2-31}$$

必须注意，以上各级的电压放大倍数均已考虑到**把后级的输入电阻作为前一级的负载**，因此比不带负载时的电压放大倍数要小。

2. 多级放大电路的输入电阻

多级放大电路的输入电阻为第1级的输入电阻，即

$$R_i = R_{i1} \tag{2-32}$$

3. 多级放大电路的输出电阻

多级放大电路的输出电阻为末级的输出电阻，即

$$R_o = R_{on} \tag{2-33}$$

【例 2.3】测得两级放大电路，$A_{u1} = 10$，$A_{u2} = 100$，问总的电压放大倍数是多少？求各级电压增益及总电压增益分别是多少？

解： 总放大倍数 $A_u = A_{u1} \cdot A_{u2} = 10 \times 100 = 10^3$

第1级电压增益 $A_{u1}(\text{dB}) = 20\lg 10\text{dB} = 20\text{dB}$

第2级电压增益 $A_{u2}(\text{dB}) = 20\lg 100\text{dB} = 40\text{dB}$

总增益 $A_u(\text{dB}) = 20\text{dB} + 40\text{dB} = 60\text{dB}$

三、幅频特性

前面对阻容耦合单级共发射极放大电路的交流状态进行分析时，总认为耦合、旁路电容对交流输入信号可以视为短路。在这种情况下，放大电路的电压放大倍数是一个与输入信号频率无关的常数，且输出与输入的相位固定为倒相关系。实际上，只有在输入信号频率不太高也不太低的情况下，上述假设和结论才是正确的。当输入信号频率偏高或偏低时，耦合、旁路电容对电路的影响不能忽略不计，且此时的三极管内部结电容的影响也必须考虑。

1. 放大电路的通频带

放大电路对不同频率信号的放大效果不完全一样。如图2.31所示，在中频区，即如果信号源频率f满足$f_L<f<f_H$，则放大电路能均匀放大信号；在中频区以外，即如果$f<f_L$或$f>f_H$，放大倍数将随着f变化而变化。工程上规定：当放大电路的放大倍数下降到中频区放大倍数的0.707倍时，相对应的低频频率称下限截止频率f_L，相对应的高频频率称上限截止频率f_H。**下限截止频率f_L与上限截止频率f_H之间的频率范围称放大电路的通频带f_{BW}。**即

$$f_{BW} = f_H - f_L \tag{2-34}$$

2. 放大电路的幅频特性

（1）幅频特性。放大电路放大倍数随输入信号频率变化的规律，称为放大电路的频率特性。

它包含两个方面：一是放大电路放大倍数的幅度随输入信号频率变化的规律，称为放大电路的幅频特性，将幅频特性用曲线描述，称之为幅频特性曲线，如图 2.31 所示；二是放大电路放大倍数的相位随频率变化的规律，称之为相频特性。

由图 2.31 可见，**放大电路只能放大通频带以内的信号，而通频带之外的信号几乎不放大。**

（2）多级放大电路的幅频特性。如图 2.32 所示为两级放大电路的幅频特性曲线从图中可见，两级放大电路的通频带比组成它的单级放大电路的通频带窄，由此可知对于一个 n 级放大电路的通频带比组成它的单级放大电路的通频带窄很多。放大电路的级数越多，通频带越窄。

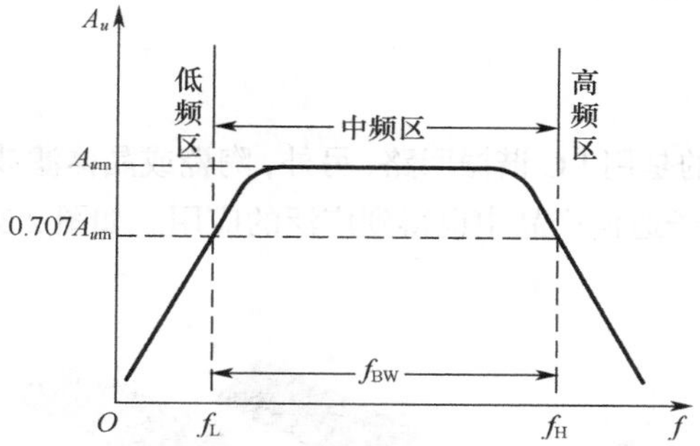

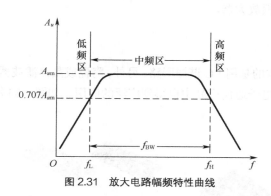

图 2.31　放大电路幅频特性曲线

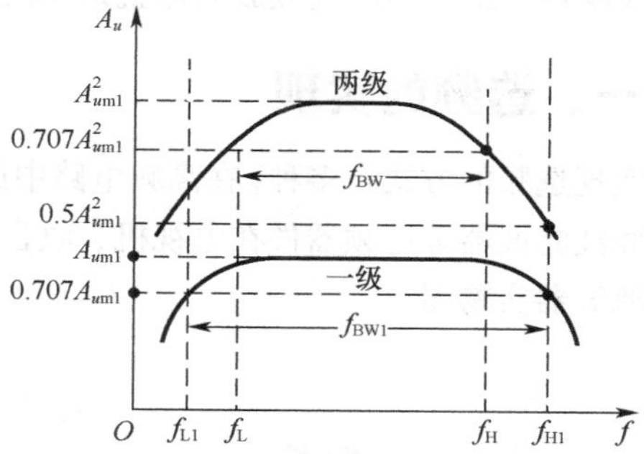

图 2.32　两级放大电路幅频特性曲线

在实际应用中，放大电路的信号并不是单一频率的正弦信号，而经常是含有多种频率成分的复杂信号，如声音、图像等信号。要想使声音或图像信号不失真，就要把信号中所有频率成分都均等放大，也就是说，信号中含有的频率成分都应在通频带内。由此可见，通频带是描述放大电路幅频特性的一项重要指标。在设计放大电路时，一定要根据放大信号的频率成分确定放大电路的通频带。

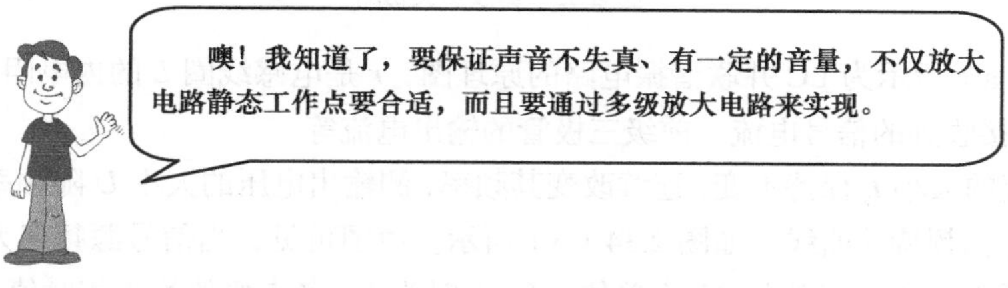
噢！我知道了，要保证声音不失真、有一定的音量，不仅放大电路静态工作点要合适，而且要通过多级放大电路来实现。

小练习

1. 什么电路被称为多级放大电路？
2. 多级放大电路有几种耦合方式？各有什么特点？通常用于什么场合？
3. 多级放大电路与各单级放大电路的动态参数有何关系？
4. f_L 和 f_H 的含义是什么？ f_{BW} 的含义是什么？
5. 什么叫放大电路的幅频特性？影响低频特性的主要参数有哪些？影响高频特性的主要参数有哪些？

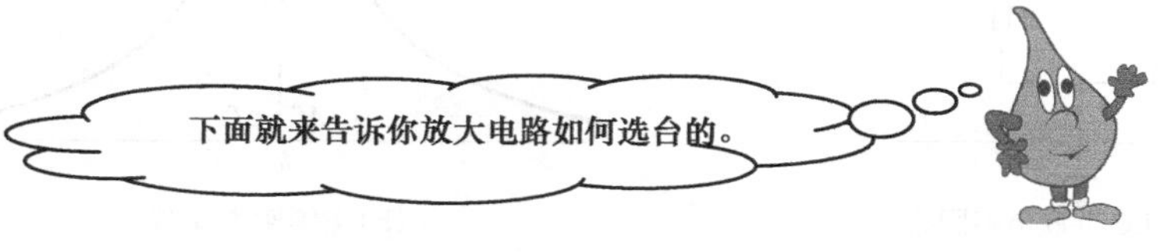
下面就来告诉你放大电路如何选合的。

*第 6 节　谐振放大电路

电视机、收音机都可以收到许多套节目，接收到的各套节目的高频电信号的频率各不相同。选台就是从许多不同频率的信号中选出某一所需频率的信号，这就要求接收机具有选频能力，收音机的输入调谐回路、中频放大器等都具有选频能力。选频能力还可包括抑制与接收频率不同的干扰及噪声。最基本的选频放大器就是小信号谐振放大器。

一、选频的实现

实现选频的方式有多种，在高频电路中最基本的是用 LC 谐振回路，另外，陶瓷或晶体滤波器、声表面波滤波器等选频器件在电视机、收音机等电子通信产品中也得到广泛的应用。如图 2.33 所示为滤波器实物图。

（a）晶体滤波器　（b）陶瓷滤波器　（c）声表面滤波器

图 2.33　滤波器实物图

如图 2.34（a）所示为 LC 并联谐振电路的原理图，r 是电感线圈 L 的内电阻。输入信号电流源$\dot{I}_s$可以是天线接收到的信号电流、前级三极管的输出电流等。

使输入电流的大小 I_s 保持不变，连续改变其频率，测输出电压的大小 U 随频率而变化的情况，绘出的曲线称为幅频特性曲线，如图 2.34（b）所示。由图可见，当信号源频率为某一频率 f_0 时，有最大输出电压 U_o，纵坐标则以 U_o 为单位，$f=f_0$ 时为 1，各点幅值均为相对值 U/U_o。从测试结果可以看出，**LC 并联谐振电路对 f_0 及以 f_0 为中心的一段较窄频带有较大的输出，而对其他频率，尤其是偏离 f_0 较大时则输出较小，这就是选频作用。**

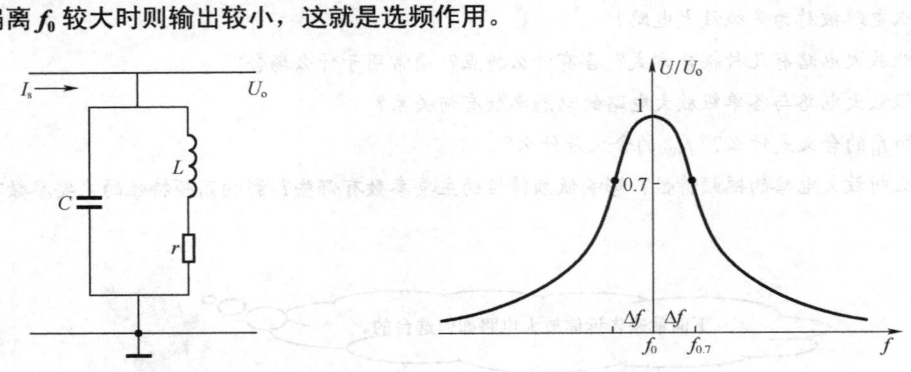

（a）LC 并联谐振回路　（b）幅频特性曲线

图 2.34　LC 并联谐振电路

1. 谐振及谐振频率

如图2.34（a）所示LC并联谐振电路，当输入信号频率很高时，电容C的容抗很小，因此输出电压U很小，如图2.34（b）f轴右端情况所示，此时回路的阻抗呈容性。当输入信号频率很低时，电感L的感抗很小（r很小），因此输出电压U很小，如图2.34（b）f轴左端情况所示，此时回路的阻抗呈感性。所以LC并联谐振电路对很高和很低的频率有很好的滤除作用。

当电容C的容抗和电感L的感抗相等时，输出电压U最大，如图2.34（b）f轴中间所示，此时电路呈纯电阻特性，把出现这种现象的情况称并联谐振，电路发生谐振时对应的频率称谐振频率，用f_0表示。

当LC并联谐振电路的参数都确定后，它的谐振频率为

$$f_0 \approx \frac{1}{2\pi\sqrt{LC}} \tag{2-35}$$

在收音机调台过程中，就是利用谐振的这个特性在众多频率中将与电路发生谐振的频率（电台）选出来。

在LC并联谐振电路中，为了评价谐振回路损耗的大小，常引入品质因数Q，它定义为回路谐振时的感抗（或容抗）与回路等效电阻（r）之比，即

$$Q = \frac{\omega_0 L}{r} = \frac{\frac{1}{\omega_0 C}}{r} \tag{2-36}$$

一般LC谐振回路的Q值在几十到几百范围内，**Q值越大，回路损耗越小。**

2. 通频带

从对图2.34（b）的分析可知，当占有一定频带宽度的信号在并联回路中传输时，输出电压便不可避免地产生频率失真。为了限制谐振回路频率失真的大小而规定了谐振回路的通频带。**当U/U_0值由最大值1下降到0.707时，所确定的频带宽度$2\Delta f$就是回路的通频带f_{BW}**，如图2.35所示，其值为

$$f_{BW} = \frac{f_0}{Q} \tag{2-37}$$

式（2-37）说明，**回路Q值越高，通频带越窄；回路频率越高，通频带越宽。**

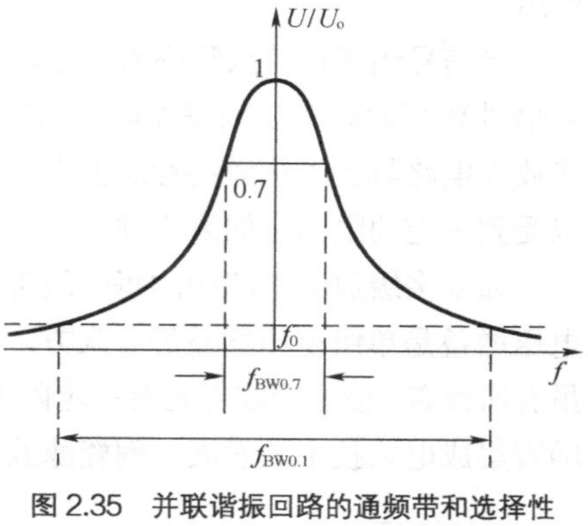

图2.35 并联谐振回路的通频带和选择性

3. 选择性

选择性是指回路从含有不同频率信号总和中选出有用信号、排除干扰信号的能力。

谐振回路具有选频能力，且回路的谐振曲线越尖锐，对无用信号的抑制作用越强，选择性越好。

实际上，选择性常用谐振回路输出信号下降到谐振时输出电压的0.1倍的通频带$f_{BW0.1}$来表示，如图2.35所示。**$f_{BW0.1}$越小，回路的选择性就越好。**

二、基本谐振放大电路

小信号谐振放大电路类型很多，按调谐回路区分，有单调谐回路谐振放大电路、双调谐回路谐振放大电路和参差调谐回路谐振放大电路。按三极管连接方式区分，有共基极、共发射极和共集电极放大电路等。这里介绍一种常用的谐振放大电路——单调谐回路谐振放大电路，如图 2.36 所示。

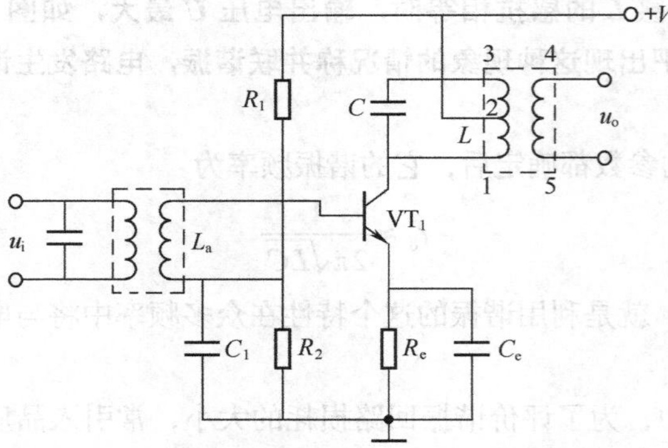

图 2.36　共发射极单调谐回路谐振放大电路

从结构上看，它很像前面学过的共发射极放大电路，它们唯一区别就是单调谐回路谐振放大电路是用一个 LC 并联回路代替了集电极电阻 R_C。

图 2.36 中 R_1、R_2 是放大电路的偏置电阻；R_e 是直流负反馈电阻；C_1、C_e 是高频旁路电容，它们起稳定放大电路静态工作点的作用。L、C 组成并联谐振回路，它与三极管共同起着选频放大作用。

当信号频率在谐振频率 f_0 附近时，LC 并联谐振电路的阻抗最大，使放大电路的放大倍数较高。当信号频率远离谐振频率 f_0 时，LC 并联谐振电路的阻抗较小，使放大电路的放大倍数较小。故使放大电路具备了选频特性。但电压增益取决于三极管参数、回路与负载特性及接入系数等，所以受到一定的限制。如果要进一步增大电压增益，可采用多级放大电路。

如果多级放大电路中的每一级都调谐在同一频率上，则称为多级单调谐放大电路。级联后总电压增益是单级电压增益的 n 次方。但级数越大，通频带越窄，还会出现自激振荡。电路选择性虽有所改善，但这种改善是有一定限度的。会出现电路体积大、笨重、调试复杂、稳定性差等缺点。随着集成电路技术的发展，陶瓷滤波器作为选频元器件渐成主流。

小练习

1. 谐振放大电路与普通放大电路的区别是什么？
2. 谐振放大电路的选频特性是通过什么方式实现的？

*三、技能实训　组装和调测收音机的中频放大电路

将如图 2.37（a）所示收音机电路按知识点进行拆分组装，分为中频放大电路、功率放大电路、振荡器及其他剩余部分电路。本实训按如图 2.37（b）所示进行中频放大电路的组装和测试。

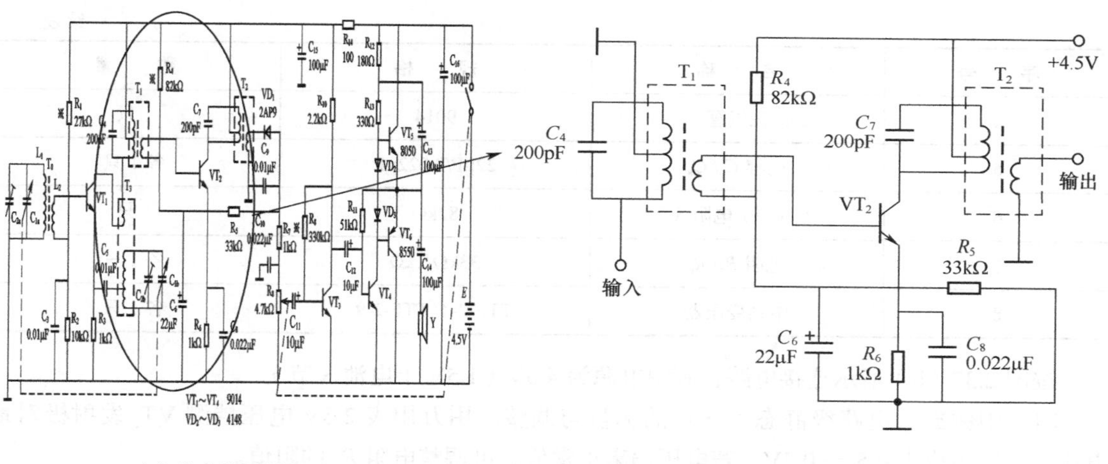

（a）收音机电路图　　（b）中频放大电路

图 2.37　中频放大电路实验电路图

1. 实训目标

（1）进一步熟练掌握仪器仪表的使用方法。

（2）掌握测试静态工作点的方法。

（3）能正确的使用仪器仪表进行测试，准确读取数据。

2. 实训解析

中频放大电路采用单调谐回路谐振放大电路，如图 2.37（b）所示。中频放大电路是超外差收音机中及其重要的一级，它对于整机的灵敏度、选择性、稳定性、通频带、音质和自动增益控制等主要指标起着决定性的作用。

中频放大电路主要由中频变压器（中周）和高频三极管组成。通常为了提高中放级的功率增益，采用两级甚至三级的中频放大。各级线路基本相同，本质上都是一种选频放大电路，均以中频变压器的初级调谐回路作负载。其作用是把变频级送来的中频信号再进行一次检查，只让 465kHz 的中频信号通过，并送到三极管进行放大，然后将放大的中频信号再送往检波器去检波。

中频放大的偏置电路由 R_4、R_5、R_6 组成。上、下偏置电阻 R_4 、R_5 组成分压电路，R_6 为直流负反馈电阻。电阻 R_5 兼作自动增益控制电阻。C_8 作为 VT_2 发射极旁路电容。调整 R_4 可调整静态工作点，为了便于自动增益控制，VT_2 的静态工作电流不宜过大，一般选取 I_{C2} 为 0.5 ～ 0.7mA 左右。

3. 实训操作

实训器材如表 2.9 所示。

表 2.9　　实训器材

序　号	名　称	规　格	数　量
1	万用表	MF—47	1 台
2	示波器	V-212 双踪	1 台
3	信号发生器	ELB	1 台

续表

序　号	名　称	规　格	数　量
4	三极管	9014	1只
5	电容 C_6/ C_8	22μF/0.022μF	各1只
6	（可调）电阻 R_4	82kΩ	1只
7	电阻 R_5/ R_6	33kΩ/1kΩ	各1只
8	中频变压器	TTF-2-1/ TTF-2-9	各1只

按图 2.37（b）所示连接电路，其中电源为 4.5V（1.5V 干电池 3 节）。

（1）中频放大电路级静态工作点的测量与调整。用万用表 2.5V 电压挡测 VT_2 发射极对地电压，正常值应为 0.5 ～ 0.7V。若电压偏离正常值，可调整电阻 R_4 的阻值。

（2）将实测值填入表 2.10 中。

（3）输入幅度为 1 ～ 10mV，频率为 465kHz 的正弦信号，用示波器观察输出波形。并记录数据于表 2.10 中。

表 2.10　　　　实验数据记录表

项目	U_{E2}/V	U_o/V
数值		

4．实训总结

（1）整理实验数据，并画出输出波形。

（2）静态工作点 U_{E2} 偏离正常值如何调整？

（3）填写如表 2.11 所示的总结表。

表 2.11　　　　总结表

<table>
<tr><td>课题</td><td colspan="7"></td></tr>
<tr><td>班级</td><td></td><td>姓名</td><td></td><td>学号</td><td></td><td>日期</td><td></td></tr>
<tr><td>实训收获</td><td colspan="7"></td></tr>
<tr><td>实训体会</td><td colspan="7"></td></tr>
<tr><td rowspan="5">实训评价</td><td>评定人</td><td colspan="4">评　　语</td><td>等级</td><td>签名</td></tr>
<tr><td>自己评</td><td colspan="4"></td><td></td><td></td></tr>
<tr><td>同学评</td><td colspan="4"></td><td></td><td></td></tr>
<tr><td>老师评</td><td colspan="4"></td><td></td><td></td></tr>
<tr><td>综合评定等级</td><td colspan="6"></td></tr>
</table>

实训拓展

中频啸叫有两类，一类是自动增益控制电路（AGC）中电容 C_8 开路引起的啸叫。其特点是喇叭中出现“吱吱”声，当收音机调到电台位置附近便发出尖叫，失真加大，声音难听。另一类是中频自激啸叫。其特点是调谐时整个度盘上都有啸叫声，尤其在收听电台的两旁更为显著，当调谐到强电台位置时叫声消失。此类故障一般是中和电容不良（容量不够、开路或漏电）、三极管 β 值太大或 I_{CEO} 变大，静态工作点不正常等引起。

（1）共发射极组态基本放大电路是学习其他电路的基础，对学习后面放大电路的原理和分析方法是非常重要的。若使放大电路不失真地放大交流信号，必须合理设置静态工作点。基本放大电路的分析方法有近似计算法、图解法和微变等效电路法。近似计算法简单。

（2）分压偏置电路主要作用就是稳定静态工作点，以保证放大电路不失真地放大交流信号。

（3）射极输出器电路具有电压放大倍数小于 1 且近似等于 1、输入电阻高、输出电阻低的特点，因此得到广泛应用。

（4）共基电极放大电路 u_o 与 u_i 同相，其输入电阻很小，输出电阻较大。

（5）多级放大电路的耦合方式主要有阻容耦合、变压器耦合、直接耦合和光电耦合方式，各种耦合方式具有不同的特点，根据各自的特点用于不同的场合。

（6）调谐放大电路是放大特定频率或频段信号的电路，其特点是具有选频特性。

一、填空题

1. 三极管放大电路没有输入信号时的工作状态称为________，此时三极管的工作状态在输入、输出特性曲线上对应的点称________，该点的值用________、________、________和来表示。

2. 三极管放大电路有输入信号时的工作状态称为________，此时放大电路在________和________电压共同作用下工作，电路中的电流和电压既有________成分又有________成分。

3. 对直流通路而言，放大电路中的电容可视为________；对于交流通路而言，容抗小的电容器可视作________，内阻小的电源可视作________。

4. 放大电路有共________、共________、共________3 种组态。

5. 在共发射极基本放大电路中，输出电压 u_o 与输入电压 u_i 相位________。

6. 放大电路的输入电阻和输出电阻是衡量放大电路性能的重要指标，一般希望电路的输入电阻________，以________对信号源的影响；希望输出电阻________，以________放大电路带负载的能力。

7. 在放大电路中，当输入信号一定时，静态工作点Q设置太低将产生________失真；设置太高，将产生________失真。通常调节________来改变Q。

8. 射极输出器的________极为输入与输出的公共端，所以它属于________________组态的放大电路。

9. 射极输出器电压放大倍数 $A_u \approx$________，所以它无________放大作用，但有________和________放大作用。其输出电压与输入电压相位________。

10. 3种基本放大电路中，输出电压与输入电压相位相反的是________放大电路；电压放大倍数最小的是________放大电路；即有电流放大又有电压放大的是________放大电路。

11. 多级放大电路有________、________、________3种耦合方式。

二、选择题

1. 在共发射极组态基本放大电路中，用示波器观察输出电压与输入电压的波形，它们的幅度应该________，相位应该________。

A. 相同　　B. 不相同　　C. 反相

2. 电压放大电路设置静态工作点的目的是________。

A. 减小静态损失　　B. 不失真地放大输入信号　　C. 增大电流放大倍数

3. 在NPN组成的共发射极组态基本放大电路中，当输入为正弦波时，输出电压波形出现了底部失真，这种失真是________。

A. 截止失真　　B. 饱和失真　　C. 频率失真

4. 在3种基本放大电路中电压放大系数近似为1的是________。

A. 共发射极放大电路　　B. 共集电极放大电路　　C. 共基电极放大电路

5. 为了放大变化缓慢的微弱信号，多级放大电路应采用________耦合方式；为了实现阻抗变换，放大电路应采用________耦合方式。

A. 直接　　B. 阻容　　C. 变压器

6. 在基本放大电路中，电压放大电路空载是指________。

A. $R_L=0$　　B. $R_C=R_L$　　C. $R_L=\infty$

*7. 当多级相同的单调谐放大电路相连时，放大电路总的________。

A. 比单级通频带宽　　B. 比单级通频带窄　　C. 和单级通频带一样

三、计算题

*1. 在NPN组成的固定偏置共发射极放大电路中，$V_{CC}=12V$，$R_b=240k\Omega$，$R_C=3k\Omega$，$U_{BEQ}=0.7V$，$\beta=40$，求：（1）I_{BQ}、I_{CQ}、U_{CEQ}；（2）A_u、R_i、R_o。

*2. NPN型三极管接成如图2.38所示的放大电路，试进行以下分析：

已知 $V_{CC}=12V$，$U_{BEQ}=0.7V$，若要把三极管的管压降 U_{CEQ} 调到2.4V，R_b 应调为多少？

*3. 如图2.39所示电路，$U_{BEQ}=0.7V$，$r_{be}=1k\Omega$，求：

（1）画出直流通路，并计算静态工作点 I_{BQ}、I_{CQ}、U_{CEQ}；

（2）画出交流通路，并计算电压放大倍数 A_u、R_i、R_o。

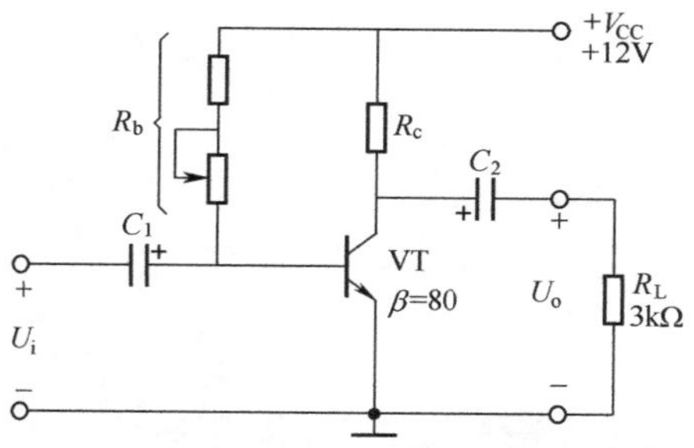

图 2.38 计算题 2 用图

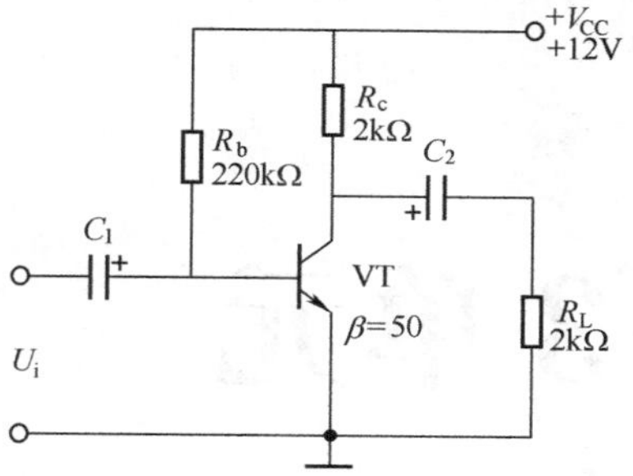

图 2.39 计算题 3 用图

*4. 电路如图 2.40 所示，其中 $r_{be}=800\Omega$，$U_{BE}=0.7V$，求：

（1）绘出直流通路和交流通路；

（2）估算静态工作点 I_{BQ}、I_{CQ}、U_{CEQ}；

（3）交流参数 A_u、R_i、R_o。

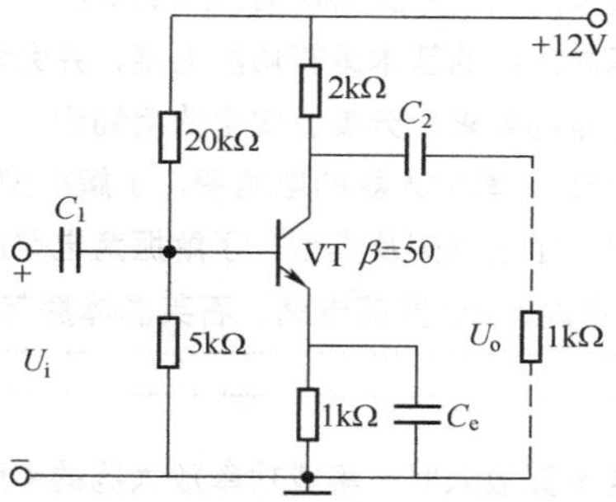

图 2.40 计算题 4 用图

四、实训题

1. 用万用表测量静态工作点 I_{CQ} 时，应选择万用表的什么挡位？将万用表怎样连接在电路中？用万用表测量静态工作点 U_{CEQ} 时，应选择万用表的什么挡位？将万用表怎样连接在电路中？

2. 在单级放大电路实验中，怎样调整静态工作点？

3. 在单级放大电路实验中，如何得到电压放大倍数参数？

第3单元

其他常用应用电路

知识目标

- 理解反馈的基本概念，了解其负反馈类型及对放大电路性能的影响。
- 掌握集成运算放大器的符号及器件的引脚功能。
- 能识读集成运算放大器的基本运算功能电路，并会估算输出电压。
- 了解功率放大电路的要求、分类、安全使用知识。
- 能识读 OCL、OTL 功率放大器的电路图，了解典型集成功率放大器的应用。
- 掌握正弦波电路的组成框图及类型，了解振荡电路的工作原理。
- 能读识 LC 振荡电路、RC 振荡电路、石英晶体振荡电路图。

技能目标

- 能正确识读集成运算放大器、集成功率放大器的引脚，正确选用元器件。
- 会安装和调试音频功率放大器，并能进行简单的故障检测。
- 能排除正弦波振荡电路的常见故障。

情景导入

多级放大器的输出信号直接加到喇叭上就有声音吗？
扬声器要和放大器的输出阻抗匹配才能正常工作。

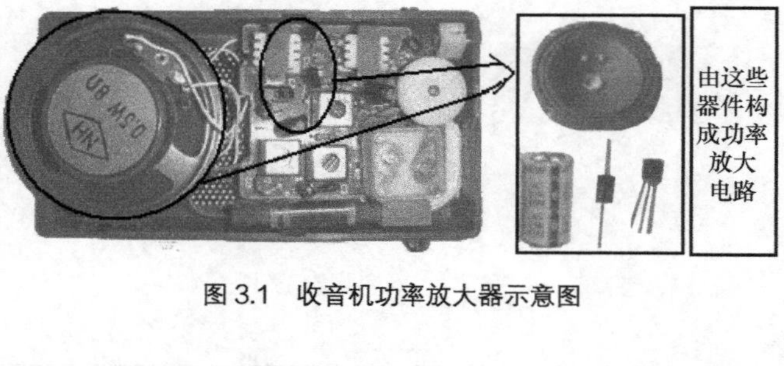

图 3.1　收音机功率放大器示意图

本单元介绍负反馈放大电路的基本概念、类型及负反馈对放大电路性能的影响；集成运算放大器的基本运算电路；功率放大电路和正弦波振荡电路的基本知识。

第 1 节　负反馈放大电路

基本放大电路在工作时往往不稳定，性能也不太好，为了克服这些缺点，常常需要加上负反馈，否则容易产生失真等不良现象，如图 3.2 所示。在电子电路中，常常利用负反馈来改善电路的工作性能。实际上，几乎所有应用电子技术的自动控制系统都是建立在负反馈基础上的。因此，负反馈技术在电子电路中显得十分重要。

图 3.2　负反馈作用示意图

一、反馈的基本概念

在放大电路中，信号是从输入端输入，经过放大器放大后，从输出端送给负载，这是信号的正向传输。但在很多电路中，常将输出信号再反向传输到输入端。这里有两种不同的信号流通方向，一个是从输入到输出的信号（放大）流向，另一个是从输出到输入的信号（反馈）流向。

也就是说，**把放大电路输出信号的一部分或全部通过一定的方式送回输入端并与输入信号相叠加。这种信号的回送过程叫做反馈**。其方框图如图 3.3（a）所示。

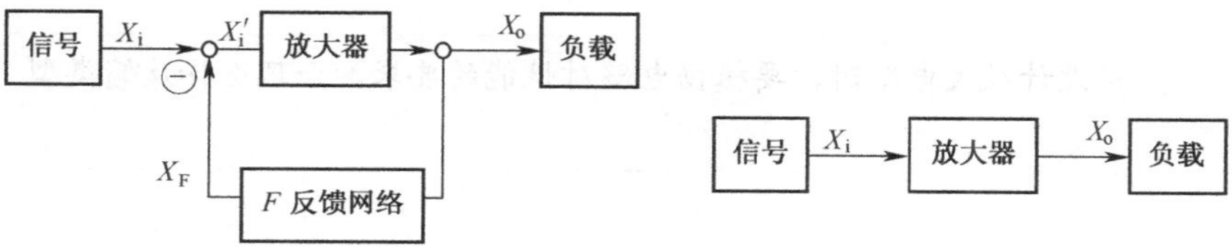

（a）反馈放大电路组成框图　　（b）开环放大电路框图

图 3.3　放大电路框图

图 3.3（a）中箭头指向表示信号流向，输出信号 X_o 通过反馈电阻（或网络）引回到输入端，这种电路系统称为闭环控制系统，或反馈控制系统。则有

$$X_i' = X_i - X_F \tag{3-1}$$

式（3-1）中X'_i称为净输入信号，X_F为反馈信号，F为反馈系数。对运算放大器来说，在闭环状态下，实际输入运算放大器的不是X_i，而应是X'_i，即净输入信号。因此

$$X_o = A_o X'_i \quad (3\text{-}2)$$

如图3.3（b）所示的电路框图只有正向传输，这样的电路称为开环放大电路。

二、反馈的基本类型及用途

电路反馈的类型很多，主要有以下几种分法。

（1）**正反馈和负反馈**。根据反馈极性分正反馈和负反馈。把凡是反馈信号削弱输入信号，也就是使净输入信号减小的反馈称为负反馈。反馈信号如能起到加强净输入量的作用，则称为正反馈。

在放大电路中，正反馈可以提高放大电路的放大倍数，但同时会使放大电路的工作稳定度、失真度、频率特性等性能显著变坏。**负反馈使放大电路放大倍数降低，但却使放大电路许多方面的性能得到改善**。所以，实际放大电路中均采用负反馈，而正反馈主要用于振荡电路中。

（2）**直流反馈和交流反馈**。根据反馈信号是直流还是交流又可分为直流反馈和交流反馈。

直流负反馈影响放大电路的直流性能，常用以稳定静态工作点。交流负反馈影响放大电路的交流性能，常用以改善放大电路的动态性能。

（3）**电压反馈和电流反馈**。根据反馈网络与放大电路输出端连接方式分电压反馈和电流反馈。当反馈信号与加在负载上的电压成正比时是电压反馈，与流过负载的电流成正比时是电流反馈。

在放大电路中，引入电压负反馈，**可以稳定输出电压，减小放大电路的输出电阻。电流负反馈可以稳定输出电流，增大放大电路的输出电阻**。

（4）**串联反馈和并联反馈**。根据反馈信号与输入信号在输入回路的作用方式，有串联反馈和并联反馈之分。

在放大电路中，**串联负反馈使输入电阻增大，并联负反馈使输入电阻减小**。

负反馈对放大电路性能的影响除上述叙述外，还可以减小非线性失真、展宽频带及减小放大电路内部噪声等好处。

注意：在设计放大电路时，要根据电路对性能的要求，合理选择反馈类型。

小练习

1. 什么叫做反馈？什么叫做正反馈？什么叫做负反馈？
2. 为什么在放大电路中常采用负反馈？
3. 直流反馈和交流反馈在反馈电路中各起什么作用？
4. 反馈有哪些类型？

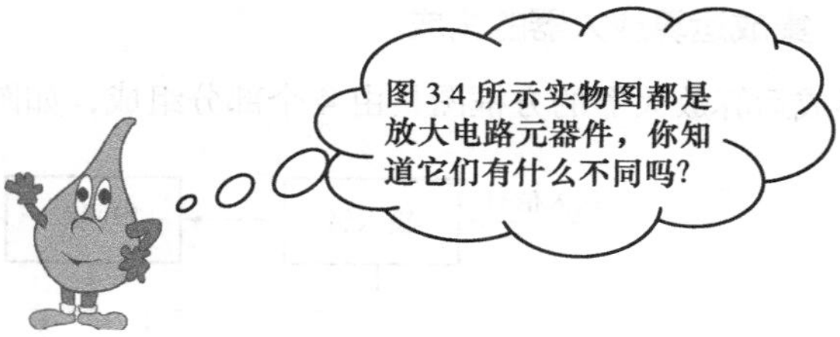

图 3.4　三极管和集成运算放大电路

第 2 节　集成运算放大器的基础知识

随着半导体技术的飞速发展，在 20 世纪 60 年代电子电路中的元器件开始出现集成化。将二极管、三极管、场效晶体管、电阻等元器件以及连线集中在一小块硅基片上，封装在一个管壳内，构成特定功能的电子电路，由于它本身可以是一个完整的电路，故称集成电路。由于集成电路具有性能好、体积小、使用方便、成本低等优点，在各种电子设备及仪器中，得到广泛的应用。

集成电路常用封装形式有扁平式、双列直插式等，其外形图及实物图如图 3.5 所示。

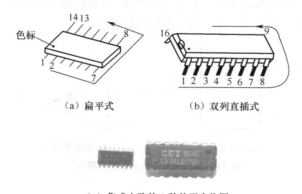

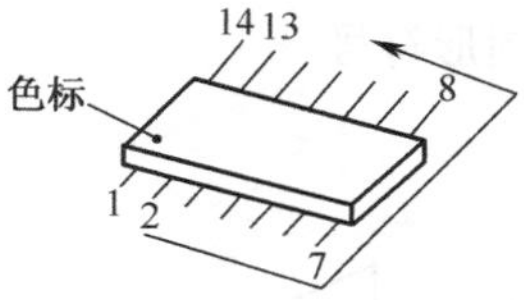

（a）扁平式

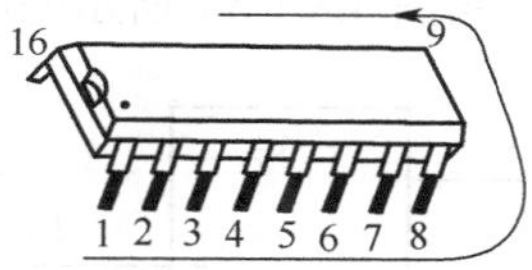

（b）双列直插式

（c）集成电路的 3 种外形实物图

图 3.5　集成电路

一、集成运算放大器的构成和符号

在模拟集成电路中最基本的就是集成运算放大器，而**集成运算放大器实际上是集成化的多级直接耦合放大器**。例如，LM358 里面包括有两个高增益运算放大器，它在模拟信号的处理过程中有许多应用。LM358 封装有塑封 8 引线双列直插式和贴片式两种，其实物图如图 3.6 所示。下面具体介绍集成运算放大器的构成及使用方法。

图 3.6　LM358 实物图

1. 集成运算放大器的构成

集成运算放大器的方框图是由4个部分组成，如图3.7所示。

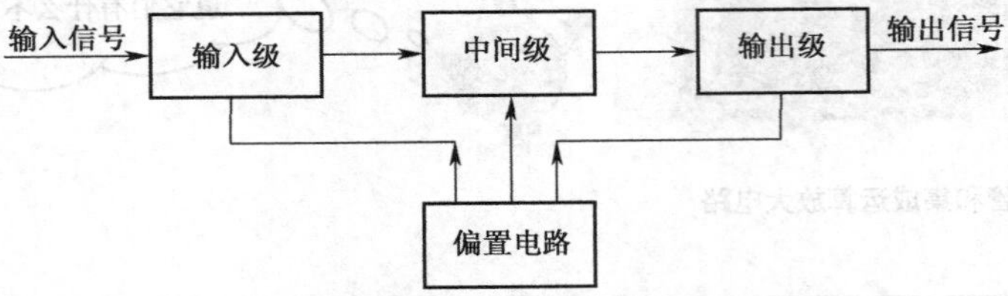

图3.7 集成运算放大器的方框图

（1）输入级。其作用是提供与输出端同相关系和反相关系的两个输入端，并尽量减小零漂（在运算放大电路非理想特性处介绍）。通常由差动放大电路组成。

（2）中间级。其作用是提供较高的电压放大倍数，一般由共发射极放大电路组成。

（3）输出级。输出级的作用是提供一定的电压变化。通常采用互补对称放大电路。

（4）辅助环节。使各级放大电路有稳定的直流偏置。

2. 集成运算放大器的图形符号

集成运算放大器的图形符号如图3.8（a）所示，图中“▷”表示运算放大电路，“∞”表示开环增益极高。它有两个输入端和一个输出端，标“+”为同相输入端，表示输出电压 U_o 与该输入电压 U_+ 同相。标“−”为反相输入端，表示输出电压 U_o 与该输入电压 U_- 反相。集成运算放大器在一些资料和书籍中还采用图3.8（b）所示的旧图形符号。

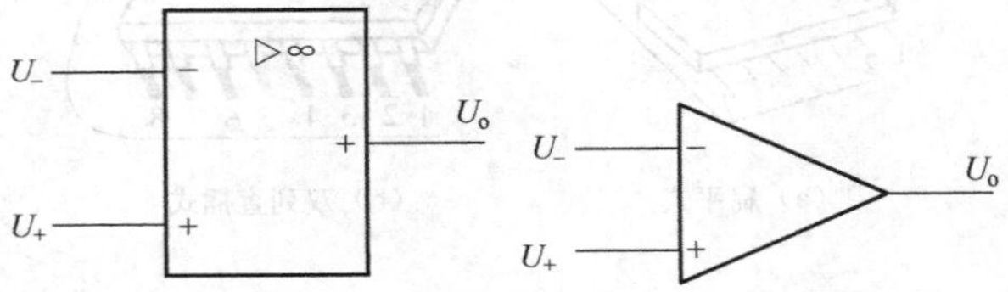

（a）新图形符号　　（b）旧图形符号

图3.8 集成运算放大器的图形符号

二、集成运算放大器的放大特性

集成运算放大器输出电压 U_o 与两个输入端对地电压 U_+ 和 U_- 之间的关系为

$$U_o = A_u(U_+ - U_-) \tag{3-3}$$

式中，A_u 为集成运算放大器的电压放大倍数。表明输出电压 U_o 与同相输入端电压 U_+ 和反相输入端电压 U_- 的差值成比例。当集成运算放大器的输入与输出满足式（3-3）关系时，就说明运放工作在线性放大状态，否则工作在非线性状态。

【例3.1】某集成运算放大器 A_u 为10 000，集成运算放大器的直流电源为±15V，问：（1）U_+ 和 U_- 分别为10mV、9mV时，集成运算放大器的工作状态？（2）U_+ 和 U_- 分别为18mV、8mV时，集成运算放大器的工作状态？

解：（1）依据式（3-3）有

$$U_o = A_u（U_+ - U_-）= 10\,000（10 - 9）\text{mV} = 10\text{V}$$

可以判断该运放处于线性工作状态。

（2）依据式（3-3）有

$$U_o = A_u (U_+ - U_-) = 10\,000 (18 - 8)\text{ mV} = 100\text{V}$$

因为集成运算放大器最大输出电压不会超过电源电压 15V，也就是集成运算放大器输出电压不能按式（3-3）作线性计算，只能限定在 ±15V，所以此时集成运算放大器工作在非线性状态。

三、集成运算放大器理想特性

1. 集成运算放大器的理想条件

理想集成运算放大器的等效电路如图 3.9 所示，其主要理想条件如下：

①开环电压放大倍数 $A_{uo}=\infty$；②输入电阻 $r_{id}=\infty$；③输出电阻 $r_o=0$；④共模抑制比 $K_{CMR}=\infty$（在运算放大电路非理想特性处介绍）；⑤通频带 $f_{BW}=\infty$。

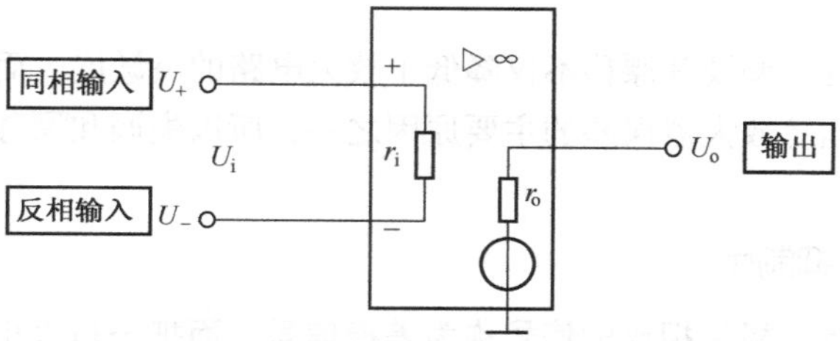

图 3.9　理想集成运算放大器等效电路

实际的集成运算放大器与理想集成运算放大器的特性接近，因此以后就把实际的集成运算放大器当成理想的集成运算放大器来分析。

2. 两个重要结论

集成运算放大器有两种工作状态：线性工作状态和非线性工作状态。下面分析集成运算放大器工作于线性工作状态时的特点。

（1）**虚短路原则**（简称虚短）。集成运算放大器工作在线性区，其输出电压 U_o 是有限值，而开环电压放大倍数 $A_{uo}=\infty$，则

$$U_i = \frac{U_o}{A_{uo}} = 0$$

即

$$U_+ = U_- \qquad (3\text{-}4)$$

反相端电位和同相端电位几乎相等，近似于短路又不可能是真正的短路，称为虚短。

（2）**虚断路原则**（简称虚断）。理想集成运算放大器输入电阻 $r_{id}=\infty$，这样，同相、反相两端没有电流流入集成运算放大电路内部，即

$$I_+ = I_- = 0 \qquad (3\text{-}5)$$

式（3-5）中的"I_+"为集成运算放大器同相输入端电流，"I_-"为集成运算放大器反相输入端电流。**输入电流为零，就好像电路断开一样，称为虚断。**

注意　虚短和虚断原则简化了集成运算放大电路的分析过程。由于许多应用电路中集成运算放大电路都工作在线性区，因此，上述两条原则极其重要，应牢固掌握。

四、集成运算放大器非理想特性

1. 有限增益、有限输入电阻、非零输出电阻

对于一个实际集成运算放大器来说，它本身不可能具有无限大的增益、无限大的输入电阻和零输出电阻。这些非理想的参数使得集成运算放大器的实际传输特性与理想传输特性有一定的差距。因此，用理想特性去分析实际上非理想化的集成运算放大器会带来一定的误差，不过，在一般情况下这种误差往往可以忽略不计。

2. 集成运算放大器的失调与漂移

一个理想集成运算放大电路，当输入为零时，输出也应该为零。但实际的集成运算放大器，在零输入时，对应的输出不为零，存在失调。若集成运算放大器的失调随温度、时间等外界因素而变化，则称该失调存在漂移现象。失调可以通过调零装置来加以克服，而漂移则不能。

集成运算放大器中的失调及其漂移不仅降低了放大电路的灵敏度，而且在集成运算放大器的使用时，它是造成集成运算放大器误差的主要原因之一，所以失调和漂移是运算放大器的一项重要指标。

3. 共模特性与共模抑制比

一般把一对大小相等，极性相反的信号称为差模信号；而把一对大小相等，极性相同的信号称为共模信号。对于集成运算放大器的两个输入端电压 U_+ 和 U_- 总可以分解成共模信号和差模信号之和的形式。

理想集成运算放大器，只放大输入信号中的差模信号；同时将共模信号抑制掉。但实际上，由于共模信号不能完全被抑制，在放大差模信号的同时还放大了共模信号，这是不希望出现的。即输出电压 $U_0 = A_dU_{id} + A_cU_{ic}$，其中 U_{id} 表示差模信号，用 U_{ic} 表示共模信号，A_d 为差模增益（放大倍数），A_c 为共模增益。因此实际集成运算放大器的输出电压中，不仅与差模信号有关，还与共模信号有关。正因为如此，集成运算放大器应用时，尤其作同相使用时，应将共模信号对电路的影响作适当考虑，希望集成运算放大器对共模信号的抑制能力越强越好。也就是共模增益越小越好。

为了更好地反映此能力，引入共模抑制比 K_{CMR}，其定义为

$$K_{CMR} = \left|\frac{A_d}{A_c}\right| \quad 或 \quad K_{CMR} = 20\lg\left|\frac{A_d}{A_c}\right| \tag{3-6}$$

K_{CMR} 越大，集成运算放大器对共模信号的抑制能力越强。在理想情况下认为共模抑制比趋近于无穷大。另外共模抑制比越大，说明集成运算放大器分辨差模信号的能力越强，而受共模信号的影响越小。

五、集成运算放大器的主要参数

集成运算放大器的性能可以用下列主要参数衡量。

（1）开环差模电压放大倍数 A_{uo}：指无反馈时集成运算放大器的差模电压放大倍数，此值越高，所构成的放大电路工作越稳定，精度也越高。

（2）差模输入电阻 r_{id}：是指差模输入时集成运算放大器无外加反馈回路时的输入电阻 r_{id}，r_{id} 越大，对信号源的影响越小。

（3）差模输出电阻 r_{od}：是指集成运算放大器无外加反馈回路时的输出电阻，其值越小，说明集成运算放大器带负载的能力越强。

（4）输入失调电压：为了保证输入电压为零时，输出电压也为零，因而在输入端加上一定的补偿电压。这个补偿电压的大小则定义为集成运算放大电路的输入失调电压。该值越小，表明运算放大器的失调越小，其质量越好。

（5）共模抑制比 K_{CMR}：用来衡量集成运算放大器的放大和抗零漂、抗共模干扰的能力。K_{CMR} 越大说明集成运算放大器抑制共模信号的能力越强。

除以上介绍的参数外还有很多，这里不再介绍。

六、集成运算放大器的使用常识

集成运算放大器用途广泛，接入适当的反馈网络，可用作精密的交流和直流放大器、有源滤波器、振荡器及电压比较器。面对种类繁多的集成运算放大器，使用时如何正确选择呢？

1. 集成运算放大器的选择

集成运算放大器按其性能指标分为通用性和专用型两类。

集成运算放大器的选择要根据实际需要进行选择。在没有特殊要求的场合，尽量选用通用型集成运算放大器，这样即可降低成本，又容易保证货源。当一个系统中使用多个集成运算放大器时，尽可能选用多运放集成电路，如 LM324、LF347 等都是将 4 个运算放大器封装在一起的集成电路。

2. 集成运算放大器的使用要点

（1）集成运算放大器的电源供给方式。集成运算放大器有两个电源接线端 $+V_{CC}$ 和 $-V_{EE}$，但有不同的电源供给方式。对于不同的电源供给方式，对输入信号的要求是不同的。

① 对称双电源供电方式。集成运算放大器多采用这种方式供电。相对于公共端（地）的正电源与负电源分别接于集成运算放大器的 $+V_{CC}$ 和 $-V_{EE}$ 引脚上。在这种方式下，可把信号源直接接到集成运算放大器的输入端上，而输出电压的振幅可达正负对称电源电压。

② 单电源供电方式。单电源供电是将集成运算放大器的 $-V_{EE}$ 引脚连接到地上。此时为了保证集成运算放大器内部单元电路具有合适的静态工作点，在集成运算放大器输入端一定要加入一个直流电位，此时集成运算放大器的输出是在某一直流电位基础上随输入信号变化。

（2）集成运算放大器的调零问题。为了提高电路的运算精度，要求对失调电压和失调电流造成的误差进行补偿，这就是集成运算放大器的调零。常用的调零方法有内部调零和外部调零，而对于没有内部调零端子的集成运算放大器，要采用外部调零方法。

再有，集成运算放大器还要注意电源保护、输入保护和输出保护。

小练习

1. 集成运算放大器由哪 4 部分组成？各部分的作用是什么？
2. 什么是理想集成运算放大器？由此可得到哪两个结论？

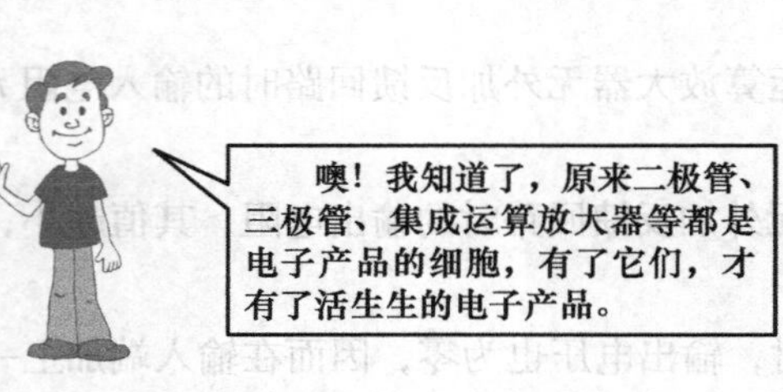
噢！我知道了，原来二极管、三极管、集成运算放大器等都是电子产品的细胞，有了它们，才有了活生生的电子产品。

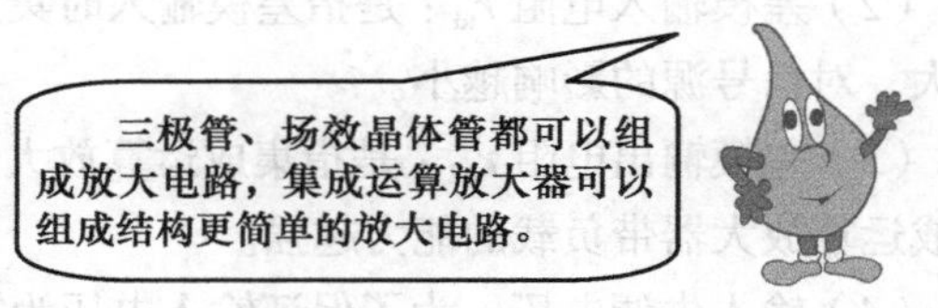
三极管、场效晶体管都可以组成放大电路，集成运算放大器可以组成结构更简单的放大电路。

第 3 节　集成运算放大器的常用电路

由于集成运算放大器的放大倍数很高，即使是输入很小的信号，也难使其稳定在线性区工作，因而要线性放大电信号，必须引入负反馈。集成运算放大器使用简单、方便，只需外接不同的反馈电路和元器件等，就可以构成比例、加减、积分、微分等各种运算电路。

一、反相输入（比例）运算放大电路

1. 电路结构

反相比例放大电路如图 3.10 所示。输入信号 U_i 从反相输入端与地之间加入，R_F 是反馈电阻，接在输出端和反相输入端之间，将输出电压 U_o 反馈到反相输入端，实现负反馈。R_1 是输入耦合电阻，R_2 是补偿电阻（也叫做平衡电阻），$R_2=R_1 // R_F$。

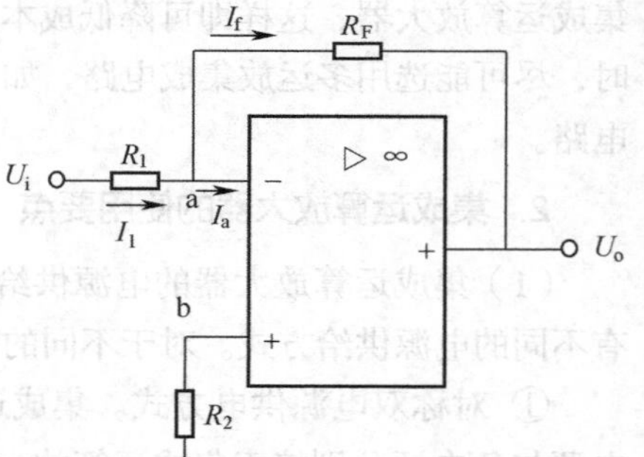

图 3.10　反相比例放大器

2. 输出与输入的关系

由前面学习的两个重要结论可知 $I_+=I_-=0$，所以图 3.10 电路中的 $I_1=I_f$，同时 R_2 上电压降等于零，即同相输入端与地等电位；又有 $U_+=U_-$，则反相输入端也与地等电位。故 a 点与 b 点电位相同，相当于短路，但内部并未真正短路，称为“虚短”；称反相输入端为“虚地”，即并非真正“接地”，“虚地”是反相比例运算放大器的一个重要特点。

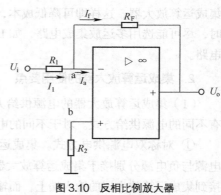

由上述分析可得其电压放大倍数

$$A_{uf}=\frac{U_o}{U_i}=\frac{-R_F I_f}{R_1 I_1}=-\frac{R_F}{R_1} \tag{3-7}$$

因此输出电压与输入电压的关系为

$$U_o=-\frac{R_F}{R_1}U_i \tag{3-8}$$

可见输出电压与输入电压存在着比例关系，比例系数为$\frac{R_F}{R_1}$，负号表示输出电压 U_o 与输入电压 U_i 相位相反。只要开环放大倍数足够大，那么闭环放大倍数 A_{uf} 就与运算电路的参数无关，只决定于电阻 R_F 与 R_1 的比值。故该放大电路通常称为反相比例运算放大器。

【例 3.2】有一反相比例电路如图 3.10 所示，已知 $U_i = 0.3V$，$R_1 = 10k\Omega$，$R_F = 100k\Omega$，试求输出电压 U_o 及平衡电阻 R_2。

解：（1）根据式（3-8）可得

$$U_o = -\frac{R_F}{R_1}U_i = -0.3\times\frac{100}{10} = -3V$$

（2）平衡电阻 $R_2 = R_1 // R_F = \frac{10\times100}{10+100} = 9.09k\Omega$，所以 R_2 取 $10k\Omega$。

实际应用

反相器电路如图 3.11（a）所示，图 3.11（b）所示为其图形符号。前面学习了反相比例运算放大器，其电压放大倍数为式（3-7），输出与输入的关系为式（3-8）。若式中 $R_1 = R_F$，则电压放大倍数等于 −1，输出与输入的关系为 $U_o = -U_i$。

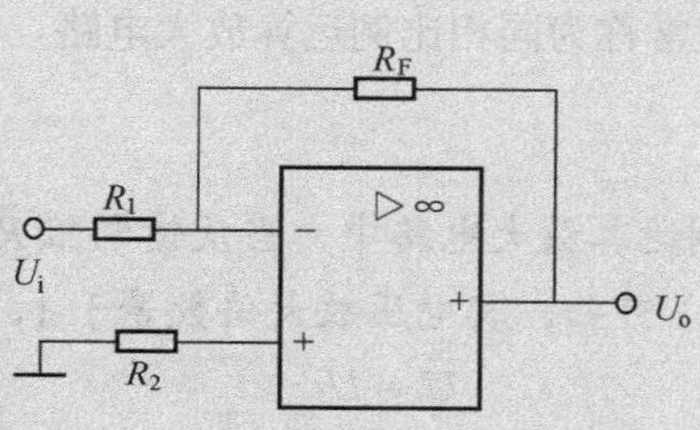

（a）电路

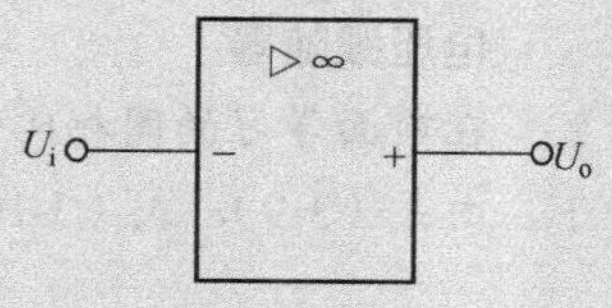

（b）图形符号

图 3.11　反相器

上述表明，该电路无电压放大作用，输出电压 U_o 与输入电压 U_i 数值相等，但相位是相反的。所以它只是把输入信号进行了一次倒相，因此称为反相器。

二、同相输入（比例）运算放大电路

1. 电路结构

同相比例放大电路如图 3.12 所示。输入信号电压 U_i 接入同相输入端，输出端与反相输入端之间接有反馈电阻 R_F 与 R_1，为使输入端保持平衡，$R_2 = R_1 // R_F$。

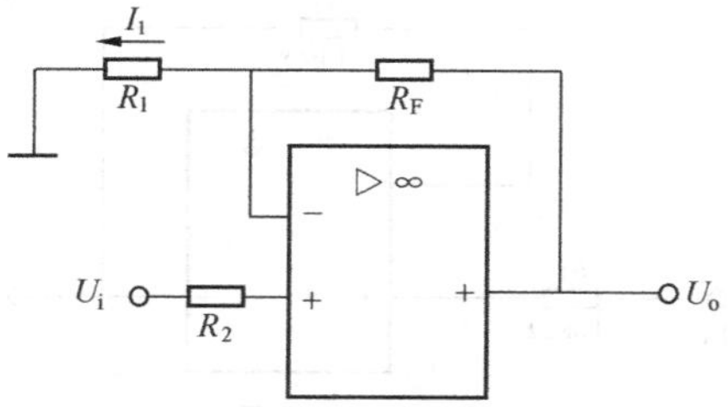

图 3.12　同相比例放大器

2. 输出与输入的关系

由前面学习的两个重要结论可知：输入电流 $I_i = 0$，所以 $U_o = I_1(R_1 + R_F)$，而 $U_i = U_+ = U_- = I_1R_1$，于是可求得同相比例放大器的电压放大倍数为

$$A_{uf}=\frac{U_o}{U_i}=\frac{I_1(R_1+R_F)}{I_1R_1}$$

即
$$A_{uf}=1+\frac{R_F}{R_1} \tag{3-9}$$

输出电压与输入电压的关系为

$$U_o=\left(1+\frac{R_F}{R_1}\right)U_i \tag{3-10}$$

可见输出电压与输入电压也存在着比例关系，比例系数为$\left(1+\frac{R_F}{R_1}\right)$，而且输出电压 U_o 与输入电压 U_i 相位相同。只要开环放大倍数足够大，那么闭环放大倍数 A_{uf} 就与运算电路的参数无关，只决定于电阻 R_F 与 R_1。故该放大电路通常称为同相比例运算放大电路。

实际应用

电压跟随器

在前面学习的同相比例运算放大电路中，当反馈电阻 R_F 短路或 R_1 开路的情况下，由式（3-9）、式（3-10）可知，其电压放大倍数等于 1，输出与输入的关系为

$$U_o=U_i$$

即输出电压的幅度和相位均随输入电压幅度和相位的变化而变化，称之为电压跟随器，它是同相比例放大器的一种特例。电路如图 3.13 所示。

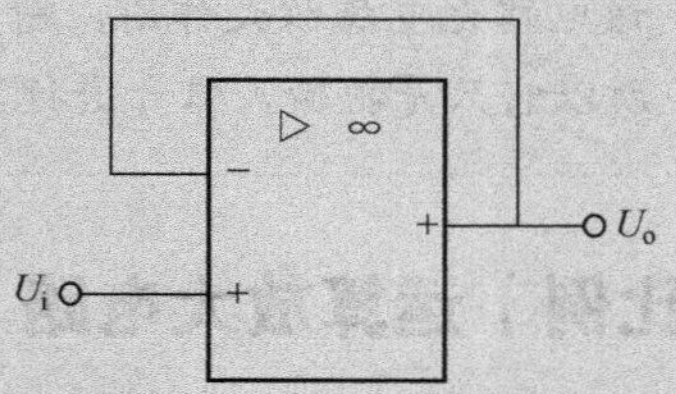

图 3.13　电压跟随器

【例 3.3】试求图 3.14 所示电路中输出电压 U_o 的值。

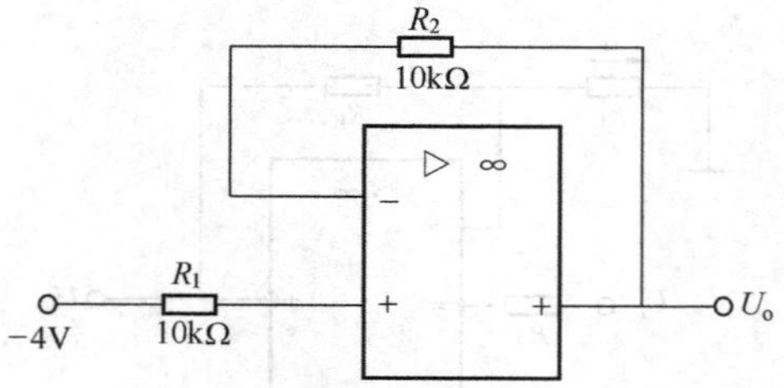

图 3.14　例 3.3 用图

解：分析电路可知，该电路是一个电压跟随器，它是同相比例放大器的特例。所以输出与输入电压大小相等，相位相同。

即
$$U_o=U_i=-4V$$

三、差动输入（减法）放大电路

1. 电路结构

减法运算电路如图 3.15 所示，它是把输入信号同时加到反相输入端和同相输入端，使反相比例运算和同相比例运算同时进行，集成运算放大器的输出电压叠加后，即是减法运算结果。

2. 输出与输入的关系

根据理想集成运算放大器的两个结论可得

$$U_o = \left(1+\frac{R_F}{R_1}\right)\left(\frac{R_3}{R_2+R_3}\right)U_{i2} - \frac{R_F}{R_1}U_{i1}$$

当 $R_1=R_2$，且 $R_F=R_3$ 时，上式变为

$$U_o = \frac{R_F}{R_1}(U_{i2}-U_{i1}) \tag{3-11}$$

式（3-11）说明，该电路的输出电压与两个输入电压之差成正比例，因此该电路称为减法比例运算电路，比例关系为 $\frac{R_F}{R_1}$。

【例 3.4】试写出如图 3.16 所示电路中输出电压和输入电压的关系式。

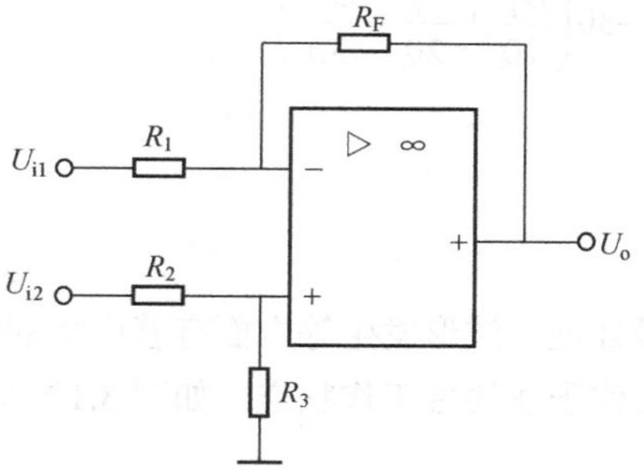

图 3.15　减法运算电路

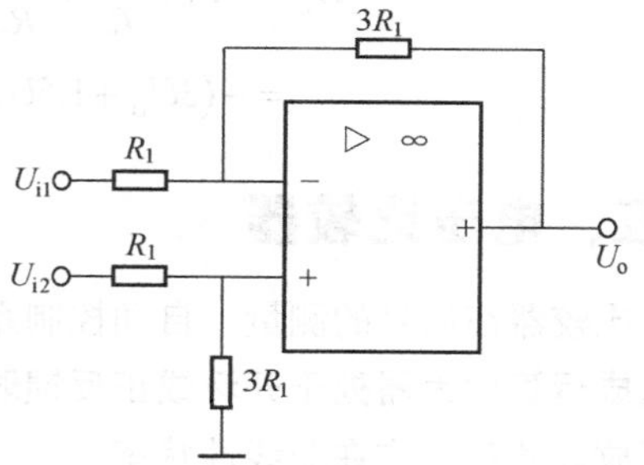

图 3.16　例 3.4 用图

解：图 3.16 电路满足 $R_1=R_2$，$R_F=R_3$ 的条件，因此输出与输入的关系为

$$U_o = \frac{R_F}{R_1}(U_{i2}-U_{i1}) = \frac{3R_1}{R_1}(U_{i2}-U_{i1}) = 3(U_{i2}-U_{i1})$$

四、加法运算电路

1. 加法运算电路（加法器）简介

这里介绍的加法运算电路实际上是在反相比例运算放大电路基础上又多加了几个输入端构成的，如图 3.17 所示。还有一种加法运算电路是在同相比例运算放大电路基础上又多加了几个输入端构成的。称图 3.17 所示电路为反相加法运算电路。图中 R_1、R_2、R_3 为输入电阻，R_4 为平衡电阻，其值 $R_4=R_1//R_2//R_3//R_F$。

2. 输出与输入的关系

根据两个重要结论可得

$$U_o = -I_f R_F = -R_F\left(\frac{U_{i1}}{R_1}+\frac{U_{i2}}{R_2}+\frac{U_{i3}}{R_3}\right) \tag{3-12}$$

当 $R_1 = R_2 = R_3 = R_F$ 时，有 $U_o = -(U_{i1}+U_{i2}+U_{i3})$

式(3-12)表明，如图 3.17 所示电路的输出电压 U_o 为各输入信号电压之和，由此完成加法运算。式中的负号表示输出电压与输入电压相位相反。若在同相输入端求和，则输出电压与输入电压相位相同。

【例 3.5】试写出如图 3.18 所示电路中输出电压和输入电压的关系式。

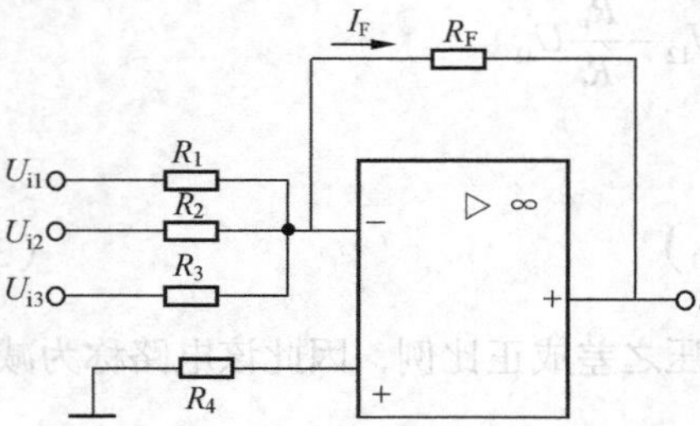

图 3.17　加法运算电路

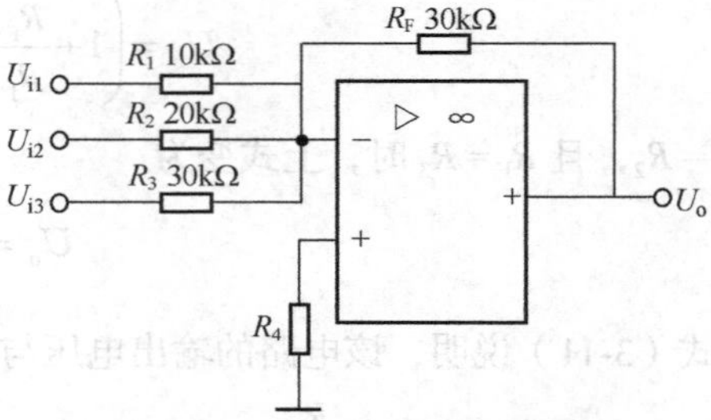

图 3.18　例 3.5 用图

解：根据式（3-12）有

$$U_o = -R_F\left(\frac{U_{i1}}{R_1}+\frac{U_{i2}}{R_2}+\frac{U_{i3}}{R_3}\right) = -30\left(\frac{U_{i1}}{10}+\frac{U_{i2}}{20}+\frac{U_{i3}}{30}\right)$$
$$= -\left(3U_{i1}+1.5U_{i2}+U_{i3}\right)$$

* 五、电压比较器

电压比较器在信号的测量、自动控制系统、信号处理、波形发生等方面有着广泛的应用。

当集成运算放大器处于开环或正反馈时，它将工作于非线性工作状态，如图 3.19 所示的两个集成运算放大器都工作在非线性状态。

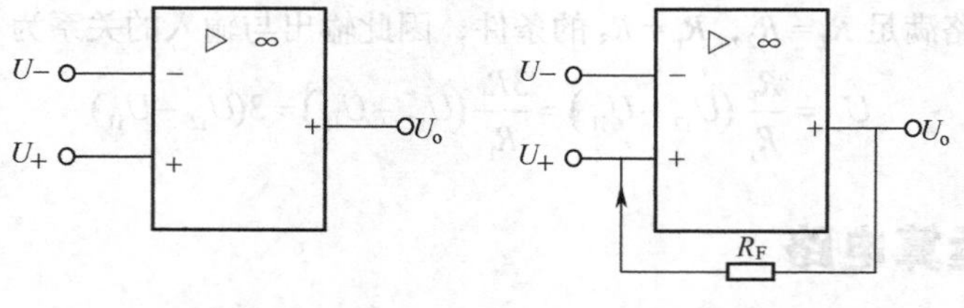

（a）开环　　（b）加正反馈

图 3.19　集成运算放大器工作在非线性状态的两种电路形式

集成运算放大电路工作于非线性工作状态时，输出电压只有两种可能：

当 $U_- > U_+$ 时，　　$U_o = -U_{om}$　　(3-13)

当 $U_- < U_+$ 时　　$U_o = +U_{om}$　　(3-14)

此时虚短原则不成立，$U_+ \neq U_-$，虚断原则仍然成立，即有 $I_- = I_+ = 0$。

电压比较器的功能是比较两个电压值的大小，即对输入信号进行幅度鉴别和比较的电路。在比较器中，集成运算放大器工作于开环或正反馈状态的非线性区域，因此虚短、虚断等概念仅在判断临界情况下才适用，学习时应特别注意。例如将一个信号电压 U_i 和另一个参考电压 U_R 进行比较，在 $U_i>U_R$ 和 $U_i<U_R$ 两种不同情况下，电压比较器输出两个不同的电平，即高电平和低电平。而 U_i 变化经过 U_R 时，电压比较器的输出将从一个电平跳变到另一个电平。如图 3.20 所示画出了一种简单电压比较器的传输特性，其中 $+U_{om}$ 和 $-U_{om}$ 分别是电压比较器输出的高电平和低电平。

由于电压比较器的输出只需要两种稳定状态，为了提高灵敏度，通常用集成运算放大器构成，并使它工作在开环状态，它的两个输入端分别接输入信号 U_i 和参考电压 U_R，或者接两个输入信号，就构成了简单电压比较器，如图 3.21 所示。

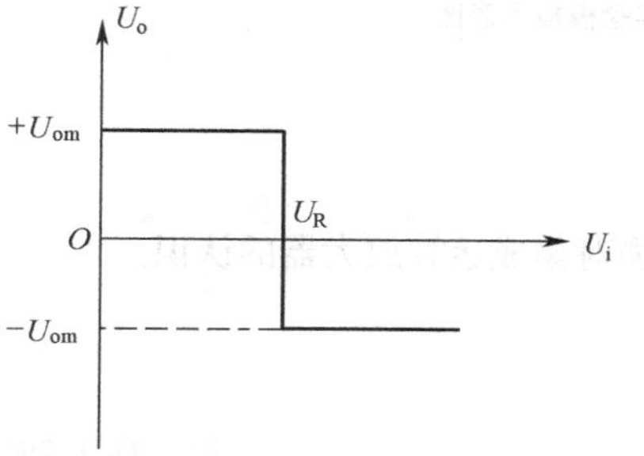

图 3.20　简单电压比较器的传输特性

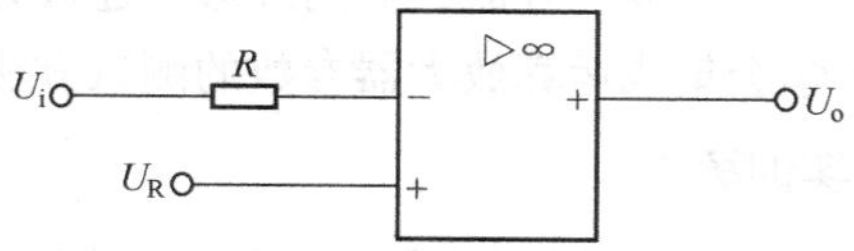

图 3.21　简单电压比较器

对于如图 3.21 所示电路，$U_-=U_i$，$U_+=U_R$，所以该电压比较器的传输特性就是图 3.20 中的曲线。它表明输入电压从低逐渐升高经过 U_R 时，U_o 将从高电平跳变为低电平。相反，当输入电压从高逐渐降低经过 U_R 时，U_o 将从低电平跳变为高电平。电压比较器的输出电压从一个电平跳变到另一个电平时，对应的输入电压值称为阈值电压或门槛电平，简称为阈值，用 U_{TH} 表示。对于图 3.21 所示电路，$U_{TH}=U_R$。

小练习

1. 集成运算放大器的基本运算电路有几种输入方式？
2. 理想集成运算放大器工作在线性区和非线性区，各有什么特点？
3. 电压比较器工作在什么区域？
4. 电路如图 3.22 所示，已知 $R_F=3R_1$，$U_i=-3V$，试求输出电压 U_o。

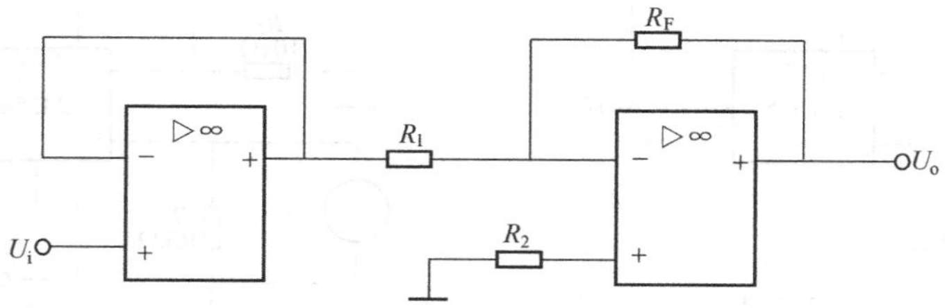

图 3.22　小练习 4 用图

六、技能实训　集成运算放大器的应用

日常生活中的家用电器，如收音机、电视机等内部电路中都用到集成运算放大器来放大信号，同时它也是仪器仪表中不可缺少的部分，如图 3.23 所示的情景示意图。线性刻度欧姆表出了问题，

而其最主要的电路是集成运算放大器，因此对集成运算放大器的测试将是本实训要解决的问题。

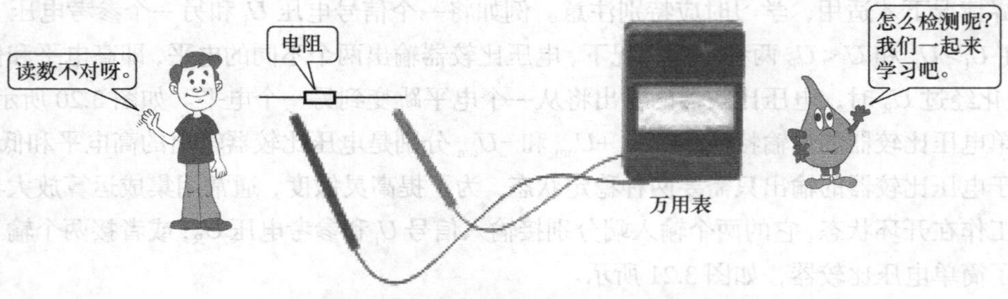

图 3.23　集成运算放大器实验模拟示意图

1. 实训目标

（1）进一步熟练掌握仪器仪表的使用方法。

（2）了解集成运算放大器的外形、连接方法，增强对集成运算放大器的认识。

（3）学会集成运算放大器参数的测试方法。

2. 实训解析

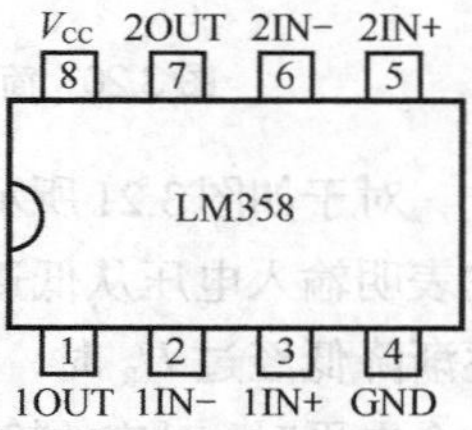

图 3.24　LM358 引脚排列图

LM358 是低功耗双路集成运算放大器，具有适用于电压范围很宽的单电源（3 ～ 30V），也适用于双电源工作方式（±1.5 ～ ±15V），低输入失调电压和失调电流等多种优点。它的应用范围包括传感放大器、直流增益模块和其他所有可用单电源供电的使用集成运算放大器的地方使用。如图 3.24 所示为 8 引线双列直插式 LM358 引脚排列图。

LM358 构成反相比例放大器原理图如图 3.25（a）所示，反相比例放大器输出电压与输入电压相位相反，其电压放大倍数 $A_{uf}=-\dfrac{R_F}{R_1}$。

LM358 构成同相比例放大器原理图如图 3.25（b）所示。同相比例放大器输出电压与输入电压相位相同，其电压放大倍数 $A_{uf}=1+\dfrac{R_F}{R_1}$。

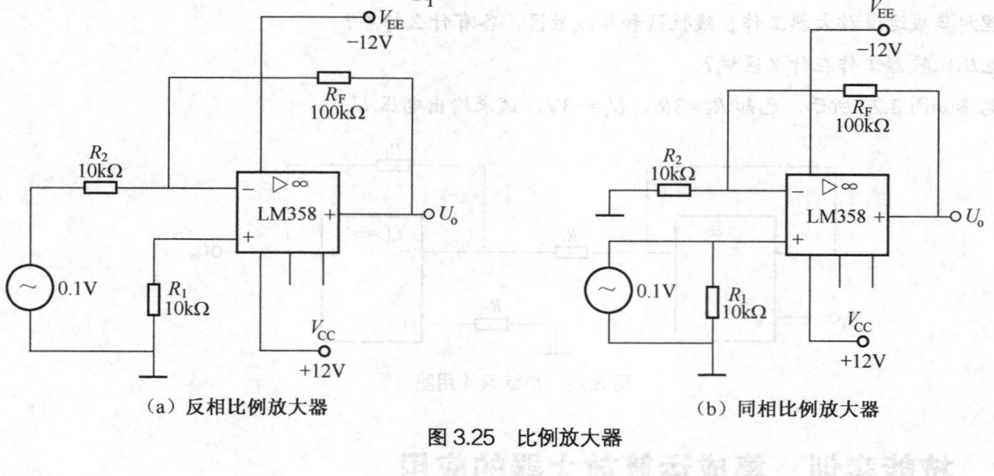

（a）反相比例放大器　　（b）同相比例放大器

图 3.25　比例放大器

3. 实训操作

实训器材如表 3.1 所示。

表 3.1 实训器材

序　号	名　称	规　格	数　量
1	万用表	MF-47	1 台
2	示波器	V-212 双踪	1 台
3	实验箱	ELB	1 台
4	电阻	10kΩ/100kΩ/300kΩ/330Ω	2 只 /1 只 /2 只 /2 只
5	电位器	100Ω	1 只
6	集成运算放大器	LM358	1 只

（1）反相比例放大器。

① 按如图 3.25（a）所示电路原理图连接电路，接好的实物图如图 3.26 所示。

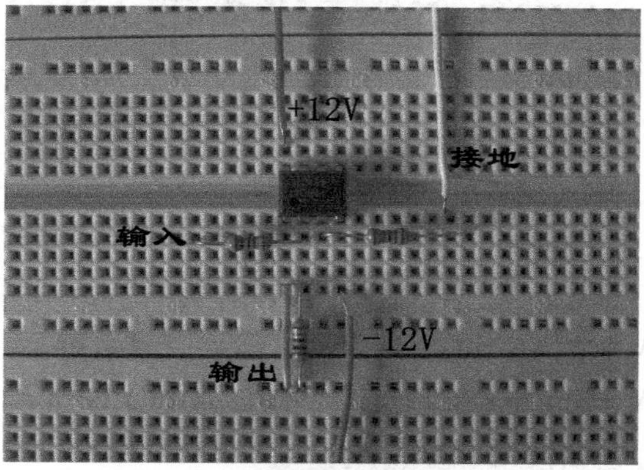

图 3.26　反相比例放大器连接实物图

② 在反相输入端加入交流信号 0.1V。

③ 用示波器观测输入、输出电压波形及其峰峰值，如图 3. 27 所示，并记录数据于表 3.2 中。

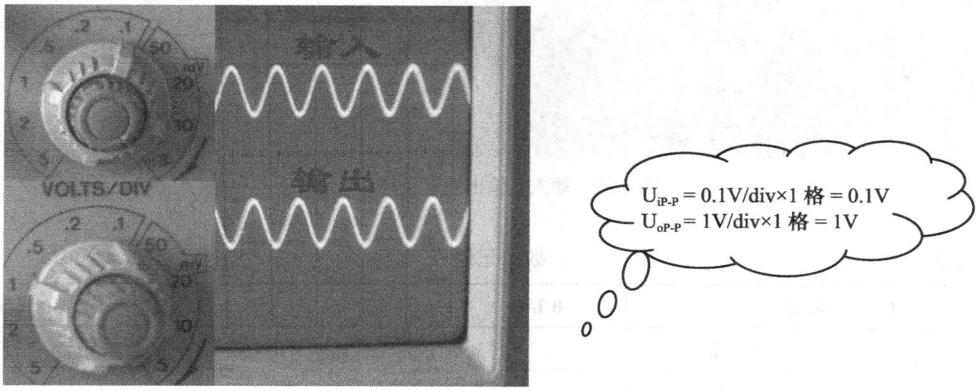

图 3.27　输入、输出波形及其峰峰值

表 3.2　　数据记录表

输入电压		0.1/V	0.2/V	−1/V	−2/V
输出电压	计算值				
	实测值				

④ 计算放大倍数 $A_{uf} = -1V/0.1V = -10$，在图 3.27 中可见输出与输入相位相反。

（2）同相比例放大器。

① 按如图 3.25（b）所示电路原理图连接电路，接好的实物图如图 3.28 所示。

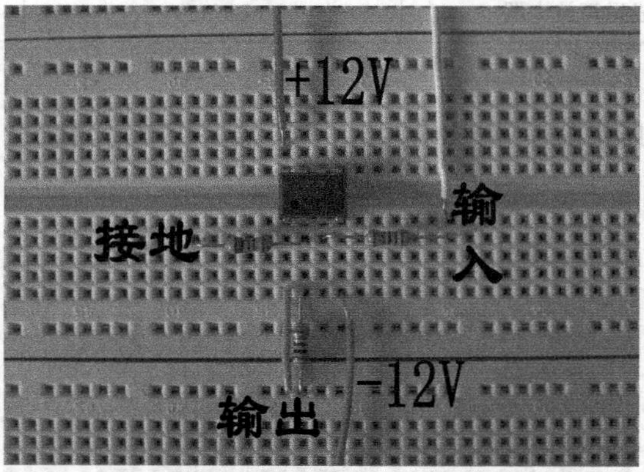

图 3.28　同相比例放大器连接实物图

② 在同相输入端加入交流信号 0.1V。

③ 用示波器观测输入、输出电压波形及其峰峰值，如图 3.29 所示，并记录数据于表 3.3 中。

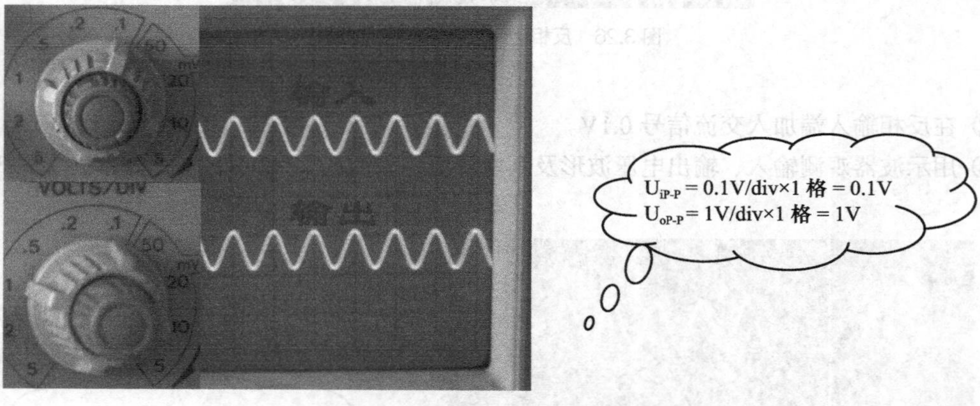

图 3.29　输入、输出波形及其峰峰值

表 3.3　　数据记录表

输入电压		0.1/V	0.2/V	−1/V	−2/V
输出电压	计算值				
	实测值				

④ 计算放大倍数 $A_{uf}=1\text{V}/0.1\text{V}=10$，在图 3.29 中可见输出与输入相位相同。

4. 实训总结

（1）通过本次训练，了解集成运算放大器的外形和连接方法了吗？

（2）计算相关数据，并同实测值进行比较。

（3）填写如表 3.4 所示总结表。

表 3.4　　　　总结表

课题							
班级		姓名		学号		日期	
实训收获							
实训体会							
实训评价	评定人	评　　语				等级	签名
	自己评						
	同学评						
	老师评						
	综合评定等级						

实训拓展

输入直流信号，再进行上面的实验。

第 4 节　功率放大电路

一、功率放大电路的基本概念

在多级放大电路的末级、集成运算放大电路等模拟电路的输出级，往往要求具有较高的输出功率或要求具有较大的输出动态范围。这类主要**向负载提供功率的放大电路称为功率放大电路**。

1. 功率放大电路的要求

由于这类电路主要是提供输出功率，而且输出功率比较大，因此与前面介绍的电路相比有以下的特点。

（1）功率放大电路的输出功率要大。选择合适的负载，使它与功率放大电路的输出电阻相匹配，以保证功率放大管的集电极电流和电压的幅度有尽可能大的动态范围，从而获得足够大的输出功率。

（2）功率放大电路的效率要高。输出功率大，消耗在电路内的能量和电源提供的能量也大，所以要考虑转换效率。显然，功率放大电路的效率越高越好。

（3）电路散热要好。功率放大电路中的三极管消耗功率会使自身温度升高，甚至烧毁。为使功率放大电路既能输出较大的功率又不损坏三极管，必须加散热片。

（4）非线性失真要小。输出信号不仅电压幅值大，电流幅值也大。信号幅值大，则容易产生失真。所以这里讨论的交流功率是指输入为正弦波，输出波形基本不失真时定义的。

2. 功率放大电路的分类

从电路形式来看，功率放大电路有变压器耦合和无变压器耦合两类。本节只介绍无变压器耦合。

从三极管的工作状态来看，功率放大电路可以分为甲类、乙类、甲乙类和丙类。

甲类：静态工作点在负载线的中点，Q 选在三极管的放大区，如图 3.30（a）的 Q。甲类工作状态非线性失真小，但静态电流 I_{CQ} 较大，故损耗大，效率低。

乙类：静态工作点选在放大区和截止区的交界处，如图 3.30（b）中的 Q_1。此时若输入正弦信号，那么电路的输出只有正弦波的半个周期。乙类工作状态静态电流 $I_{CQ}=0$，故损耗低，效率高，但非线性失真严重。

甲乙类：静态工作点位于甲类和乙类之间，如图 3.30（c）中的 Q_2。该状态 I_{CQ} 较小，损耗小，效率提高，但是输出波形半周产生失真，不失真波形的半周输出幅值最大。

丙类：静态工作点进入截止区，在横轴下方，如图 3.30（d）中的 Q_3。三极管静态时处于反向偏置状态，只有在输入信号的幅值超过三极管的导通电压时，输出才能获得信号，输出波形为余弦脉冲信号。此时工作方式通常称为丙类状态。该状态效率高。三极管工作在非线性状态，通常用作高频功率放大电路。

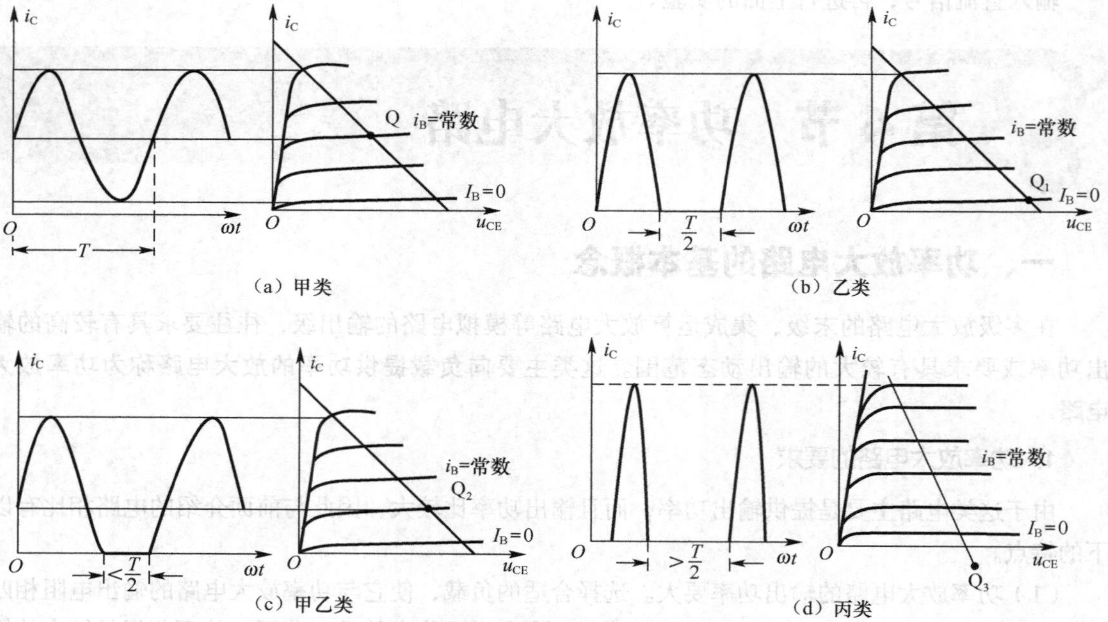

图 3.30　功率放大电路的工作状态

二、双电源互补对称功率放大电路

1. 电路结构

双电源互补对称功率放大电路（OCL 电路）的原理图如图 3.31 所示。两只三极管的特性是对称的，其中 VT_1 是 NPN 型三极管，VT_2 是 PNP 型三极管。两只三极管工作在乙类状态。

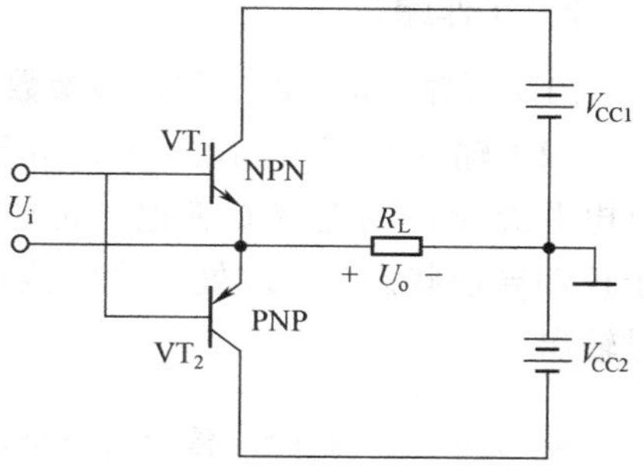

图 3.31　双电源互补对称功率放大电路原理图

2. 工作原理

输入为正半周时，VT_1 处于正偏导通状态，VT_2 处于反偏截止状态，集电极电流 i_{c1} 通过负载，负载上有正半周输出；输入为负半周时，VT_2 处于正偏导通状态，VT_1 处于反偏截止状态，集电极电流 i_{c2} 通过负载，负载上有负半周输出。

可见在输入信号的一个周期内，两只三极管轮流交替的工作，共同完成对输入信号的放大工作，最后输出波形在负载上合成得到完整的正弦波。

3. 交越失真

（1）交越失真及其产生原因。从上面讨论的工作原理可见，乙类功率放大电路由于没有直流偏置，三极管工作在输入特性曲线的底部。而**两只三极管轮流交替工作的结果在负载上合成时，将会在正、负半周交界处出现波形的失真，这种现象称为交越失真**，如图 3.32 所示。

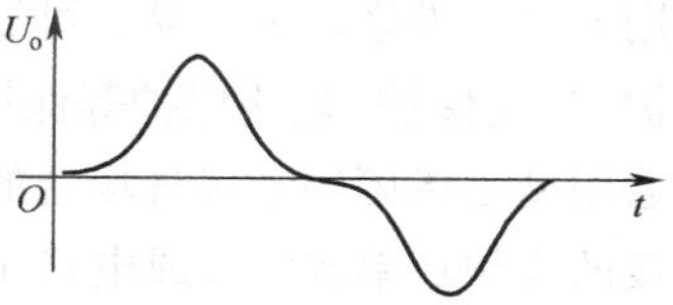

图 3.32　交越失真波形

（2）消除交越失真的方法。给功率放大电路加一个微弱的直流偏置，使功率放大电路工作在甲乙类状态。偏置的方法可在两只三极管基极之间串入电阻；也可接入二极管，利用二极管提供偏置，后者更好。因为二极管的动态电阻很小，输入到三极管 VT_1、VT_2 基极的交流信号基本相等。而电阻的接入对信号会产生衰减作用，于是送到两只三极管基极的信号可能不相等，造成失真。

> **注意**　为克服交越失真所加的直流偏置不能过强，因为如果直流偏置过强，将会使功率放大电路工作在甲类状态，那么在交越失真被消除的同时，乙类功率放大电路效率高的优点也就不存在了。

三、单电源互补对称功率放大电路

双电源互补对称功率放大电路简单，效率高，但它需要两个电源来供电，既不经济又不方便。为此将电路略加改进，省去一个电源，构成单电源互补对称功率放大电路（OTL 电路）。

1. 电路结构

单电源互补对称功率放大电路的原理图如图 3.33 所

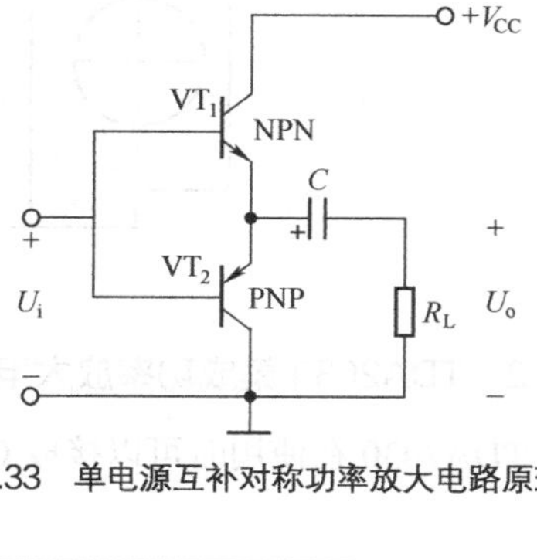

图 3.33　单电源互补对称功率放大电路原理图

示。两只三极管的特性是对称的，其中 VT_1 是 NPN 型三极管，VT_2 是 PNP 型三极管。两只三极管工作在乙类状态，在输出端与负载之间串联一只容量足够大的电容器，它可等效为一个恒压源，在该电路中充当电源。

2. 工作原理

（1）无输入信号时，调基极参数，使电容两端电压为电源电压的一半。

（2）输入为正半周时，VT_1 处于正偏导通状态，VT_2 处于反偏截止状态，集电极电流 i_{c1} 自电源经 VT_1 为电容 C 充电，再通过负载，负载上有正半周输出；输入为负半周时，VT_2 处于正偏导通状态，VT_1 处于反偏截止状态，电容 C 通过 VT_2 为负载放电，负载上有负半周信号输出。

归纳 在输入信号的一个周期内，两只三极管轮流交替工作，共同完成对输入信号的放大工作，最后输出波形在负载上合成得到完整的正弦波。

四、集成功率放大电路

目前，功率放大电路绝大部分采用集成功率放大电路。集成功率放大电路是指用一块集成电路完成功率放大的全部功能的集成电路。它具有体积小、功耗低、设计简便、外观电路简单、应用方便、维修调试容易、可靠性高、性能稳定等优点。它除了能完成功率放大外，还包括过压保护、过流保护、短路保护等保护环节。集成功率放大电路种类很多，可分为通用型和专用型两大类。通用型是指可用于多种场合的电路，专用型是指用于某种特定场合的电路。下面介绍性能十分优良的音频功率放大集成电路 TDA2030。

1. TDA2030 芯片介绍

TDA2030 采用 V 型 5 脚单列直插式塑料封装结构，如图 3.34 所示。它与性能类似的其他产品相比，具有引脚和外接元件少的优点。它的电性能稳定、可靠、适应长时间连续工作，且芯片内带有过载保护和热切断保护电路。该集成电路广泛应用于汽车立体声收音机、中功率音响设备，具有体积小、输出功率大、失真小等特点。意大利 SGS 公司、美国 RCA 公司、日本日立公司、NEC 公司等均生产同类产品，虽然其内部电路略有差异，但引出脚位置及功能均相同，可以互换。

其典型参数为：电源电压 ±6 ～ ±14V；输出功率 14W；信号频率 1kHz；输入阻抗 140kΩ；失真度小于 0.5%；负载电阻为 4Ω；带宽 10Hz ～ 140kHz。

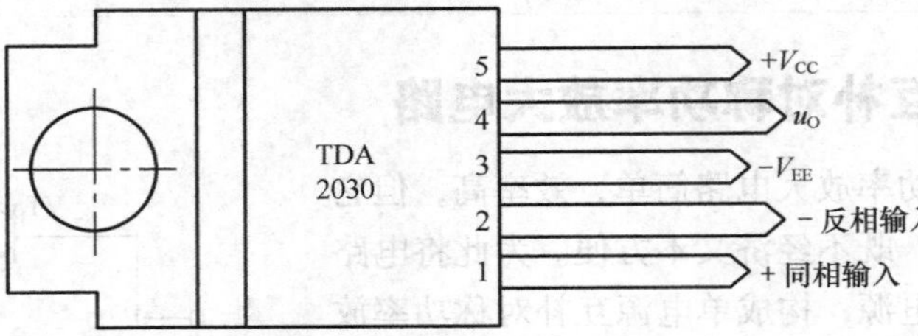

图 3.34　TDA2030 引脚图

2. TDA2030 集成功率放大电路的典型应用

TDA2030 在使用时可以接成 OCL 电路和 OTL 电路。

（1）OCL 电路接法。如图 3.35（a）所示，图中，R_3、R_2 和 C_2 使 TDA2030 构成交流电压串联负反馈。C_3、C_5 为高频耦合滤波电容，滤除高频干扰。C_4、C_6 为低频耦合滤波电容，滤除低频干扰。R_4、C_7 构成阻容吸收网络，保护芯片内功率管，同时还具有改善扬声器高频特性，消除自激振荡的作用。R_1 为芯片输入级偏置电阻，为输入端提供直流通路。

（2）OTL 电路接法。如图 3.35（b）所示，图中，R_1、R_2、R_3 为双电源改单电源的直流偏置电阻。C_5 为交流旁路电容。使电路的输入电阻不因 R_1、R_2 在交流通路中的并联而下降，其余元件的作用与 OCL 电路相似。

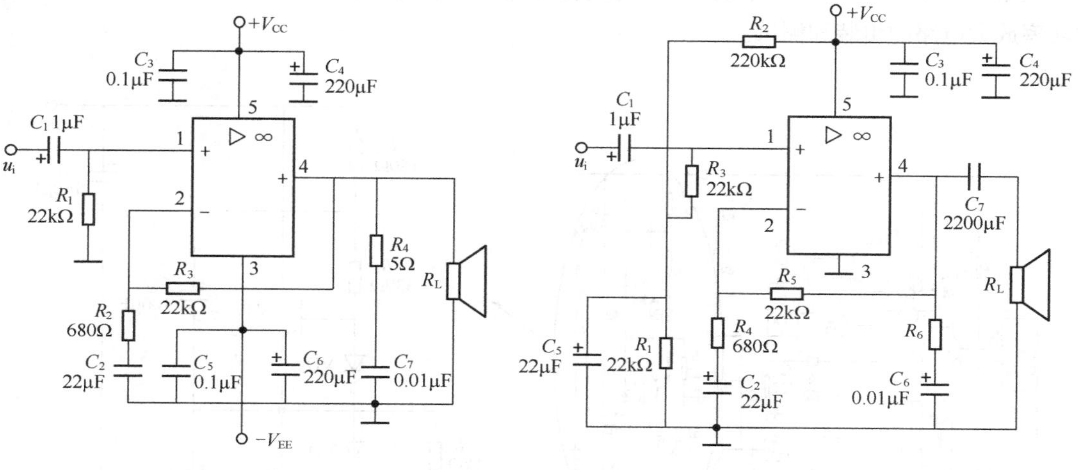

（a）OCL 接法　　　　（b）OTL 接法

图 3.35　TDA2030 应用电路

五、集成功率放大器使用注意事项

目前集成功率放大器的型号繁多，性能参数及使用条件各不相同，为了全面发挥器件的功能，并保证器件可靠工作，在实际应用中要注意以下几点。

（1）合理选择品种和型号。器件品种和型号的选择主要依据电路对功率放大级的要求，使所选器件主要性能满足电路要求。同时不能超过主要极限参数，且要留有余量。

（2）合理安置元器件及布线。元器件安置及布线不合理容易使放大电路产生自激或工作不稳定。因此安置功率元器件时要安置在电路通风好的部位，并远离前置放大电级及耐热性能差的元器件。电路接地线要尽量短而粗，需要接地的引出端要尽量一点接地。

（3）按规定选用负载。

（4）合理选用散热装置。

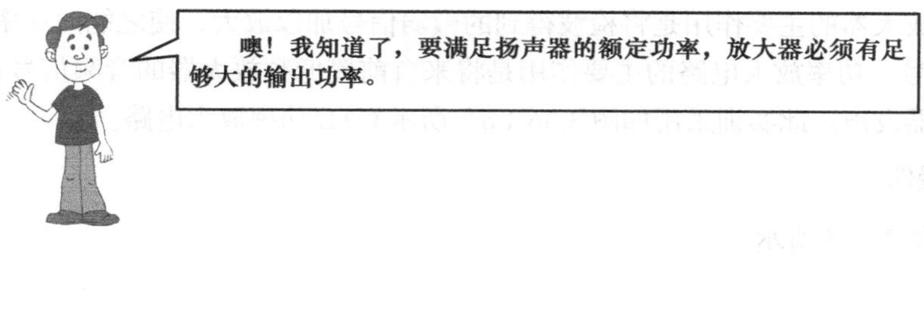

噢！我知道了，要满足扬声器的额定功率，放大器必须有足够大的输出功率。

小练习

1. 从三极管的工作状态来看，功率放大电路可以分为哪几类，各有什么特点？
2. 乙类功率放大电路会产生一种什么失真的非线性失真现象？
3. OTL 电路和 OCL 电路的主要区别：OTL 电路是________电源供电，而 OCL 电路是________电源供电。

*六、技能实训　组装调测收音机的音频功率放大电路

在第 2 单元中完成了中频放大电路的组装和测试，本实训继续按如图 3.36（b）所示进行音频功率放大电路的组装和测试。

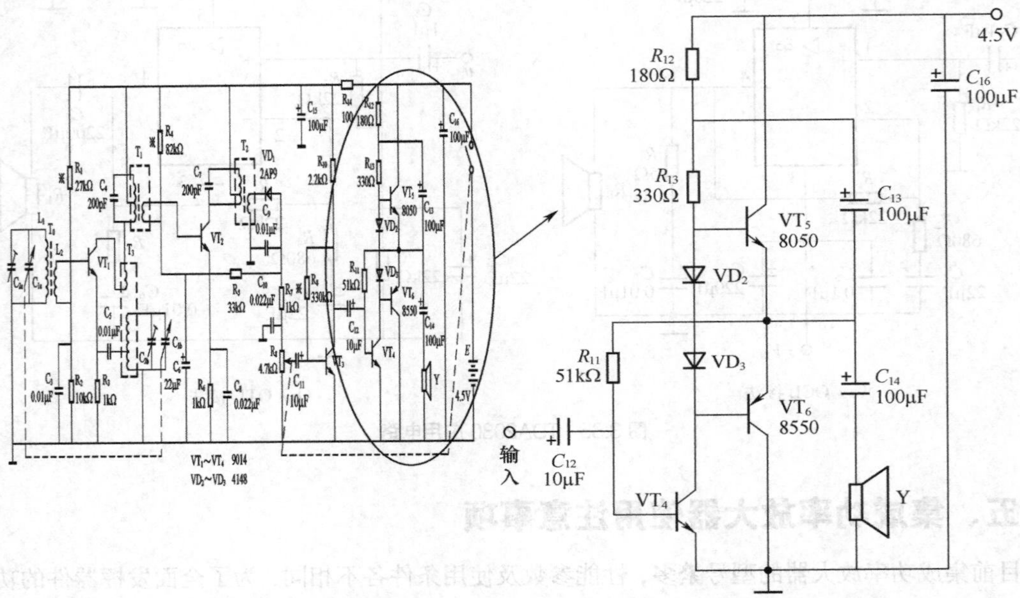

（a）收音机电路图　　（b）音频功率放大电路图

图 3.36　音频功率放大实验电路图

1. 实训目标

（1）进一步熟练掌握仪器仪表的使用方法。

（2）了解低频放大电路的连接方法，增强对该电路的认识。

（3）学会低频放大电路参数的测试方法。

2. 实训解析

前置低频放大器的主要作用是将检波得到的微弱信号加以放大，使之能向功率放大电路提供足够的输入信号。功率放大电路的主要作用是将来自前置低频放大器的音频信号进行功率放大，然后推动扬声器发声。此实训采用如图 3.36（b）所示 OTL 功率放大电路。

3. 实训操作

实训器材如表 3.5 所示。

表 3.5　　实训器材

序　号	名　称	规　格	数　量
1	万用表	MF-47	1 台
2	示波器	V-212 双踪	1 台
3	实验箱	ELB	1 台
4	电阻 R_{11}/ R_{12}/ R_{13}	51kΩ/180Ω/330Ω	各 1 只
5	电容器	100μF/10μF	2 只 /1 只
6	三极管	8550	1 只
7	三极管	8050	2 只
8	喇叭	3 寸 8Ω	1 只

（1）按电路图 3.36（b）所示连接电路。

（2）静态工作点的测量与调整。

① 进行通电前的检查，检查电路有无短路现象。方法是：不接电源，用万用表 R×100 挡，将万用表黑表笔接机芯的正极，红表笔接负极，正常情况下万用表的读数为 700Ω 左右。

② 用万用表 10mA 挡串入电路板 VT_5 的集电极开口处，正常电流值应为 2 ～ 6mA。用万用表电压挡测 VT_5、VT_6 连接处的中点电压，正常值为$\frac{1}{2}V_{CC}$。

（3）输入幅度为 10mV，频率为 50 ～ 1 000Hz 正弦信号，听喇叭的发声。（随频率由低到高的变化，声音是由低沉到尖锐变化。）

4. 实训总结

（1）若静态工作点不合适如何调整。

（2）若中点电压不正常，如何调整。

（3）填写如表 3.6 所示的总结表。

表 3.6　　总结表

课题							
班级		姓名		学号		日期	
实训收获							
实训体会							
实训评价	评定人	评　　语				等级	签名
	自己评						
	同学评						
	老师评						
	综合评定等级						

实训拓展

若 VT_5、VT_6 连接处的中点电压偏离 $\frac{1}{2}V_{CC}$，表明 VT_5、VT_6 的偏置不对称，应细调 R_{11}。

*第5节 正弦波振荡电路

一、正弦波振荡电路的基础知识

1. 振荡产生的基本过程

通过前面的学习已经了解到，对于一个放大电路来说，有外加输入信号才可能有输出信号，没有输入信号就不可能有输出信号。但是日常生活中，有时会遇到一种现象，比如在大的实验室上课时，老师要用麦克风（话筒）讲课，当老师不小心走动的位置距离扬声器较近时，实验室里就会发出一阵刺耳的啸叫声，如图3.37所示示意图。产生上述现象的原因是当话筒靠近扬声器时，来自扬声器的声波（信号）送入话筒，经放大器放大送给扬声器，扬声器再把放大了的信号送给话筒，形成正反馈，如此反复循环，就形成了啸叫声。实际上，麦克风、放大器、扬声器组成的系统是自已给自己提供了“输入”信号（扬声器输出信号的一部分反馈给麦克）。**这种在没有外加输入信号的情况下就可以连续输出信号的现象称为自激振荡（简称振荡）。**

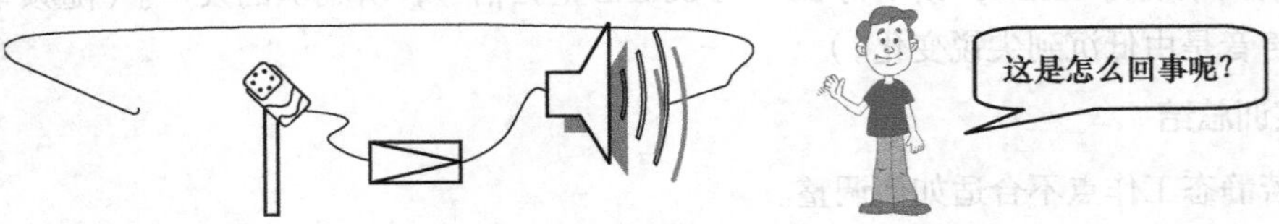

图 3.37　自激振荡示意图

上述实例中的振荡是不希望发生的，只是由于使用不当或者调试不当（或者设计有缺陷）而可能发生，使电路不能正常工作，这是应该避免的。然而在很多情况下也要求电路能够自动产生所需的各种波形信号，例如实验用的各种信号源、通信用的高频载波信号、接收机里的本机振荡信号、石英表里的时钟信号以及电子琴等，这时就可以利用振荡的原理来设计振荡器的电路了。

常用的振荡器电路实质上是以满足自激振荡条件的反馈放大电路为基础组成的，它可以产生正弦波信号或非正弦波信号。能产生正弦波信号的振荡电路称为正弦波振荡电路。

为使振荡电路输出一个确定频率的正弦波，要求自激振荡只能在某一频率上产生，而在其他频率上不能产生，因此，振荡电路必须有选频网络。

通过以上分析可知，振荡电路一般是**由放大电路、选频电路、反馈电路三部分组成。实际上，选频作用总是由放大或反馈电路兼用的**，所以振荡电路的方框图如图3.38所示。

选频网络选出的某一频率信号经正反馈、放大电路不断放大，幅度不断增加，但不会一直无限增大下去。因为三极管放大电路有自动稳幅的作用，即当回送到放大电路输入端的信号幅度过大，最后将使放大电路进入非线性工作区，放大电路增益迅速下降，振荡电路输出幅度越大，放大器增益下降越多，最后当反馈电压正好等于原输入电压时，振荡电路输出幅度不再增加而进入平衡状态。

所以振荡器要分析的是两方面的问题，一是选频电路及参数与振荡频率的关系；二是反馈网络和放大器必须满足什么条件才能维持稳定的振荡。

2. 振荡的平衡条件

振荡的平衡条件是指振荡电路正常工作维持等幅振荡的条件。参看图 3.38，若放大电路输入信号 u_i' 与反馈回来的信号 u_f 正好相同，则 u_f 将继续作为“输入”信号输入，反馈回来的仍是 u_f，这样电路就可以周而复始的维持等幅振荡。可见，振荡的平衡条件就是 u_f 与 u_i' 相同，即相位相同和振幅相同。

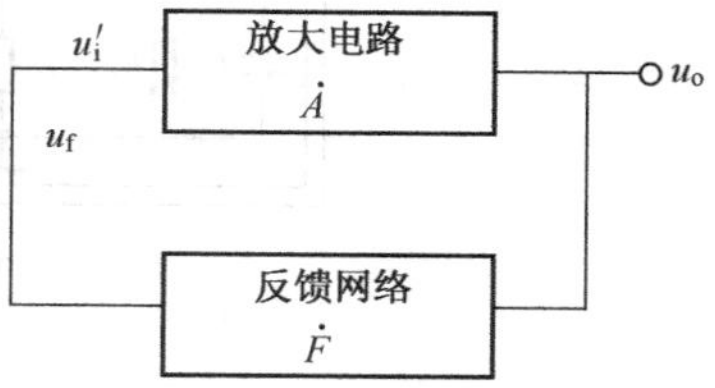

图 3.38　振荡电路方框图

（1）相位平衡条件

相位平衡条件要求反馈信号与输入信号相位相同，也就是正反馈。

$$\phi_A + \phi_F = 2n\pi\ (n = 0, 1, 2\cdots) \tag{3-15}$$

ϕ_a 表示图 3.38 中 A 的相移，ϕ_F 表示图 3.38 中 F 的相移。如 A 为反相放大器，则 F 应取与 u_o 反相的信号反馈。

（2）振幅平衡条件

振幅平衡条件要求反馈信号的幅度等于输入信号的幅度，$u_f = u_i'$。幅度条件实际上是要求放大电路的放大倍数 A 与反馈电路的衰减倍数 $1/F$ 相等，则振荡的振幅平衡条件为

$$AF = 1 \tag{3-16}$$

例如，F=1/10，即 u_f/u_o=1/10，则只要 $A = 10$ 即可使 $u_f = u_i'$。

若 $AF < 1$，电路不起振。若 $AF = 1$，电路情况有两种可能，一是如果电路已经振荡则维持原振荡，二是如果电路还没振荡则不能起振。实际上，振荡开始（起振）时，应使 $AF > 1$，使得振荡逐步增强，直到使 $AF = 1$ 时，振荡达到稳定状态。

对于正弦波振荡器，通过选频反馈电路使得只有 1 个频率能满足振荡平衡条件，这就是振荡频率 f_0。

二、LC 正弦波振荡电路

LC 正弦波振荡器是由 LC 谐振回路作为选频反馈网络组成的振荡电路。常用的有互感反馈式、电感反馈三点式和电容反馈三点式。

1. 互感反馈式

（1）电路构成。互感反馈式振荡器有多种形式，如图 3.39（a）、（b）所示是两种常见形式。

如图 3.39（a）所示电路由图 2.36 改成，VT 与 LC 并联谐振回路组成谐振放大器，改动部分只是将 LC 回路次级线圈的信号反馈回三极管放大器的输入端作为放大器自身提供的“输入”信号 u_i'，代替了图 2.36 中的输入信号 u_i。

（2）振荡条件。因为放大器的增益足够高，完全可以满足振幅平衡条件 $AF = 1$，因此主要考虑相位平衡条件。

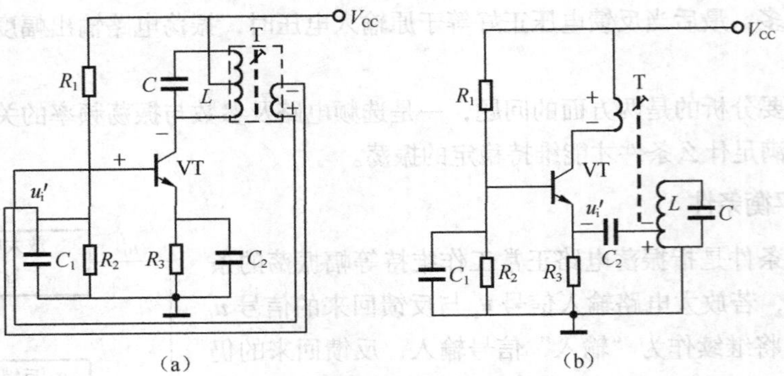

图 3.39　互感反馈式振荡电路

如图 3.39（a）所示，设 VT 的 b 极瞬时输入信号为正，则 c 极信号为负，即 L 的信号上正下负，次级信号极性若如图所示，则反馈回 b 极的信号为正与原设的极性相同，即为正反馈，满足相位平衡条件。另外，在实验中若极性反了，则将线圈两端对调即可。

（3）振荡频率。振荡频率即 LC 回路的谐振频率，

$$f_0 = \frac{1}{2\pi\sqrt{LC}} \tag{3-17}$$

如图 3.39（b）所示是收音机中本机振荡信号常用的振荡电路。与图 3.39（a）相比有 2 处变化，1 是改为共基电路，2 是反馈信号从谐振线圈的抽头取，这就使谐振电容 C 的一端直接接地，C 实际上是调台的可变电容，需要一端接地。设 VT 的 e 极瞬时输入信号为负，则 c 极信号亦为负，若反馈信号极性如图所示，则反馈回 e 极的信号为负，与原设的极性相同，即为正反馈。振荡频率同式（3-17）。

（4）性能特点。互感反馈式振荡器容易起振、振荡幅度大，频率调节方便，但输出波形不太理想，稳定性及精度不高，适用于几十兆赫兹以内的频率范围。

2. 电感反馈式（电感三点式）

（1）电路构成。电路如图 3.40 所示，VT 的 3 个电极分别与 LC 回路中 L 的 3 个端点相连（交流通路），所以称为电感三点式。其中 L_1 作负载线圈，L_2 作反馈线圈。通常 L_1、L_2 是 1 个有抽头的线圈，总电感为 L。

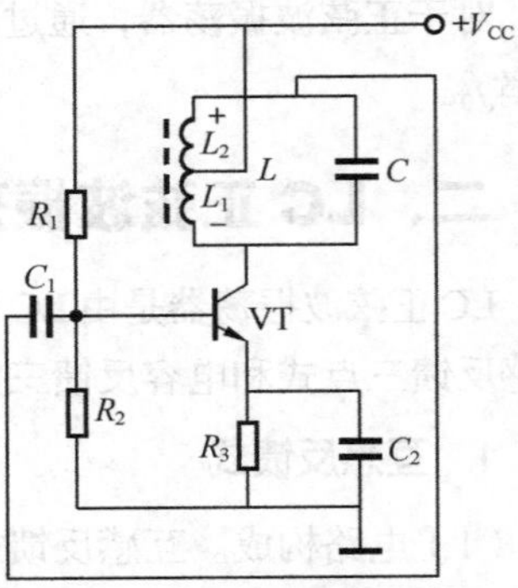

图 3.40　电感反馈式振荡电路

（2）振荡条件。电感三点式电路相位平衡条件的判断方法可以利用瞬时极性法或“三点式”法则来判断。实际上线圈 L 抽头交流接地，则两端相位必然相反。例如上正下负，共射电路输出与输入反相，再经反馈回路反相，则反馈回输入端的是同相信号，满足相位条件。

知识拓展

“三点式”法则

当与三极管发射极相接的两个元件电抗性质相同（都是电感或都是电容），而另一个与集电极和基极相接的元件其电抗性质与上述两个元件相反时，电路满足相位条件，如图 3.41 所示。

其中电抗用 X 加下标表示，下标表示某两个电极之间的电抗。

即当 X_{be}、X_{ce} 属于同类电抗，而 X_{bc} 与 X_{be}、X_{ce} 属于异类电抗时，电路满足相位平衡条件。例如图 3.41 中，X_{be} 为电感，X_{ce} 也为电感，X_{bc} 为电容，即电感三点式，满足“三点式”法则，故电路满足相位条件。

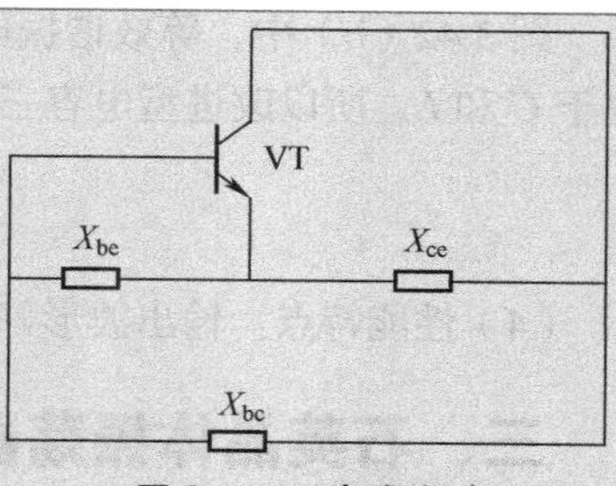

图 3.41　三点式法则

（3）振荡频率

$$f_0 = \frac{1}{2\pi\sqrt{LC}} \tag{3-18}$$

式（3-18）中，若 L_1、L_2 为已知量（松耦合时），则上式中的 $L=L_1+L_2+2M$，M 是 L_1、L_2 的互感。

（4）性能特点。具有耦合紧、易起振、频率调节方便，但波形失真较大。

3. 电容反馈式（电容三点式）

（1）电路构成。电容反馈式振荡电路如图 3.42（a）所示，与图 3.40 电感反馈式电路相比，只是将 L_1、L_2 换成 C_1、C_2（对交流），将 C 换成 L，其中 C_2 提供反馈电压。如图 3.42（b）所示是一种改进型电容三点式振荡电路，L 支路上串接一个小电容 C。VT 的 3 个电极与电容支路的 3 个点相接（交流），所以称为电容三点式。

（2）振荡条件。电容三点式电路相位平衡条件的判断方法可以利用瞬时极性法或“三点式”法则来判断。实际上，对于 LC 并联谐振回路内部的振荡电流而言，C_1、C_2 是串联的，它们的相连点接地，则两端相位必然相反。放大器是反相的，又经反馈回路反相，则是正反馈。

（3）振荡频率

如图 3.42（a）所示的振荡频率为

$$f_0 = \frac{1}{2\pi\sqrt{LC}} \tag{3-19}$$

式（3-19）中 $C = \dfrac{C_1 C_2}{C_1 + C_2}$，即 C_1、C_2 的串联值。

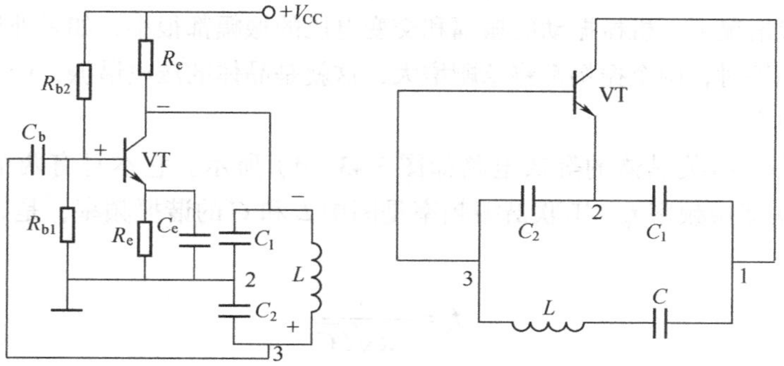

（a）电容反馈式振荡电路　　（b）改进型

图 3.42　电容反馈式振荡电路

图 3.42（b）中，等效谐振电容是 C 与 C_1、C_2 串联的值，当 $C << C_1$、C_2 时，其频率主要取决于 C 和 L，所以改进型电容三点式振荡器的振荡频率为

$$f_0 = \frac{1}{2\pi\sqrt{LC}} \tag{3-20}$$

（4）性能特点。输出波形好，能产生频率较高的正弦波，振荡频率可达 100MHz 以上。

三、石英晶体振荡器

LC 振荡器的振荡频率是由它的选频网络的 L、C 参数来决定的，由于环境温度变化等因素的影响，将导致 L、C 参数的变化。因此，无论是 LC 振荡器还是 RC 振荡器，其振荡频率的稳定性及精度都不高。在需要高稳定度、高精度的振荡频率时，可采用石英晶体振荡器。

1. 结构

天然石英是二氧化硅（SiO_2），它的物理和化学性能都非常稳定，将它按一定方位角切成薄片，称为石英晶体。在晶片的两个相对表面喷涂金属作为极板，焊上引线作为电极，再加上外壳封装即制成石英晶体振荡器，简称晶振，如图 3.43 所示。

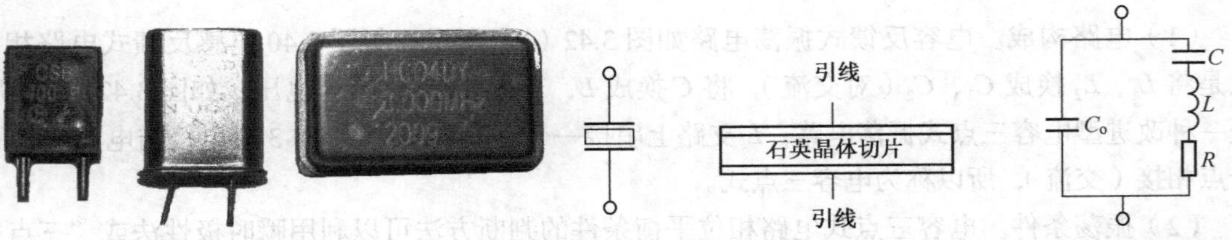

（a）实物图　（b）符号　（c）结构　（d）等效电路

图 3.43　石英晶体振荡器

2. 石英晶体的压电效应

若在石英晶体两电极加上电压，晶片将产生机械形变；反之，如在晶片上施加机械压力使其发生形变，则将在相应方向上产生电压。

3. 石英晶体的压电谐振

（1）压电谐振。如果在晶体两边加上交变电压，则晶片将产生相应的机械振动，这个振动又在原电压方向产生附加电压，又引起新的机械振动，由此产生电压—机械振动的往复循环，最后达到稳定。在一般情况下，机械振动的振幅和交变电压的振幅都很小，如果外加交变电压的频率与晶体固有频率相等时，两个振幅都将急剧增大，这就是晶体的压电谐振，产生谐振的频率称为石英晶体的谐振频率。

（2）谐振频率。石英晶体的等效电路如图 3.43（d）所示。它本身有两个谐振频率，串联谐振频率 f_s 和并联谐振频率 f_p。串联谐振频率是图中 L 和 C 的谐振频率，是石英晶体基本的谐振频率。

$$f_s = \frac{1}{2\pi\sqrt{LC}} \tag{3-21}$$

并联谐振频率是用图中 C_o（即两极板的电容）与 C 的串联总值代换式（3-21）中的 C，实际上 $C<<C_o$，所以

$$f_p \approx f_s \tag{3-22}$$

如图 3.43（d）中的 C_o 和等效损耗电阻 R 都可忽略，简化为 L 与 C 的串联电路，这里的串联只是等效电路内部 L 与 C 的连接方式，并不能决定外部电路的形式。晶振用于振荡器的常用电路形式如图 3.42（b）所示，用晶振代换图中的 L、C，则 L、C 即是晶振的等效电路。晶振的等效 C 极小，一般在 0.1pF 以下，所以振荡频率基本由晶振本身固有谐振频率决定，受外电路电容的影响很小。

4. 石英晶体振荡电路

如图 3.44 所示是用运放实现的石英晶体振荡电路，就是采用如图 3.42（b）的改进型电容三点式电路。石英晶体相当于电感 L 串接了 1 个小电容 C。运放接成反相放大器，又经反馈回路反相，满足正反馈条件。

振荡频率即晶振的谐振频率 f_s，但使用者并不需要用式（3-21）计算，晶振的谐振频率有系列的常用值可供选用。若要微调振荡频率，可用 1 个小电容或微调电容（几十皮法）与晶振串接，如图 3.44 中的微调电容 C_s，但微调范围极小。

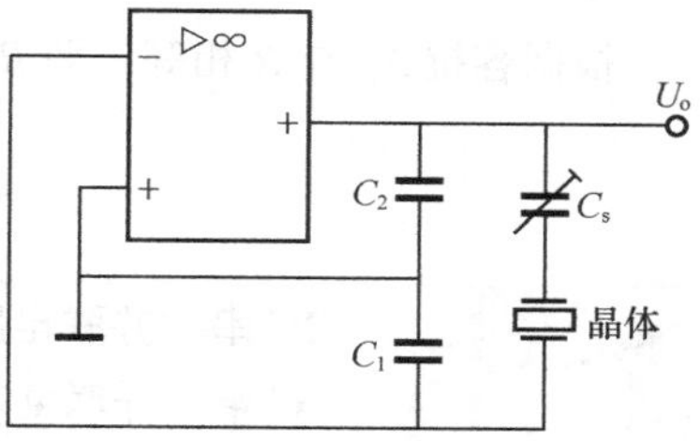

图 3.44　石英晶体振荡电路

5. 石英晶体振荡器的特点

石英晶体振荡器具有很高的频率稳定度，约为 10^{-5} ~10^{-11} 数量级，而一般 LC 振荡器的频率稳定度约为 10^{-2} ~10^{-3} 数量级。石英晶体振荡器带负载能力差，如电路有需要时可接放大器。另外，晶振怕振动，使用和保存时应注意。

四、RC 正弦波振荡电路

RC 正弦波振荡电路是由 RC 选频、反馈网络和放大器组成。RC 移相振荡器、RC 桥式振荡器是常见的 RC 正弦波振荡电路，本节简单介绍 RC 桥式振荡器的组成、振荡条件、振荡频率及特点。

1. 电路组成

如图 3.45（a）所示为由集成运算放大器构成的 RC 桥式振荡电路。图中 RC 串、并联选频、反馈网络接在集成运算放大器的输出端作为负载，并从 RC 并联回路取反馈信号送到运放同相端，若从输出端到同相端相移为 0，则为正反馈。另外，R_1、R_F 向反相端引入一定的负反馈，接成同相放大器的形式。

正、负反馈的接法正是文式电桥的形式，等效电路如图 3.45（b）所示。运算放大器的差模输入信号 U_{id} 是 RC 串、并联回路的反馈电压与 R_1、R_F 的负反馈电压之差。

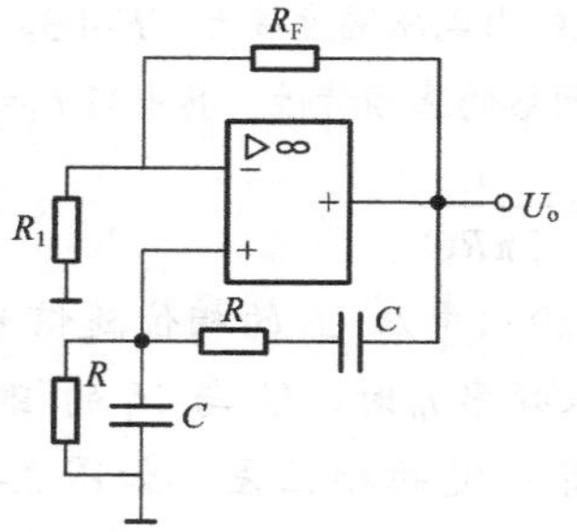

（a）电路图

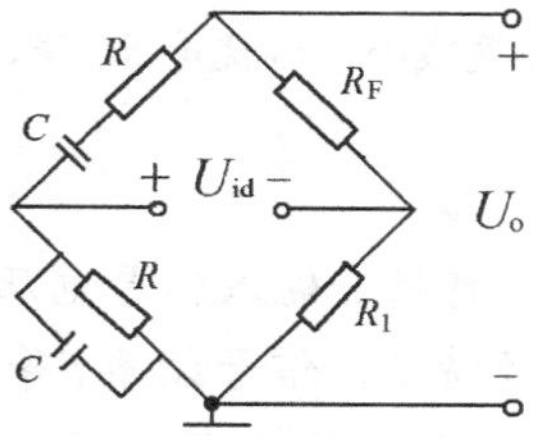

（b）文式电桥等效电路

图 3.45　桥式正弦波振荡电路

2. 振荡条件

（1）相位平衡条件。只有当容抗 X_C 与 R 相等时，运放同相端的反馈电压才与 U_o 同相（RC 串、并联回路的电流超前 U_o 45°，而 RC 并联回路的电压落后电流 45°），满足正反馈条件。

（2）振幅平衡条件。因为运放接成的是同相放大器，其闭环放大倍数 $A_{uf}=1+(R_F/R_1)$。而 RC 选频网络在 $f=f_0$ 时，$F=1/3$，若要满足 $AF=1$，则 $A_{uf}=3$。为了容易起振，A_{uf} 应略大于 3。因此只要 $R_F>2R_1$，振荡电路就能满足电路自激振荡的条件。此时的频率 f_0 即是振荡频率。

3. 振荡频率

根据容抗 X_C 与 R 相等，即 $R=1/2\pi f_0 C$，可得振荡频率

$$f_0=\frac{1}{2\pi RC} \tag{3-23}$$

知识拓展

RC 串、并联电路的选频特性

RC 串、并联电路如图 3.46（a）所示。

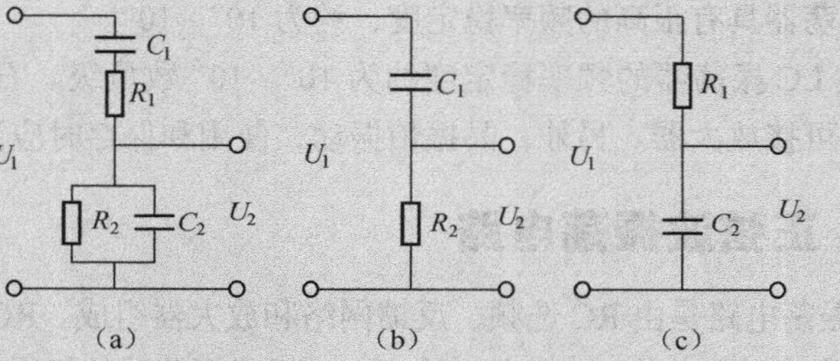

图 3.46　RC 串、并联电路

下面分析该电路的幅频特性和相频特性。

幅频特性：输入信号频率较低时，在 RC 串、并联电路中，C_1、C_2 容抗均很大。在 R_1C_1 串联部分，$X_{C1}>>R_1$，因此 R_1 上分压可忽略。在 R_2C_2 并联部分，$X_{C2}>>R_2$，因此 C_2 上的分流量可忽略，这时的等效电路如图 3.46（b）。从该图可看出，信号频率越低，X_{C1} 越大，R_2 分压越小，U_2 幅度越小。

输入信号频率较高时，C_1、C_2 容抗均小，此时的 RC 串、并联等效电路如图 3.46（c）所示。从图中可以看出，信号频率越高，X_{C2} 越小，分压越小，U_2 幅度越低。

从分析可知，只有在谐振频率 f_0 上输出电压幅度最大，F=1/3，偏离这个频率 f_0，输出电压幅度减小，这就是 RC 串、并联网络的选频特性。其中当 R_1=R_2=R，C_1=C_2=C 时

$$f_0=\frac{1}{2\pi RC}$$

相频特性：输入信号电压 U_1 与输出电压 U_2 的相位随信号频率的变化关系，称为相频特性。信号频率 f 等于谐振频率 f_0 时，U_2 与 U_1 的相位差等于零，即 U_2 与 U_1 同相位。而在其他频率上均有一定的相位差，如图 3.46（b）U_2 超前 U_1，图 3.46（c）U_2 滞后于 U_1。

4. 性能特点

电路中引入了负反馈，可以改善输出波形及稳定输出电压幅度。RC 选频网络中的两个电阻 *R* 若用一个双连电位器代替，就可以调节该电路的振荡频率。RC 正弦波振荡电路适用于频率较低的应用，振荡频率从几赫到几十千赫，一般不超过 1 兆赫。

小练习

1. 振荡电路和放大电路有何区别？
2. 振荡电路由哪几部分构成？各起什么作用？
3. 产生自激振荡的条件是什么？
4. 石英晶体振荡器怎样构成的？它有哪些谐振频率？

*五、技能实训　组装调测收音机的正弦波振荡电路

在前面的实训中完成了音频功率放大电路的组装和测试，本实训继续按图 3.47（b）所示进行正弦波振荡电路的组装和测试。

1. 实训目标

（1）进一步熟练掌握仪器仪表的使用方法。

（2）了解正弦波振荡电路的连接方法，增强对该电路的认识。

（3）学会正弦波振荡电路参数的测试方法。

2. 实训解析

变频电路是指从输入调谐回路的输出端到中频放大电路输入端之间的电路。它由本机振荡电路、混频电路和选频电路组成，其主要作用是将磁性天线接收下来的高频信号变换成 465kHz 的固定中频信号。

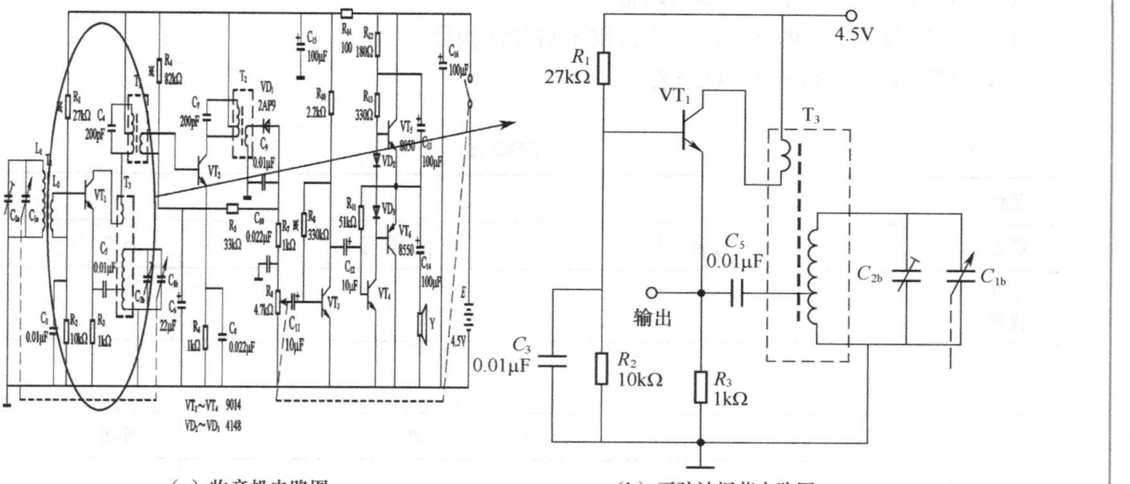

（a）收音机电路图　　（b）正弦波振荡电路图

图 3.47　正弦波振荡电路图

本机振荡电路如图 3.47（b）所示。它的作用是产生一个等幅振荡信号。这个振荡信号的频率始终要比输入电路选择的电台频率高 465kHz，即 $f_{振} - f_{外} = 465\text{kHz}$。如收音机的中波段接收的

频率范围是 535 ～ 1 605kHz，这时相对应的本机振荡的频率范围应为 1 000 ～ 2 070kHz。

3. **实训操作**

实训器材如表 3.7 所示。

表 3.7　　实训器材

序　号	名　称	规　格	数　量
1	万用表	MF-47	1 台
2	示波器	V-212 双踪	1 台
3	实验箱	ELB	1 台
4	电阻 R_1/ R_2/ R_3	27kΩ/10kΩ/1kΩ	各 1 只
5	电容 C_3	0.01μF	1 只
6	双连电容器	270pF	1 只
7	三极管	8050	1 只

（1）按如图 3.47（b）所示连接电路。

（2）静态工作点的测量与调整。

① 进行通电前的检查，检查电路有无短路现象。方法是：不接电源，用万用表 $R\times100$ 挡，将万用表黑表笔接机芯的正极，红表笔接负极，正常情况下万用表的读数为 700Ω 左右。

② 用万用表 2.5V 电压挡测 VT_1 发射极对地电压，正常值应为 0.6 ～ 0.8V。若电压偏离正常值可调整 R_1 阻值。

③ 调节 C_{1b}、C_{2b}，通过示波器观察 VT_1 发射极输出电压的波形，频率范围应在 1 000 ～ 2 070kHz。

4. **实训总结**

（1）若静态工作点不合适如何调整。

（2）示波器观察到的波形的频率范围不对如何调整。

（3）填写如表 3.8 所示的总结表。

表 3.8　　总结表

<table>
<tr><td>课题</td><td colspan="7"></td></tr>
<tr><td>班级</td><td></td><td>姓名</td><td></td><td>学号</td><td></td><td>日期</td><td></td></tr>
<tr><td>实训收获</td><td colspan="7"></td></tr>
<tr><td>实训体会</td><td colspan="7"></td></tr>
<tr><td rowspan="5">实训评价</td><td>评定人</td><td colspan="4">评　　语</td><td>等级</td><td>签名</td></tr>
<tr><td>自己评</td><td colspan="4"></td><td></td><td></td></tr>
<tr><td>同学评</td><td colspan="4"></td><td></td><td></td></tr>
<tr><td>老师评</td><td colspan="4"></td><td></td><td></td></tr>
<tr><td>综合评定等级</td><td colspan="4"></td><td></td><td></td></tr>
</table>

实训拓展

若 $U_{E1}=0$，故障可能是天线线圈次级 L_2 开路或 VT_1 发射结开路；若 U_{E1} 太小，可能是 L_2 接触不良或 C_3 不良（漏电或短路）；若 U_{E1} 太大，故障可能是因 VT_1 性能不良引起。

（1）本单元讨论了反馈的概念、反馈的类型及其判断方法。电路中引入负反馈后将会使放大倍数下降，但它可提高放大倍数的稳定性，可抑制干扰和噪声，可改善波形，可展宽频带，还可改变输入和输出电阻。

（2）集成运算放大器的基本运算电路的几种形式及其参数的计算。

（3）本单元介绍了功率放大电路的相关知识。

① 功率放大电路按三极管的工作状态分甲类、乙类、甲乙类、丙类，按耦合方式分变压器耦合和无变压器耦合。这里介绍的是无变压器耦合的互补对称式的功率放大电路，它又有双电源（OCL 电路）、单电源（OTL 电路）之分。

② 无论是OCL电路还是OTL电路都是由两只三极管在输入信号的一个周期内轮流交替工作，最后在负载上合成，这样就会产生交越失真，为了克服交越失真，应将静态工作点设置在甲乙类状态。

③ 集成功率放大器体积小、重量轻、性能可靠，使用时注意引脚的连接。

（4）正弦波振荡电路实质上是一个满足振幅平衡条件和相位平衡条件的正反馈放大器。按照选频网络的不同，正弦波振荡电路主要分 LC 振荡电路和 RC 振荡电路两大类，改变选频网络的参数，可调节电路的振荡频率。

一、填空题

1. 反馈放大器是由________和________两部分电路所组成。

2. 负反馈对放大器性能的影响主要体现在以下 5 方面：（1）________；（2）________；（3）________；（4）________；（5）________。

3. 如要求稳定输出电压，并提高输入电阻，则应该对放大器施加________反馈。

4. 能使放大器输出电压稳定的是________反馈，能使输出电阻降低的是________负反馈。

5. OTL 电路和 OCL 电路的主要区别：OTL 电路是________供电，而 OCL 电路是________供电。

*6. 自激振荡电路是指________的一种电路。

*7. 正弦波振荡电路的振幅平衡条件是________，相位平衡条件是________。

二、选择题

1. 要使输出电压稳定又具有较高输入电阻，放大器应引入________负反馈。

A. 电压并联　　B. 电流串联　　C. 电压串联　　D. 电流并联

2. 交流负反馈对电路的作用是________。

A. 稳定交流信号，改善电路性能　　B. 稳定交流信号，也稳定直流偏置

C. 稳定交流信号，但不能改善电路性　　D. 不能稳定交流信号，但能改善电路性能

3. 对于放大电路，所谓开环是指________，而所谓闭环是指________。

A. 无信号源　　B. 无反馈通路　　C. 存在反馈通路　　D. 无负载

4. 无论是用集成运算放大器还是集成电压比较器构成的电压比较电路，其输出电压与两个输入端的电位关系相同，即只要反相输入端的电位高于同相输入端的电位，则输出为________电平。相反，若同相输入端的电位高于反相输入端的电位，则输出为________电平。

A. 高　　B. 低　　C. 零

5. 在 OTL 功率放大电路中，输入为正弦电压，若输出电压波形如图 3.48 所示，则电路出现了________。

A. 饱和失真　　B. 交越失真　　C. 截止失真

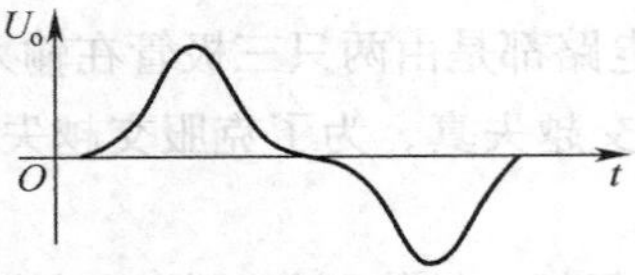

图 3.48　选择题 5 用图

6. 指出下列如图 3.49 所示的功率放大器的工作状态。A 为________状态；B 为________状态；C 为________状态。

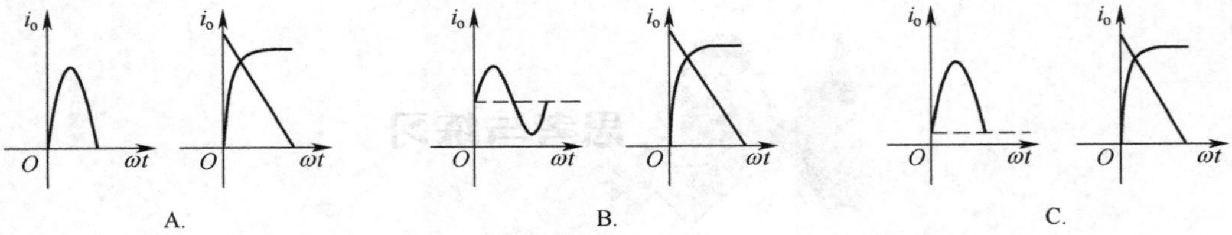

图 3.49　选择题 6 用图

三、判断题

1. 把输入的部分信号送到放大器的输出端称为反馈。（　）
2. 放大器的负反馈深度越大，放大倍数下降得越多。（　）
3. 负反馈能修正输入信号波形的失真。（　）
4. 放大器中引入电压串联负反馈，可以提高输入电阻，稳定放大器输出电流。（　）
5. 若放大电路的放大倍数为负，则引入的反馈一定是负反馈。（　）
6. 若放大电路引入负反馈，则负载电阻变化时，输出电压基本不变。（　）
7. 功率放大电路的主要作用是向负载提供足够大的功率信号。（　）

四、综合题

1. 试求图 3.50 所示各电路中输出电压 U_o 的值。

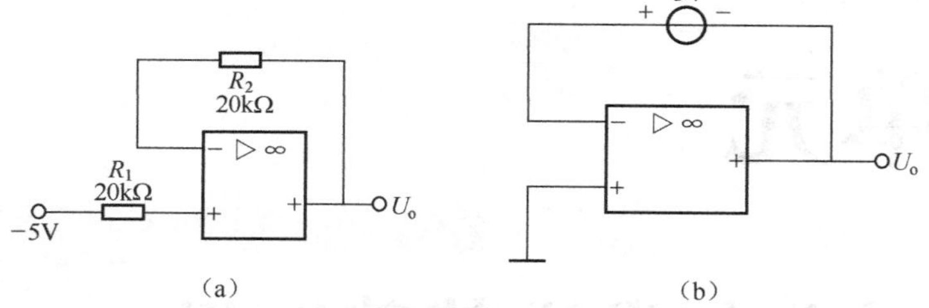

图 3.50　综合题 1 用图

2. 设同相比例电路中，$R_1 = 5\text{k}\Omega$，若希望它的电压放大倍数等于 10，试估算电阻 R_F 和 R_2 各应取多大？

3. 试写出图 3.51 所示电路中输出电压和输入电压的关系式。

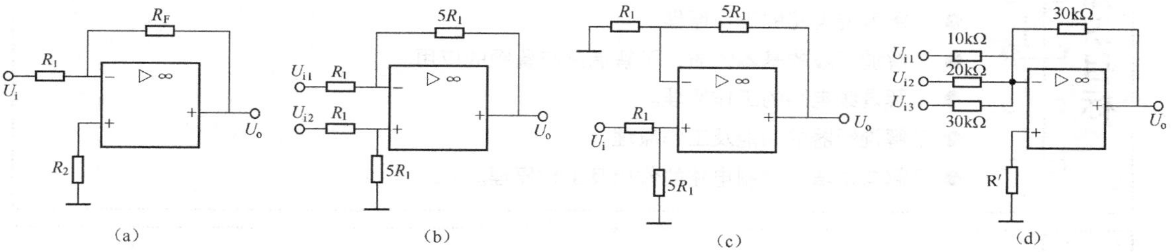

图 3.51　综合题 3 用图

4. 在图 3.52 所示中，已知 $R_F = 2R_1$，$U_i = -2\text{V}$，试求输出电压 U_o。

*5. 已知电路如图 3.53 所示，VT_1 和 VT_2 的饱和管压降 $|U_{CES}| = 3\text{V}$，$V_{CC} = 15\text{V}$，$R_L = 8\Omega$，选择正确答案填入空内。

（1）电路中 VD_1 和 VD_2 的作用是消除________。

A. 饱和失真　　　　B. 截止失真　　　　C. 交越失真

（2）静态时，三极管发射极电位 U_{EQ}________。

A. >0V　　　　B. =0V　　　　C. <0V

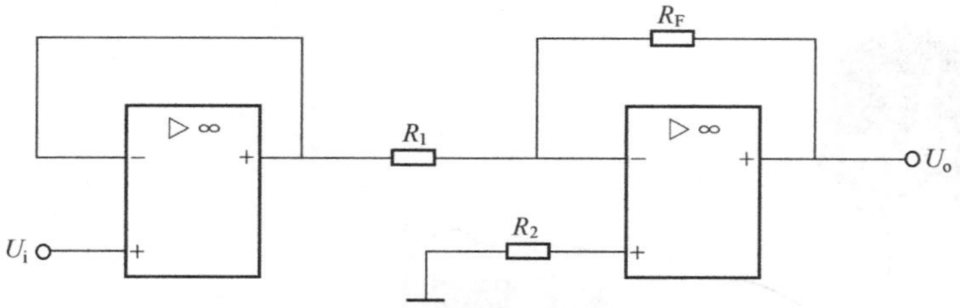

图 3.52　综合题 4 用图

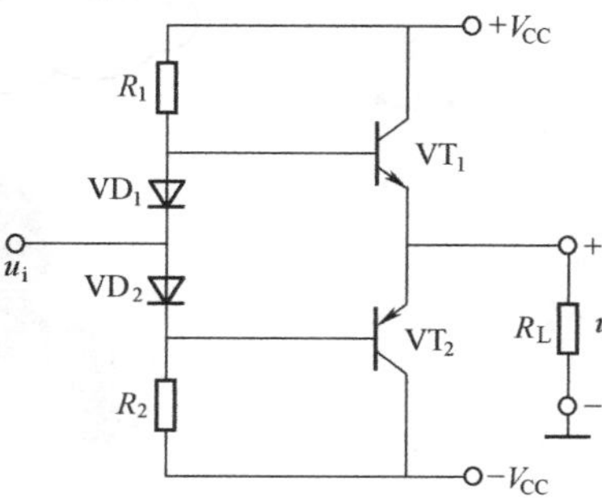

图 3.53　综合题 5 用图

第4单元

无线电接收与发送基础知识

知识目标

- 了解无线电系统的组成及各部分作用。
- 了解调幅波的基本性质，了解调幅与检波的应用。
- 了解调幅电路的工作原理。
- 了解调频波的基本性质，了解调频与鉴频的应用。
- 了解调频电路的工作原理。
- 了解混频器的功能及工作原理。
- 了解自动增益控制电路的作用及工作原理。

技能目标

- 能识读二极管调幅检波电路图。
- 能识读三极管变频器的电路图。
- 能识读自动增益控制的电路图。
- 会调试AM收音机的整机电路。

情景导入

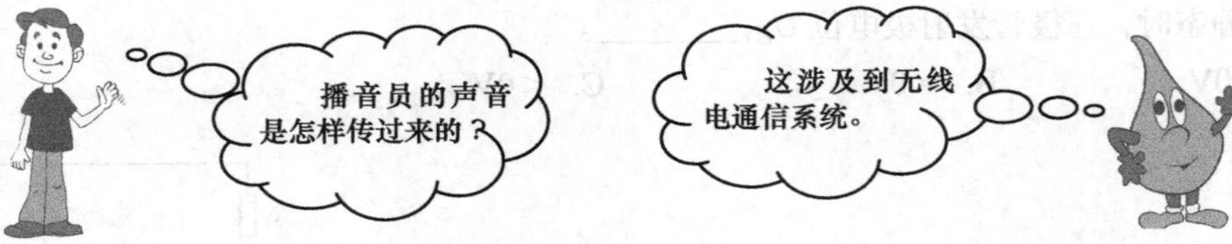

播音员的声音是怎样传过来的？
这涉及到无线电通信系统。

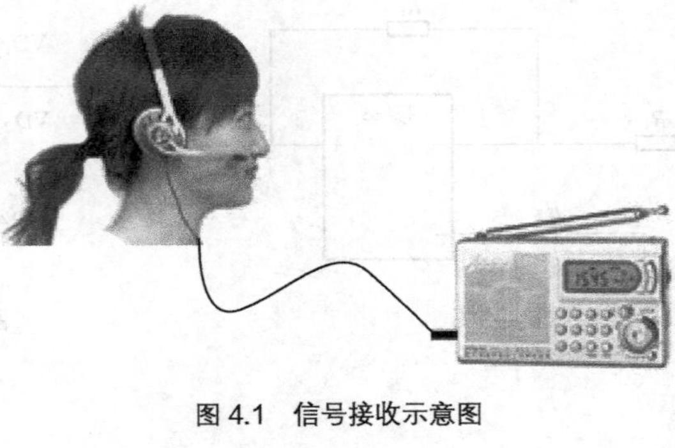

图4.1　信号接收示意图

前面单元学习了三极管等半导体器件、三极管放大器等常用电路，光有这些，还是不能将播音员的声音传送到远方的，本单元将介绍无线电通信的基础知识。

第 1 节　无线电通信系统

信息技术包括两大类技术：信息处理与信息传输。通信的目的是为了传递信息，即将经过处理的信息从一个地方传递到另一个地方。它的应用已渗透到人们生活的方方面面，如手机、电话、电视、广播等。

一、通信系统的组成

1. 通信系统的组成

用电信号（或光信号）传输信息的系统称为通信系统，也称电信系统。现代通信系统在传输信息的技术手段和方法上有显著进步，长距离通信系统的基本组成可概括为图 4.2 所示框图。

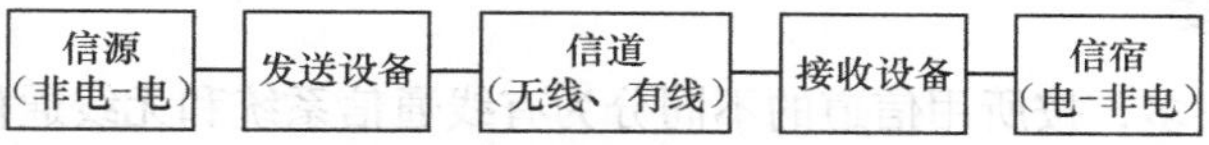

图 4.2　通信系统的组成框图

图 4.2 中信源是指要发送的信息，如声音、图像等，以及将非电信号转换成相应电信号的换能器（如话筒）。在无线电通信系统中将要发送的信息转换成的相应电信号，通常称为基带信号。发送设备是指将信源的信号变换成适合发送的信号形式再发送的设备。

信道是指信号传输的通道，可分为有线与无线两大类，有线是通过电缆、光缆等传输信号，无线是以电磁波形式传播。

接收设备的功能与发送设备相反，是将接收到的信号还原出基带信号。信宿是指基带信号还原出的原始信息以及将电信号转换成相应的非电信号的换能器（如扬声器）。

如图 4.2 所示的框图中，信道之前的发信部分，为了突出发送设备这一主要内容，将发送设备之前的内容都归为信源，它可以细分为只表示非电的原始信息的信源（例如声音）和将非电信号转换成相应的电信号的换能器（例如话筒）。同样的，信道之后的收信部分，为了突出接收设备这一主要内容，将接收设备之后的内容都归为信宿，它可以细分为将电信号转换成相应的非电信号的换能器（例如扬声器）和表示原始信息的非电信号（例如声音）。

2. 调制与解调

信号为什么要经过转变呢？原因是信源的信号不适于直接远距离发送。

电信号要以无线方式传送出去，可以将电信号送到天线，由天线将电信号转换成无线电波发送出去，这样就可以实现电信号的无线传输。无线电波的频率越低，要求发射天线越长。而实际情况是，大多数要发送的基带信号频率往往很低，如语音的频率范围是 0.1 ～ 6kHz，假如是 1kHz，则需要 30km 长的天线，这显然无法实现。怎么办呢？先看看日常生活中货物的发送过程，如图 4.3 所示，从中找点灵感。

图 4.3 说明货物本身无法跑到远方去，需要搭载汽车、火车、飞机等运载工具，运载工具带

着货物发送到目的地，再从运载工具上取出。由此可以联想到信息的发送。

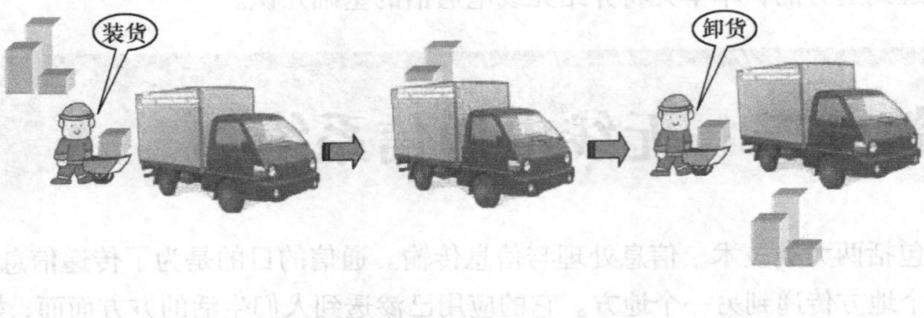

图 4.3　信件发送过程示意图

能够搭载电信号的运载载体是电磁波，即高频率的电信号，称为载波。与信源相对应的基带信号称为调制信号。低频率的调制信号和高频率的载波合为一体，就像是将货物装入汽车，产生的电信号称为已调波。将载波变换为含有调制信号信息的已调波的过程称为调制。在无线电通信中，发送到空间的就是已调波，是含有信源信息的电磁波，就像是载有货物的汽车。接收方接收到已调波，从已调波中取出调制信号的过程称为解调，就像是从汽车上取出货物。

3. 通信系统的分类

通信系统的种类很多，按所用信道的不同分为有线通信系统和无线通信系统。按传输的基带信号不同可分为模拟通信系统和数字通信系统。图 4.2 中基带信号为模拟信号时，即为模拟通信系统；基带信号为数字信号时，即为数字通信系统。

二、无线电的发送

如图 4.4（a）所示为发射机的实物图，图（b）所示为无线通信发送示意图（以声音为信源）。无线电发送设备中有 3 种基本的信号：从信源送来的调制信号、发送设备本身产生的高频载波、高频载波经调制信号调制后生成的已调波。

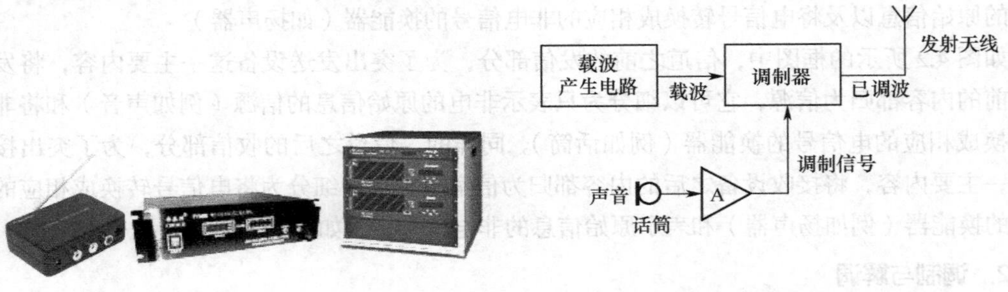

（a）发射器　　（b）无线通信发送示意图

图 4.4　发送设备及信源示意图

声音和话筒是信源部分，话筒将声音转换为音频电信号。图 4.4（b）中 A 是音频放大器，放大后的音频信号作为调制信号。载波产生电路产生高精度的高频信号，它是以振荡器为基础再配合其他电路构成的。调制器则是发送设备的核心内容，调制的过程实际上是使载波的某一参数随着调制信号的信息而发生变化。已调波通过发射天线发送到空中。

载波指单一频率的等幅的高频正弦波，它的基本参数有频率、振幅、相位等，其中载波的瞬时振幅随调制信号的瞬时电压幅度变化而生成的已调波称为调幅波，载波的瞬时频率随调制信号的瞬时电压幅度变化而生成的已调波称为调频波。另外，载波的相位也是可以随调制信号幅度变化的。

如图 4.5 所示为调制信号、载波、调幅波以及调频波的波形图。由图可见，调幅波不是等幅，其瞬时振幅随调制信号的瞬时电压幅度而变化，如果将各峰值点连成曲线，如图中的虚线（称为**包络线**），就是调制信号电压幅度变化的信息。调频波已经不是单一频率，其瞬时频率随调制信号的瞬时电压幅度而变化。

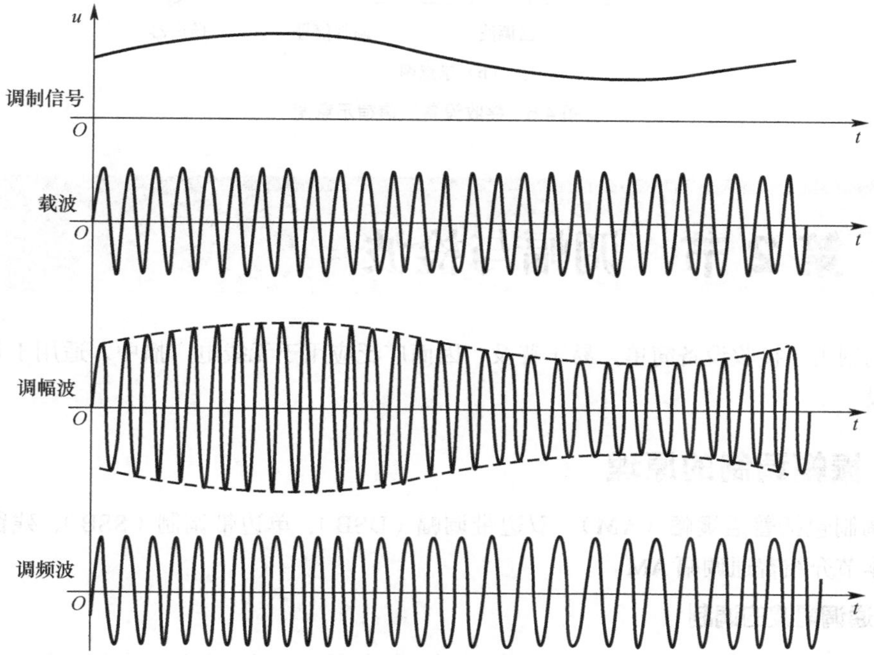

图 4.5　调幅、调频波形图

三、无线电的接收

如图 4.6（a）所示为接收设备的实物图，如图 4.6（b）所示为无线通信接收示意图，起核心作用的是解调器。解调器之前的电路是对接收天线接收到的已调波进行选频放大等处理，为了便于处理，通常要把载波的频率变换成较低的频率，称为变频，变频的内容将在后面介绍。解调器输入的是已调波而输出的则是原调制信号，再经低频放大器 A 放大后输出到信宿。以声音为例，信宿可用扬声器将调制信号转换成原声音信息。

调幅信号、调频信号以及其他不同的调制方式产生的已调波的解调方法和电路是各不相同的，后面将对振幅调制和频率调制分别介绍。

小练习

1. 说明无线通信接收设备的组成，并说出各部分的功能。
2. 什么是调制？什么是调幅波？
3. 什么是解调？

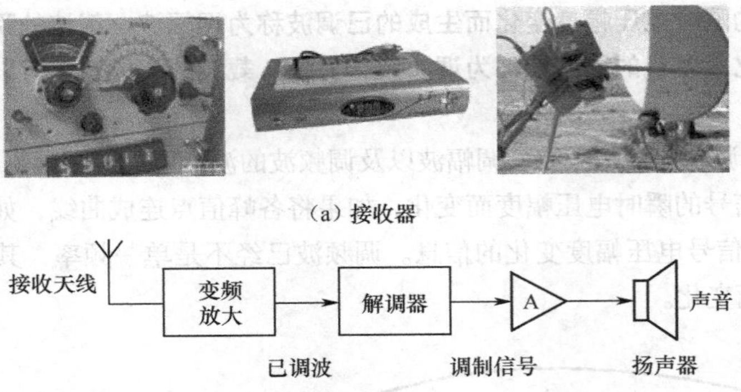

（a）接收器

（b）示意图

图 4.6　接收设备及信宿示意图

第 2 节　调幅与检波

振幅调制由于接收设备简单，易于普及，因而广泛应用于无线电广播中，适用于长、中、短与超短波段。

一、振幅调制的原理

振幅调制包括普通调幅（AM）、双边带调幅（DSB）、单边带调制（SSB）、残留边带调制（VSB），本节介绍普通调幅 AM。

1. 普通调幅波的调制

普通调幅的调制信号是交流与直流叠加的单极性信号，如图 4.5 所示中的调制信号，若其中直流电压为 U_0，交流信号的振幅为 $U_{\Omega m}$，则 $U_{\Omega m}$ 与 U_0 的比值可以表示交流信息在整个信号能量中所占的比例，称为调幅度

$$m_a = U_{\Omega m} / U_0 \leqslant 1 \tag{4-1}$$

$m_a \leqslant 1$ 是为保证调制信号为单极性。比较图 4.5 中调制信号与调幅波的波形可以看出，m_a 也是调幅波中振幅的变化部分（包络）与基本部分（载波）的比值，它反映了调制的程度。

振幅调制实际上是将载波信号与调制信号相乘，参见图 4.5，当调制信号在最大值范围时，与载波相乘产生的调幅波的振幅也是最大，当调制信号在最小值范围时，与载波相乘产生的调幅波的振幅也是最小，任一时刻调幅波的幅值都与该时刻调制信号与载波的乘积成正比。另外，由于载波是等幅的，调幅波的各正峰值点实际上都与该时刻的调制信号成正比，所以调幅度 m_a 在调制信号中由式（4-1）确定之后，经调幅（相乘）过程后体现在调幅波中并未改变。调幅波就是载波与调制信号相乘的结果。相乘的方法将在后面讲解。

2. 调幅波的频率成分及带宽

设载波是单一频率的等幅正弦波或余弦波，经调幅后产生的调幅波与载波相比在振幅、频率方面都发生了变化，从图 4.5 中可见振幅的变化，而频率的变化在图 4.5 中则并不显见。当然这

个问题在数学上有精准的分析，将在后面的知识拓展中讲述，下面以一个实例从波形图上直观地看频率变化的情况。

设交流信号 u 为频率 1kHz、振幅为 1V 的正弦信号或余弦信号，两个相乘的交流信号都为 u，如图 4.7 所示为 u 的波形和 u 乘 u 的波形。任一时刻 $u \cdot u$ 的电压值都等于 u 的电压值自乘，如 $u = 0$ 的各点，$u \cdot u=0$；$u =+1\text{V}$ 的正峰值点，$u \cdot u =+1\text{V}$；$u = -1\text{V}$ 的负峰值点，$u \cdot u = +1\text{V}$；图中 t_1 时刻对应的 $u =$ 0.2V，则 $u \cdot u = 0.04\text{V}$；t_2 时刻 $u =$ 0.5V，则 $u \cdot u =$ 0.25V；依此描点连成一条曲线，即 $u \cdot u$ 的波形。

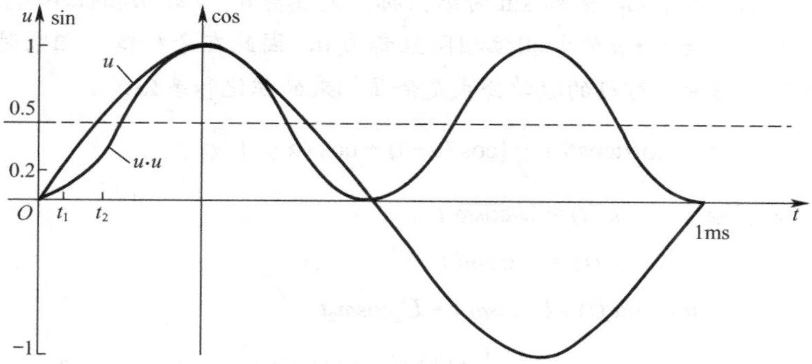

图 4.7　相乘波形示意图

相乘前的频率组成是两个 1kHz 的信号，相乘后的信号 $u \cdot u$ 的频率组成如何呢？在图 4.7 中，1ms 的时间内，信号 u 变化了 1 个周期，而信号 $u \cdot u$ 则变化了 2 个周期，表明它的交流成分的频率是 2kHz（波形仍是正弦或余弦，交流成分是单一频率），但 $u \cdot u$ 已不是纯交流了，而是叠加了 0.5V 的直流信号。另外，$u \cdot u$ 的交流成分的振幅也是 0.5V。

输入两个 1kHz 的信号，相乘后成为 1 个 2kHz 的信号和 1 个直流信号，直流信号的频率为 0，是两个输入信号的频率之差，而 2kHz 的信号则是两个输入信号的频率之和。实际上，相乘的两个信号频率是不相等的，如设相乘的两个信号频率分别为 f_1 和 f_2，输出的是两个新的频率信号，即频率和 f_1+f_2、频率差 f_1-f_2（设 $f_1 \geqslant f_2$）。

图 4.5 中所示普通调幅的调制信号是直流与交流叠加的信号，若调制信号的交流成分为单一频率 F_Ω，则可表示为 U_0+u_Ω，载波信号为单一频率 f_c，表示为 u_c，则普通调幅可表示为

$$(U_0 + u_\Omega)\, u_c = U_0\, u_c + u_\Omega\, u_c \qquad (4\text{-}2)$$

其中 $u_\Omega u_c$ 一项相乘后输出 f_c+F_Ω 与 f_c-F_Ω 两个新频率，而 $U_0\, u_c$ 一项由于直流 U_0 的频率为 0，因此相乘后输出的频率仍为 f_c。**对于普通调幅，相乘后的输出信号中含有 3 个频率的成分，即原载波频率 f_c，新产生的频率和 f_c+F_Ω 与频率差 f_c-F_Ω。**在调幅广播中 F_Ω 比 f_c 小得多。

如果调制信号不是单频，而是一个从 F_{min} 到 F_{max} 的频带，则经过调幅后，得到的是对称于载波分量的上、下两个频带。其中频率范围（f_c-F_{max}）～（f_c-F_{min}）称为下边带，（f_c+F_{min}）～（f_c+F_{max}）称为上边带。每一边带带宽为 $F_{max}-F_{min}$，所以调幅波占的总频带宽度为最高调制信号 F_{max} 的 2 倍。

【例 4.1】若已知某音频信号频率为 4.5kHz，载波信号频率为 1MHz，求普通调幅后的调幅波的频率组成。若是 4.5kHz 以内的实际的音频信号，求带宽。

解：因为 $f_c = 1\text{MHz}$，$F_\Omega = 4.5\text{kHz}$，则普通调幅后的频率组成为：

f_c=1MHz　　　　f_c+F_Ω=1.0045MHz　　　　f_c-F_Ω=0.9955MHz

若是 4.5kHz 以内的实际的音频信号，则普通调幅后的调幅波是以 1MHz 为中心频率，频带宽度为

$$B_{AM}=1.0045-0.9955=0.009\text{ MHz}=9\text{kHz}=2F_{max}$$

F_{max} 是所用的音频信号的最高频率。9kHz 正是我国中波广播 AM 的带宽。

实际上，与载波相比，已调波不是 1 个点频而是具有一定的频带宽度。

知识拓展

电信号相乘的数学分析

从图 4.7 可见，若以 sin 为纵坐标，则 u 与 $u\bullet u$ 的初相位不同，而若以 cos 为纵坐标则 u 与 $u\bullet u$ 的初相位相同且都为 0，因此在分析信号相乘时常用余弦形式表示交流信号，对应的数学公式是余弦相乘的积化和差公式：

$$\cos\alpha\cos\beta=\frac{1}{2}[\cos(\alpha+\beta)+\cos(\alpha-\beta)] \tag{4-3}$$

设交流信号　　$u_1(t)=U_1\cos\omega_1 t$

$$u_2(t)=U_2\cos\omega_2 t$$

则　　$u_1(t)\cdot u_2(t)=U_1\cos\omega_1 t\bullet U_2\cos\omega_2 t$

$$=\frac{1}{2}U_1U_2[\cos(\omega_1+\omega_2)t+\cos(\omega_1-\omega_2)t] \tag{4-4}$$

式（4-4）及式（4-3）均表明，两个余弦信号相乘将产生两个新的频率，即和频率与差频率。在通信技术中常用相乘来进行频率变换。

二、调幅电路简介

模拟集成电路中有一类专用于实现信号相乘的电路，称为**模拟相乘器**。其中在高频电路中常用的型号有 MC1496/1596 等。

如图 4.8 所示为用 MC1496/1596 实现普通调幅的电路图。MC1496/1596 常用 14 脚双列直插式封装，但实际只用 10 个引脚。引脚中没有直接接 $+V_{CC}$ 的，6、12 引脚是内部双差分管的集电极双端输出，需外接 R_C 至 $+V_{CC}$，通常 $+V_{CC}$ 用 +12V，2 只 R_C 用 3.9kΩ，常采用单端输出形式，经电容输出调幅波 u_o。8、10 引脚是内部双差分管的基极差分输入端，需外接偏置，8 引脚经 2 个 1kΩ 电阻分压提供$\frac{1}{2}V_{CC}$ 的偏置电压，8、10 引脚并接 51Ω 电阻使两端偏置基本相同，同时也使输入电阻成为高频电路常用的 50Ω 阻值，载波信号 u_x 经电容单端输入。1、4 引脚是调制信号输入的差分管的基极，需外接偏置，由 1、4 引脚各接的电阻分压提供，电位器用来调节 1、4 引脚的差模电压，即调制信号的直流成分，调制信号的交流成分 u_y 经电容单端输入。2、3 引脚接负反馈电阻可以调节增益等，常用 1kΩ。5 引脚经电阻为内部电路提供基准电流，电阻常用 6.8kΩ。14 引脚是负电源端，常用 −8V。

高频载波信号从 u_x 端输入，调制信号的交流成分从 u_y 输入再叠加 1、4 引脚的直流成分，MC1496/1596 实现载波信号与调制信号相乘，并从 u_o 端输出调幅波。

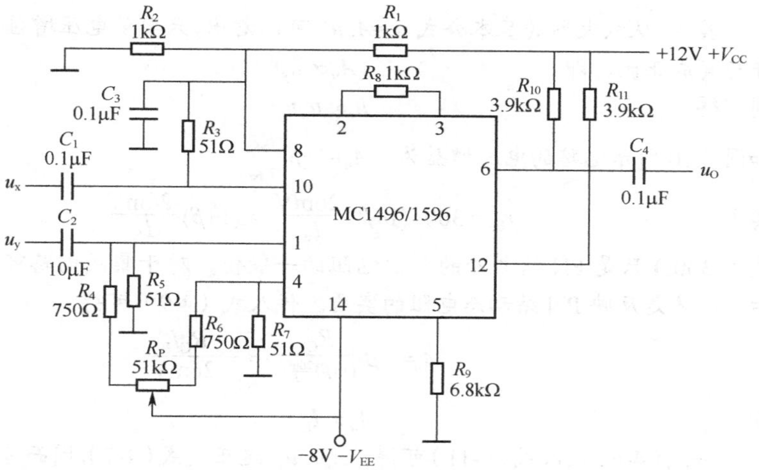

图 4.8　MC1496/1596 实现普通调幅

知识拓展

模拟相乘器简介

如图 4.9（a）所示为模拟相乘器的图形符号，外框也可以只画成方框，输入、输出关系式为

$$u_o = K u_x u_y \tag{4-5}$$

其中 K 为相乘器增益，单位为 $\frac{1}{V}$。在图 4.8 所示电路中 MC1596 的 K 值在常温下约为 150 $\frac{1}{V}$，u_x 只能输入 10mV 以下的小信号，但 u_y 可以输入达 1V 的大信号，u_x 工作频率可达 300MHz，u_y 工作频率可达 80MHz。如图 4.9（b）所示为常用的表示相乘关系的图形符号。

两个信号是如何实现相乘的呢？如图 4.10 所示为相乘原理的示意图。VT 组成共射放大电路（未画偏置部分），射极电流 I_E 由压控电流源提供，与其控制电压 u_y 成正比，即

$$I_E \propto u_y \tag{4-6}$$

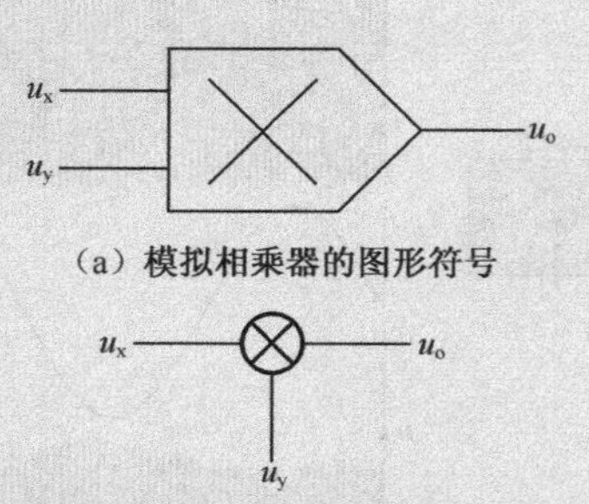

（a）模拟相乘器的图形符号

（b）常用的表示相乘关系的图形符号

图 4.9　模拟相乘器电路符号

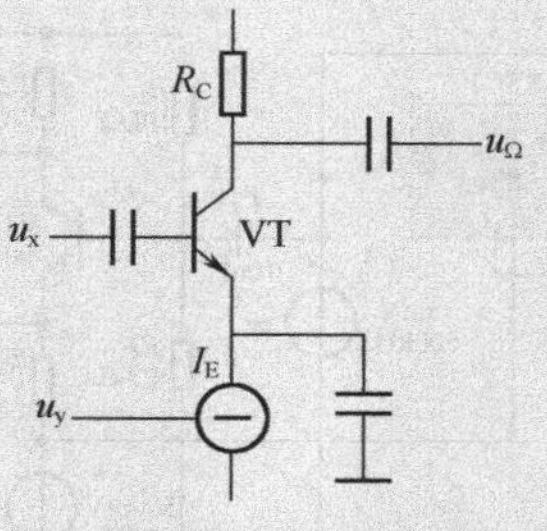

图 4.10　相乘原理示意图

其实，从放大器的基本公式 $u_o=A_u u_x$，可以看出，只要使电压增益 A_u 受 u_y 的控制，并与其成正比，即

$$A_u \propto u_y \tag{4-7}$$

则可得

$$u_o \propto u_x u_y \tag{4-8}$$

如图 4.10 所示电路的电压增益为

$$A_u = -\beta\frac{R_c}{r_{be}} \tag{4-9}$$

其中

$$r_{be} = 300+(1+\beta)\frac{26\text{mV}}{I_E} \approx (1+\beta)\frac{26\text{mV}}{I_E} \tag{4-10}$$

式中 300Ω 只是 PN 结之外的引出电阻的一般值，对于集成电路可以做得很小，而后一项才是反映 PN 结动态电阻的实质。代入式（4-9）可得

$$A_u = -\beta\frac{R_C}{(1+\beta)\frac{26\text{mV}}{I_E}} \approx -\frac{R_C I_E}{26\text{mV}}$$

即

$$A_u \propto I_E \tag{4-11}$$

将式(4-6)代入式(4-11)可得 $A_u \propto u_y$，这正是式(4-7)，因而可以实现式(4-8)。

A_u 与 I_E 成正比，因此 u_y 可以通过控制 I_E 而控制 A_u，从而实现相乘。实际集成电路中，将图 4.10 中的三极管改进为双差分电路，而压控电流源则改进为有射极电阻的差分电路。

看一看

按如图 4.11(a)所示连接三极管普通调幅电路，观察示波器的显示波形。将图 4.11（a）与图 4.10 对比，并将图 4.11（b）与图 4.5 对比。

实验现象

示波器显示的 u_1、u_2 和输出波形如图 4.11（b）所示，分别是高频载波、低频调制信号、调幅波。对比图 4.5 当低频调制信号瞬时电压较高时，图 4.11（b）所示的调幅波的瞬时振幅反而较低。

知识探究

如图 4.11（a）所示电路图是根据图 4.10 所示原理示意图而设计。VT 的静态射极电压 U_E 由偏置分压电阻 R_1、R_2 确定，约为 3V（正常工作时 U_E 基本不变）。加上调制信号 u_2 时，$I_E=(U_E-u_2)/R_4$，U_E 就是与调制信号 u_2 叠加的直流分量。当 u_2 为正（+）且瞬时电压较高时，I_E 较小，则增益较小，输出调幅波的瞬时振幅也较小，波形如图 4.11（b）所示。如果想得到图 4.5 所示的关系，可将 u_2 经反相后再接入。

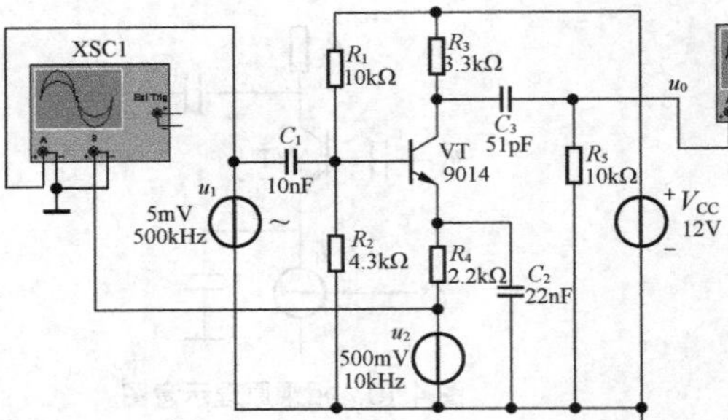

（a）电路图

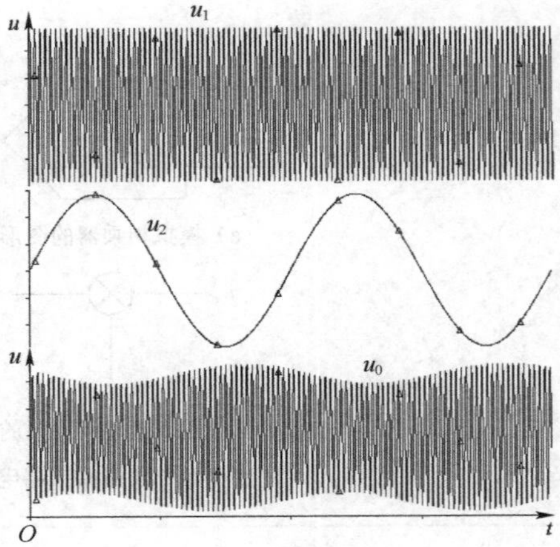

（b）波形图

图 4.11 三极管普通调幅电路实验

三、检波电路

调幅波的解调称为检波，普通调幅信号的检波可用包络检波器，即输出电压与包络成正比的检波器。

如图 4.12（a）所示为二极管包络检波器的原理图，由检波二极管 VD，高频滤波电容 C，负载电阻 R 组成。u_i 是普通调幅信号，波形如图 4.13（a）所示。为了易于了解检波原理，可以先不接电容 C，设 VD 为理想二极管，当 u_i 为正半周时 VD 导通，当 u_i 为负半周时 VD 截止，则 u_o 的波形如图 4.13（b）所示波形，这其实就是 u_i 的正半周。再将滤波电容 C 接好，则 u_o 的波形如图（c）中包络下面的充放电曲线所示，且与包络相似。参见图 4.12（a）和图 4.13（c），当 u_i 正半周电压高于 u_o 时，VD 导通 u_i 对 C 充电，使 u_o 上升接近 u_i，当 u_i 电压低于 u_o 时，VD 不导通，C 经 R 放电，使 u_o 略有下降，由于载波的频率很高，每一次充放电的时间很短，因此充放电的电压波动很小，使 u_o 的波形很接近包络即原调制信号。

u_o 与原调制信号一样既有交流信号又有直流成分，低频交流信号（经电容耦合）送至低频放大器，而直流成分（经滤波）则可用于自动增益控制。如图 4.12（b）所示为二极管包络检波实际电路图（C、R 的值一般不等），输出 u_Ω 是低频交流信号，即原信源信息，输出 U_o 即直流成分。为了减小 u_o 中的高频残余成分，高频滤波常用 π 型滤波。

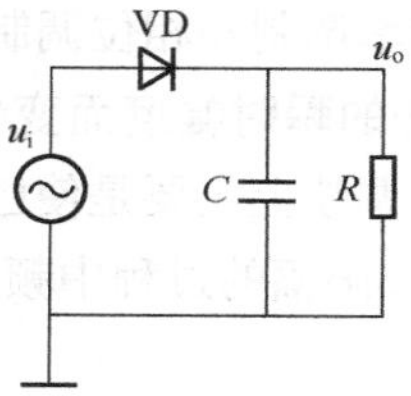

（a）二极管包络检波器的原理图

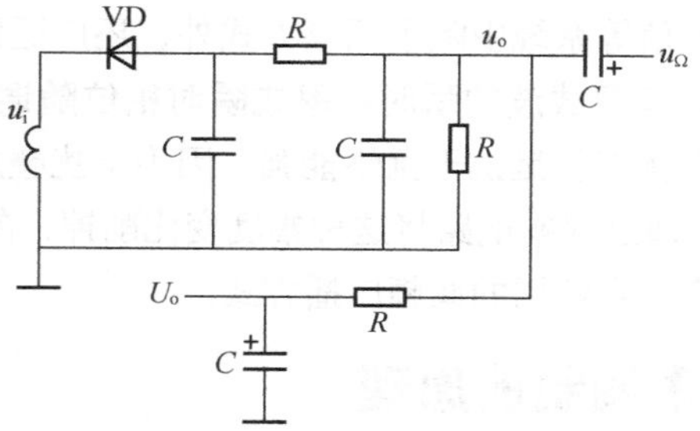

（b）二极管包络检波器实际电路图

图 4.12　二极管检波电路

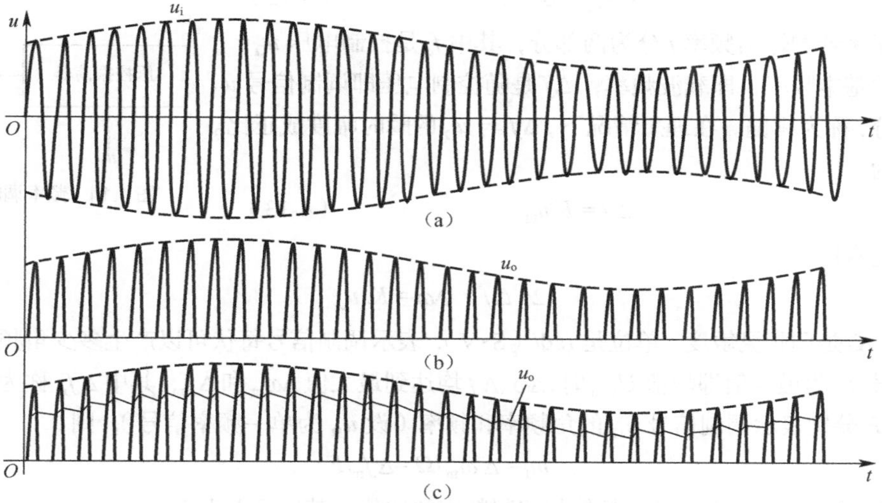

图 4.13　二极管检波电路波形图

如图 4.12（b）所示 VD 与图 4.12（a）的接法极性相反，普通调幅信号正、负半周所含的信息是一样的，只是直流成分的极性相反，这要根据自动增益控制的需要而定。输入信号 u_i 实际上是由末级中频变压器的次级线圈提供的。

实际的检波二极管正向导通需要约 0.1V 的起始电压，要求输入 u_i 应为大信号（0.5 ～ 1V），因此称为大信号检波器。为了使较小信号也能检波，可为二极管提供偏置，使其静态时处于微通状态，自动增益控制电路同时具有为二极管提供偏置的作用。

小练习

1. 振幅调制有几种？
2. 普通调幅信号中的 3 个频率分量是什么？
3. 什么是检波？什么是包络检波器？

第 3 节 调频与鉴频

在广播和通信等系统中除了调幅方式外，还广泛使用频率调制和相位调制，**调频和调相又统称为角度调制。高频载波的瞬时频率或瞬时相位随调制信号的瞬时幅度而变化称为调频或调相。角度调制的最大优点就是抗干扰性能强**，因为干扰叠加在已调波上主要是使已调波的幅度发生变化，在解调时可通过限幅电路将这种幅度变化削掉，在干扰和限幅的过程中频率和相位基本不变。本节主要介绍音乐台常用的调频广播方式。

一、频率调制的原理

频率调制（FM）的载波频率随调制信号幅度变化的情况如图 4.5 所示。

如图 4.14 所示是调频的原理图。压控振荡器的输出频率可以随外加控制信号的幅度而变化，

$$f=f_c+\Delta f \qquad (4\text{-}12)$$

压控振荡器的输出频率 f 分为两部分，其中 f_c 是控制电压 $u_\Omega=0$ 时振荡器的基本频率，即载波频率，Δf 是随控制电压即调制信号 u_Ω 而变的部分，称为频偏。在理想情况下，Δf 与 u_Ω 的瞬时幅度成正比。可以表示为

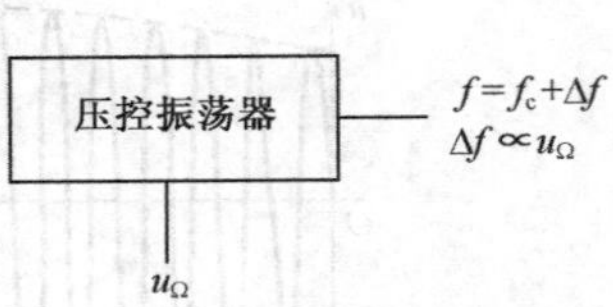

图 4.14 频率调制原理图

$$\Delta f=K'u_\Omega \qquad (4\text{-}13)$$

实际上常用

$$2\pi\Delta f=\Delta\omega=K_f u_\Omega \qquad (4\text{-}14)$$

式中，K_f 是调频灵敏度，单位是 rad/（S•V），表示调制信号每伏可以产生多少角频率的频偏。当交流信号 u_Ω 为最大值即峰值 $U_{\Omega m}$ 时，$\Delta\omega$、Δf 均达到最大值 $\Delta\omega_m$ 和 Δf_m，其中 Δf_m 称为最大频偏。若用 Ω 和 F 分别表示调制信号 u_Ω 的角频率和频率（设 u_Ω 为单一频率信号），则

$$m_f=\Delta\omega_m/\Omega=\Delta f_m/F \qquad (4\text{-}15)$$

m_f 称为调频指数，表示最大频偏与调制频率的比值，其值可以大于 1。

有限个单一频率的信号是无法叠加组合出瞬时频率不断变化的调频波，理论上调频波的频率组成有无限多个，但其中主要的频率成分都集中在以载波频率 f_c 为中心，±（$\Delta f_m + F$）的频带内，因此，工程上调频波的带宽 B_{FM} 按下式计算

$$B_{FM} \approx 2(\Delta f_m + F) \tag{4-16}$$

我国调频广播信号的最大频偏为 ±75kHz，带宽约为 200kHz，从带宽来看调频广播的音质优于调幅广播。另外，为了提高信噪比（在同一端口信号功率与噪声功率之比称为信噪比，它是衡量噪声影响的程度），调制信号中将高音频分量提升，称为予加重，在解调出原调制信号后，要再将高音频分量衰减复原（RC 电路），称为去加重。

压控振荡器的实现方式有多种，在高频电路中常用变容二极管组成的振荡电路（LC 或晶体振荡器）来实现。一种常用的变容二极管是利用 PN 结电容经特殊工艺处理制成的。变容二极管工作于反向截止状态，对于直流相当于开路，在电路中的作用只相当于 1 个电容，其电容值随反向电压的变化而变化。变容二极管静态时的偏置电压一般设置为反向 4V，以 2CC1D 为例，反偏 4V 时的 PN 结电容约为 50pF 左右，当反偏电压为 10V 时电容变为 21pF 左右，而当反偏电压为 0V 时电容变为 129pF 左右。

在压控振荡器中，变容二极管的反向电压由偏置电压与调制信号叠加而成。当调制信号为 0 时，振荡器的输出频率即载波频率仅取决于偏置电压，而当调制信号变化时，如调制信号瞬时值增大→变容二极管的反向电压数值增大→ PN 结电容减小→振荡频率增高，这就实现了调制信号的幅度变化对载波频率的调制。

二、调频电路简介

调频电路的核心部分是振荡器，要求较高时可采用晶体振荡器，一般应用时可采用 LC 振荡器。振荡器中起调频作用的关键元件是变容二极管，但在一些简单应用中，常利用三极管的 bc 结替代变容二极管，虽然 bc 结电容在变化范围等方面不如变容二极管，但变容的性质是一样的。

如图 4.15 所示为一种简易型的调频无线话筒电路原理图。R_3 及 R_4 为 VT 提供偏置。VT 与 L 和各相关电容组成共基极 LC 高频振荡电路，与 L 并联的谐振电容包括 C_3、C_5 及 C_4、C_{be} 及 C_2，其中 C_{bc} 是三极管的 bc 结电容，相当于变容二极管的电容，当反偏电压 U_{cb} 变化时 C_{bc} 也随之变化，振荡频率也随之变化。R_1 为 MIC（驻极体）提供偏置，MIC 产生的音频信号经 R_2、C_1 送到 VT 的基极，放大后的 u_C 即调制信号。随着 u_C 的变化，使 U_{cb}、C_{bc}、振荡频率均随之变化，从而实现了调制信号对载波频率的调制。

调频波经 C_6 送至发射天线 TX，TX 用一条几厘米长的导线（从话筒下甩出）。电感 L 用 ϕ0.7mm 左右的漆包线绕成内径 3mm 的空心线圈 5 匝。载波频率在 88~108MHz 范围内（可调节线圈 L 的匝间距离），用调频收音机即可接收。

三、鉴频电路

调频信号的解调称为鉴频。鉴频电路种类较多，但随着集成电路的发展，采用模拟相乘器的鉴频电路渐成主流，且在整片集成电路中只是 1 个单元。下面仅介绍模拟相乘器组成的鉴频器。

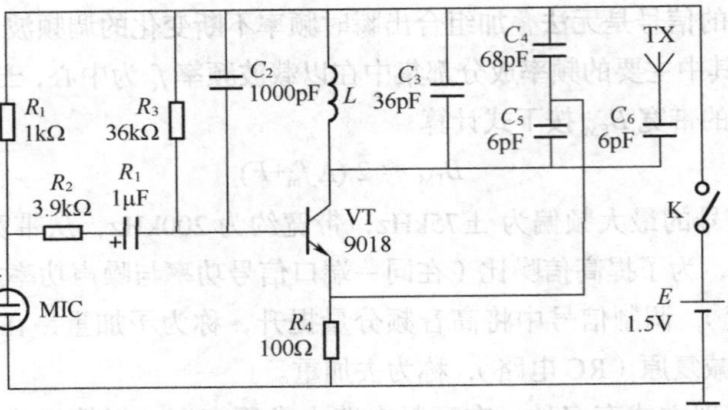

图 4.15　调频无线话筒电路原理图

模拟相乘器的一个重要基本应用是鉴相器，鉴频器是由鉴相器组成的，所以先介绍鉴相器。

如图 4.16 所示为鉴相器的原理图。两个输入信号 u_x、u_y 为同频信号，相乘器的输出 u_o' 包括 2 倍频信号和直流信号，经低通滤波（RC）后的输出信号 u_o 则只有直流成分，而直流成分的大小与 u_x、u_y 之间的相位差有关，u_o 随 u_x、u_y 的相位差而变，因此称为鉴相器。鉴相器是将相位差转换成输出电压的电路，也称为相位差—电压转换器。

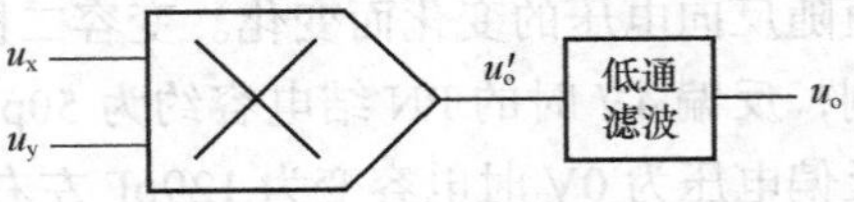

图 4.16　鉴相器原理图

如图 4.17 所示为 u_x、u_y 均为方波的波形图（实际调频接收中，送到解调器的信号是经限幅以后的大信号，相当于方波），设相乘器增益为 1，u_x、u_y 幅度均为 1V。如图 4.17（c）所示为相位差 $\varphi=\pi/2$ 的情况，u_x、u_y 正负相反时 u_o' 为 −1V，反之 u_o' 为 +1V，由图可见 u_o' 为正负对称的方波，因此直流成分（即平均值）u_o 为 0。如图 4.17（b）所示为相位差 $\varphi=\pi/4$ 的情况，由图可见 u_o' 为 +1V 的时间占 3/4 而为 −1V 的时间占 1/4，因此直流成分 u_o 为 0.5V。如图 4.17（a）所示为相位差 $\varphi=0$ 的情况，由图可见 u_o' 恒为 +1V，理论上此时频率和的成分为 0，因此直流成分 u_o 为 +1V。

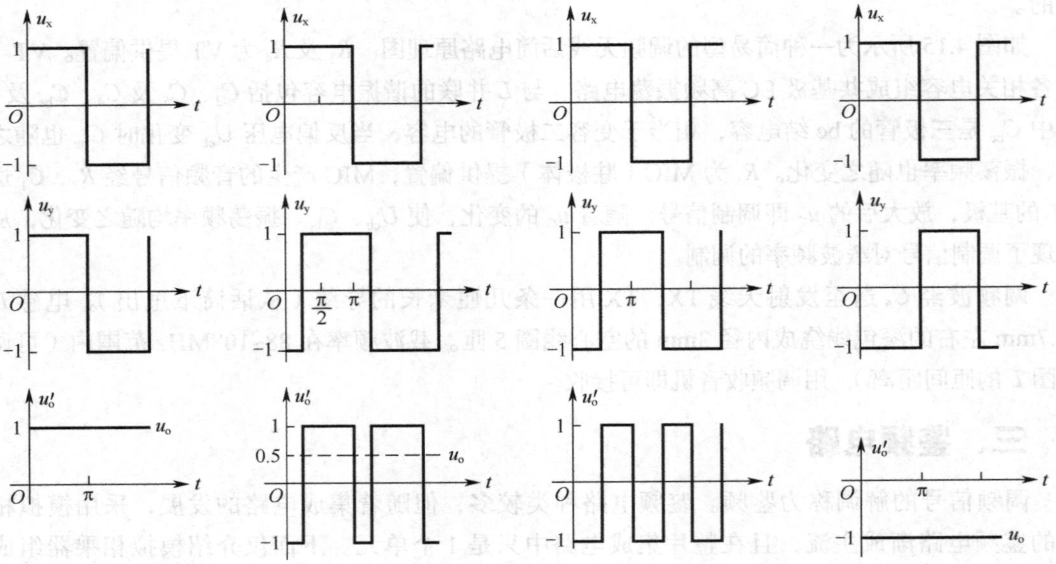

（a）$\varphi=0$　（b）$\varphi=\pi/4$　（c）$\varphi=\pi/2$　（d）$\varphi=\pi$

图 4.17　鉴相器波形图

当 φ 在 π/2 ～ 0 的范围变化，u_o 则在 0 ～ +1V （+ 最大值）范围随之变化。当 φ 在 π/2 ～ π 的范围变化，按上述方法画图可知，u_o 在 0 ～ −1V（− 最大值）范围随之变化，如图 4.17（d）所示为 φ = π 的波形。

如图 4.18 所示为 u_o 与 φ 的鉴相特性曲线，由图可知，在以 π/2 为中心 0 ～ π 的范围内鉴相特性为线性，是 1 条直线，还可以画到 2π 或更多，称为三角型鉴相特性。另外，如果 u_x、u_y 中有 1 个（或 2 个）是正弦小信号，则鉴相特性曲线是余弦型的。

鉴相器将相位差 φ 转换成输出电压 u_o，实际上是对调相信号的解调。而要实现调频信号的解调，则需先将调频信号的频率差转换成相位差，这采用 LC 移相网络即可实现。

如图 4.19 是移相式鉴频器的原理图。移相网络主要由 *LC* 及 *R* 组成，当调频信号 u_{FM} 的频率为载波频率 f_c 时移相 π/2，经移相后的信号 u'_{FM} 与 u_{FM} 的相位差 π/2，则 u_o= 0，此时正是原调制信号为 0 的情况。LC 网络对不同频率的信号移相的大小不同，当 u_{FM} 的频率大于 f_c 或小于 f_c 时，移相小于 π/2 或大于 π/2，这就将频率差转换成了相位差（u'_{FM} 与 u_{FM} 仍然同频）。当调频信号 u_{FM} 的频率变化时，u'_{FM} 与 u_{FM} 的相位差随之变化，输出电压 u_o 也随之变化。这就实现了调频信号的解调。

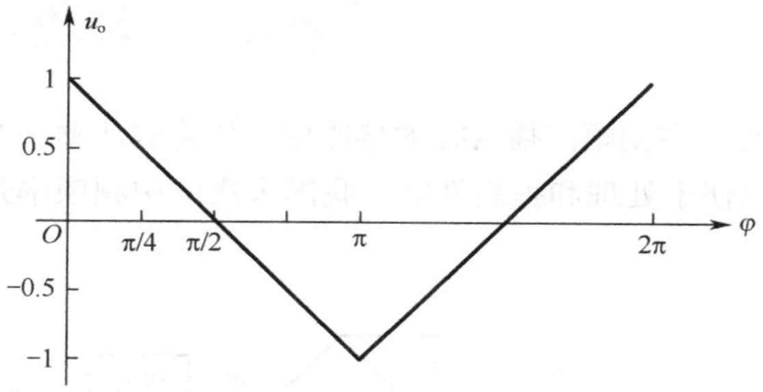

图 4.18　三角型鉴相特性曲线

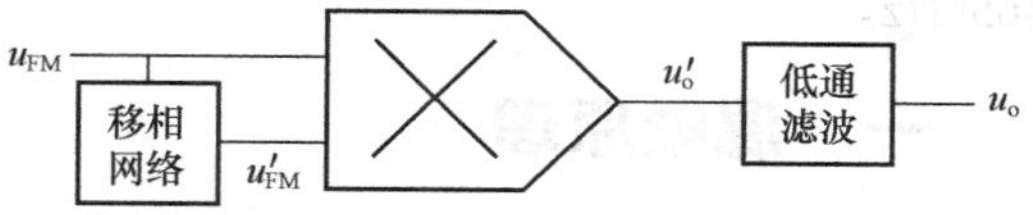

图 4.19　移相式鉴频器原理图

知识拓展

余弦型鉴相

设图 4.16 鉴相器的输入信号

$$u_x(t) = U_{xm}\cos\omega t$$

$$u_y(t) = U_{ym}\cos(\omega t+\varphi) \quad (4\text{-}17)$$

则相乘器的输出

$$u'_o = Ku_y(t)\,u_x(t)$$

根据式 4-4 可得

$$u'_o = \frac{1}{2}KU_{xm}U_{ym}[\cos(2\omega t+\varphi) + \cos\varphi] \quad (4\text{-}18)$$

经低通滤波器滤除掉 2 倍频分量后，鉴相器的输出

$$u_o = \frac{1}{2}KU_{xm}U_{ym}\cos\varphi \quad (4\text{-}19)$$

式（4-19）表明，鉴相器输出电压 u_o 与输入相位差 φ 的余弦成正比，称为余弦型鉴相，鉴相特性曲线如图 4.20 所示。

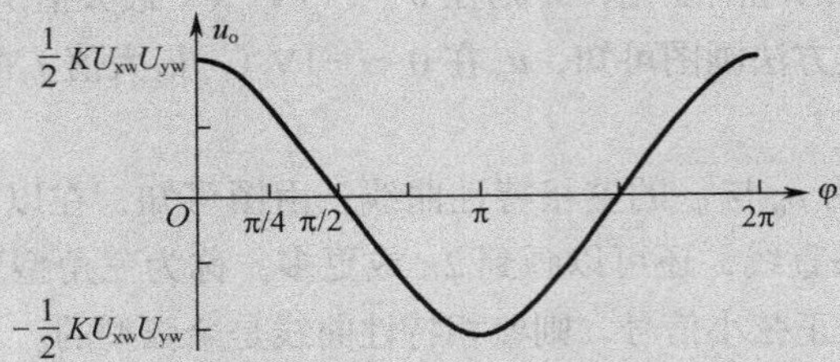

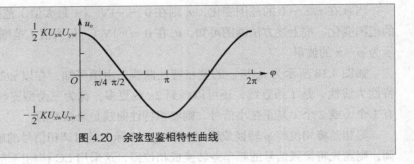

图 4.20 余弦型鉴相特性曲线

小练习

1. 什么是调频波？它的最大频偏由什么决定？
2. 变容二极管的工作原理是什么？
3. 什么是鉴频？简述鉴相器的工作原理。

第 4 节 混频器

在通信电路中，常需要进行频率变换。例如，在调幅广播 AM 的接收中，要将载波频率变换成较低的固定中频频率（调制信息不变），以便于处理和提高性能，我国采用的中频频率是 465kHz。

一、混频原理

频率变换的理想方法是用模拟相乘器组成的混频器来实现，如图 4.21 所示。

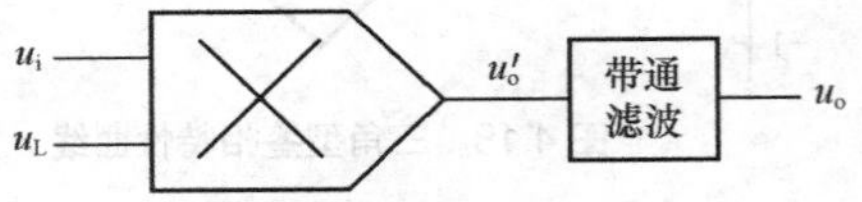

图 4.21 混频器原理图

以调幅信号接收为例，调幅波 u_i 的频率为 f_i，接收电路的振荡器产生 1 个本机振荡信号 u_L，其频率为 f_L，且

$$f_L = f_i + 465\text{kHz} \tag{4-20}$$

经相乘后的输出 u'_o 包括和频 $f_L + f_i$ 与差频 $f_L - f_i$ 两个频率的信号。再经带通滤波器选出所需要的频率信号，在调幅广播接收中是选差频信号

$$f_L - f_i = 465\text{kHz} \tag{4-21}$$

只要本振频率 f_L 随着输入信号频率 f_i 而变，且总保持比 f_i 高 465kHz，则差频可为固定值 465kHz，称为中频。对频率固定且较低的中频信号再进行选频放大等处理，则容易达到更好的性能指标。如图 4.21 所示中的带通滤波器就是 465kHz 的中频变压器（LC）或陶瓷滤波器，经带通滤波器过滤其他频率的信号后，调幅接收机中混频器的输出 u_o 就是单一的（理论上）465kHz 的中频信号。这种以本振频率高出外部输入信号频率的差频作为中频的接收方式，就是广泛应用的超外差式（接收机）。

二、混频电路

在一般应用中，常用三极管代替模拟相乘器组成混频电路，如图 4.22 所示是三极管混频电路的原理图。

如图4.22所示原理电路与图4.11所示电路的两路信号的接法基本相同。本振信号 u_L 是大信号，可使 I_E 随 u_L 而变化，实现使 u_L 与 u_i 相乘的作用。输入信号 u_i 是小信号，电路在对 u_i 的放大过程中，u_i 与 u_L 相乘即起到了混频的作用，输出有 f_L+f_i 与差频 f_L-f_i 的信号。但这种简单电路不是纯粹的相乘，为了使相乘的成分多一些，即 u_L 的变化引起 I_E 和增益的变化更大些，静态工作点应选在增益随 I_E 变化敏感的区域，VT工作在非线性状态（一般可取 I_C 小于0.8mA）。

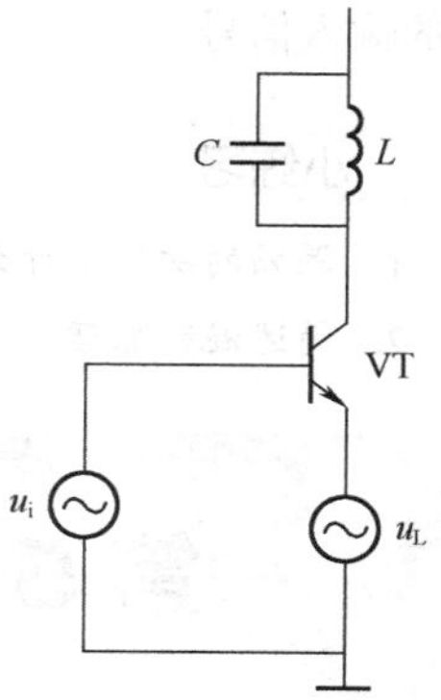

图4.22 三极管混频原理图

非线性状态的变化关系很复杂，利用三极管的非线性状态实现混频，输出端将出现许多无用信号，包括对 u_i 及 u_L 放大后的信号。不过，只要在输出回路接中频选频电路，如图4.22中的LC谐振电路，就可以将其他频率的信号滤除，选出中频信号送到下级电路。

若VT同时作为振荡器产生本振信号，则称为变频器，若只作混频，则称为混频器。不过，如果使用集成电路，这种名词的区分就没意义了。

如图4.23所示为AM中波段收音机变频电路的实际电路图。电阻 R_1、R_2、R_3 为 VT_1 提供偏置。

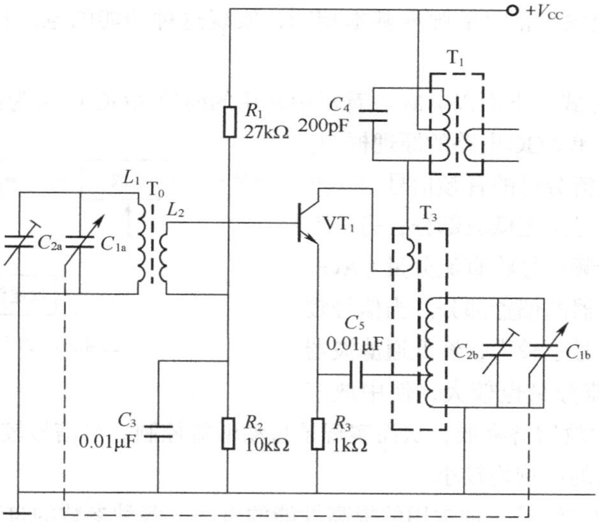

图4.23 变频电路

T_0 是磁性天线（磁棒）接收无线电波，线圈 L_1 将电磁波转换成电信号，即调幅波信号。L_1 与可变电容 C_{1a} 及 C_{2a} 组成谐振回路，调节 C_{1a} 可以选择不同的电台节目。天线次级线圈 L_2 感应出的信号即输入信号 u_i 送到 VT_1 的基极。电容 C_3 是旁路电容。

T_3 是中波振荡线圈，简称中振，其谐振线圈与可变电容 C_{1b} 及 C_{2b} 组成谐振回路，调节 C_{1b} 可以调节本振频率。C_{1b} 与 C_{1a} 是双联可变电容（同轴），图中虚线表示它们是联动的，只要设计和调整正确，理论上就可基本达到本振频率总比输入信号频率高465kHz。T_3 的反馈线圈串接在 VT_1 的输出回路里，由 VT_1 同时作本振信号的振荡器。电容 C_5 将本振信号送到三极管的射极。

T_1 是中频变压器，简称中周，初级线圈与电容 C_4 组成并联谐振回路，谐振于465kHz。线圈抽头以下部分作为负载，以和 VT_1 输出阻抗相匹配。T_1 次级选出的中频信号作为下一级中频放大器的输入信号。

小练习

1. 混频的功能是什么？
2. 简述混频原理。

第5节 自动增益控制电路

一、概述

接收机接收到的信号有强有弱，这是由多方面原因造成的。传播距离的远近，传播过程的环境条件，发射机功率的大小，接收环境、方向的不同等因素都会影响接收信号的强弱。为了能够较好的接收弱信号，就要求接收机的增益高，但在接收强信号时，增益高会使信号过大进入饱和、截止状态而不能正常工作。解决的办法是，根据输入信号的强弱不同，接收机自动控制增益变小变大，使输出信号的强弱基本相同，实现这种功能的电路称为自动增益控制电路（AGC）。

AGC 电路有多种方式，下面以 AM 收音机中常用的简单 AGC 电路为例。

如图 4.24 所示为简单 AGC 电路的原理框图。检波器输出的是含有直流分量的音频信号，一方面经电容隔直将音频信号送至低放部分，另一方面经低通滤波器滤除音频信号将直流分量（AGC 信号）反馈至中频放大器的偏置部分。当信号较强时，检波器的输出信号也较大，经低通滤波器反馈至中放偏置的直流分量也较大，使中放三极管的 I_E 减小，导致中放增益降低，从而实现了自动增益控制。当信号较弱时，AGC 信号较小，对中放偏置和中放增益的影响均较小。

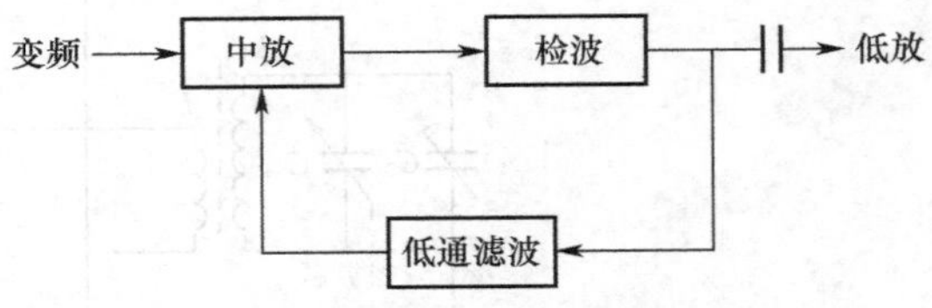

图 4.24　AGC 原理框图

这种反馈—控制的方法是一种常用的提高性能的方法，各种参数的自动控制都是通过这种方法实现的（不限于收音机）。例如，为了使频率准确稳定，常采用自动频率控制（自动频率微调）电路（AFC），在调频接收机中，就可以采用 AFC 电路控制本振频率。

二、自动增益控制电路

如图 4.25 所示为调幅收音机自动增益控制部分的实际电路。VT 的偏置由 R_4、R_5、VD 及 R_7、R_8 组成，同时也为 VD 提供了偏置。VD、C_9、R_7、C_{10}、R_8 组成检波器。R_8 是音量调节电位器，音频信号经 C_{11} 送至低频放大器。R_5、C_6 组成低通滤波器，在 C_6 上得到 AGC 信号，即 VT 偏置 U_B 的变化量。中频变压器 T_2 的次级输出信号只有为负时，VD 导通，因此直流分量为负，AGC 信号为负，使偏置 U_B 降低，VT 的 I_E 减小，中放增益减小。信号越强，增益减小的越多，这就实现了自动增益控制。

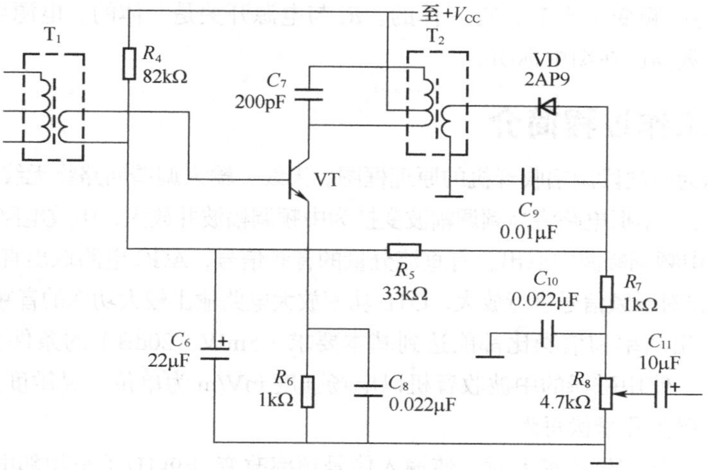

图 4.25　自动增益控制电路

小练习

1. 为什么要有自动增益控制电路？
2. 自动增益控制电路的作用是什么？
3. 简述简单 AGC 电路的控制原理。

第 6 节　小制作综合分析　调幅收音机

一、简介

广播电台发送的是已调波，是通过发射天线以电磁波的形式发送的，调制方式常采用调幅或调频。调频广播的波段范围是 88 ～ 108MHz，调幅广播又分为长波、中波、短波，其中长波段广播我国不使用，短波段在接收机中可能被分为短波 1、短波 2 等。本文的小制作是接收中波段广播的调幅收音机，中波段广播的波段范围是 535 ～ 1605kHz。

收音机首先要把电磁波转换为电路中的电信号，对于频率较高的短波段和调频波段，常采用接收天线，例如机内的拉杆天线，其原理框图如图 4.6 所示。对于中波段，则常采用效率高、体积小的磁性天线。磁性天线由磁棒和绕在其上的线圈组成，不仅是可以将电磁波转换成线圈的电信号的天线，而且也是输入调谐 LC 回路的电感。

半导体收音机技术也曾随着半导体器件的发展而经历过矿石收音机、直放式收音机、超外差式收音机等过程。实际产品以集成电路为主，本单元小制作采用分立件的超外差式电路是为了便于了解各部分的工作原理。

二、电路组成

如图 4.26 所示为中波段（AM）收音机电路图。选台的可变电容 C_{1a} 与 C_{1b} 是中波专用的差容双联可变电容器（C_{1a} 容量较大，C_{1b} 容量较小），微调电容 C_{2a} 与 C_{2b} 是与可变电容一体的。谐

振电容 C_4、C_7 是与中频变压器 T_1、T_2 一体的。R_8 与电源开关是一体的。电源可用 4.5V 或 3V 电池供电。其他元件数据已在图中标明。

三、电路工作过程简介

如图 4.27 所示为中波段调幅收音机的原理框图。天线、输入调谐回路将无线电波转换成调幅波电信号并选台，混频、本振电路将高频调幅波变换为中频调幅波并放大，中放电路将中频调幅波继续放大，检波电路从中频调幅波中取出含有直流分量的音频信号，AGC 电路取出直流分量反馈给中放偏置电路，低放电路对音频信号进行放大，OTL 功率放大电路输出较大功率的音频信号推动扬声器。

在收音机的输出功率和信噪比都能达到基本要求（5mW、20dB）的条件下，所能接收的最小信号称为灵敏度，使用磁棒的中波收音机以电场强度 mV/m 为单位。灵敏度主要由检波前的各级增益所决定，一般为几毫伏每米。

当接收机调准在某信号频率上时，使输入信号频率改变 ±9kHz（至相邻电台的频率），灵敏度降低的分贝数称为选择性。选择性反应了抑制相邻电台干扰（串台等）的能力，主要由各中周及天线调谐回路所决定，一般在 20dB 以上。

天线、输入调谐回路部分主要是如图 4.26 所示中的磁性天线 T_0、天线线圈 L_1 与可变电容 C_{1a} 组成的谐振回路等，作用是接收信号和选台。

混频、本振部分是由如图 4.26 所示中的 VT_1 等组成。

中放部分是由如图 4.26 中的 VT_2 和中频变压器 T_2 等组成。

检波与 AGC 部分是由如图 4.26 所示中的 VD_1 等组成。

低放部分是由如图 4.26 所示中的 VT_3 等组成，偏置电阻 R_9 接到集电极可以使直流和交流都得到一些负反馈，这是简易的接法。

OTL 功率放大电路部分是由如图 4.26 所示中的 VT_5、VT_6 及 VT_4 等组成，这是最简的基本电路。VT_5、VT_6 组成 N、P 互补的 OTL 输出电路，输出电容 C_{14} 将输出信号送至扬声器 Y。VD_2、VD_3 相当于 1.4V 的稳压管，使 VT_5、VT_6 的偏置稳定、适宜。R_{13} 及 R_{12} 是负载电阻，C_{13} 是自举电容。偏置电阻 R_{11} 同时具有直流、交流的负反馈作用。当 VT_4 电流增大时，VT_6 导通输出负半周，当 VT_4 电流减小时，VT_5 导通输出正半周。

C_{16}、R_{14} 和 C_{15} 组成电源退耦电路。

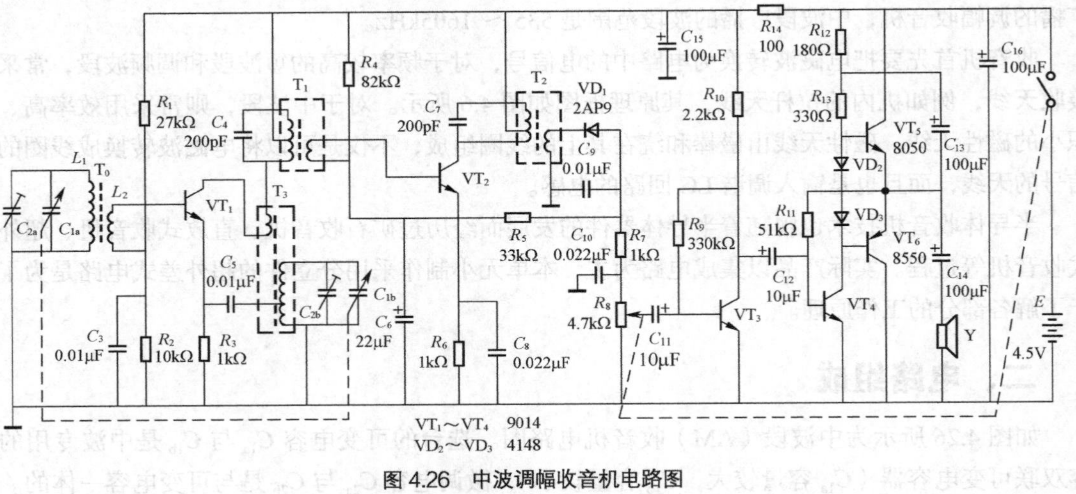

图 4.26 中波调幅收音机电路图

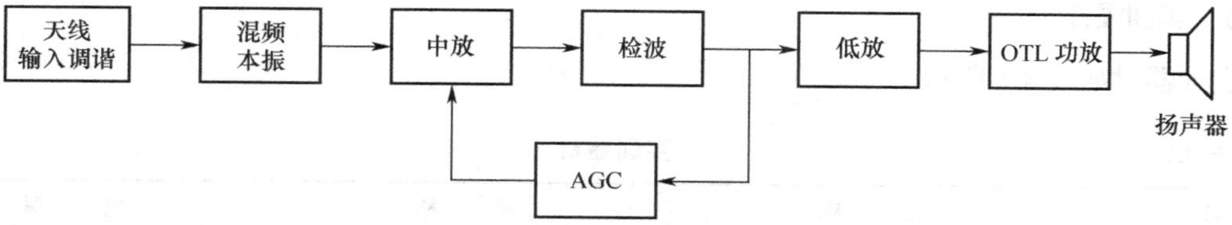

图 4.27　中波调幅收音机原理框图

四、技能实训　组装调幅收音机

在第 2 单元、第 3 单元中完成了中频放大电路、音频功率放大电路及正弦波振荡电路的组装和测试，本实训继续按图 4.28（b）完成收音机检波等剩余部分电路的组装和统调。

1. 实训目标

（1）进一步熟悉测试静态工作点的方法。

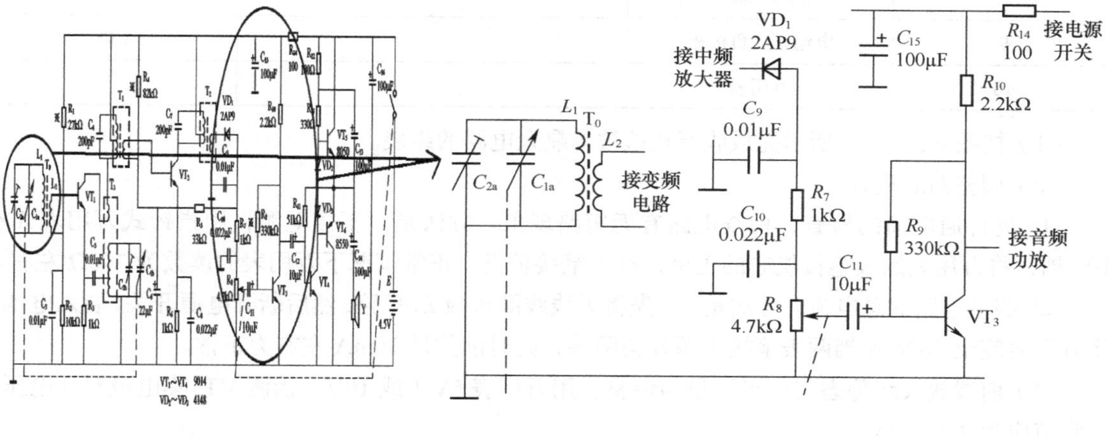

（a）收音机电路图　　　　（b）检波剩余部分电路

图 4.28　检波等剩余部分电路实验电路图

（2）掌握按总电路图将各功能电路组装成整机的方法，并能正确连接电源，试听。

（3）了解统调的意义，掌握统调的方法。

（4）熟悉一般查找故障的方法，了解常见故障的原因，准确地查找和排除故障。

2. 实训解析

C_{1a}、C_{2a}、L_1、L_2 及磁棒组成输入调谐回路。主要作用是接收无线电波，并利用 LC 谐振回路的选频作用选择电台，L_2 的输出信号送到变频级与本振信号混频。

检波器是中放级输出端到前置放大级输入端之间的电路。主要由二极管和中频滤波器组成。主要作用是从人耳听不见的中频调幅信号中检出音频信号。检波器的检波作用，实质上是利用二极管的单向导电特性，消除调幅中频信号的正半周或负半周，然后经电容器滤除残留的中频载波分量，从中取出含有直流成分的音频信号。其中直流分量送到自动增益控制电路，而交流分量经电容器送到低频放大器中进行音频放大。

VT_3 及偏置电阻、负载电阻等器件组成低频放大电路。VT_3 的集电极输出信号送至功放级。

R_{14}、C_{15} 组成电源退耦滤波电路。

3. 实训操作

实训器材如表4.1所示。

表4.1　　　　实训器材

序号	名称	规格	数量
1	双联可变电容器	差容双联	1只
2	电容器	0.01μF/0.022 μF/10 μF/100 μF	各1只
3	电阻器	1kΩ/2.2kΩ/330 kΩ/100Ω	各1只
4	二极管	2AP9	1只
5	三极管	9014	1只
6	电位器	4.7kΩ 带开关电位器	1只
7	电位器拨盘/双连拨盘		各1只
8	磁棒/线圈		1副
9	电池正、负极板		1副
10	万用表		

（1）按图4.28（b）所示完成收音机检波等剩余电路的组装。

（2）调整前的检查。

① 进行通电前的检查，检查电路有无短路现象。方法是：不接电源，用指针式万用表$R\times 100$挡，将万用表黑表笔接机芯的正极，红表笔接负极，正常情况下万用表的读数为700Ω左右。

② 测量电路的总电流。方法是：首先将天线线圈次级L_2短路，然后断开电源开关，装入电池，将万用表旋至500mA挡两表笔接电源开关两端，此时读数是10mA左右为正常。

（3）前置放大级静态工作点测量与调整。用万用表5V（或10V）挡测VT_3集电极对地电压，正常值应为2.2～3V。

（4）开机试听音响效果。打开开关后，将音量调至最大，旋动调谐旋钮，若能收到广播电台的声音便可进行下一步调整。若收不到电台广播声，就必须先排除故障。

（5）进行统调等调试。

① 可调整元件包括L_1、C_{2a}、C_{2b}、T_3、T_1、T_2。其中，本振线圈T_3和中周T_1、T_2厂家已经调好，切记先不要调它们，等基本能正常收到多个电台后，才可再细调。微调电容C_{2a}、C_{2b}，是与双联可变电容一体，先予调到中间位置。线圈L_1、L_2绕在一个线圈框上，可在磁棒上滑动以调节电感量，L_2先调到靠近磁棒中间的位置。

② AM中波段广播的频率范围是540～1 602kHz，收音机所能接收到的频率范围称为频率覆盖，应正好覆盖这个范围，实际为535（或525）～1 605kHz。

调频率覆盖应先调低端。用高频信号发生器产生535kHz（或525kHz）的调幅信号，输出端接1条导线，绕几圈作为发射环，将信号感应到磁性天线。旋转双联可变电容至刻度盘指到535kHz一端到头（即C_{1a}、C_{1b}电容量旋到最大，因此C_{2a}、C_{2b}的影响较小），先调C_{2b}（调本振频率比535kHz高1个中频）使扬声器声音达到最大。再调节天线线圈在磁棒上的位置（调天线输入回路谐振频率为535kHz），调到声音最大，粗调天线线圈的位置。如果不用信号发生器，也可以旋转双联可变电容收到1个最靠近低端的电台，然后再调节天线线圈的位置，使声音达到最大即可。

调高端应旋转双联可变电容至刻度盘指到 1 605kHz 一端到头（即 C_{1a}、C_{1b} 电容量旋到最小，因此 C_{2a}、C_{2b} 的作用较大），用信号发生器产生 1 605kHz 的调幅信号，先调节 C_{2b} 使声音最大，再调节 C_{2a} 使声音达到最大。如果不用信号发生器，也可以旋转双联可变电容收到 1 个最靠近高端的电台，然后调节 C_{2a}，使声音达到最大即可。

由于各调节是互相影响的，需要再重复几次调低端、调高端的过程，频率覆盖就基本调好了。如果低端覆盖与 535kHz 相差较大，则需调本振线圈 T_3，一般调节不超过正、负半周，要记住原位置。另外，磁棒应水平放置，接收信号较弱时可转换方向试试。

① 中周 T_1、T_2 应调到 465kHz，用信号发生器产生 465kHz 的调幅信号（输出仍可用发射环），调 T_1、T_2 使声音达到最大。如果不用信号发生器，则应先以 T_1 为准（不要调 T_1），旋转双联可变电容调到 1 个弱台，调节 T_2 使声音最大即可。

② 统调的目的是使在双联可变电容调到任一位置时，本振频率都比天线输入回路的谐振频率高 1 个中频。实际上是允许有一些误差的，只要从较低、较高、中间频率范围内各选 1 个调整点调准即可，称为三点统调，一般选 600、1 000、1 400kHz 3 个频率作为调整点。

其实，在调频率覆盖时已将低端和高端基本调好，如果不是要求很高则只要再将 1 000kHz 调准即可。用信号发生器产生 1 000kHz 的调幅信号，旋转双联可变电容使声音最大，此时本振频率已调到比信号频率高 1 个中频。再调节天线线圈（记住调前位置）使声音达到最大。若线圈调节前、后位置变化不大，则已基本达到统调要求，不用再调了。若线圈调节前、后位置变化较大，则应将本振线圈的磁芯旋进（或旋出）约 30°，重调频率覆盖，然后再调 1 000kHz，若天线线圈调节前、后位置变化比原先减小了，则可再细调本振线圈（每次都要整个重调 1 遍），若线圈调节前、后位置变化更大了，则应改变本振线圈旋的方向再重新调整。如果不用信号发生器，也可以收到 1 个最靠近 1 000kHz 的电台，然后按上述方法调整。

4. 实训总结

填写如表 4.2 所示的总结表。

表 4.2　　总结表

课题							
班级		姓名		学号		日期	
实训收获							
实训体会							
实训评价	评定人	评　　语				等级	签名
	自己评						
	同学评						
	老师评						
	综合评定等级						

实训拓展

试分析完全无声和有点“沙、沙”声，但收不到电台两种情况的原因及解决方法。

（1）本单元的内容是无线电通信的基础知识，包括通信系统的组成、调幅、调频、混频及自动增益控制。最后通过对实际的收音机的学习和实践，将学过的各个孤立的知识组成了一个完整的系统。

（2）通信系统最具特色的内容是调制和解调，两个最基本的信号是信息（调制信号）和载体（载波），传输前将信息和载体结合起来（调制成已调波），接收后再将信息取出来（解调出调制信号）。

（3）调幅就是将调制信号与载波相乘。两个信号相乘后变成两个新的频率，即和频率与差频率。普通调幅 AM 的调制信号是交流和直流两个信号的组合，与载波相乘后含有 3 种频率成分：原载波频率 f_c，新产生的频率和 f_c+F 与频率差 f_c-F。已调波已不是一个点频，而是具有一定的频带宽度。

（4）在调频电路中，调制信号就是产生载波的压控振荡器的控制信号。压控振荡器的核心元件是变容二极管。

相乘器和由相乘器组成的鉴相器都是通信系统中的基本单元。移相式鉴频器通常只是整个集成电路中的一个单元，*LC* 及 *R* 移相网络为外接元件。

（5）混频是相乘的基本应用之一，直接的目的就是频率变换。输入是 2 个（或 2 组）信号，输出是多个不同频率的信号，通过滤波电路取出所需的频率成分。

将高频已调波的载波频率变换成固定中频再处理是接收机普遍采用的方式。

（6）虽然输入信号强弱不同，但希望输出信号基本相同，这就需要自动增益控制电路。反馈—控制是一种普遍采用的方法。

一、判断题

1. 调幅就是使高频载波的振幅随低频调制信号的振幅而变化。（　　）
2. 调幅就是使高频载波的瞬时幅度随低频调制信号的瞬时幅度而变化。（　　）
3. 调频就是高频振荡（载波）的瞬时频率随调制信号的频率而变化。（　　）
4. 调频就是使高频振荡的瞬时频率随调制信号振幅最大值而变化。（　　）
5. 调频就是使高频振荡的瞬时频率随调制信号的瞬时幅度而变化。（　　）
6. 调相是使高频振荡的相位随调制信号的相位而变化。（　　）
7. 调相就是使高频振荡的瞬时相位随调制信号的瞬时幅度而变化。（　　）

二、填空题

1. 通信的目的是________。
2. 扬声器的作用是________，话筒的作用是________。
3. 所谓调幅波就是使高频载波的________随低频调制波的________而变化。
4. 调幅波的调幅度是________与________的比值，它表示载波振幅________的程度。
5. 调幅波的解调称为________，普通调幅波的解调可用________。
6. 调频就是使高频振荡的________随调制信号的________而变化。
7. 调相就是使高频振荡的________随调制信号的________而变化，调频和调相统称为______。
8. 调频指数与调制信号频率成________（关系），与最大频偏成________（关系）。
9. 所谓鉴频就是________；
10. 混频器是利用________产生两个输入信号的________输出。

三、综合题

1. 无线电通信系统中，为什么采用调制发射方式？
2. 无线电发送设备的组成及各部分作用？
3. 已知某音频信号频率为3.5kHz，载波频率为1MHz，求普通调幅后的调幅波的频率组成。
4. AM中波段的频率范围是535 ~ 1 605kHz，中频频率为465kHz，求本振的频率范围。
5. 电视伴音也是调频信号，最大频偏为50kHz，最高调制频率为15kHz，求对应的调频指数。
6. 什么是收音机的灵敏度？主要由哪些因素决定？
7. 什么是收音机的选择性？主要由哪些因素决定？
8. 统调的目的是什么？

小制作 2

直流稳压电源

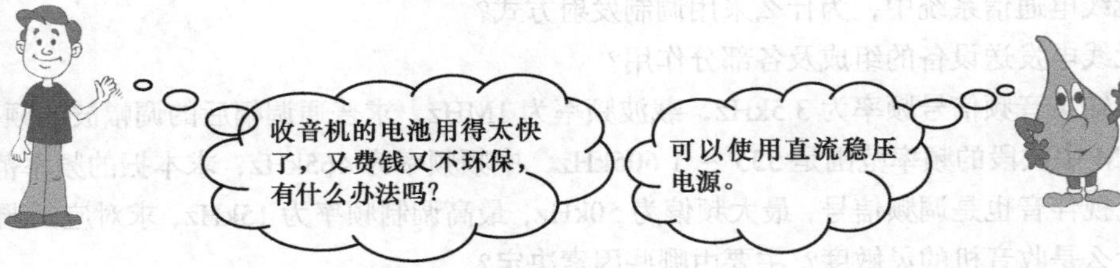

收音机的电池用得太快了，又费钱又不环保，有什么办法吗?
可以使用直流稳压电源。

直流稳压电源是一种当电网电压波动或负载改变时，能保持输出直流电压基本不变的电源电路。直流稳压器实物如图 2.1 所示。

实例图 2.1　直流稳压器实例

各种电子设备都需要由稳定的直流电源供电。然而目前电力网供给的电能都是交流电，因此在电子设备中需要将电网交流电源变换成直流电。要把交流电变换成稳定的直流电，必须经过几个环节，如实例图 2.2 所示。

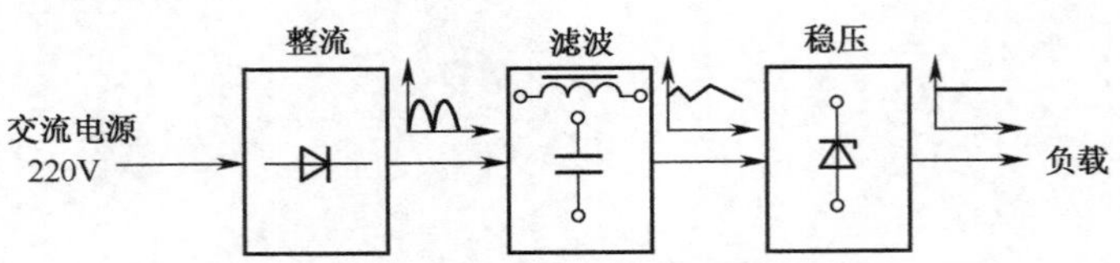

实例图 2.2　直流稳压器结构方框图

整流：将交流电转换成单向脉动直流电。

滤波：将单向脉动的直流电转换成较平滑直流电。

稳压：在交流电网电压波动或负载变动时，使直流输出电压稳定。

按照本实例引出的相关知识点，将学习构成直流稳压电源的整流、滤波和稳压电路等相关内容。实现此功能的参考电路如图 5.30 所示。

第5单元

直流稳压电源

知识目标

- 掌握稳压电源的组成及各部分作用。
- 了解单相半波、桥式整流电路的工作过程、电路特点及应用。
- 了解三相整流电路的结构及特点。
- 能识读常用滤波电路，并了解滤波电路的工作过程、应用，会估算滤波后的输出电压。
- 了解三端集成稳压器的种类、主要参数及典型应用。
- 了解开关稳压电源的框图、稳压原理、主要优点及典型应用。

技能目标

- 能自己选择元器件，组装直流稳压电源。
- 掌握三端集成稳压器的连接方法、参数的测量。
- 能识读集成稳压电源的电路图。
- 能搭接整流桥组成的电路，并会使用。

情 景 导 入

生活中常用的电器都需要用稳定的直流电源供电，如图 5.1 所示是一些实景图片。实现稳压电源的方法有多种，本单元主要学习直流稳压电源。

图 5.1　稳压电源作用示意图

人们日常生活、生产中提供电能的主要是交流电源，但电子电器设备需要的是稳定的直流电源，所以必须要用电源电路将交流电变换成所需的直流电源。电源电路一般要实现 3 个目标：一是整流；二是滤波；三是稳压。本单元主要介绍整流、滤波和稳压。整流包括二极管单相半波、桥式整流电路。滤波包括电容、电感滤波及复式滤波电路。稳压包括三端集成稳压器和开关式稳压电路。

第 1 节　整流电路

利用二极管的单向导电性组成整流电路，可将交流电压变为单向脉动电压，如图 5.2 所示。

电子设备需要各种不同电压的直流电源供电，而生活、生产中供电电源供给的一般都是交流电，因此须用整流电路提供所需要的直流电。**根据整流器件在电路中的接法，整流电路可分为半波、全波、桥式和倍压等电路形式。**交流供电又分为单相供电和三相供电，**单相供电电路常被小功率整流器所采用，三相供电电路则被中、大功率整流器所采用。**

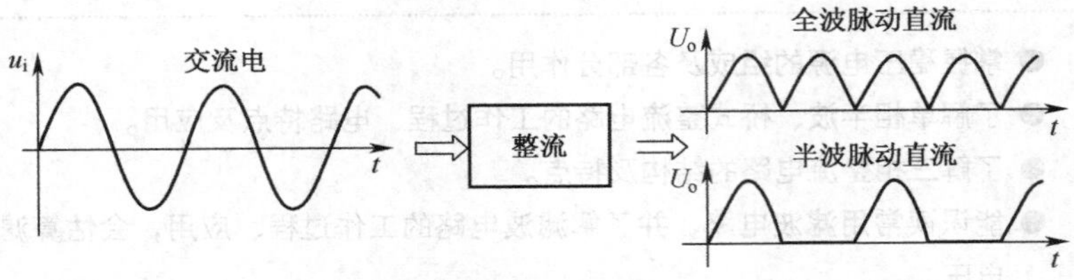

图 5.2　整流电路的作用

一、单相半波整流电路

1. 单相半波整流电路的结构

单相半波整流电路由电源变压器、整流二极管和负载组成，如图 5.3 所示，其中图（a）为单相半波整流电路连接实物连接图，图（b）为半波整流电路原理图。图中 U_2 表示变压器次级线圈的交流电压有效值，U_o 是脉动的直流输出电压。变压器的作用是将交流电压（～ 220V）转换为符合整流器需要的交流电压。

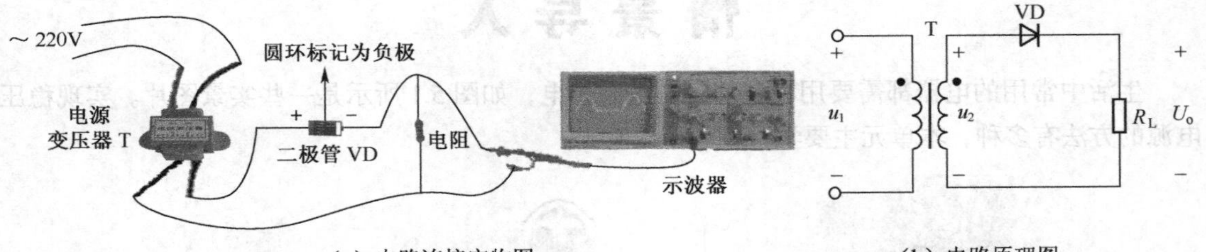

（a）电路连接实物图　　（b）电路原理图

图 5.3　半波整流电路

整流电路中既有交流量，又有直流量。对这些量经常采用不同的表述方法：输入（交流）——用有效值或最大值；输出（直流）——用平均值；二极管正向电流——用平均值；二极管反向电压——用最大值。

2. 单相半波整流电路的工作过程

二极管是如何利用它的单向导电性实现整流的呢？

看一看　按如图 5.3（a）所示连接电路。用示波器观察 U_2 两端电压波形和输出 U_o 两端的电压波形。

实验现象

对一个周期的正弦交流信号来说，u_2 是正弦波，而 u_o 只有正弦波的正半周（半个波），如图 5.4（c）所示。

知识探究

由输出波形可以分析：

在输入信号的一个周期内，当输入为正半周时，二极管因外加正向偏置电压而导通，如图 5.4（a）所示，负载 R_L 上得到半个周期的直流脉动电压和电流；当输入为负半周时，二极管因外加反向偏置电压而截止，如图 5.4（b）所示，负载 R_L 上无电流流过。当输入电压进入下一个周期时，整流电路将重复上述过程。各波形之间的对应关系如图 5.4（c）所示。由此可见，二极管的单向导电特性使得双向的正弦波变成了单向的正弦波的半个周期。

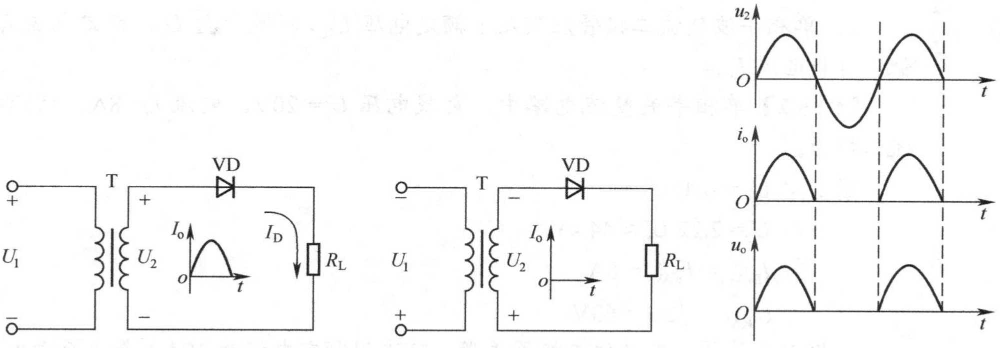

（a）U_2 为正半周情况　（b）U_2 为负半周情况　（c）波形图

图 5.4　半波整流电路工作过程及波形

归纳　二极管的单向导电特性使得双向的正弦波变成了单向的正弦波的半个周期，故称半波整流。

3. 基本参数

（1）整流输出电压平均值 $U_{o(AV)}$。负载上电压大小虽然是变化的，但可以用其平均值来表示其大小（相当于把波峰上半部割下来填补到波谷，将波形拉平）。负载 R_L 上的半波脉动直流电压平均值可按下式计算得到。

$$U_{o(AV)}=0.45U_2 \tag{5-1}$$

式中 U_2 是变压器次级线圈电压的有效值。

（2）负载的电流 $I_{o(AV)}$

$$I_{o(AV)}=\frac{U_{o(AV)}}{R_L}=0.45\frac{U_2}{R_L} \tag{5-2}$$

（3）二极管的正向电流 $I_{D(AV)}$。该电流和流过负载 R_L 上的电流 $I_{o(AV)}$ 相等，即

$$I_{D(AV)}=I_{o(AV)} \tag{5-3}$$

（4）二极管截止时，它承受的反向峰值电压 U_{RM} 为

$$U_{RM}=\sqrt{2}U_2 \tag{5-4}$$

【例 5.1】单相半波整流电路的变压器次级电压为 18V，负载电阻 R_L 为 10Ω。

试求：（1）整流输出电压；（2）整流二极管通过的电流和承受的最大反向电压。

解：（1）根据式（5-1）可知 $U_{o(AV)}=0.45U_2=0.45\times18V=8.1V$

（2）根据式（5-2）可知 $I_{o(AV)}=\dfrac{U_{o(AV)}}{R_L}=\dfrac{8.1}{10}A=0.81A$

由式（5-3）可知 $I_{D(AV)}=I_{o(AV)}=0.81A$

再由式（5-4）可知 $U_{RM}=\sqrt{2}U_2=\sqrt{2}\times18V=25.45V$

4. 单相半波整流电路的特点

电路简单，使用的元器件少，但输出电压脉动很大，效率很低。所以只能应用在对直流电的波形要求不高的场合。

实际应用

1. 将如图 5.3(b)所示中的整流二极管的极性对调，可获得负极性的直流脉动电流。

2. 单相半波整流二极管应满足：额定电压 U_{RM} 不低于$\sqrt{2}U_2$，额定电流 I_{FM} 不低于负载电流 $I_{o(AV)}$。

【例 5.2】单相半波整流电路中，负载电压 U_o= 20V，电流 I_o= 8A，试选择整流二极管。

解：$\because U_o=0.45U_2$

$\therefore U_2=2.22U_o\approx44.4V$

$I_{D(AV)}=I_{o(AV)}=8A$

$U_{RM}=\sqrt{2}U_2\approx63V$

根据以上计算，查晶体三极管手册，可选用额定电流为 10A，最大反向电压为 100V 的二极管 2ZP10。

二、单相桥式整流电路

1. 单相桥式整流电路的结构

单相桥式整流电路由电源变压器 T，4 只整流二极管 $VD_1\sim VD_4$ 和负载 R_L 组成。如图 5.5 所示，其中（a）为电路连接实物图，（b）为原理图，（c）为电路简化画法（d）为整流桥。

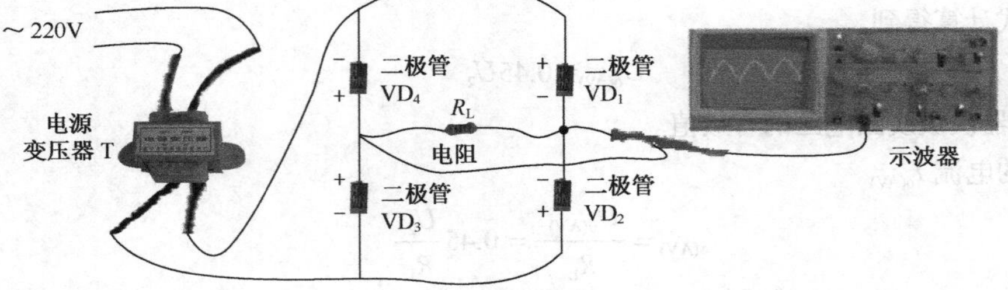

（a）电路连接实物图

图 5.5 桥式整流电路

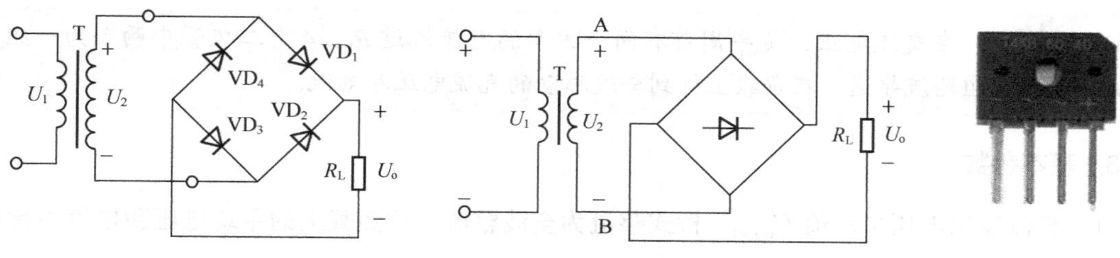

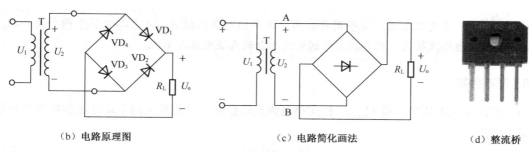

（b）电路原理图　　（c）电路简化画法　　（d）整流桥

图 5.5 桥式整流电路（续）

2. 单相桥式整流电路的工作原理

如上所述，单相半波整流电路输出电压脉动很大，效率很低，那么，单相桥式整流电路能否解决这个问题呢？

看一看 按如图 5.5（b）所示连接电路，注意观察 U_2 两端电压波形和输出 U_o 两端电压波形。

实验现象

对一个周期的正弦交流信号来说，U_2 是正弦波，而 U_o 为正弦波的两个正半周（两个半波），如图 5.6（c）所示。

知识探究

在输入信号的一个周期内，当输入为正半周时，4 只二极管中有两只二极管因外加正向偏置电压而导通，另外两只二极管因外加反向偏置电压而截止，如图 5.6（a）所示；当输入为负半周时，4 只二极管的工作情形与上述情形相反，导通的二极管变为截止，截止的二极管变为导通，如图 5.6（b）所示。由此可见，在电压 U_2 的一个周期内，负载上均有电流通过。其波形如图 5.6（c）所示。二极管的单向导电特性使得双向的正弦波变成了单向的正弦波的两个正半周。

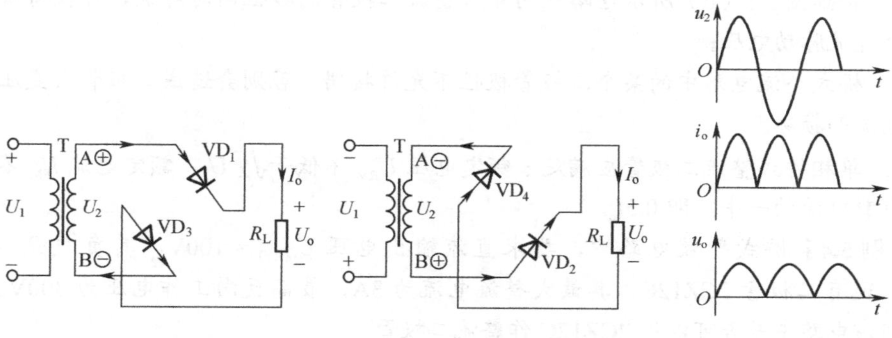

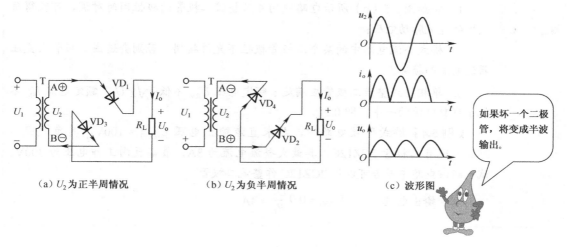

（a）U_2 为正半周情况　　（b）U_2 为负半周情况　　（c）波形图

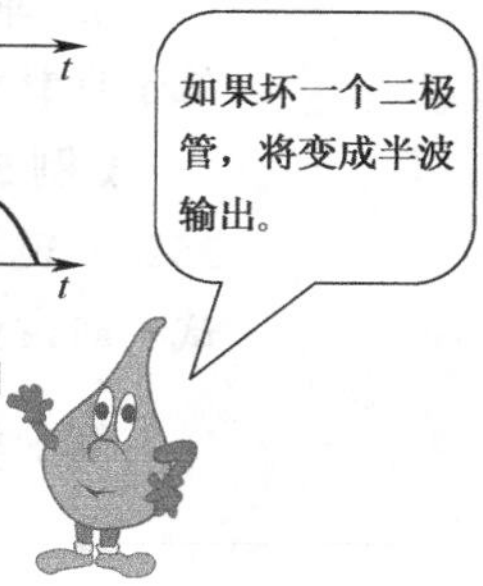

图 5.6　桥式整流电路电流通路

归纳 在交流电正、负半周都有同一方向的电流流过R_L，4个二极管中两个为一组，两组轮流导通，在负载上得到全波脉动的直流电压和电流。

3. 基本参数

（1）整流输出电压平均值$U_{o(AV)}$。桥式整流为全波整流，故负载上的平均电压和电流均比半波整流大一倍。

$$U_{o(AV)}=0.9U_2 \tag{5-5}$$

（2）流过负载的电流$I_{o(AV)}$

$$I_{o(AV)}=0.9\frac{U_2}{R_L} \tag{5-6}$$

（3）流过二极管的正向电流$I_{D(AV)}$。单相桥式整流电路的结构决定了每只二极管只在半个周期内导通，所以在一个周期内流过每个二极管的平均电流只有负载电流的一半，即

$$I_{D(AV)}=\frac{I_{o(AV)}}{2} \tag{5-7}$$

（4）每只二极管所承受的反向电压亦为变压器次级电压的峰值电压U_{RM}

$$U_{RM}=\sqrt{2}U_2 \tag{5-8}$$

【例5.3】一单相桥式整流电路，变压器次级电压U_2=24V，试求整流输出电压和每只二极管承受的最大反向电压。

解：根据式（5-5）可知　$U_{o(AV)}=0.9U_2=0.9\times24\text{V}=21.6\text{V}$

再由式（5-8）可知　$U_{RM}=\sqrt{2}U_2=\sqrt{2}\times24\text{V}=33.9\text{V}$

4. 电路特点

单相桥式整流电路利用了交流输入的整个周期，变压器利用效率高，其输出电压为半波整流的两倍，输出电压的纹波大大减少。正因为具有上述优点，它在家用电器、仪器仪表、通信设备、电力控制装置等方面得到了广泛应用。

实际应用

1. 将如图5.5（b）所示电路中的4只整流二极管的极性同时对调，可获得负极性的直流脉动电压。

2. 桥式整流电路中的某个二极管极性不允许接错，否则会造成二极管或变压器过电流而损坏。

3. 单相桥式整流二极管应满足：额定电压U_{RM}不低于$\sqrt{2}\,U_2$，额定电流I_{FM}不低于负载电流的一半，即$0.5I_o$。

【例5.4】桥式整流电路中，要求直流输出电压$U_{o(AV)}=100\text{V}$，其负载$R_L=25\Omega$；现有二极管2CZ12C，其最大整流电流为3A，最高反向工作电压为300V。试判断该电路中是否可以用2CZ12C作整流二极管。

解：输出电流　$I_{o(AV)}=0.9\dfrac{U_2}{R_L}=4\text{A}$

变压器次级电压 $U_2=\dfrac{U_{o(AV)}}{0.9}=111V$

流过每个二极管正向平均电流 $I_{D(AV)}=\dfrac{I_{o(AV)}}{2}=2A$

二极管承受最大反向电压 $U_{RM}=\sqrt{2}U_2=157V$

可知，选用 2CZ12C 是可以的。

*三、三相整流电路的组成与特点

单相整流电路的功率一般不超过 1kW，对于大功率的整流电路则需要采用三相整流电路，因为大功率的交流电源是三相供电形式。三相整流电路也可接成半波、桥式等电路形式。

如图 5.7 所示是三相半波整流电路图。三相半波整流电路相当于 3 个单相半波整流电路同时工作。其中整流二极管 VD_1、VD_2、VD_3 的阴极连在一起接到负载一端，负载另一端连接到三相交流电的中点，交流电源输入为三相平衡的交流电压 u_A、u_B、u_C，哪一相的瞬时电压高则哪一相所串接的二极管导通。

整流电路输出电压波形如图 5.8 所示。其整流出的 3 个电压半波在时间上依次相差 120° 叠加。整流输出电压的直流平均值 $U_{o(AV)}$ 为

$$U_{o(AV)S}\approx 1.17U_S \quad (5\text{-}9)$$

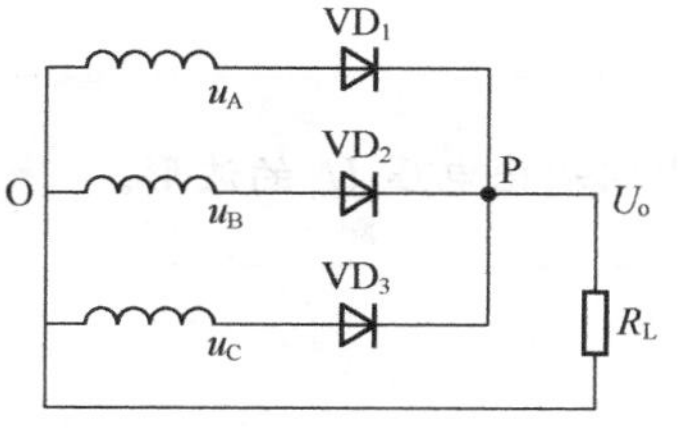

图 5.7 三相半波整流电路

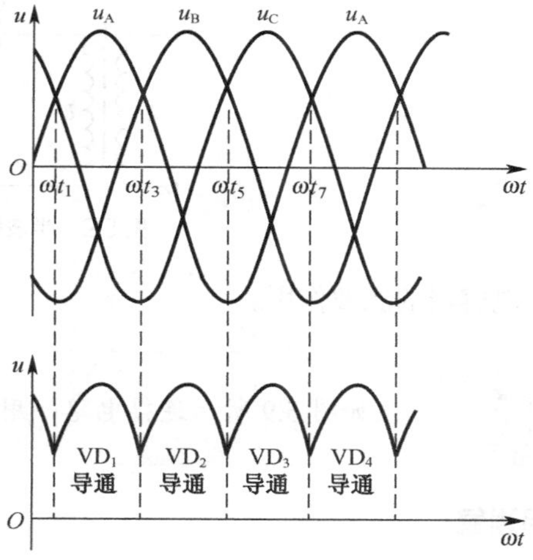

图 5.8 三相半波整流电路电压波形

小练习

1. 什么叫整流？整流电路主要需要什么元器件？
2. 单相半波整流电路、单相桥式整流电路各有什么特点？
3. 单相整流电路的主要参数有哪些？
4. 单相桥式整流电路的输出电压 $U_o=9V$，负载电流 $I_o=1mA$，试求：

（1）变压器的次级线圈的交流电压 U_2；

（2）整流二极管的最高反向工作电压 U_{RM} 和整流电流 $I_{D(AV)}$。

第2节 滤波电路

前面已经讲过将交流电转换为稳定的直流电需要经过3个过程，即整流、滤波和稳压。上面所介绍的是第一过程——整流，下面将介绍第二过程——滤波。

整流电路的输出电压不是纯粹的直流，从示波器观察整流电路的输出，与直流相差很大，波形中含有较大的脉动成分，因而不能直接作为电子设备的直流电源来使用。**为获得比较理想的直流电压，需要利用具有储能作用的电抗性元件（如电容、电感）组成的滤波电路来滤除整流电路输出电压中的脉动成分以获得直流电压。即将脉动的直流电转换成较平滑的直流电，这一过程称为滤波。**

滤波电路在用来平滑整流输出电压脉动的同时也能提高输出电压的大小。滤波器有多种形式，常用的有电容滤波器、电感滤波器、复式滤波器等。

一、电容滤波电路

1. 半波整流电容滤波电路

（1）半波整流电容滤波电路是在负载的两端并联一个电容器，如图5.9所示。

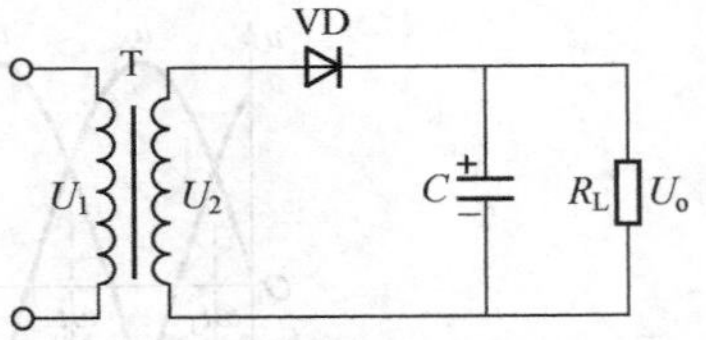

图5.9　半波整流电容滤波电路

（2）电容器的滤波作用。

看一看　按如图5.9所示连接电路，用示波器观察电路输出电压 U_o 的波形。

实验现象

滤波后输出电压 U_o 的波形脉动很小，且比较平滑，如图5.10（c）所示。

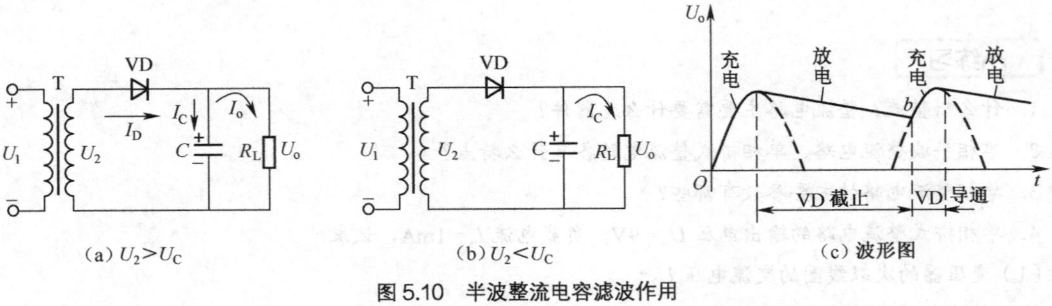

图5.10　半波整流电容滤波作用

知识探究

由输出波形可看出：

当输入次级电压为正半周上升段时，整流二极管导通，次级电压 U_2 经 VD 对 C 充电，充电电流同时流入负载，如图 5.10（a）所示。当输入次级电压由正峰值开始下降后，VD 因 $U_2 < U_C$ 而截止，电容开始放电，如图 5.10（b）所示，直到电容上的电压小于输入次级电压，电容又重新充电；当输入次级电压小于电容上的电压时，电容又开始放电，如此一直循环下去。

显然，由于电容器的滤波作用，输出电压比整流出来的波形平滑得多，如图 5.10（c）所示。

> **归纳** 因为电容器具有储能作用，所以若使电容器充电过程快，而放电过程慢，就可使输出波形变得比较平滑，达到滤波的目的。

（3）基本参数。**半波整流电容滤波电路的负载上得到的输出电压为**

$$U_{o(AV)} = U_2 \tag{5-10}$$

2. 桥式整流电容滤波电路

（1）结构。在桥式整流电路输出端并联一个电容量很大的电解电容器，就构成了它的滤波电路，如图 5.11 所示。

（2）电容器的滤波作用。其滤波原理类似于半波整流电路中电容器的滤波过程。不同的是无论输入电压的正半周还是负半周，C 都有充放电过程。波形如图 5.12 所示。

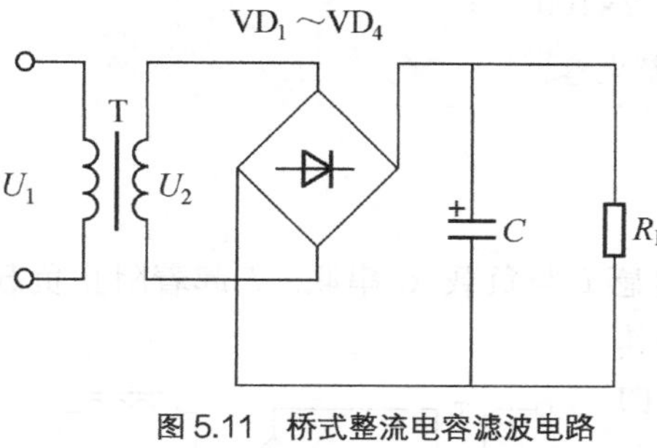

图 5.11 桥式整流电容滤波电路

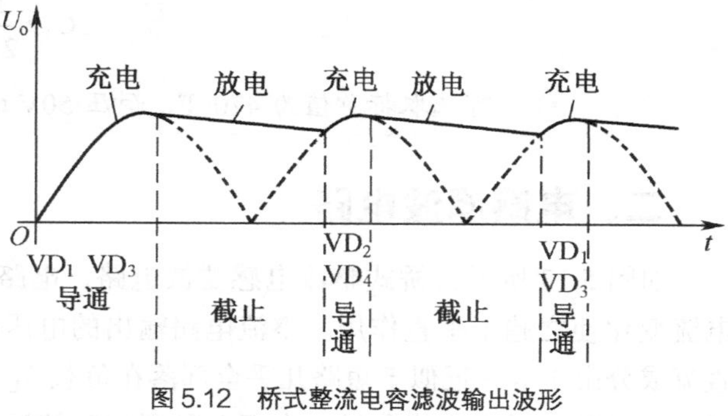

图 5.12 桥式整流电容滤波输出波形

（3）基本参数。**桥式整流电容滤波电路的负载上得到的输出电压为**

$$U_{o(AV)}=1.2U_2 \tag{5-11}$$

桥式整流电容滤波电路输出端空载时

$$U_{o(AV)}=1.4U_2 \tag{5-12}$$

（4）电路特点。在电容滤波电路中，R_LC 越大，C 放电越慢，输出的直流电压就越大，滤波效果也越好，但是在采用大容量的滤波电容时，接通电源的瞬间充电电流特别大。**电容滤波器只适用于负载电流较小的场合。**

实际应用

1. 半波整流加电容滤波器的输出直流电压约为 U_2；而桥式整流加电容滤波器时，输出直流电压约为 $1.2U_2$，负载开路时，输出直流电压则均为 $1.4U_2$。

2. 滤波电容选用：容量 $C \geqslant (3 \sim 5)T/2R_L$，$T$ 为脉动电压的周期。

3. 半波整流电路采用电容滤波时，二极管承受的反向电压将升高为 $2\sqrt{2}U_2$，选用二极管时应特别注意。

【例 5.5】在桥式整流电容滤波电路中，负载电阻为 100Ω，输出直流电压为 20V，电网电压频率为 50Hz，试确定电源变压器次级电压，并选择整流二极管和滤波电容。

解：桥式整流电容滤波电路的输出直流电压约为 $1.2U_2$，所以电源变压器次级电压为

$$U_2 = \frac{U_o}{1.2} = \frac{20}{1.2}\text{V} = 17\text{V}$$

二极管承受的最大反向电压为

$$U_{RM} = \sqrt{2}U_2 = 23.8\text{V}$$

流过二极管的电流为

$$I_{D(AV)} = \frac{1}{2}I_{o(AV)} = \frac{1}{2}\times\frac{20}{100}\text{A} = 0.1\text{A} = 100\text{mA}$$

根据以上计算，查晶体管手册，可选用额定电流为 300mA，最大反向电压为 50V 的 2CP21A 型二极管。

$$T = \frac{1}{f} = 0.02\text{s}$$

$$C \geqslant \frac{3T}{2R_L} = \frac{3\times0.02}{2\times100}\text{F} = 300\mu\text{F}$$

可选取标称值为 470μF，耐压 50V 的电解电容。

二、电感滤波电路

如图 5.13 所示为桥式整流电感滤波电路，电路中电感 L 与负载 R_L 串联。L 起着阻止负载电流变化使之趋于平直作用。整流电路输出的电压中，其直流成分由于电感近似于短路几乎全部落在负载 R_L 上，即 $U_{o(AV)}=0.9U_2$；对于交流分量，由于 L 呈现的感抗远大于负载电阻，使交流分量几乎全部落在 L 上，而 R_L 上的交流压降很小，从而达到滤除交流分量的目的。而且，R_L 越小，负载电流越大，电感滤波效果越好。因此电感滤波主要用于负载电流较大的情况。但电感体积大、笨重、成本高。

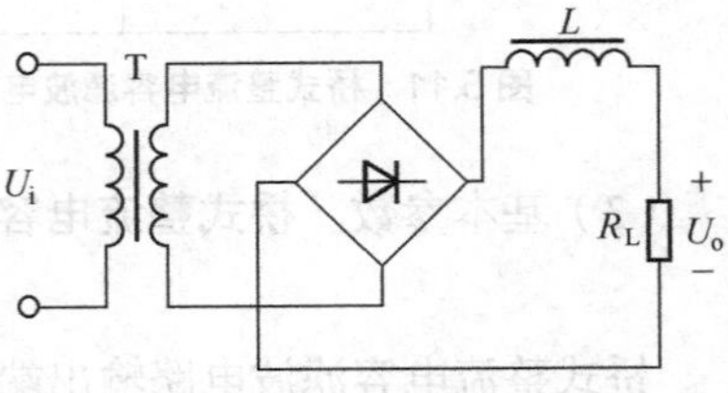

图 5.13 电感滤波电路

三、复式滤波电路

单独的电容滤波或电感滤波效果往往不理想，因此可将电容、电感和电阻结合起来构成复式滤波电路，复式滤波电路滤波效果比较好。常见的复式滤波电路有倒 L 型滤波电路、LC-Π 型滤

波电路、RC-Π 型滤波电路等，如图 5.14 所示。

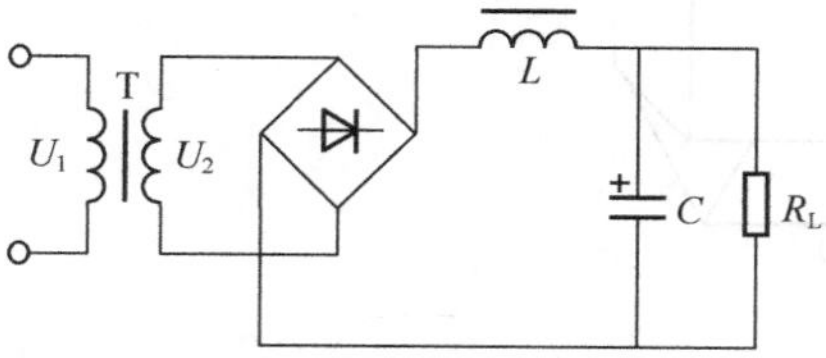

（a）倒 L 型滤波电路

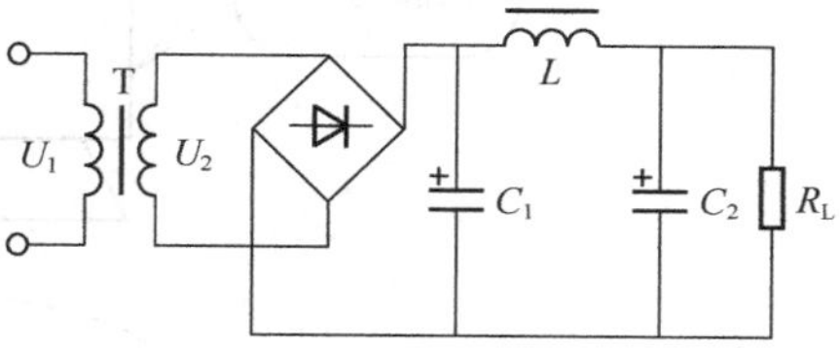

（b）LC-Π 型滤波电路

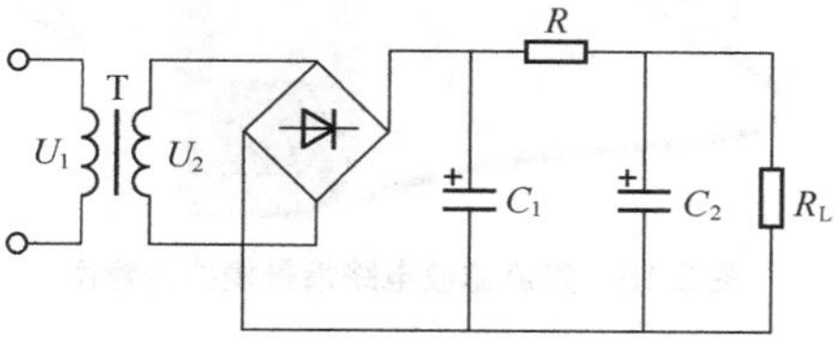

（c）RC-Π 型滤波电路

图 5.14　复式滤波电路

小练习

1. 什么叫滤波？常见的滤波电路有几种形式？

2. 有一电容滤波的单相桥式整流电路，输出电压为 20V，电流为 100mA，求：

（1）画出电路原理图，并标出电容极性和输出电压极性；

（2）选择整流二极管；

（3）选择滤波电容。

3. 分别画出桥式整流电路加电感滤波的电路图。

四、技能实训　整流滤波电路的测试

日常生活中有许多小电器都要使用充电器，有时就会出现如图 5.15 所示的情景。充电器内部主要的电路是整流滤波电路，本实训是学习它的调试。

1. 实训目标

（1）进一步加深理解整流滤波电路的工作原理。

（2）学会用万用表测量输出电压值。

（3）学会用示波器观测整流滤波电路输出电压的波形。

2. 实训解析

（1）实验电路原理图如图 5.16 所示。

（2）桥式整流电容滤波电路的作用就是将交流电变为较平滑的直流电。

（3）输出电压 $U_{o(AV)}=1.2U_2$。

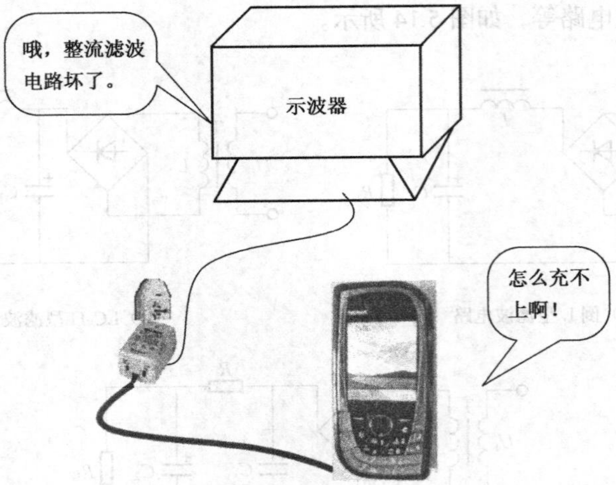

图 5.15　整流滤波电路情景模拟示意图

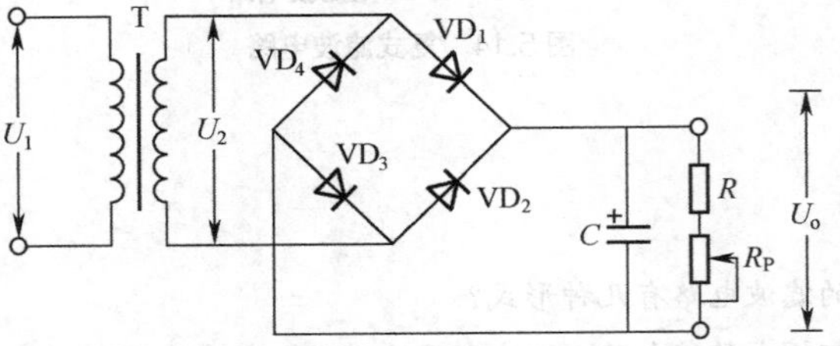

图 5.16　桥式整流电容滤波电路原理图

3．实训操作

实训器材如表 5.1 所示。

表 5.1　　实训器材

序　号	名　称	规　格	数　量
1	万用表	MF-47	1 台
2	示波器	V-212 双踪	1 台
3	交流电源	ELB	1 台
4	二极管	1N4007	4 只
5	电阻 / 可调电阻	100Ω，0.5W/1kΩ	各 1 只
6	电容	100μF、200μF	各 1 只

（1）按电路原理图连接电路，将实验箱中峰峰值为 12V 的交流电源送入电路的输入端，示波器接于电路的输出端，接好的实物图如图 5.17 所示。

（2）用示波器观察变压器次级电压波形（正弦波）和负载电阻上的电压波形。应看到如图 5.18 所示的负载电阻电压波形。同时用万用表直流电压挡测量输出电压的大小，记录数据填入表 5.2 中。

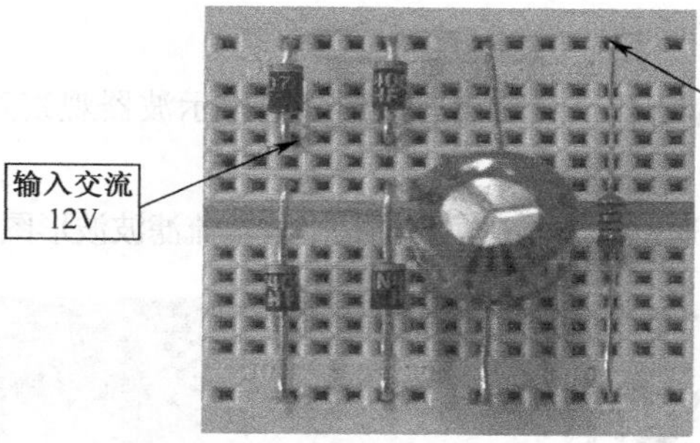

图 5.17　桥式整流电容滤波电路实物图

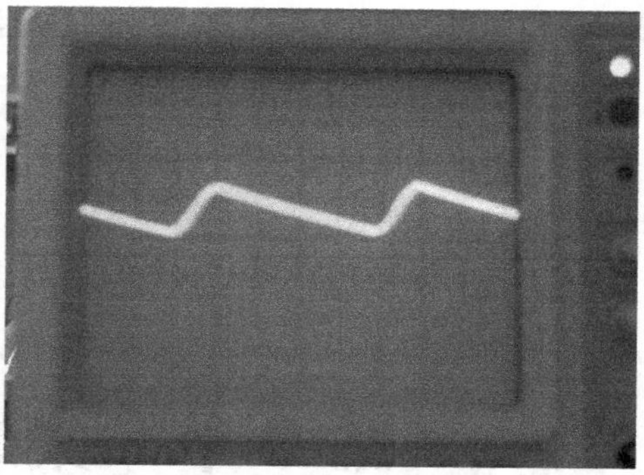
图 5.18　负载电阻上的电压波形

表 5.2　　**数据记录表**

	变压器次级电压 U_2/V	输出电压 U_o/V
电压值		
电压波形		

（3）更换电容器的电容为 200μF，重复上面的步骤及内容。

4. 实训总结

（1）整理实验数据。

（2）电容的大小对输出电压波形有何影响？

（3）填写如表 5.3 所示的总结表。

表 5.3　　**总结表**

课题						
班级		姓名		学号		日期	
实训收获						
实训体会						
实训评价	评定人	评　　语			等级	签名
	自己评					
	同学评					
	老师评					
	综合评定等级					

实训拓展

1. 观察整流输出

首先将原理电路中的电容器断开，实际上它是一个桥式整流电路，然后按“实训操作”中的步骤操作即可。通过示波器观察到的是全波整流波形图。

2. 整流滤波电路故障的观察

（1）将电路中任意一个二极管断开，同时也将电容断开，观察输出波形。通过示波器观察到的是半波整流波形图。

（2）将电路中任意一个二极管断开，观察输出波形。通过示波器观察到的是半波整流滤波波形图。

*第3节 集成稳压电路

前面已经介绍的整流、滤波电路虽然能把交流电变为较平滑的直流电，但输出的电压仍是不稳定的。交流电网电压的波动、负载电流变化、温度的影响等，都会使整流滤波后输出的直流电压随之变化。为了保持输出电压稳定，通常需在滤波电路之后接入稳压电路。

集成稳压器近年来已作为常用集成器件得到广泛的应用。集成稳压器又有线性集成稳压器、开关集成稳压器等类型。

一、三端集成稳压器

在线性集成稳压器中，由于三端集成稳压器只有3个引出端子，具有应用时外接元件少、可靠性高、价格低廉、使用方便等优点，因而得到广泛使用。**三端集成稳压器有两种，一种为输出电压固定，称为三端固定式集成稳压器，另一种为输出电压可调，称为三端可调式集成稳压器。**

1. 三端固定式集成稳压器

三端固定式集成稳压器有3个接线端，即输入端、输出端及公共端。它有两个系列CW78XX和CW79XX，如图5.19所示。CW78XX系列输出是正电压，CW79XX系列输出是负电压。CW78XX的1脚为输入端，2脚为公共端，3脚为输出端。CW79XX的1脚为公共端，2脚为输入端，3脚为输出端。

（1）输出正电压的三端固定式集成稳压器。CW78XX系列三端固定式集成稳压器，输出正电压为5V、6V、9V、12V、15V、18V和24V，7个挡次。它们型号的后两位数字就表示输出电压值，例如CW7805表示输出电压为5V。根据输出电流的大小又可分为CW78XX型(表示输出电流为1.5A)、CW78MXX型（表示输出电流为0.5 A）和CW78LXX型（表示输出电流为0.1A）。其基本应用电路如图5.20所示。图中C_1、C_2作用是防止产生自激振荡以及削弱电路的高频噪声。实际电路中，C_1和整流滤波电容并联，C_2和负载电路中的电源滤波电容并联。U_i是整流滤波电路的输出电压。

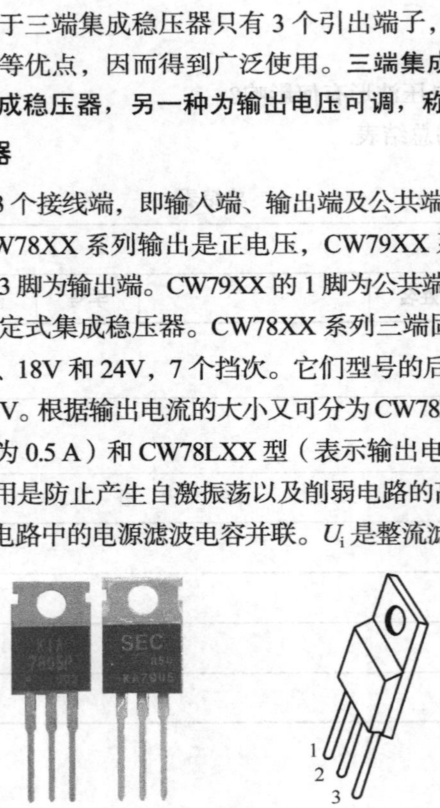

（a）实物图　　（b）引脚排列

图5.19 三端固定式集成稳压器

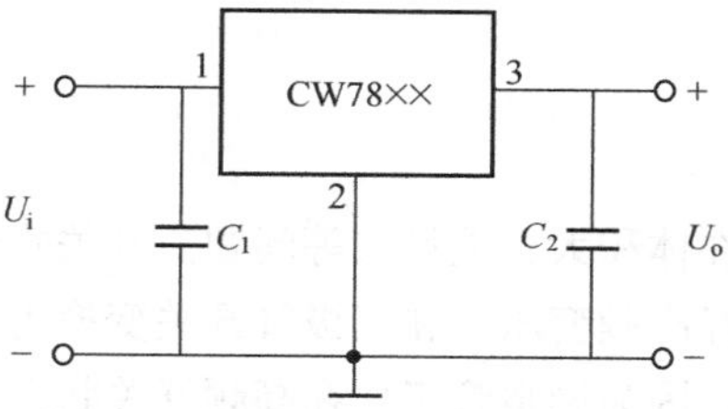

图 5.20　CW78XX 系列集成稳压器

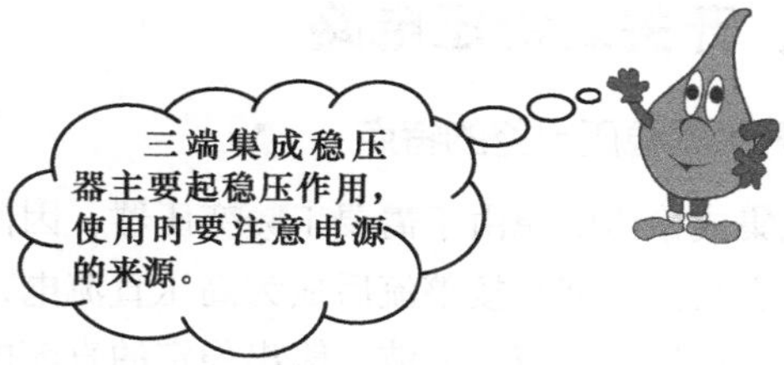

提示　（1）在使用三端集成稳压器时，如电源从电网来，则稳压前必须要有降压、整流、滤波过程，因此制成的电源体积大。

（2）在使用三端集成稳压器时，电源也可是电池等直流电源，这时就无需降压、整流、滤波等环节。

（2）输出负电压的三端固定式集成稳压器。CW79XX 系列三端固定式集成稳压器是负电压输出，在输出电压挡次和电流挡次等方面与 CW78XX 的规定一样。型号的后两位数字表示输出电压值，例如 CW7905 表示输出电压为 −5V。其功能图如图 5.21 所示。“2”为输入端，“3”为输出端，“1”为公共端。

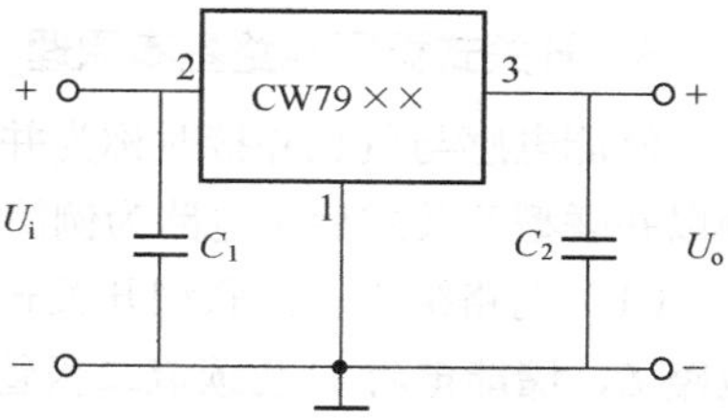

图 5.21　CW79XX 系列集成稳压器

2. 三端可调式集成稳压器

三端可调式集成稳压器不仅输出电压可调，而且稳压性能比固定式更好，它也分为正电压输出和负电压输出两种。

（1）输出正电压的三端可调式集成稳压器。CW117、CW217、CW317 系列是正电压输出的三端可调式集成稳压器，输出电压在 1.2 ~ 37V 范围内连续可调，电位器 R_P 和电阻 R_1 组成取样电阻分压器，接稳压器的调整端 1 脚，改变 R_P 可调节输出电压 U_o 的大小。其功能图如图 5.22 所示。集成稳压器的“1”为调整端，“2”为输出端，“3”为输入端。C_1 和 C_3 的作用同图 5.20 中的 C_1、C_2 作用，电容 C_2 可消除 R_P 上的纹波电压。

（2）输出负电压的三端可调式集成稳压器。CW137、CW237、CW337 系列是负电压输出的三端可调式集成稳压器，输出电压在 −1.2 ～ −37V 范围内连续可调，电位器 R_P 和电阻 R_1 组成取样电阻分压器，接稳压器的调整端 1 脚，改变 R_P 可调节输出电压 U_o 的大小，其功能图如图 5.23 所示。集成稳压器的“1”为调整端，“2”为输入端，“3”为输出端。

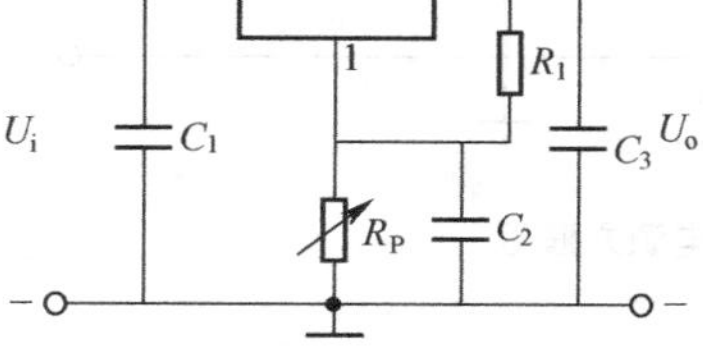

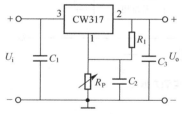

图 5.22　CW317 三端可调集成稳压器

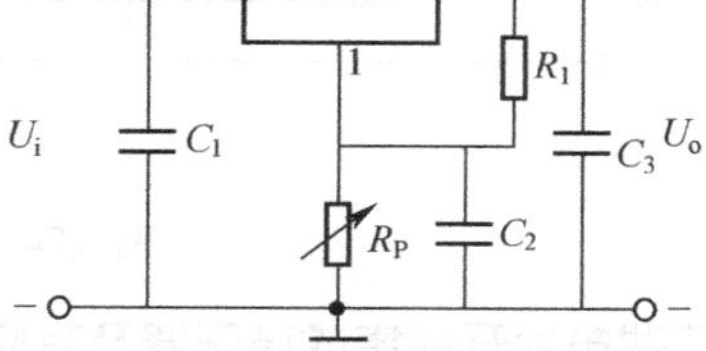

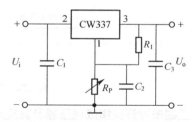

图 5.23　CW337 三端可调集成稳压器

二、开关式稳压电路

1. 开关式稳压电路的特点

线性集成稳压电源由于需要工频变压器，因而存在体积大、重量大等问题。开关式稳压电路则不同，它是由电网直接整流后成为高压直流电，再经高频变压器和三极管开关变换为低压、高频交流电，最后经整流、滤波，输出稳定的直流电压。因为调整管工作在高频开关状态，且无需装大的散热器。故这些集成开关式稳压电源模块具有外围电路简单，可靠性高、体积小、重量轻、效率高等特点，因而在微机、通信设备和声像设备中得到广泛应用。

2. 开关式稳压电路的分类

开关式稳压电源按激励方式（振荡方式）分为他激式开关式稳压电路和自激式开关式稳压电路。按控制方式分为脉冲宽度调制型（PWM）、脉冲频率调制型（PFM）、混合调制型（同时改变脉宽和频率的调制方式）。

3. 开关式稳压电路基本原理

储能电感与负载并接时称为并联型开关式稳压电路；储能电感与负载串联时称为串联型。下面以并联型开关式稳压电路为例简单介绍其相关知识。

（1）电路结构。并联型开关式稳压电源方框图如图 5.24 所示，**它是由开关调整管 VT；储能电路 *L*、储能电容 *C* 及续流二极管 VD；取样比较电路；基准电压；脉冲发生器；脉冲调宽电路组成。**

（2）稳压过程。输出电压发生变化，使取样电压与基准电压比较出现偏差时，通过比较放大环节输出误差信号，对开关脉冲宽度进行控制，其控制过程是，当输出电压升高时，脉宽变窄，使 VT 导通时间变短，电源输入储能电路的能量减少，因而输出电压降低，反之，当输出电压降低，脉宽变宽，输出电压就升高，也就是说，VT 开关状态由脉宽电压控制，脉冲电压由脉冲发生电路产生，它的宽度由比较放大器输出误差电压控制，输出电压的变化通过对开关脉冲的调宽后，就能使输出电压向相反的方向变化，最后使输出电压保持稳定。

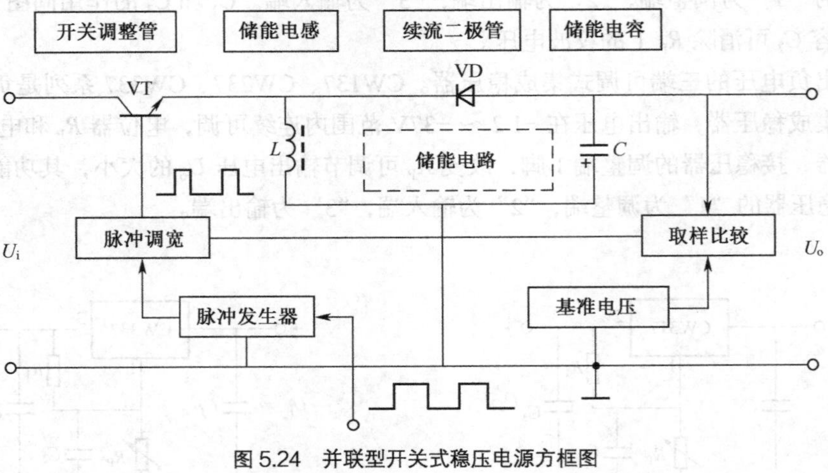

图 5.24 并联型开关式稳压电源方框图

4. 三端单片开关集成稳压器及其应用

TOP 系列芯片是美国 Power 公司研制的脉宽调制单片开关集成稳压器，因其设计先进、外围电路简单，使用灵活，一经投放市场就成为了商家开发设计开关集成稳压电源的优选集成电路。

其生产的第一代产品是 TOP100/200 系列，第二代产品是 TOP Switch-Ⅱ（TOP221 ～ TOP227）系列。TOP Switch-Ⅱ现已成为国际上开发中、小功率开关电源及电源模块的优选集成电路。它广泛用于仪表仪器、笔记本电脑、移动电话、电视机、摄像机、功率放大器、电池充电器等设备中。第三代产品是 TOP-GW 系列。下面介绍 TOP Switch-Ⅱ的功能及使用。

（1）TOP Switch-Ⅱ的引脚。TOP Switch-Ⅱ芯片有 3 种封装，如图 5.25 所示。其中 TO-220 封装有 3 个引脚，其外形与三端集成稳压器 78 系列相似。DIP-8 封装及 SMD-8 封装各有 8 个引脚，但均可简化成 3 个。这 3 个引脚分别为控制端 C、源极 S 和漏极 D。

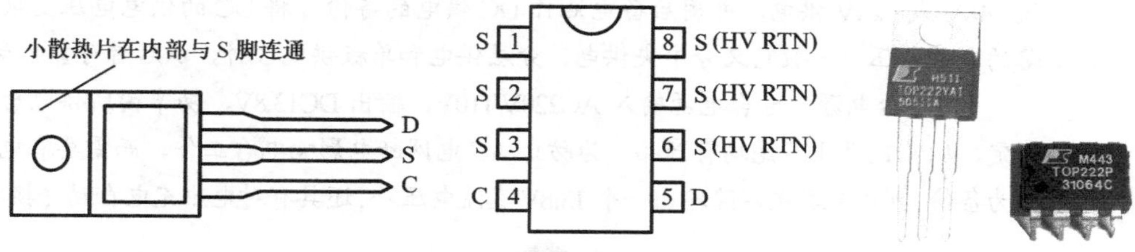

（a）TO-220封装　　（b）DIP-8、SMD-8封装　　（c）实物图

图 5.25　TOP Switch-Ⅱ 引脚排列

控制端 C 有 4 个作用：利用控制电流 I_C 的大小来调节占空比 D；为芯片内电路提供正常工作所需偏流；决定自动重启动的频率；对控制回路进行补偿。

（2）应用电路举例。由 TOP221P 构成 4W 开关电源如图 5.26 所示。

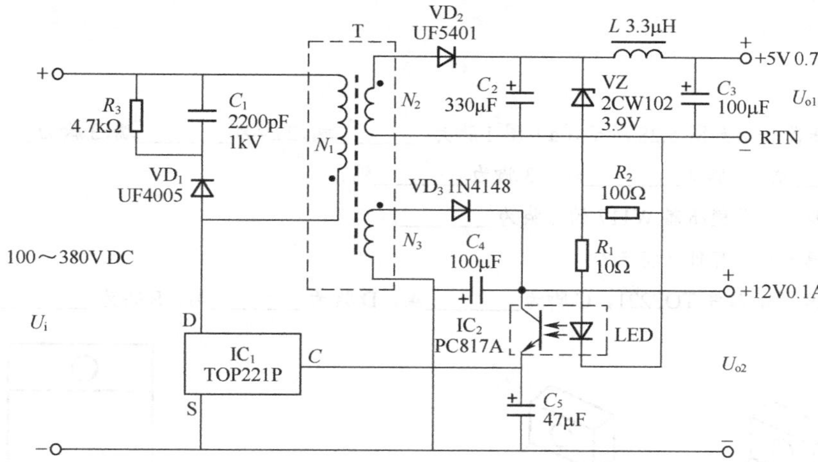

图 5.26　4W 开关电源

电路中 IC_2 为 PC817A 型光电耦合器。T 为高频变压器，N_1 为一次绕组，N_2 为二次绕组，N_3 为反馈绕组。为提高高频整流效率，降低损耗，VD_2 选用肖特基二极管或超快恢复二极管。图中 RTN 为 +5V 输出的返回端，即公共 / 接地端。

当 TOP221P 内的开关功率管导通时，将电能储存在 T 的一次绕组上；当功率开关管关断时，向二次绕组输出电能，经 LC-Π 型（C_2、L、C_3）滤波后提供 +5V 输出电压。f 高达 100kHz，T 能够快速储存、释放能量，经高频整流滤波后即可获得连续输出。

实际应用

如图 5.27 是开关稳压电源在不同领域中应用的电源实物图片。

① AC/DC 电源：它自电网取得能量，经过高压整流滤波得到一个直流高压，供 DC/DC 变换器在输出端获得一个或几个稳定的直流电压，功率从几瓦至几千瓦均有产品，用于不同场合。

② DC/DC 电源：在通信系统中也称二次电源，它是由一次电源或直流电池组提供一个直流输入电压，经 DC/DC 变换以后在输出端获得一个或几个直流电压。

③ 通信电源：通信电源其实质上就是 DC/DC 变换器式电源，只是它一般以直流 -48V 或 -24V 供电，并用后备电池作 DC 供电的备份，将 DC 的供电电压变换成电路的工作电压，一般它又分中央供电、分层供电和单板供电 3 种，以后者可靠性最高。

④ 电台电源：电台电源输入 AC220V/110V，输出 DC13.8V，功率由所供电台功率而定，从几瓦至几百瓦均有产品。为防止 AC 电网断电影响电台工作，而需要有电池组作为备份，所以此类电源除输出一个 13.8V 直流电压外，还具有对电池充电自动转换功能。

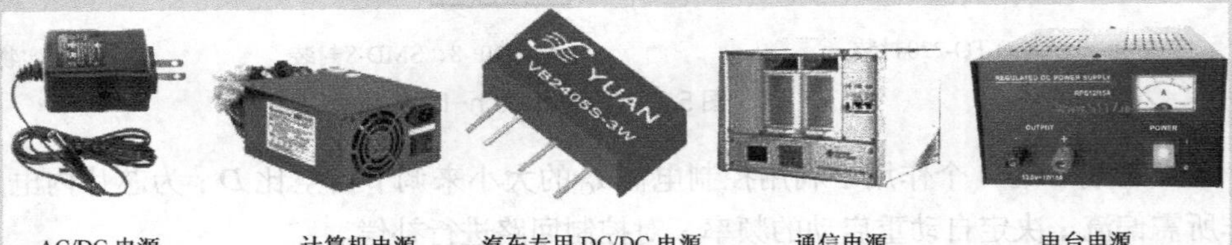

图 5.27　开关式稳压电源应用实物图

小练习

1. 集成稳压器外形如图 5.28 所示，(a) 图 1 脚为________端，2 脚为________端，3 脚为________端；(b) 图 1 脚为________端，2 脚为________端，3 脚为________端。

2. 三端可调式集成稳压器 W117 的 1 脚为________。

3. 开关式稳压电路有什么特点？

4. 如图 5.29 所示器件 TOP221，C 脚为________端，D 脚为________端，S 脚为________端。

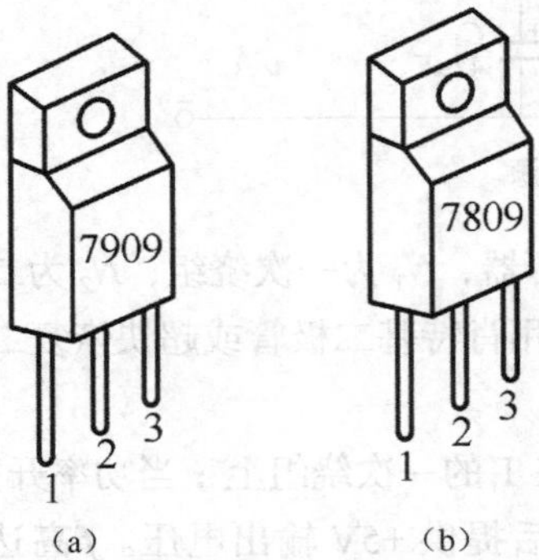

图 5.28　小练习 1 用图

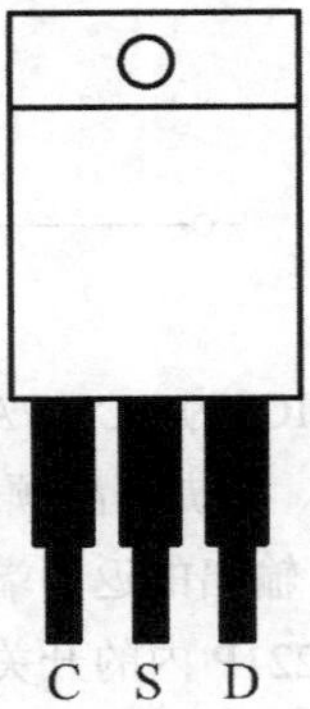

图 5.29　小练习 4 用图

第4节　小制作综合分析　直流稳压电源

一、电路构成

直流稳压器是由整流、滤波、稳压3部分电路所组成。集成稳压电源电路如图5.30所示。这是一种输出电压连续可调的集成稳压电源，输出电压在1.25～37V连续可调，输出最大电流可达1.5A，可用于各种小电器供电。

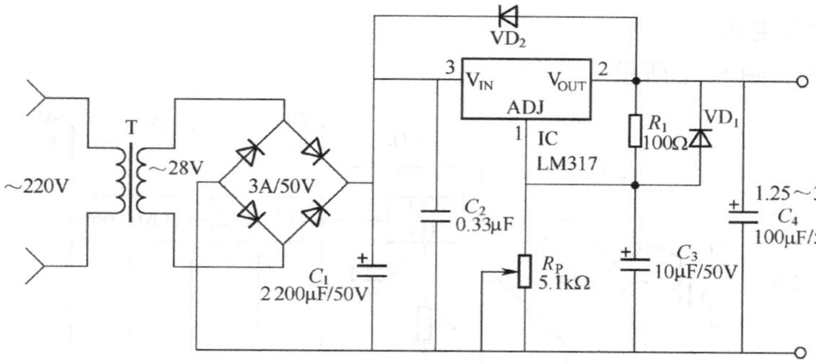

图5.30　LM317三端可调集成稳压器

二、电路工作过程简介

LM317输出电流为1.5A，输出电压可在1.25～37V连续调节，其输出电压由两只外接电阻R_1、R_P决定，输出端和调整端之间的电压差为1.25V，这个电压将产生几毫安的电流，经R_1、R_P到地，在R_P上分得的电压加到调整端，通过改变R_P就能改变输出电压。注意，为了得到稳定的输出电压，流经R_1的电流小于3.5mA。VD_1为保护二极管，防止稳压器输出端短路而损坏IC，VD_2用于防止输入短路而损坏集成电路。

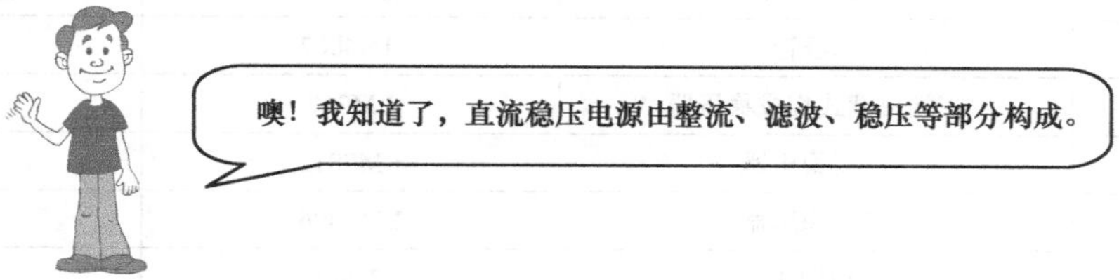

噢！我知道了，直流稳压电源由整流、滤波、稳压等部分构成。

*三、技能实训　三端可调式集成稳压电源的组装与调试

生活中有时会出现如图5.31所示情景，那怎么检测才能找到问题呢？这将是本实训的任务。

稳压电源坏了，听不成音乐了。
稳压电源怎么检测、调试呢？

图5.31　情景模拟示意图

1．实训目标

（1）进一步加深理解稳压电源的工作原理。

（2）学习稳压电源技术指标的测量方法。

（3）进一步熟练掌握万用表的使用方法。

2．实训解析

电源变压器T输出交流电压22V，经桥式整流电容滤波，送至三端可调式集成稳压电路LM317的输入端，再经取样电阻R_2和输出电压调节电位器的控制，就可在其输出端得到上限为24V的直流稳定电压。该电压加到LM7812输入端，可输出12V直流稳定电压；若加到LM7806就可输出6V直流稳定电压。

实验电路原理图如图5.32所示。

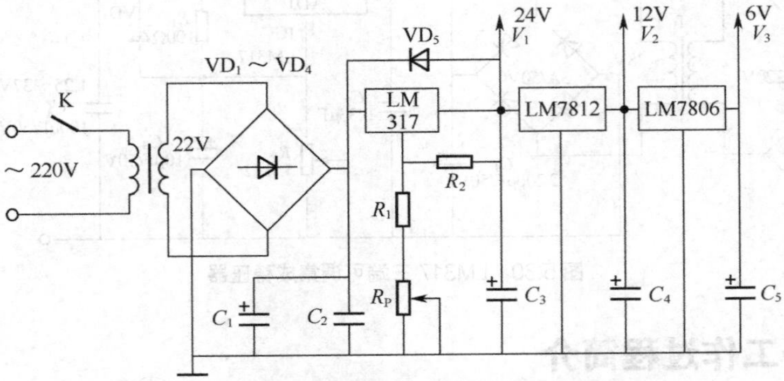

图5.32　三端式可调集成稳压电源的组成电路

3．实训操作

实训器材如表5.4所示。

表5.4　　　　实训器材

序　号	名　称	规　格	数　量
1	二极管	1N4007	5
2	三端可调式集成稳压器	LM317	1
3	三端稳压器	LM7812	1
4	三端稳压器	LM7806	1
5	电阻1	20kΩ	1
6	电阻2	100Ω	1
7	电位器	4.7kΩ	1
8	电解电容器1	2 200μF	1
9	电容器2	0.1μF	1
10	电解电容器3	100μF	1
11	电解电容器4	47μF	1
12	电解电容器5	47μF	1
13	开关		1
14	电源变压器	220V/22V	1

（1）按照电路图连接电路。

（2）接通电源（注意安全）。

（3）观察现象——用万用表监测各级输出电压，记录数据。

表 5.5　　数据记录

各级输出电压（V）		
U_1	U_2	U_3

4. 实训总结

（1）整理实验数据。

（2）本实验直流稳压电源的输出可调范围是多少？

（3）填写如表 5.6 所示的总结表。

表 5.6　　总结表

<table>
<tr><td>课题</td><td colspan="7"></td></tr>
<tr><td>班级</td><td></td><td>姓名</td><td></td><td>学号</td><td></td><td>日期</td><td></td></tr>
<tr><td>实训收获</td><td colspan="7"></td></tr>
<tr><td>实训体会</td><td colspan="7"></td></tr>
<tr><td rowspan="5">实训评价</td><td>评定人</td><td colspan="4">评　　语</td><td>等级</td><td>签名</td></tr>
<tr><td>自己评</td><td colspan="4"></td><td></td><td></td></tr>
<tr><td>同学评</td><td colspan="4"></td><td></td><td></td></tr>
<tr><td>老师评</td><td colspan="4"></td><td></td><td></td></tr>
<tr><td>综合评定等级</td><td colspan="4"></td><td></td><td></td></tr>
</table>

实训拓展

如果在本电路基础上加装 LM7809、LM7805 等便可得到电压为 9V、5V 等的输出稳定电压。

（1）将交流电网电压转换为稳定的直流电压，要通过整流、滤波和稳压等环节来实现。

（2）经过桥式整流、电容滤波电路后可将交流电变成直流电。

（3）三端集成稳压器具有体积小、性能可靠、使用方便等优点，因此得到了广泛应用。三端集成稳压器有固定式和可调式两类，而它们又分正电压输出和负电压输出两种。CW78XX 系列为固定正电压输出，CW79XX 系列为固定负电压输出，CW117 系列为可调式正电压输出，CW137 系列为可调式负电压输出。使用时注意引脚的正确连接。

（4）开关式稳压电路的调整管工作在开关状态，开关电源就是通过控制开关接通与断开的时间来达到调整输出电压的目的，且电路的功耗小、效率高。

思考与练习

一、填空题

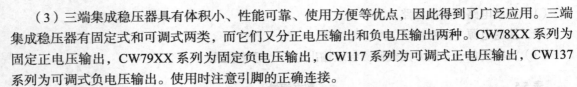

1. 整流的作用是将________转换为________直流电。
2. 滤波的作用是将________直流电变为________直流电。
3. 稳压的作用是在________波动或________变动的情况下，保持________不变。
4. 半波整流电路中，已知 $U_2 = 10\text{V}$，其输出电压 U_o=________。
5. 桥式整流电容滤波电路中，已知 $U_2 = 10\text{V}$，空载时其输出电压 $U_{o(AV)}$=________。

*6. 桥式整流电容滤波电路如图 5.33 所示，请回答下面的问题：

（1）S 断开，$U_{o(AV)}$=________；

（2）S 闭合，$U_{o(AV)}$=________；

（3）S 闭合，U_{RM}=________；

（4）S 闭合，R_L 开路，$U_{o(AV)}$=________。

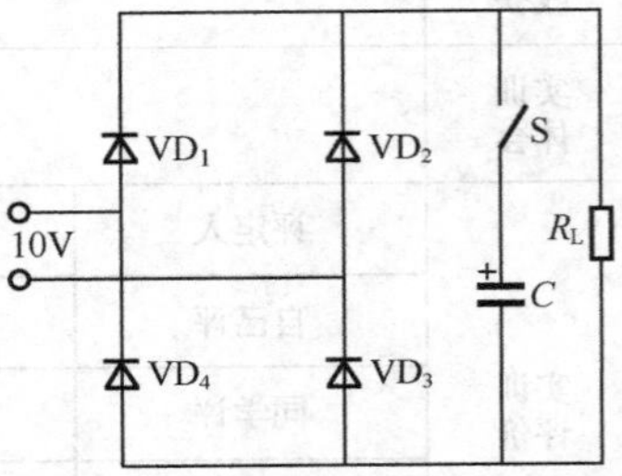

图 5.33 填空题 6 用图

*7. 现需用 CW78XX、CW79XX 系列的三端集成稳压器设计一个输出电压为 ±12V 的稳压电路，应选用________和________型号。

二、选择题

1. 在单相桥式整流电路中，若有一只整流管接反，则________。

A. 输出电压约为 $2U_o$　　B. 变为半波整流　　C. 整流管将因电流过大而烧坏

2. 整流电路接入电容滤波器后，输出电压的直流成分________，交流成分________。

A. 增大　　B. 减小　　C. 不变

3. 桥式整流电路中，已知 U_2=10V，若某一只二极管因虚焊造成开路时，输出电压 $U_{o(AV)}$=________。

A. 12V　　B. 4.5V　　C. 9V

4. 在桥式整流电路中，（1）若 $U_2 = 20\text{V}$，则输出电压直流平均值 $U_{o(AV)}$=________；

A. 20V　　B. 18V　　C. 9V

（2）桥式整流电路由 4 个二极管组成，故流过每个二极管的电流为________；

A. $I_o/4$　　B. $I_o/2$　　C. I_o

（3）每个二极管承受的最大反向电压 U_{RM} 为________。

A. $\sqrt{2}U_2$　　　　B. $\dfrac{\sqrt{2}U_2}{2}$　　　　C. $2\sqrt{2}U_2$

三、综合题

1. 电路如图 5.34 所示，设变压器次级电压有效值 U_2 均为 12V，求各电路的直流输出电压。

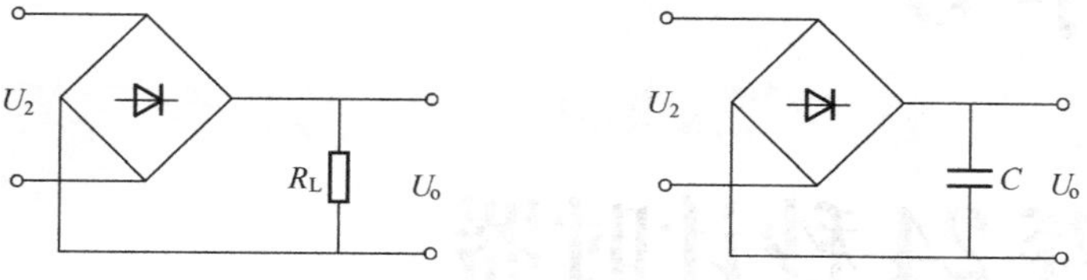

（a）　　　　（b）

图 5.34　综合题 1 用图

*2. 指出如图 5.35 所示的直流稳压电路中的错误，并画出正确的稳压电路。

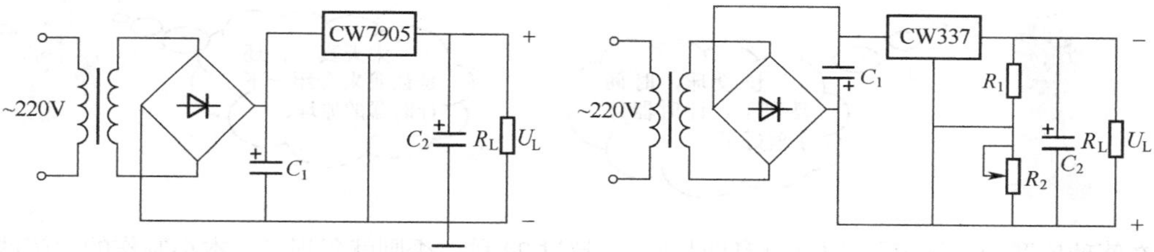

（a）　　　　（b）

图 5.35　综合题 2 用图

四、实训题

桥式整流电容滤波电路如图 5.36 所示，图中变压器次级电压有效值 $U_2 = 20$V，$R_L = 50\Omega$，电容 $C = 2\,000\mu$F。现用直流电压表测量 R_L 两端电压 U_o，如出现下列情况，试分析以下情况中哪些属正常工作时的输出电压，哪些属于故障情况，并指出故障所在。

（1）$U_o = 28$V　　（2）$U_o = 18$V　　（3）$U_o = 24$V　　（4）$U_o = 9$V

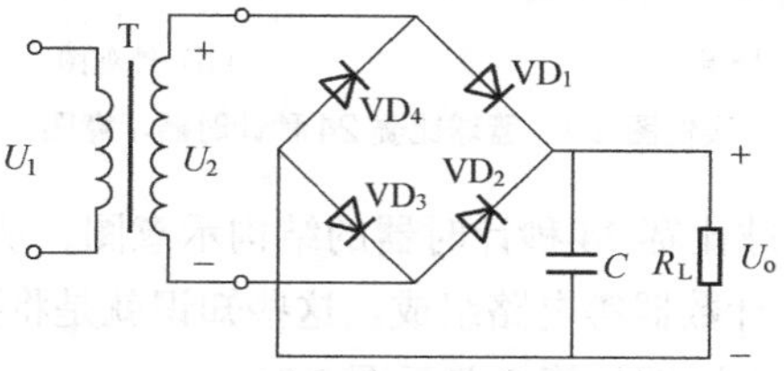

图 5.36　实训题用图

小制作 3

篮球比赛 24 秒计时器

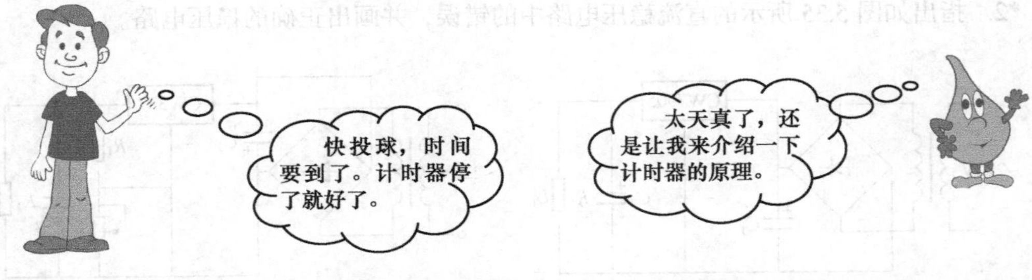

在篮球比赛中，规定了球员的持球时间不能超过 24 秒，否则就犯规了。本小制作的“篮球比赛 24 秒计时器”可用于篮球比赛中，用于对球员持球时间 24 秒限制。一旦球员的持球时间超过了 24 秒，它自动报警从而判定此球员犯规。篮球比赛 24 秒计时器实物图及内部电路，如实例图 3.1 所示。

（a）场景　（b）外观图　（c）内部电路

实例图 3.1　篮球比赛 24 秒计时器示意图

实例图 3.2 所示为实现篮球比赛 24 秒计时器的结构示意图，从图中可见篮球比赛 24 秒计时器是由译码器、数字显示器、计数器等电路组成。这些知识就是将要介绍的组合逻辑电路和时序逻辑电路。实现此功能的参考电路图见第 9 单元图 9.20。

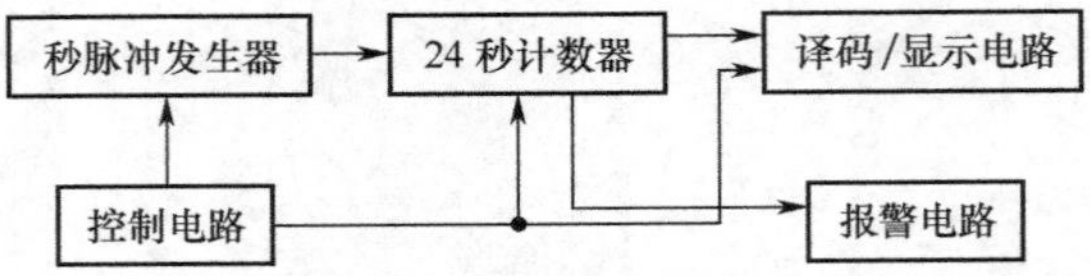

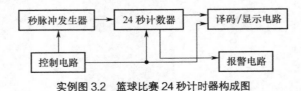

实例图 3.2　篮球比赛 24 秒计时器构成图

第6单元

数字电路基础

知识目标

- 理解模拟信号与数字信号的区别。
- 了解数字电路特点、应用、脉冲波形及5个主要参数的含义。
- 掌握二进制、十进制表示方法，会进行数制间的转换，熟知8421码的表示形式。
- 熟知3种基本逻辑门及常用复合逻辑门的符号、逻辑功能。
- 熟知逻辑函数的表示方法。
- 了解逻辑代数的基本公式、基本定律。
- 会用公式法对逻辑函数进行化简。

技能目标

- 初步具有使用示波器观察脉冲波形并读出主要参数的能力。
- 能够熟练使用真值表。

情 景 导 入

人们在日常生活中已经离不开计算机，如果没有计算机，就不能从ATM机提取现金，也不能进行各种网上交易。信息数字化（见图6.1）已渗透到生活、生产的各个方面。相对前5单元所讲的模拟信号而言，数字信号具有不易失真，且在传送过程中信号不易受干扰，能有效地利用计算机进行各种处理，而且数字化的数据及信息还能被简单、可靠的储存等优势。

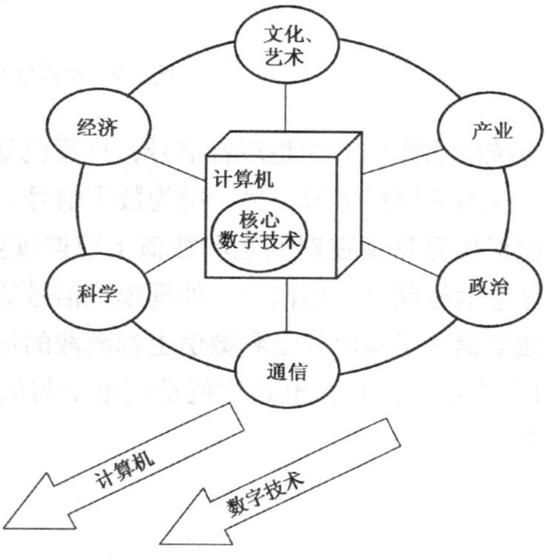

图6.1 支撑着生活的信息数字化

如何将生活中的物理量数字化并实现呢？这就是有待研究的数字电路问题。

本单元主要介绍数字电路的基础知识，包

括各种数制、常用的编码以及逻辑代数的基本概念、基本公式、若干常用公式等。在此基础上，掌握逻辑函数的各种表示方法及其公式化简法。

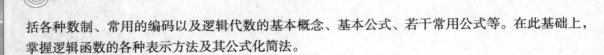

第 1 节 数字电路概述

一、数字电路

1. 数字信号与模拟信号

如图 6.2 所示，利用传统的电话线，即采用模拟传送线路的通信方式进行信息传递（即上网）还是许多家庭正在使用的一种方式。此种方式只能在 1 条通道上传递信息，因此用计算机进行数据传递时，还要通过 MODEM 与传统的电话线路的模拟传送通路相连接，需将模拟信号转换为数字信号。

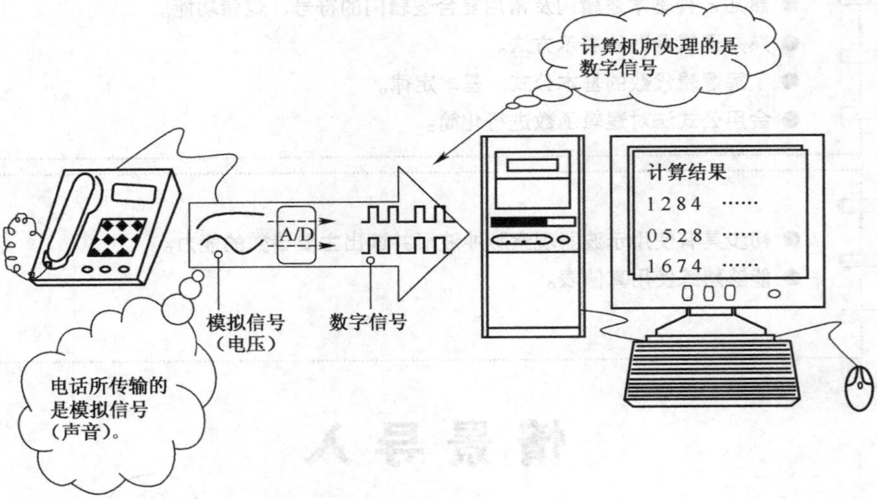

图 6.2　模拟信号与数字信号之间的传输

传统电话线传输的是声音信号，计算机处理的是数字信号。将这两种信号以工作的变化特点划分，一类为模拟信号，另一类为数字信号。

模拟信号是指在时间上和数值上都连续变化的电信号，如图 6.3（a）所示，如声音、温度、压力等电信号就是模拟信号。处理模拟信号的电路称为模拟电路。

数字信号是指时间上和数值上都离散的信号。如图 6.3(b)所示是一种脉冲信号，例如常用“0”与“1”表示，反映在电路中就是高电平与低电平两种状态的信号。处理数字信号的电路称为数字电路。

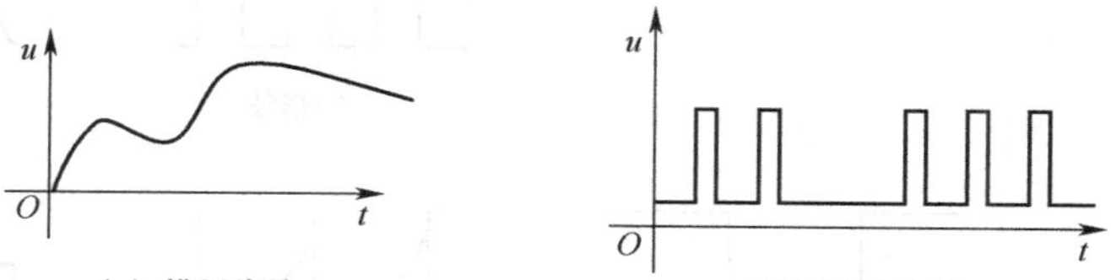

（a）模拟信号　　（b）数字信号

图 6.3　模拟信号和数字信号

2. 数字电路的特点

（1）数字信号简单，只有 0 和 1 两个基本数字，反映在电路中就是高电平与低电平两种状态，电路结构简单，对元器件的精度要求不高，便于集成和制造，价格便宜。

（2）数字电路中，半导体管均处于开关状态，并利用半导体管的饱和与截止来表示数字信号的高、低电平。因此数字系统具有工作可靠性高、抗干扰能力强等优点。

（3）数字电路中侧重研究输入、输出的 0 和 1 序列间的逻辑关系及其所反映的逻辑功能。

（4）数字电路分析所使用的数学工具主要是逻辑代数。

（5）数字电路具有算术运算和逻辑运算能力，可用在工业中进行各种智能化控制，减轻劳动强度，提高产品质量。

3. 矩形脉冲信号的参数

数字电路中常用矩形波作为电路的工作信号，如图 6.4（a）所示。实际的矩形脉冲前后沿都不可能达到理想脉冲那么陡峭，而是如图 6.4（b）所示的形式。为了具体地说明矩形脉冲波形，常用到以下几个参数。

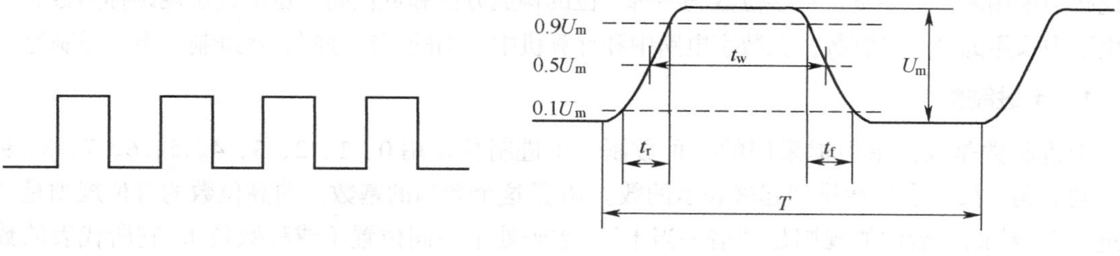

（a）理想矩形波　　（b）实际矩形脉冲

图 6.4　矩形脉冲

（1）脉冲幅度 U_m：脉冲信号变化的最大值，单位为伏（V）。

（2）脉冲前沿 t_r：从脉冲幅度的 10% 上升到 90% 所需的时间。单位为秒（s）。

（3）脉冲后沿 t_f：从脉冲幅度的 90% 下降到 10% 所需的时间。单位为秒（s）。

（4）脉冲宽度 t_W：从脉冲前沿幅度的 50% 到后沿 50% 所需的时间。单位为秒（s）。

（5）脉冲周期 T：在周期性脉冲中，相邻两个脉冲波形重复出现所需要的时间。单位为秒（s）。

（6）脉冲频率 f：单位时间的脉冲数，$f=1/T$。单位为赫兹（Hz）。

矩形脉冲有正脉冲和负脉冲之分，如图 6.5 所示。如果脉冲跃变后的值比初始值高，则为正脉冲，如图 6.5（a）所示；反之，则为负脉冲，如图 6.5（b）所示。

其他形式的脉冲波还有锯齿波、尖峰波、阶梯波等，常见的脉冲波如图 6.6 所示。

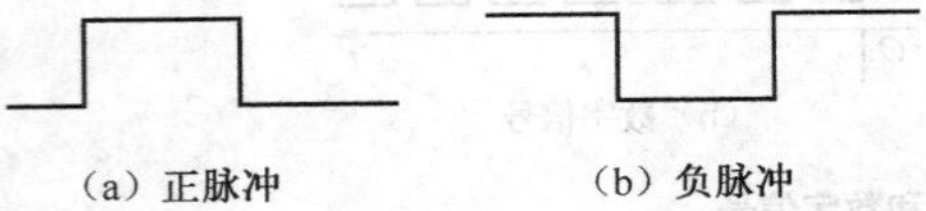

图 6.5 正、负脉冲

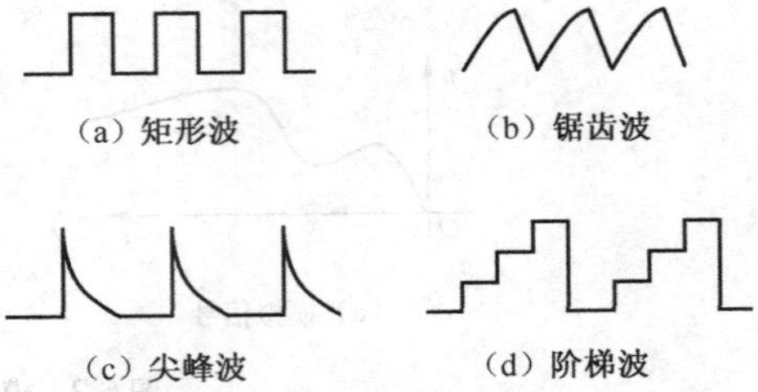

图 6.6 常见的脉冲波

二、数制

如图 6.7 所示，通常习惯用十进制进行计算，而计算机却只能处理计算 0 和 1。如何只用 0 和 1，对几千甚至几亿这些庞大的数字进行处理呢？这就是这节要介绍的数制内容。

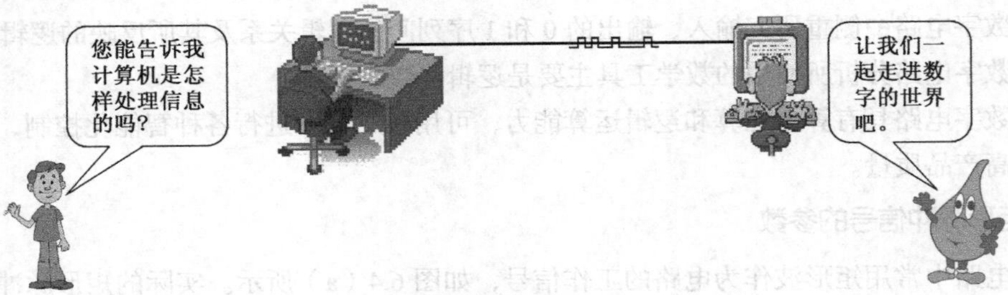

图 6.7 计算机信息传输

数制是计数进位制的简称，当人们用数字量表示一个物理量的数量时，用一位数字量是不够的，因此必须采用多位数字量。把多位数码中每一位的构成方法和低位向高位的进位规则称为数制。日常生活中采用的是十进制数，在数字电路中和计算机中采用的有二进制、八进制、十六进制等。

1. 十进制数

十进制数是人们最习惯采用的一种数制。十进制数是用 0、1、2、3、4、5、6、7、8、9 十个不同数码，按一定规律排列起来表示的数。10 是这个数制的基数。向高位数的进位规则是“逢十进一”，给低位借位的规则是“借一当十”，数码处于不同位置（或称数位），它所代表的数量的含义是不同的。

例如 128.45，数码 1 处于百位，它所代表的数为 1×10^2；2 处于十位，它所代表的数为 2×10^1；8 处于个位，它所代表的数为 8×10^0。**某一数位上，单位有效数字所代表的实际数值称为位权，简称权。**十进制数的权是以 10 为底的幂。十进制数 128.45 的权的大小顺序为 10^2、10^1、10^0、10^{-1}、10^{-2}。数位上的数码称为系数。权乘以系数称为加权系数。

任意一个十进制数都可以用加权系数展开式来表示。n 位整数、m 位小数的十进制数可写为

$$\begin{aligned}(N)_{10} &= a_{n-1}a_{n-2}\cdots a_1a_0a_{-1}a_{-2}\cdots a_{-m}\\ &= a_{n-1}\times10^{n-1}+a_{n-2}\times10^{n-2}+\cdots+a_0\times10^0+a_{-1}\times10^{-1}+a_{-2}\times10^{-2}+\cdots+a_{-m}\times10^{-m}\\ &= \left(\sum_{i=-m}^{n-1}a_i\times10^i\right)_{10}\end{aligned} \quad (6\text{-}1)$$

式中，a_i——第 i 位的十进制数码，10^i——第 i 位的位权，$(N)_{10}$——下标 10 表示十进制数。

【例 6.1】写出十进制数 168.47 的展开式。

解：$(168.47)_{10} = 1\times10^2+6\times10^1+8\times10^0+4\times10^{-1}+7\times10^{-2}$

2. 二进制数

二进制的数码只有两个：0 和 1。因此其基数为 2，每个数位的位权值是 2 的幂。计数方式遵循“逢二进一”和“借一当二”的规则。按照十进制数的一般表示法，把 10 改为 2 就可得到二进制数的一般表达式。例如 n 位整数、m 位小数的二进制数及其相应的十进制数值可写成

$$
\begin{aligned}
(N)_2 &= a_{n-1}a_{n-2}\cdots a_1a_0a_{-1}a_{-2}\cdots a_{-m}\\
&= a_{n-1}\times2^{n-1}+a_{n-2}\times2^{n-2}+\cdots+a_1\times2^{+1}+a_0\times2^0+a_{-1}\times2^{-1}+a_{-2}\times2^{-2}+\cdots+a_{-m}\times2^{-m}\\
&=\left(\sum_{i=-m}^{n-1}a_i\times2^i\right)_2 \qquad (6\text{-}2)
\end{aligned}
$$

式中，a_i——第 i 位的二进制数码，2^i——第 i 位的位权，$(N)_2$——下标 2 表示二进制数。

【例 6.2】写出二进制数 1011.1 的展开式。

解：$(1011.1)_2 = 1\times2^3+0\times2^2+1\times2^1+1\times2^0+1\times2^{-1}$

表 6.1　　各种进制对照表

十进制	二进制	八进制	十六进制	十进制	二进制	八进制	十六进制
0	0000	0	0	8	1000	10	8
1	0001	1	1	9	1001	11	9
2	0010	2	2	10	1010	12	A
3	0011	3	3	11	1011	13	B
4	0100	4	4	12	1100	14	C
5	0101	5	5	13	1101	15	D
6	0110	6	6	14	1110	16	E
7	0111	7	7	15	1111	17	F

3. 数制转换

（1）二进制数转换成十进制数。**由二进制数转换成十进制数的方法是，二进制数首先写成加权系数展开式，然后按十进制加法规则求和。**

【例 6.3】将二进制数 $(1010)_2$ 转换成十进制数。

解：$(1010)_2 = 1\times2^3+0\times2^2+1\times2^1+0\times2^0=(10)_{10}$

（2）十进制数转换为二进制数。**十进制整数转换为二进制整数采用“除 2 取余，逆序排列”法。**即用 2 去除十进制整数，可以得到一个商和余数，再用 2 去除商，又会得到一个商和余数，如此进行，直到商为零时为止，然后把先得到的余数作为二进制数的低位，后得到的余数作为二进制数的高位，依次排列起来。

【例 6.4】将 $(11)_{10}$ 转换成二进制数。

解：

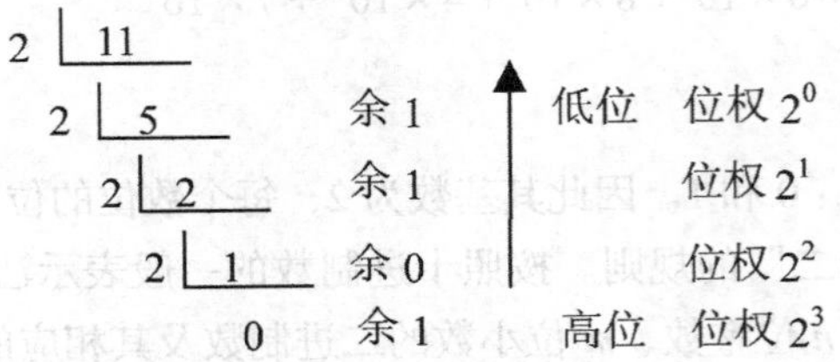

所以 $(11)_{10}=(1011)_2$。

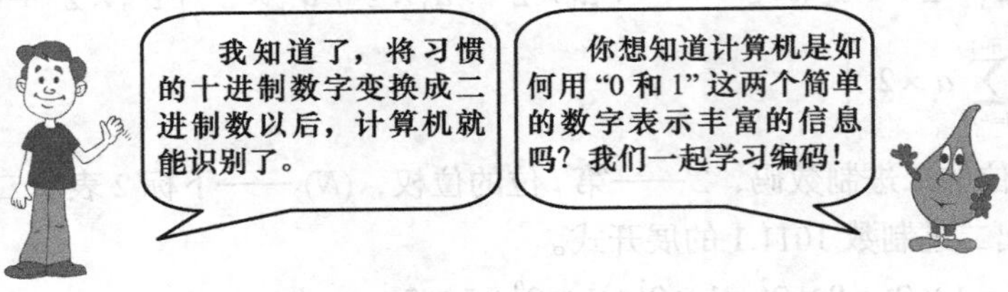
我知道了，将习惯的十进制数字变换成二进制数以后，计算机就能识别了。
你想知道计算机是如何用“0 和 1”这两个简单的数字表示丰富的信息吗？我们一起学习编码！

三、编码

计算机是使用二进制数进行运算处理的，所处理的对象有数字、文字、图像以及符号等，而计算机只能处理 0 和 1 这两个二进制数，对于数字、文字、图像、符号等不能直接进行处理。这些信息只有用二进制数来表示，计算机才能接受，所以，对信息采取二进制编码的形式进行处理。

在电子计算机和数字式仪器中，往往采用二进制码表示十进制数。通常，**把用一组 4 位二进制码来表示 1 位十进制数的编码方法称作二—十进制码，亦称为 BCD 码**，如表 6.2 所示。

提示　由表 6.2 中可看出，4 位二进制码共有 16 种组合，可从中任取 10 种组合来表示 0～9 这 10 个数。根据不同的选取方法，可以编制出很多种 BCD 码。

看一看　观察表 6.2 你发现规律了吗？

表 6.2　**常用 BCD 编码表**

编码类型 / 十进制数	8421 码	5421 码	2421 码	余 3 码	格雷码
0	0000	0000	0000	0011	0000
1	0001	0001	0001	0100	0001
2	0010	0010	0010	0101	0011
3	0011	0011	0011	0110	0010
4	0100	0100	0100	0111	0110
5	0101	1000	0101	1000	0111
6	0110	1001	0110	1001	0101

续表

十进制数 \ 编码类型	8421 码	5421 码	2421 码	余 3 码	格雷码
7	0111	1010	0111	1010	0100
8	1000	1011	1110	1011	1100
9	1001	1100	1111	1100	1101
权	8421	5421	2421		

知识探究

1. 8421 BCD 码（有权码）

8421 BCD 码是有权码。所谓有权码，是指编码中每位代码都有确定的位权值，因此能按位权展开式来求它所代表的十进制数。从表 6.2 第二列中可看出 **8421 BCD 码是用 4 位二进制数来表示一个等值的十进制数，其位权从高位到低位分别为 8、4、2、1**。但二进制码 1010 ～ 1111 没有用，也没有意义。

8421 BCD 码和十进制数间的转换直接按位权转换。因此

$$(N)_{10}=a_3\times 8+a_2\times 4+a_1\times 2+a_0\times 1 \qquad (6\text{-}3)$$

式中，N——0～9中任一数码，a——二进制代码0或1。

【例 6.5】用 8421BCD 码表示十进制数 93。

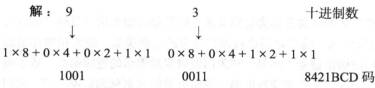

解： 9　　　　3　　　　十进制数

↓　　　　↓

1×8＋0×4＋0×2＋1×1　0×8＋0×4＋1×2＋1×1

1001　　　　0011　　　　8421BCD 码

所以（93）$_{10}$的 8421BCD 码为：10010011。

注意 8421BCD 码和二进制数表示多位十进制数的方法不同。如（93）$_{10}$用 8421BCD 码表示为 10010011，而用二进制数表示为 1011101。

2. 格雷码（无权码）

格雷码是一种无权码。所谓无权码，是指编码中每位代码没有确定的位权值，因此不能按位权展开式来求它所代表的十进制数。格雷码有很多种编码方式，但各种格雷码都有一个共同特点，即任意两个相邻码之间只有一位不同。表 6.2 第 6 列中给出了典型格雷码的编码顺序。

小练习

1. 填空题

（1）逻辑变量和函数的取值有________和________两种可能。

（2）十进制如用 8421BCD 码表示，则每一位十进制数可用________来表示，其权值从高位到低位依次为________、________、________、________。

（3）数字电路中工作信号的变化在时间和数值上都是________。

（4）格雷码是一种________权码，而 8421 码是一种________权码。

2. 计算题

（1）将下列十进制数转换为二进制数，二进制数转换为十进制数。

A. 275　　B. 1038　　C. $(1001)_2$　　D. $(10010111)_2$

（2）将下列各数转换为8421BCD码。

A. $(01000101001)_2$　　B. $(11011011)_2$　　C. $(251)_{10}$　　D. $(637)_{10}$

第2节　基本逻辑运算

一、逻辑函数

逻辑代数是一种用于逻辑分析的数学工具，又称布尔代数。它是讨论逻辑关系的一门学科，是分析和设计逻辑电路的数学基础。本单元讲的是逻辑代数在二值逻辑电路中的应用。

逻辑代数中的变量和普通代数中的变量一样，也用字母表示。但是逻辑代数和普通代数有着根本的区别。逻辑代数中的逻辑变量只有0和1两种取值，而且这里的0和1不同于普通代数中的0和1。它只表示两种对立的逻辑状态，并不表示数量的大小。例如，开关闭合用1表示，开关断开用0表示等。这种两值变量称为逻辑变量。

1. 逻辑变量

如果把反映“条件”和“结果”之间的关系称为逻辑关系，以电路的输入信号反映“条件”，以输出信号反映“结果”，此时电路输入、输出之间也就存在确定的逻辑关系。通常把电路的输入信号“条件”称为逻辑变量，而把输出信号“结果”称为由逻辑变量表示的逻辑函数。数字电路就是实现特定逻辑关系的电路，因此，又称为逻辑电路。逻辑电路的基本单元是逻辑门，它们反映了基本的逻辑关系。

2. 逻辑状态表示方法

按双值逻辑规定，“条件”和“结果”只有两种对立状态，如电位的高、低，灯泡的亮、灭等。**若一种状态用1表示，与之对应的状态就用0表示。这里的1和0并不表示数量大小，为了与数制中的1和0相区别，一般称它们为逻辑1和逻辑0。**

3. 正逻辑和负逻辑

根据1、0代表逻辑状态的含义不同，有正、负逻辑之分。比如，认定1表示事件发生，0表示事件不发生，则形成正逻辑系统；反之则形成负逻辑系统。

同一逻辑电路，既可用正逻辑表示，也可用负逻辑表示。在本书中，只要未做特别声明，均采用正逻辑。

二、3种基本逻辑关系

如上所述，“条件”和“结果”之间的关系称为逻辑关系。基本逻辑关系和逻辑运算有与逻辑、或逻辑和非逻辑，完成相应因果关系的逻辑电路称为逻辑门电路。

1. 与逻辑及与门

看一看 按如图 6.8(a)所示连接电路，分别拨动开关 A、B，仔细观察灯的变化情况。

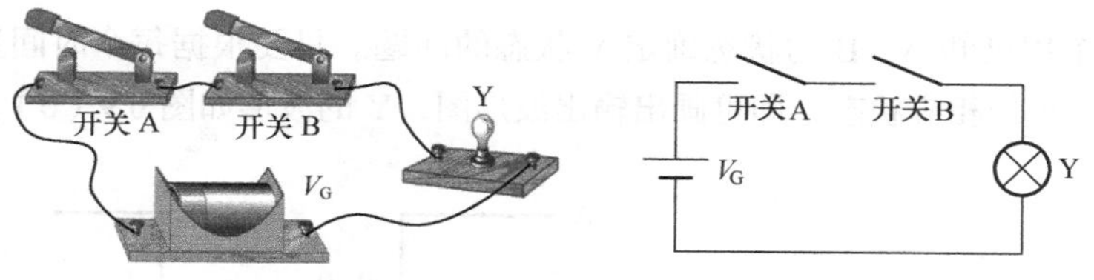

（a）实物连接图　　（b）电路图

图 6.8　与逻辑实例

实验现象

当 A、B 断开时灯泡不亮，A、B 其中一个断开时也不亮，只有 A、B 都闭合时灯泡 Y 才亮。依据实验过程列表 6.3。

知识探究

（1）观察表 6.3 可以发现，只要开关 A 与 B 全部闭合时，灯 Y 才亮，若开关 A 或 B 其中有一个不闭合，灯 Y 就不亮。如果把开关闭合作为条件，灯亮作为结果的话，则表 6.3 表示了这一种因果关系，**只有当决定某一件事的全部条件都具备之后，该事件才发生，否则不发生，这种因果关系称为与逻辑。**

（2）如果用二值变量来表示，开关接通为 1，断开为 0，灯亮为 1，灯灭为 0，则表 6.3 可写成表 6.4。

表 6.3　与逻辑关系表

开关 A	开关 B	灯 Y
断	断	灭
断	通	灭
通	断	灭
通	通	亮

表 6.4　与逻辑真值表

A	B	Y
0	0	0
0	1	0
1	0	0
1	1	1

观察表 6.4 可以发现，它能够全面反映输出与输入之间的逻辑关系，列出了输入变量可能的取值组合状态及其对应输出状态，此表称为与逻辑的真值表。

（3）与逻辑表达式。表示输出和输入之间逻辑关系的代数式，称为逻辑表达式。与逻辑表达式为

$$\mathbf{Y=A\cdot B=AB} \quad (6\text{-}4)$$

其中“A · B”读作“A 与 B”。在逻辑运算中，与逻辑称为逻辑乘。**将能够实现上述与逻辑关系的门电路称为与门。**

（4）与逻辑符号

与门具有两个或多个输入端，一个输出端。其逻辑符号如图 6.9（a）所示。

归纳 与门的逻辑功能是，输入全部为高电平时，输出才是高电平，否则为低电平。

【例 6.6】已知与门两输入端 A、B 的电压波形如图 6.9（b）所示，试画出 Y 对应端的输出电压波形。

解：这是一个用已知 A、B 的状态确定 Y 状态的问题。只要根据每个时间里 A、B 的状态，去查真值表 6.4 中 Y 的相应状态，即可画出输出波形图，Y 的波形如图 6.9（b）所示。

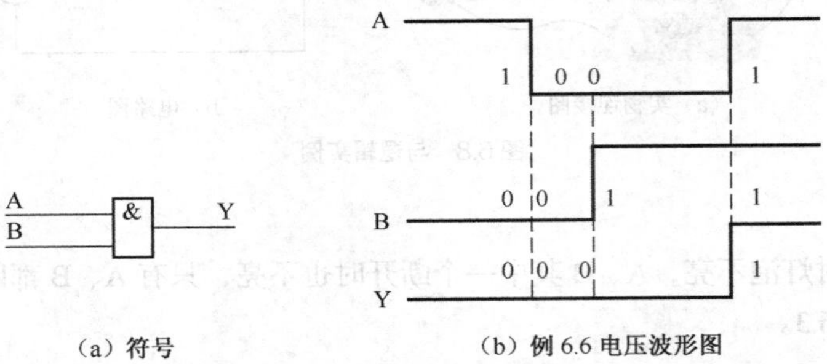

（a）符号　　　（b）例 6.6 电压波形图

图 6.9　与门逻辑符号与波形图

2. 或逻辑及或门

看一看 按如图 6.10（a）所示连接电路，分别拨动开关 A、B，仔细观察灯的变化情况。

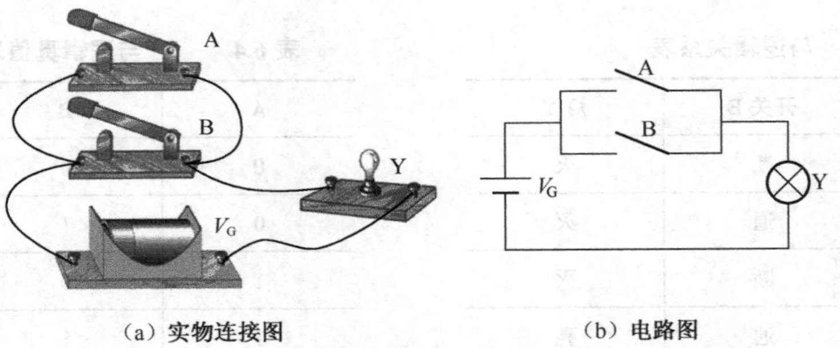

（a）实物连接图　　　（b）电路图

图 6.10　或逻辑实例

实验现象

当 A、B 都断开时，灯不亮，A 或 B 闭合时灯 Y 亮。依据实验过程列表 6.5。

知识探究

（1）或逻辑。观察表 6.5，可以发现，只要开关 A 或 B 其中任一个闭合，灯 Y 就亮；A、B 同时断开时，灯 Y 才不亮。

如果把开关闭合作为条件，灯泡亮作为结果，则表 6.5 表示的因果关系为：**多个条件中，只要有一个或一个以上的条件具备，该事件就会发生；当所有条件都不具备时，该事件才不发生。这种因果关系称为或逻辑。**

（2）或逻辑真值表。如果用二值变量来表示，开关接通为 1，断开为 0，灯亮为 1，灯灭为 0。则表 6.5 可写成表 6.6。

表 6.5　　　或逻辑关系表

开关 A	开关 B	灯 Y
断	断	灭
断	通	亮
通	断	亮
通	通	亮

表 6.6　　　或逻辑真值表

A	B	Y
0	0	0
0	1	1
1	0	1
1	1	1

观察表 6.6 可以发现，它能够全面反映输出与输入之间的逻辑关系。表 6.6 称为或逻辑真值表。

（3）或逻辑表达式。或逻辑关系的逻辑表达式为

$$Y = A + B \tag{6-5}$$

其中“A+B”读作“A 或 B”，在逻辑运算中，或逻辑称为逻辑加。**能够实现或逻辑关系的门电路称或门。**

（4）或门逻辑符号。或门具有两个或多个输入端，一个输出端。其逻辑符号如图 6.11（a）所示。

归纳　或门的逻辑功能是，输入有一个或一个以上为高电平时，输出就是高电平；输入全为低电平时，输出才是低电平。

【例 6.7】已知或门两输入端 A、B 的电压波形如图 6.11（b）所示，试画出 Y 对应端的输出电压波形。

解：这是一个用已知 A、B 的状态确定 Y 状态的问题。只要根据每个时间里 A、B 的状态，去查真值表 6.6 中 Y 的相应状态，即可画出输出波形图，Y 的波形如图 6.11（b）所示。

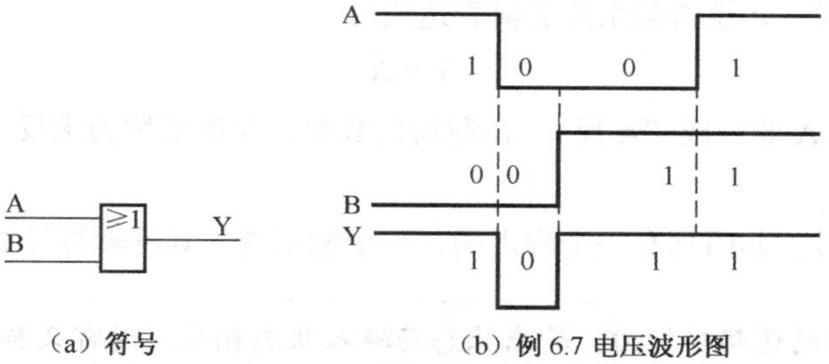

（a）符号　　（b）例 6.7 电压波形图

图 6.11　或门逻辑符号与波形图

3. 非逻辑及非门

看一看　按如图 6.12（a）所示连接电路，拨动开关 A，仔细观察灯的变化情况。

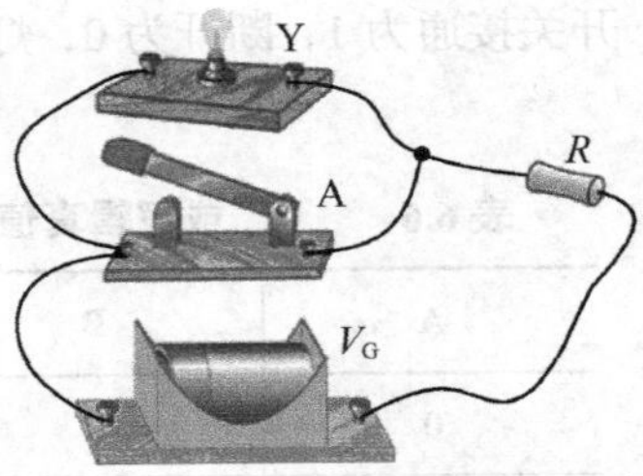

(a) 实物连接图

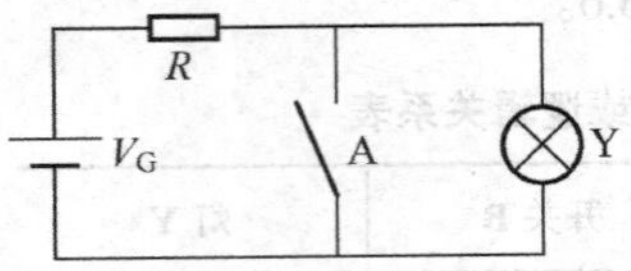

(b) 电路图

图 6.12 非逻辑实例

实验现象

当开关 A 闭合时，灯 Y 不亮；当开关 A 断开时，灯 Y 才亮。依据实验过程列表 6.7。

知识探究

(1) 非逻辑。观察表 6.7 可以发现，当开关 A 闭合时，灯 Y 不亮；当开关 A 断开时，灯 Y 才亮。如果把开关闭合作为条件，灯泡亮作为结果，则表 6.7 表示的因果关系为：**决定某事件的唯一条件不满足时，该事件就发生；而条件满足时，该事件反而不发生，这种因果关系称为非逻辑。**

(2) 非逻辑真值表。如果用二值变量来表示，开关接通为 1，断开为 0，灯亮为 1，灯灭为 0。则表 6.7 可写成表 6.8。

表 6.7 非逻辑关系表

开关 A	灯 Y
断	亮
通	灭

表 6.8 非逻辑真值表

A	Y
0	1
1	0

表 6.8 反映了非门输出与输入之间的逻辑关系。此表称为非逻辑真值表。

(3) 非逻辑表达式。非逻辑关系的逻辑表达式为

$$Y = \overline{A} \tag{6-6}$$

其中“$\overline{A}$”读作“A 非”或“A 反”。在逻辑代数中，非逻辑称为求反。能够实现非逻辑关系的门电路称非门。

(4) 非门逻辑符号。非门具有一个输入端，一个输出端。其逻辑符号如图 6.13 (a) 所示。

归纳 非门的逻辑功能为，输出状态与输入状态相反，通常又称作反相器。

【例 6.8】 已知非门输入端 A 的电压波形如图 6.13 (b) 所示，试画出 Y 对应端的输出电压波形。

解：这是一个用已知 A 状态确定 Y 状态的问题。只要根据每个时间里 A 的状态，去查真值表 6.8 中 Y 的相应状态，即可画出输出波形图，Y 的波形如图 6.13 (b) 所示。

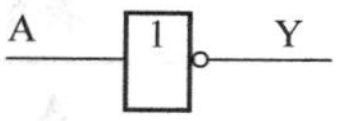

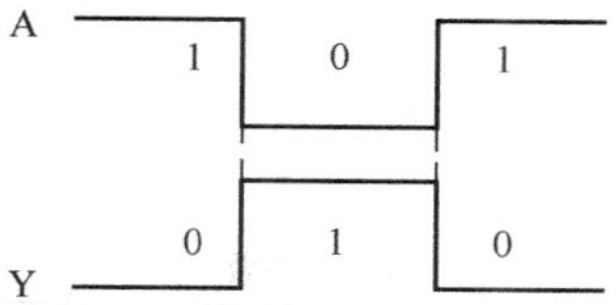

图 6.13 非门逻辑符号与波形图

三、常用的复合逻辑关系

实际的逻辑问题往往比与、或、非复杂，它们都可以用与或非的组合实现。把与门、或门和非门组成的逻辑门叫复合门。常用的复合运算关系有与非、或非、与或非、异或、同或等。

1. 与非逻辑

与非逻辑是由一个与逻辑和一个非逻辑直接构成的，其中与逻辑的输出作为非逻辑的输入。与非逻辑关系指的是，先完成逻辑乘，再逻辑取反。如图 6.14 所示为与非逻辑结构及图形符号，表 6.9 所示是与非逻辑真值表。

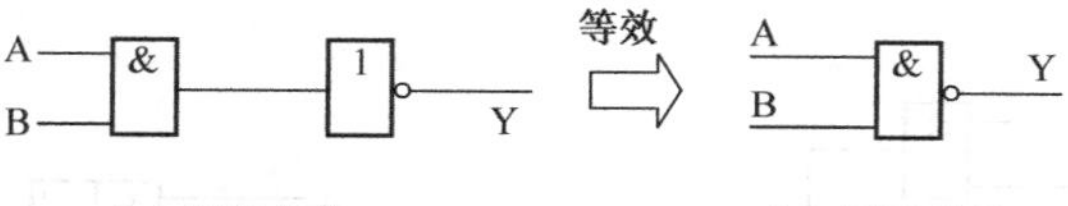

图 6.14 与非逻辑结构及图形符号

表 6.9 与非逻辑真值表

A	B	Y
0	0	1
0	1	1
1	0	1
1	1	0

与非逻辑表达为

$$Y = \overline{AB} \qquad (6-7)$$

归纳 与非逻辑功能为，当输入全为高电平时，输出为低电平；当输入有低电平时，输出为高电平。

【例 6.9】已知与非门输入端 A、B、C 的电压波形如图 6.15 所示，试画出 Y 对应端的输出电压波形。

解：这是一个用已知 A、B、C 状态确定 Y 状态的问题。只要根据每个时间里的 A、B、C 状态，去查真值表 6.9 中 Y 的相应状态，即可画出输出波形图，Y 的波形如图 6.15 所示。

2. 或非逻辑

一个或逻辑和一个非逻辑连接起来就可以构成一个或非逻辑，其中或逻辑的输出作为非逻辑的输入。或非逻辑关系指的是，先完成逻辑加，再逻辑取反。或非门是指能够实现或非逻辑关系的门电路。如图 6.16 所示为或非门的逻辑结构及图形符号，表 6.10 为或非逻辑真值表。

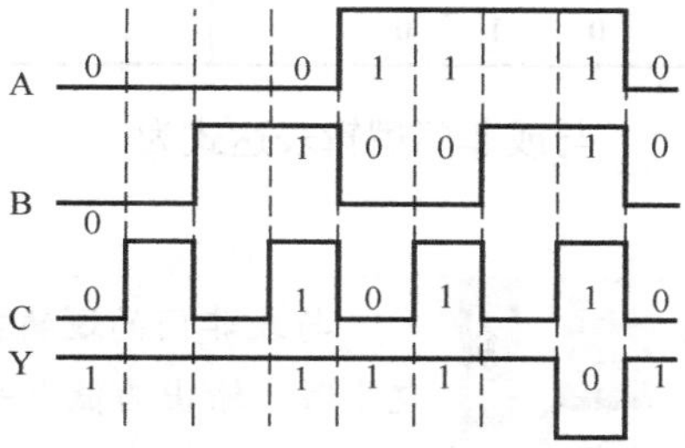

图 6.15 例 6.9 电压波形图

或非门的逻辑表达式为

$$Y = \overline{A + B} \qquad (6-8)$$

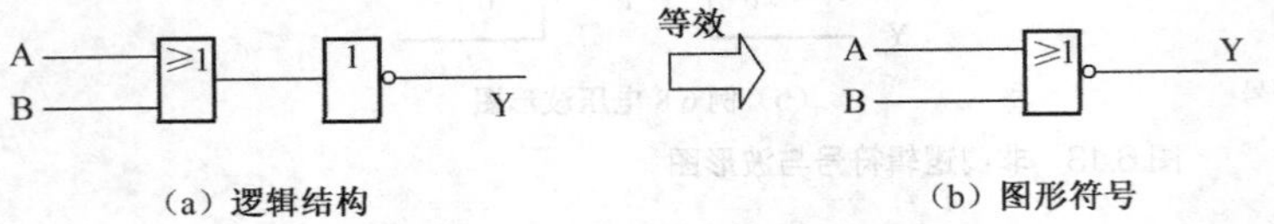

（a）逻辑结构　　（b）图形符号

图 6.16　或非门逻辑结构及图形符号

表 6.10　或非门真值表

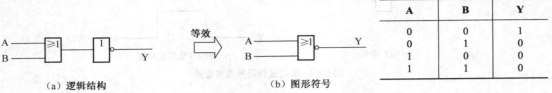

A	B	Y
0	0	1
0	1	0
1	0	0
1	1	0

【例 6.10】已知或非门输入端 A、B 的电压波形如图 6.17 所示，试画出 Y 对应端的输出电压波形。

解：这是一个用已知 A、B 状态确定 Y 状态的问题。只要根据每个时间里的 A、B 状态，去查真值表 6.10 中 Y 的相应状态，即可画出输出波形图，Y 的波形如图 6.17 所示。

3. 与或非逻辑

与或非逻辑是由两个与门、一个或门及一个非门逻辑直接构成的，其中与门逻辑的输出作为或门逻辑的输入，或门逻辑的输出作为非门逻辑的输入。与或非逻辑关系指的是，先完成逻辑乘，再逻辑加，再逻辑取反。与或非门是指能够实现与或非逻辑关系的门电路。如图 6.18 所示为与或非门的逻辑结构及逻辑符号，表 6.11 所示是其逻辑真值表。

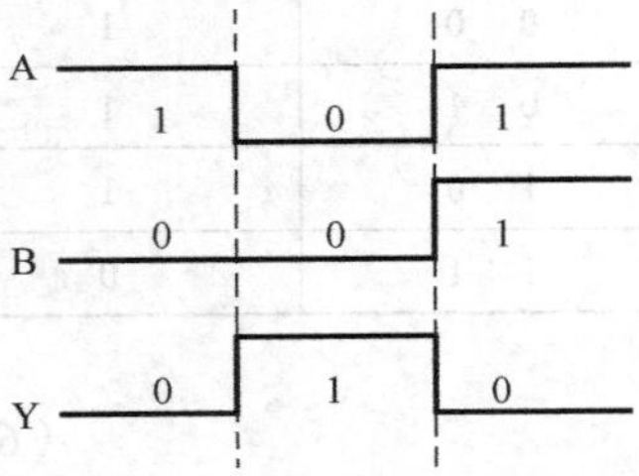

图 6.17　例 6.10 电压波形图

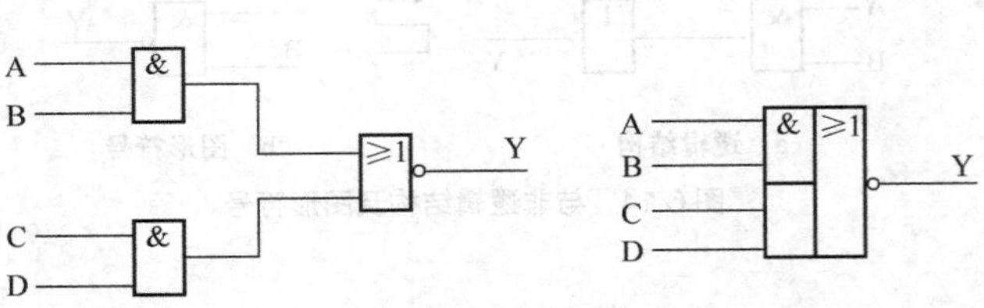

（a）逻辑结构　　（b）图形符号

图 6.18　与或非门逻辑结构及图形符号

表 6.11　与或非门真值表

A	B	C	D	Y	A	B	C	D	Y	A	B	C	D	Y
0	0	0	0	1	0	1	1	0	1	1	1	0	0	0
0	0	0	1	1	0	1	1	1	0	1	1	0	1	0
0	0	1	0	1	1	0	0	0	1	1	1	1	0	0
0	0	1	1	0	1	0	0	1	1	1	1	1	1	0
0	1	0	0	1	1	0	1	0	1					
0	1	0	1	1	1	0	1	1	0					

与或非门逻辑表达式为

$$\mathbf{Y} = \overline{\mathbf{AB} + \mathbf{CD}} \tag{6-9}$$

归纳　与或非门的逻辑功能为，当任一组与门输入端全为高电平或所有输入端全为高电平时，输出为低电平；当任一组与门输入端有低电平或所有输入端全为低电平时，输出为高电平。

【例 6.11】已知与或非门输入端 A、B、C、D 的电压波形如图 6.19 所示，试画出 Y 对应端的输出电压波形。

解：这是一个用已知 A、B、C、D 状态确定 Y 状态的问题。只要根据每个时间里的 A、B、C、D 状态，去查真值表 6.11 中 Y 的相应状态，即可画出输出波形图，Y 的波形如图 6.19 所示。

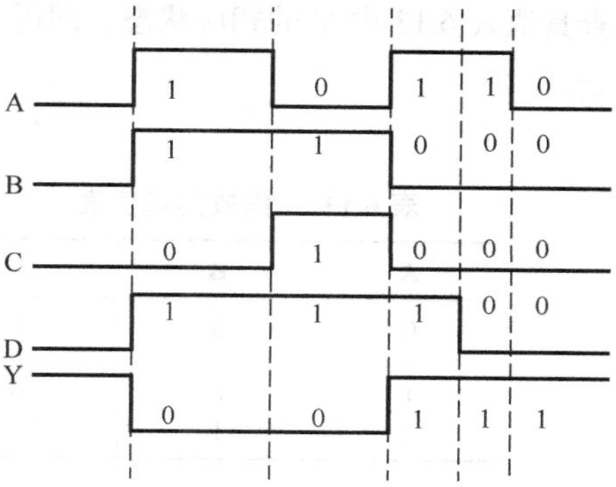

图 6.19　例 6.11 电压波形图

4. 异或逻辑

异或逻辑关系是指当输入 A、B 相同时，输出 Y 等于 0；当 A、B 不同时，Y 等于 1。如图 6.20 所示为异或逻辑符号，表 6.12 所示是其逻辑真值表。

异或门的逻辑表达式为

$$Y=\overline{A}B+A\overline{B}=A\oplus B \tag{6-10}$$

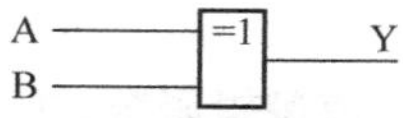

图 6.20　异或门逻辑图形符号

表 6.12　异或门真值表

A	B	Y
0	0	0
0	1	1
1	0	1
1	1	0

【例 6.12】已知异或门输入端 A、B 的电压波形如图 6.21 所示，试画出 Y 对应端的输出电压波形。

解：这是一个用已知 A、B 状态确定 Y 状态的问题。只要根据每个时间里的 A、B 状态，去查真值表 6.12 中 Y 的相应状态，即可画出输出波形图，Y 的波形如图 6.21 所示。

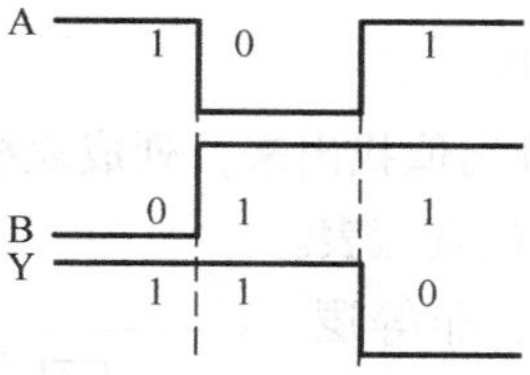

图 6.21　例 6.12 电压波形图

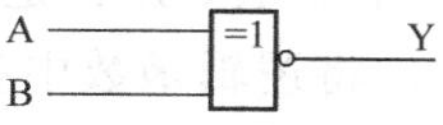

图 6.22　同或门逻辑图形符号

5. 同或逻辑

同或的逻辑关系与异或的逻辑关系正好相反，即当输入 A、B 相同时，输出 Y 等于 1；当 A、B 不同时，Y 等于 0。如图 6.22 所示为同或门的逻辑符号，表 6.13 所示是其逻辑真值表。

同或门的逻辑表达式为

$$Y=\overline{A}\,\overline{B}+AB=A\odot B \tag{6-11}$$

【例 6.13】已知同或门输入端 A、B 的电压波形如图 6.23 所示，试画出 Y 对应端的输出电压波形。

解：这是一个用已知 A、B 状态确定 Y 状态的问题。只要根据每个时间里的 A、B 状态，去查真值表 6.13 中 Y 的相应状态，即可画出输出波形图，Y 的波形如图 6.23 所示。

表 6.13　同或门真值表

A	B	Y
0	0	1
0	1	0
1	0	0
1	1	1

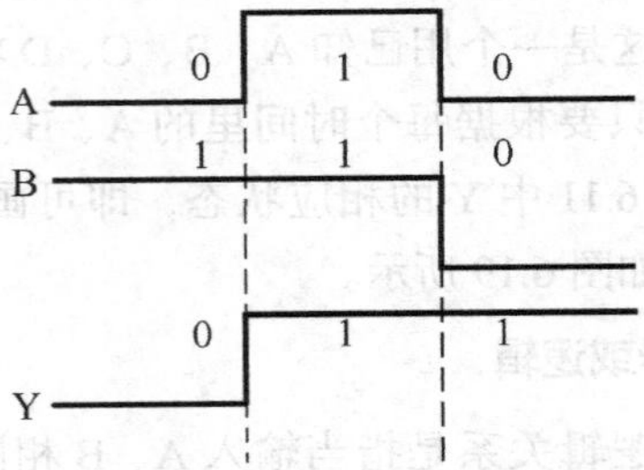

图6.23　例 6.13 电压波形图

*四、逻辑函数的表示法

1. 逻辑函数

从上面讲过的各种逻辑关系中可以看到，若输入逻辑变量 A、B、C…取值确定后，输出逻辑变量 Y 的值也随之确定，则称 Y 是 A、B、C…的逻辑函数，记作

$$Y = F(A, B, C\cdots) \qquad (6\text{-}12)$$

由于变量的取值只有 0 和 1 两种状态，因此讨论的都是二值逻辑函数。

2. 逻辑函数的表示方法

常用的逻辑函数表示方法有：逻辑表达式、真值表、逻辑图、波形图和卡诺图。这一节介绍前面 4 种方法，卡诺图表示法本书不做介绍。

（1）逻辑表达式。输出与输入之间的逻辑关系写成与、或、非 3 种运算组合起来的表达式，称为逻辑函数表达式。用它表示逻辑函数，形式简单，书写方便，便于推演。同一逻辑函数可以有多种逻辑函数表达式。例如

$$Y = \overline{A}B + A\overline{B} = A \oplus B \qquad (6\text{-}13)$$

（2）真值表。将输入逻辑变量的各种取值所对应的输出值找出来，列成表格，称为真值表，且真值表具有唯一性。表 6.12 即是表达式（6-13）异或门的真值表。

（3）逻辑图。将逻辑函数中各变量之间的与、或、非等逻辑关系用图形符号表示出来，就可以画出表示函数关系的逻辑图。例如上述表达式（6-13）可用图 6.24 的逻辑电路图来表示。

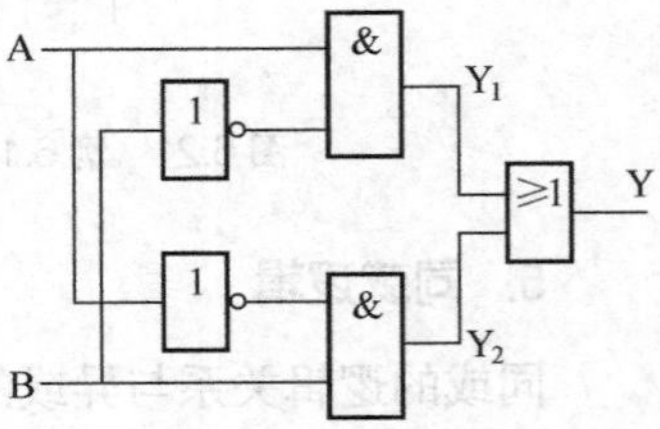

图 6.24　异或门逻辑结构图

（4）波形图。把一个逻辑电路输入变量的波形和输出变量的波形，依时间顺序画出来的图称为波形图。例如图 6.21 是表达式（6-13）的波形图。

3. 各种表示法之间的相互转换

（1）由逻辑表达式求真值表。将输入变量取值的所有组合状态逐一代入逻辑式求出函数值，列成表，即得到真值表。

【例 6.14】已知 $Y = AB + \overline{A}\cdot\overline{B}$，列出 Y 的真值表。

解：根据定义列表，如表 6.14 所示。

（2）由真值表写逻辑表达式。将真值表中函数值等于 1 的变量组合选出来；对于每一个组合，凡取值为 1 的变量写成原变量（A，B，C），取值为 0 的变量写成反变量（$\bar{A}$，$\bar{B}$，$\bar{C}$），各变量相乘后得到一个乘积项；最后，把各个组合对应的乘积项相加，就得到了相应的逻辑表达式。

【例 6.15】已知真值表如表 6.15 所示，写出逻辑表达式。

解：一般分为以下几个步骤。

首先，把 Y=1 的项挑选出来，对于取 1 的输入变量用原变量表示，取 0 的输入变量用反变量表示。再把变量相与，写出若干个乘积项，即 Y=1 的变量组合有 000、010、100、110，对应的乘积项为 $\bar{A}\bar{B}\bar{C}$、$\bar{A}B\bar{C}$、$A\bar{B}\bar{C}$、$AB\bar{C}$ 4 项，最后将各乘积项进行逻辑加，便可写出表达式为

$$Y=\bar{A}\bar{B}\bar{C}+\bar{A}B\bar{C}+A\bar{B}\bar{C}+AB\bar{C}$$

表 6.14　　例 6.14 的真值表

A	B	A · B	$\bar{A}\cdot\bar{B}$	Y
0	0	0	1	1
0	1	0	0	0
1	0	0	0	0
1	1	1	0	1

表 6.15　　例 6.15 的真值表

A	B	C	Y
0	0	0	1
0	0	1	0
0	1	0	1
0	1	1	0
1	0	0	1
1	0	1	0
1	1	0	1
1	1	1	0

（3）逻辑函数和逻辑图的转换

① 由逻辑图求得逻辑函数

方法：根据已知逻辑图，由逻辑图逐级写出逻辑表达式。

【例 6.16】试求出如图 6.25 所示的逻辑表达式。

解：写出各级表达式 $G_1=\overline{A\bar{B}}$　$G_2=\overline{\bar{A}B}$　$G_3=\overline{AB}$

写出 Y 的表达式为

$$Y_1=\overline{G_1G_2}=\overline{\overline{A\bar{B}}\cdot\overline{\bar{A}B}}=A\bar{B}+\bar{A}B$$

$$Y_2=\overline{G_3}=AB$$

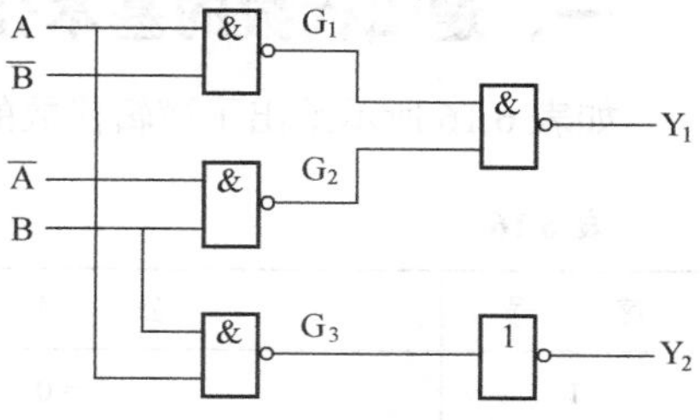

图 6.25　例 6.16 的逻辑图

② 根据逻辑函数画出逻辑图

与、或、非的运算组合可实现逻辑函数表达式，相应地，通过基本门电路的组合就能得到与给定逻辑表达式相对应的逻辑图。

【例 6.17】试绘出 $Y=ABC+\bar{A}BC+A\bar{B}C$ 的逻辑图。

解：与运算，可用与门实现；Y 是三项之和，可用或门实现。于是，所得到的逻辑图如图 6.26 所示。

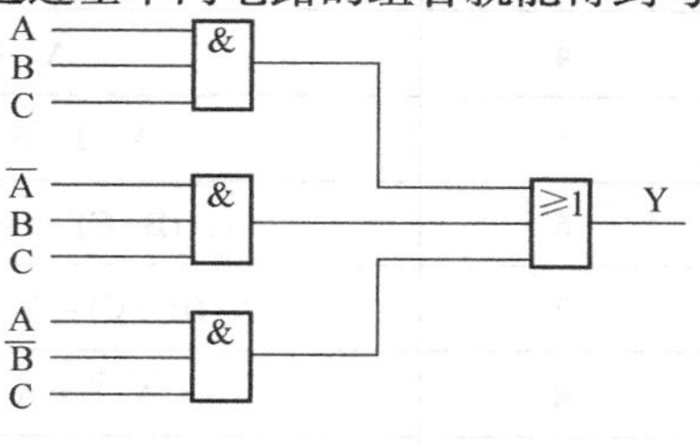

图 6.26　例 6.17 的逻辑图

小练习

1. 填空题

（1）逻辑代数中 3 种最基本的逻辑运算是________、________、________。

（2）逻辑函数有________、________、________、________、________5种表示方法。

（3）逻辑变量和函数的取值只有________和________两种可能。

（4）变量 ABC 为 010 时，函数$F = AB\overline{C} + \overline{(\overline{A} + B)(B + C)}$的函数值 F =________。

2. 应用题

（1）写出图 6.27 中各逻辑电路的输出状态。

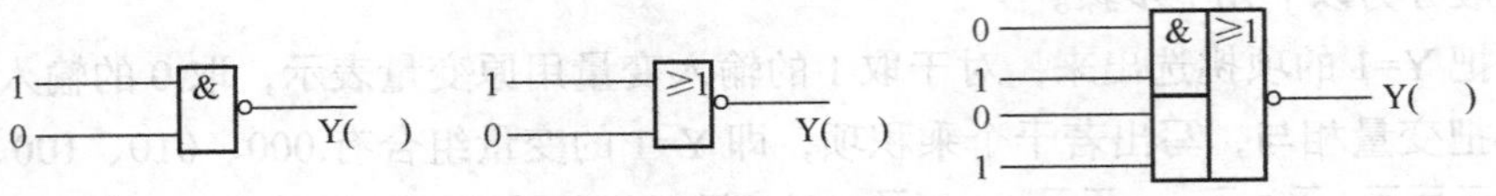

图 6.27　应用题（1）用图

（2）门电路有 3 个输入端 A、B、C，有一个输出端 Y，用真值表表示与门、或门的逻辑功能，并画出图形符号。

（3）画出以下逻辑函数的逻辑图。

① $Y = \overline{\overline{AB} \cdot \overline{BC}}$　　② $Y = AB + C$　　③ $Y = \overline{AB} \cdot \overline{AC}$

*第 3 节　逻辑代数及逻辑函数化简

数字电路中，是由逻辑门电路来实现一定的逻辑功能，逻辑函数的化简就意味着实现该功能的电路的化简，即用比较少的门电路实现相同的逻辑功能。逻辑代数有一些基本的运算定律，应用这些定律可以把一些复杂的逻辑函数式简化。

一、逻辑代数的基本公式

如表 6.16 所示给出了逻辑代数的基本公式。这些公式也叫布尔恒等式。

表 6.16　　逻辑代数的基本公式

序　号	公　式	序　号	公　式
1	$0 \cdot A = 0$	10	$\overline{1}=0$；$\overline{0}=1$
2	$1 \cdot A = A$	11	$1 + A = 1$
3	$A \cdot A = A$	12	$0 + A = A$
4	$A \cdot \overline{A} = 0$	13	$A + A = A$
5	$A \cdot B = B \cdot A$	14	$A + \overline{A} = 1$
6	$A \cdot (B \cdot C) = (A \cdot B) \cdot C$	15	$A + B = B + A$
7	$A \cdot (B + C) = A \cdot B + A \cdot C$	16	$A + (B + C) = (A + B) + C$
8	$\overline{A \cdot B} = \overline{A} + \overline{B}$	17	$A + B \cdot C = (A + B) \cdot (A + C)$
9	$\overline{\overline{A}} = A$	18	$\overline{A + B} = \overline{A} \cdot \overline{B}$

公式 1、2、11 和 12 给出了变量与常量间的运算规则。

公式 3 和 13 是同一变量的运算规律，也叫重叠律。

公式 4 和 14 表示变量与它的反变量之间的运算规律，称为互补律。

公式 5 和 15 为变换律，公式 6 和 16 为结合律，公式 7 和 17 为分配律。

公式 8 和 18 是摩根定理，亦称反演律。在逻辑函数的化简和变换中经常要用到这一对公式。

公式 9 表明，一个变量经过两次求反运算之后还原为其本身，称还原律。

公式 10 是对 0 和 1 求反运算的规则。

表 6.16 中这些公式的正确性可以用列真值表的方法加以验证。如表 6.17 所示列出了几个常用公式，这些公式是利用基本公式导出的。

【例 6.18】 试用真值表证明 $\overline{A+B}=\overline{A}\cdot\overline{B}$。

证明： 将 A、B 所有可能的取值组合逐一代入公式 $\overline{A+B}=\overline{A}\cdot\overline{B}$ 的两边，算出相应的结果，即得到表 6.18 的真值表。

表 6.17　　常用公式

序号	公　式
1	$A+A\cdot B=A$
2	$A+\overline{A}\cdot B=A+B$
3	$A\cdot B+A\cdot\overline{B}=A$
4	$A\cdot(A+B)=A$
5	$A\cdot B+\overline{A}\cdot C+B\cdot C=A\cdot B+\overline{A}\cdot C$ $A\cdot B+\overline{A}\cdot C+BCD=A\cdot B+\overline{A}\cdot C$
6	$A\cdot\overline{A\cdot B}=A\cdot\overline{B}$；$A\cdot\overline{AB}=\overline{A}$

表 6.18　　例 6.18 的真值表

A	B	A+B	$\overline{A+B}$	$\overline{A}\cdot\overline{B}$
0	0	0	1	1
0	1	1	0	0
1	0	1	0	0
1	1	1	0	0

由真值表可见，等式两边对应的真值表相同，故等式成立，即 $\overline{A+B}=\overline{A}\cdot\overline{B}$。

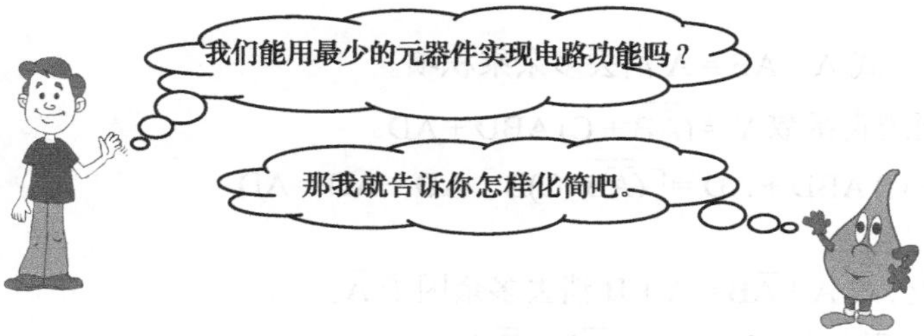

二、逻辑函数的化简

1. 化简的意义及最简的概念

一个逻辑函数可用多种不同的表达式表示，大致可分为：

（1）“与或”表达式。如 $Y=AB+AC$

（2）“或与”表达式。如 $Y=(A+B)(A+C)$

（3）“与非—与非”表达式。如 $Y=\overline{\overline{AB}\cdot\overline{AC}}$

（4）“或非—或非”表达式。如 $Y=\overline{\overline{A+B}+\overline{A+C}}$

（5）“与或非”表达式。如 $Y=\overline{AB+AC}$

【例 6.19】 将“与或”表达式 $Y=AB+AC$ 写成“与非—与非”表达式。

解： $Y=AB+AC$

$=\overline{\overline{AB+AC}}$（利用表 6.17 中的公式 9）

$=\overline{\overline{AB}\cdot\overline{AC}}$（利用表 6.17 中的公式 18）

通常逻辑函数表达式越简单，实现它的逻辑电路成本越低、速度越快和可靠性较高。所以，需要对逻辑函数进行化简。

> **注意** 最简与或式的标准是，乘积项的个数最少，每一个乘积项中所含变量个数最少。

2. 一般逻辑函数的化简法

逻辑函数的化简通常有两种方法：公式化简法和卡诺图化简法。公式化简法的优点是它的使用不受任何条件的限制，但要求能熟练运用公式和定律，技巧性较强。卡诺图化简的优点是简单、直观，但变量超过 5 个以上时过于烦琐，本书不做介绍，有兴趣的同学可参阅有此内容的其他书籍。本书就公式化简法进行简单介绍。

> **注意** 公式化简法是利用逻辑代数的基本公式、定律和常用公式进行化简，由于实际问题中的逻辑函数表达式多种多样，公式化简法没有固定的步骤，现介绍几种常用化简方法。

（1）并项法

利用表 6.17 中公式 $AB+A\overline{B}=A$ 将两项合并为一项，合并后消去一个变量。

【例 6.20】 化简逻辑函数 $Y=AB\overline{C}+A\overline{B}\,\overline{C}$。

解： $Y=AB\overline{C}+A\overline{B}\,\overline{C}=A\overline{C}(B+\overline{B})=A\overline{C}$

（2）吸收法

利用表 6.17 中公式 $A+AB=A$ 消去多余乘积项。

【例 6.21】 化简逻辑函数 $Y=(\overline{\overline{A}B}+C)ABD+AD$。

解： $Y=(\overline{\overline{A}B}+C)ABD+AD=[(\overline{\overline{A}B}+C)B]AD+AD=AD$

（3）消元法

利用表 6.17 中公式 $A+\overline{A}B=A+B$ 消去多余因子 $\overline{A}$。

【例 6.22】 化简逻辑函数 $Y=AB+\overline{A}C+\overline{B}C$。

解： $Y=AB+\overline{A}C+\overline{B}C=AB+(\overline{A}+\overline{B})C=AB+\overline{AB}C=AB+C$

（4）配项法

利用表 6.16 中公式 $A+\overline{A}=1$ 配项，并将一项拆成两项，再与其他项合并化简。

【例 6.23】 化简逻辑函数 $Y=A\overline{B}+B\overline{C}+\overline{B}C+\overline{A}B$。

解： $Y=A\overline{B}+B\overline{C}+\overline{B}C+\overline{A}B$

$=A\overline{B}+B\overline{C}+(A+\overline{A})\overline{B}C+\overline{A}B(C+\overline{C})$

$=A\overline{B}+B\overline{C}+A\overline{B}C+\overline{A}\,\overline{B}C+\overline{A}BC+\overline{A}B\overline{C}$

$=A\overline{B}(1+C)+B\overline{C}(1+\overline{A})+\overline{A}C(B+\overline{B})$

$=A\overline{B}+B\overline{C}+\overline{A}C$

提示 在$\overline{B}C$乘积项上因子$A+\overline{A}$后，可拆成$A\overline{B}C+\overline{A}\,\overline{B}C$，且$A\overline{B}C$可被$A\overline{B}$吸收，$\overline{A}B$乘积项配上$(C+\overline{C})$后可拆成$\overline{A}BC+\overline{A}B\overline{C}$，且$\overline{A}B\overline{C}$可被$B\overline{C}$吸收，$\overline{A}\,\overline{B}C$和$\overline{A}BC$合并成$\overline{A}C$。

小练习

1. 试用列真值表的方法证明下列异或运算公式。

（1）$A\oplus 0=A$　　（2）$A\oplus 1=\overline{A}$　　（3）$A\oplus\overline{A}=1$

2. 证明下列逻辑恒等式（方法不限）。

（1）$A\overline{B}+B+\overline{A}B=A+B$

（2）$(A+\overline{C})\cdot(B+D)\cdot(B+\overline{D})=AB+B\overline{C}$

3. 求下列函数的反函数。

（1）$Y=AB+C$　　（2）$Y=(A+BC)\overline{C}D$

（1）本单元主要内容包括编码、基本逻辑运算、逻辑代数的基本公式和定律、逻辑函数的表示方法、逻辑函数的化简方法。二进制在数字电路中得到广泛应用，因为它只有0和1这两个数码，电路上用高、低两种电平来实现，所以电路简单。

（2）基本逻辑门电路有与门、或门、非门等3种；复合门有与非门、或非门、与或非门、异或门、同或门等。总结如表6.19所示。

表6.19　复合逻辑运算的符号和表达式

逻辑门名称	逻辑符号	表达式
与非门运算	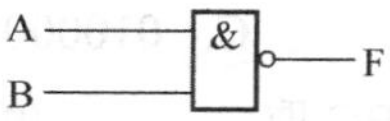	$F=\overline{AB}$
或非门运算	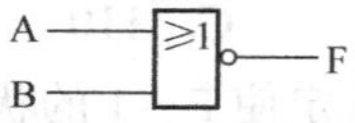	$F=\overline{A+B}$
与或非门运算	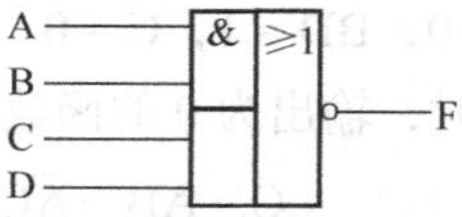	$F=\overline{AB+CD}$
异或门运算	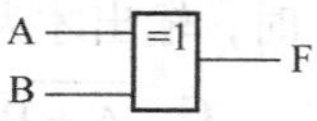	$F=A\oplus B=A\overline{B}+\overline{A}B$
同或门运算	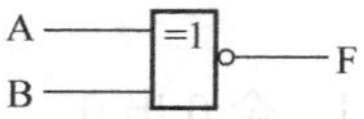	$F=A\odot B=\overline{A}\,\overline{B}+AB$

（3）逻辑函数的表示方法有真值表、逻辑函数表达式、逻辑图、波形图和卡诺图 5 种，而且 5 种表示方法之间可以互相转换。

（4）逻辑代数与普通代数有相似的运算规律，但两者本质完全不同，不能混淆。逻辑函数变量取值的 0 和 1 表示的是 2 种对应状态。

（5）函数化简方法有公式化简法。最简与或式的标准是：乘积项的个数最少；每一个乘积项中所含变量个数最少。

思考与练习

一、判断题（正确的在括号内打“√”，错误的打“×”）

1. 在数字逻辑电路中，信号只有高、低电平两种取值。（　　）
2. 负逻辑规定：逻辑 1 代表低电平，逻辑 0 代表高电平。（　　）
3. 在非门电路中，输入为高电平时，输出则为低电平。（　　）
4. 与运算中，输入信号与输出信号的关系是“有 1 出 1，全 0 出 0”。（　　）

二、填空题

1. 二进制数 1101 转化为十进制数为________，将十进制数 28 用 8421BCD 码表示，应写为________。

2. 基本逻辑门电路有________、________、________3 种。

*3. 摩根定律表示式为 $\overline{A+B}=$________及 $\overline{A\cdot B}=$________。

*4. 合并项法公式 $AB+A\overline{B}=$________，消去法公式 $AB+A\overline{B}=$________。

三、选择题

1. 十进制数 181 转换为二进制数为________，转换成 8421BCD 码为________。

A. 10110101　　B. 000110000001　　C. 11000001　　D. 10100110

2. 十进制数 426 转换成 8421BCD 码为________。

A. 011101011001　　B. 01010101001　　C. 010000100110　　D. 01010100110

*3. $F(A,B,C)=\overline{A+\overline{BC}(A+B)}$，当 ABC 取________值时，F = 1。

A. 010　　B. 101　　C. 110　　D. 011

*4. 已知逻辑函数 F = AB + CD，可以肯定使 F = 1 的状态________。

A. A = 0，BC = 1，D = 0　　B. A = 0，BD = 1，C = 0　　C. AB = 1，C = 0，D = 0

*5. 当组合逻辑门电路的输入全为 1 时，输出为 0 的函数是________。

A. $\overline{AB+\overline{A}C}$　　B. $\overline{AB}+\overline{\overline{A}C}$　　C. $AB+\overline{A}C$

*6. 当组合逻辑门电路的 3 个输入全为 1 时，输出才为 1，则其逻辑表达式是________。

A. $\overline{A}\,\overline{B}\,\overline{C}$　　B. $\overline{\overline{AB}+C}$　　C. $\overline{\overline{A}+\overline{B}+\overline{C}}$

7. ________违反了基本逻辑关系。

A. 有 1 出 0，有 0 出 1　　B. 有 1 出 1，全 0 出 0

C. 有 0 出 0，全 1 出 1　　D. 有 1 出 1，有 0 出 0

8. 异或门 $F = A \oplus B$ 的逻辑式是________。

A. $\overline{\overline{A}B + A\overline{B}}$　　B. $\overline{(A + \overline{B}) \cdot (\overline{A} + B)}$　　C. $\overline{\overline{\overline{A}B} \cdot \overline{A\overline{B}}}$

四、数制之间的转换

1. 将下列十进制数转换为二进制数。

（1）$(27)_{10}$　（2）$(31)_{10}$　（3）$(25)_{10}$　（4）$(76)_{10}$

2. 将下列二进制数转换为十进制数。

（1）$(11001101)_2$　（2）$(111)_2$　（3）$(1001011)_2$　（4）$(100001)_2$

3. 将下列十进制数转换为 8421BCD 码。

（1）$(28)_{10}$　（2）$(34)_{10}$　（3）$(78)_{10}$　（4）$(98)_{10}$

4. 将下列 8421 BCD 码转换为十进制数。

（1）$(01110101)\ 8421_{BCD}$　（2）$(100001110011)\ 8421_{BCD}$

* 五、写出如图 6.28 所示逻辑图的逻辑表达式

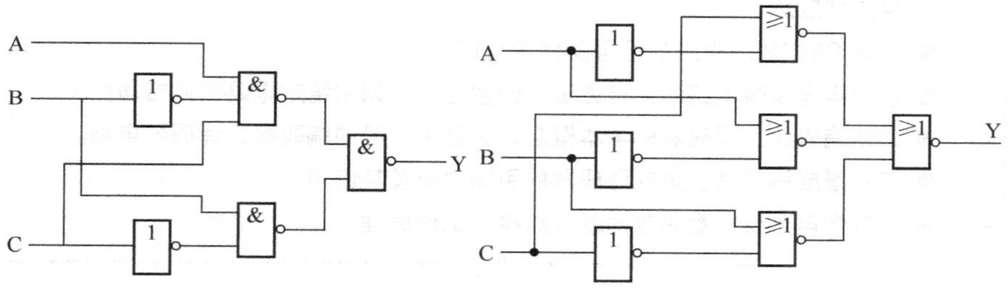

（a）　（b）

图 6.28　题五用图

* 六、画出下列逻辑函数的逻辑图

1. $Y = AB + BC + AC$　　2. $Y = (\overline{A} + B)(A + \overline{B})C + \overline{BC}$

* 七、试用列真值表的方法证明下列恒等式

1. $\overline{AB + \overline{A}\,\overline{B}} = \overline{A}B + A\overline{B}$
2. $A(A \oplus B) = A\overline{B}$
3. $ABC + \overline{A} + \overline{B} + \overline{C} = 1$

第 7 单元

组合逻辑电路

知识目标

- 了解常用 TTL 门电路的型号、使用常识；了解集电极开路门、三态输出门的功能及典型应用。
- 了解 CMOS 门电路的型号及使用常识。
- 掌握组合逻辑电路的分析方法及读图方法，识别给定电路的逻辑功能。
- 熟知编码器、译码器的基本概念，会分析一般的编码器、译码器电路。
- 了解集成编码器、集成译码器的引脚功能及其应用。
- 了解常用半导体数码管的基本结构、工作原理。

技能目标

- 学会查阅数字集成电路手册，根据逻辑功能要求选用集成门电路。
- 掌握 TTL 和 CMOS 集成电路引脚识读方法，掌握其使用常识。
- 掌握集成门电路的逻辑功能测试方法，学会使用集成逻辑门。
- 能根据电路图安装满足特定要求的组合逻辑电路，如表决器、数码显示器等。
- 掌握半导体七段显示数码管的使用方法。

情 景 导 入

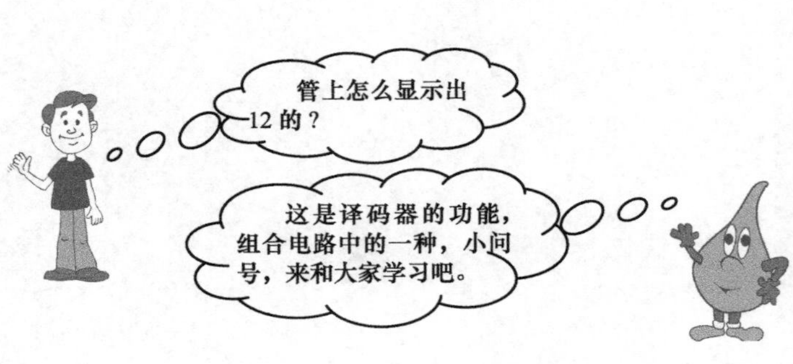

管上怎么显示出12 的？
这是译码器的功能，组合电路中的一种，小问号，来和大家学习吧。

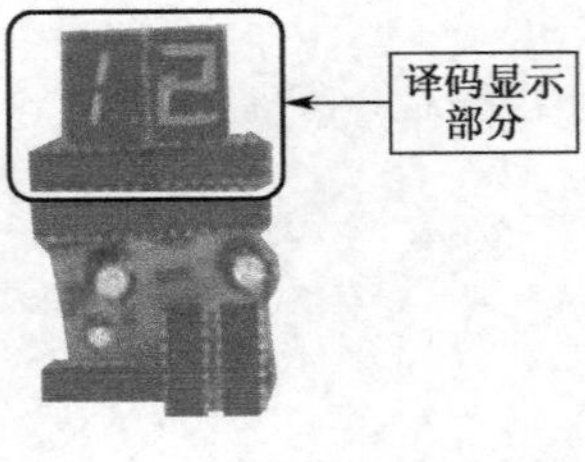

图 7.1 译码显示器示意图

门电路是组成数字电路的最基本单元。本单元讲述数字电路的基本逻辑单元——集成门电路，将重点介绍组合逻辑电路的特点及组合逻辑电路的分析方法和设计方法，然后介绍常用的各种中规模集成组合逻辑电路如编码器、译码器的工作原理和逻辑功能。

第 1 节 集成门电路

用来实现基本逻辑关系的电子电路称为门电路。与第 6 单元所讲的基本逻辑运算关系相对应的门电路有与门、非门、或非门、与或非门、异或门、同或门等几种。

按构成门电路的形式不同，可分为分立元件的门电路和集成门电路两类。集成门电路具有体积小、重量轻、工作可靠性高、抗干扰能力强及价格低等优点，目前已得到广泛使用。因此本单元重点介绍各种集成门电路的型号、功能、性能指标、引脚排列及应用。

在数字电路中，数字信号是用二值逻辑 1 和 0 表示，例如图 7.2（a）所示，关门用 1 表示，开门用 0 表示。如图 7.2（b）所示的是实现上述两种截然不同的状态的基本原理。开关 S 断开，可表示关门状态；开关 S 闭合，可表示为开门状态。开关 S 用二极管或三极管实现。改变输入信号 u_i 使二极管或三极管工作在截止和导通两种状态，它们就可以起到图 7.2（b）中开关 S 的作用。

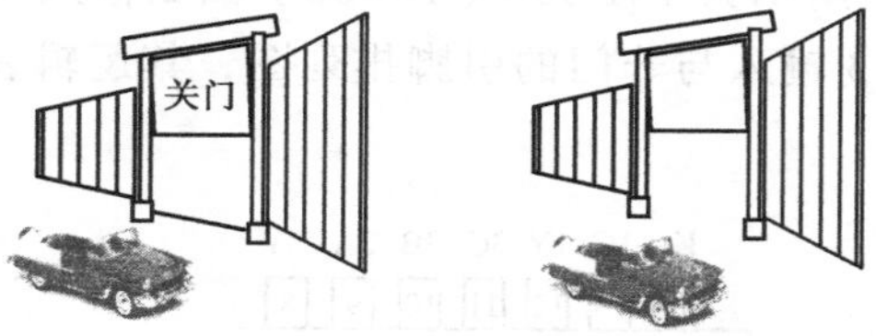

（a）生活实例图

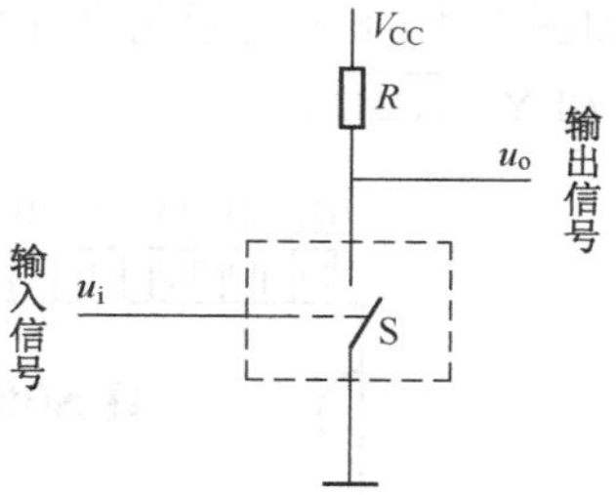

（b）原理图

图 7.2 获得高、低电平的基本原理

一、TTL 集成逻辑门电路

1. TTL 集成逻辑门

TTL 集成逻辑门电路是三极管—三极管逻辑门电路的简称，是一种双极型三极管集成电路。TTL 电路产品型号较多，我国 TTL 数字集成电路分为 CT54 系列和 CT74 系列两大类。CT54 系列和 CT74 系列电路具有完全相同的电路结构和电气性能参数。所不同的是 54 系列比 74 系列的工作温度范围更宽，电源允许的工作范围也更大。

CT74/54 系列的几个子系列之间的主要区别在平均传输延迟时间和平均功耗这两个参数上。子系列有 74/54 系列—标准系列、74H/54H—高速系列、74S/54S—肖特基系列、74LS/54LS—低功耗肖特基系列、74AS/54AS—先进肖特基系列、74ALS/54ALS—先进低功耗肖特基系列等。

在不同系列的 TTL 器件中，只要器件型号的后几位数码一样，则它们的逻辑功能、外形尺寸及引脚排列就一致。由于 TTL 集成电路制作工艺成熟、产品参数稳定、工作性能可靠、开关速度高，因此获得了广泛的应用。这里介绍几种常用的 TTL 集成门。

（1）与非门。

① 结构及逻辑功能。如图 7.3（a）所示为 TTL 与非门的工作原理图，电路由输入级、中间级和输出级等部分组成，如图 7.3（b）所示为其逻辑符号。

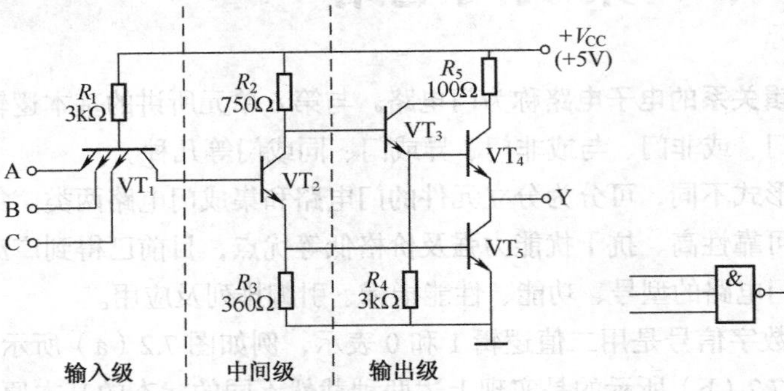

（a）电路原理　　（b）逻辑符号

图 7.3　TTL 与非门

② 常用的集成与非门。如图 7.4（a）所示为 74LS00（T4000）四 2 输入与非门引脚排列图，如图 7.4（b）所示为 74LS10 三 3 输入与非门的引脚排列图，其逻辑表达式分别为 $Y=\overline{AB}$ 和 $Y=\overline{ABC}$。

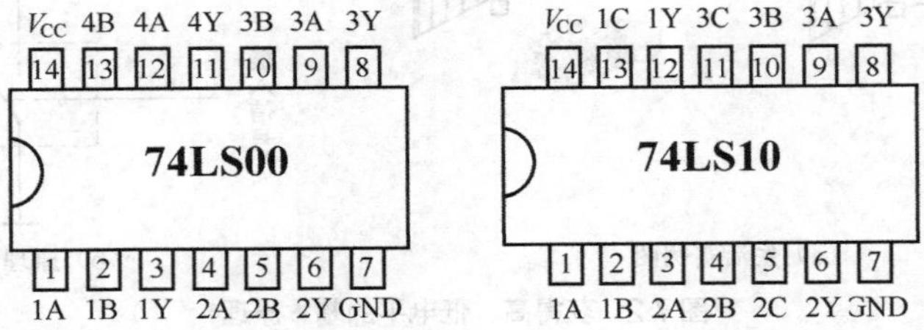

（a）四 2 输入端与非门　　（b）三 3 输入端与非门

图 7.4　TTL 与非门引脚排列图

（2）与门。如图 7.5 所示为三 3 输入与门（74LS11）的引脚排列图。其逻辑表达式为 $Y=A\cdot B\cdot C$。

（3）非门。如图 7.6 所示为六反相器（非门 74LS06）的引脚排列图。其逻辑表达式为 $Y=\overline{A}$。

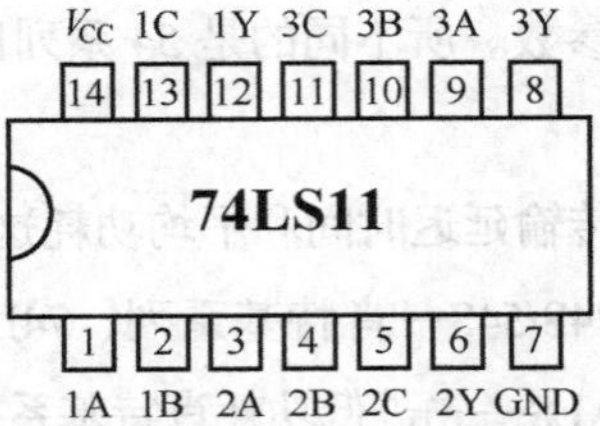

图 7.5　三 3 输入与门的引脚排列图

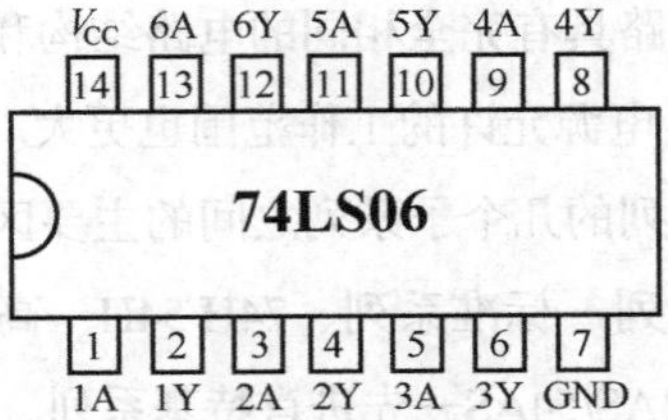

图 7.6　非门引脚排列图

（4）或非门。如图 7.7 所示为四 2 输入或非门（74LS02）的引脚排列图。其逻辑表达式

为 $Y=\overline{A+B}$。

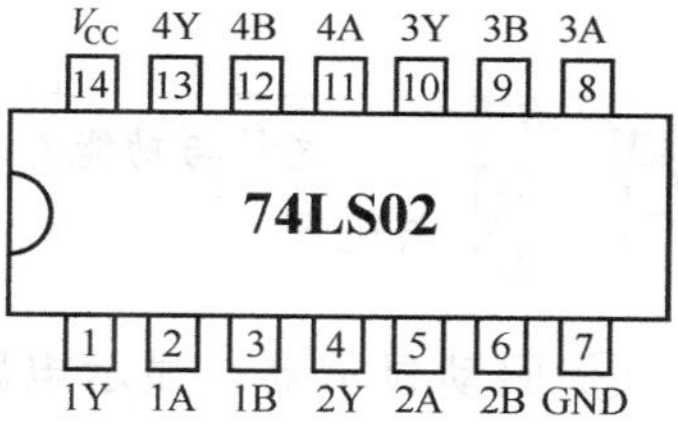

图 7.7　或非门引脚排列图

2. 其他类型 TTL 逻辑门

在 TTL 电路中，还有其他功能的门电路，例如 OC 门、三态门等。

（1）OC 门。前面介绍的典型 TTL 与非门是不能将两个或两个以上门的输出端并联在一起的，如图 7.8 所示。而**实际电路中往往需要将两个或两个以上的与非门的输出端并联在一起，称为线与。**

解决这个问题的办法是将与非门的集电极开路，**把集电极开路的与非门称为 OC 门**。如图 7.9（a）所示为 OC 门（74LS03）的引脚排列图，如图 7.9（b）所示为其逻辑符号。

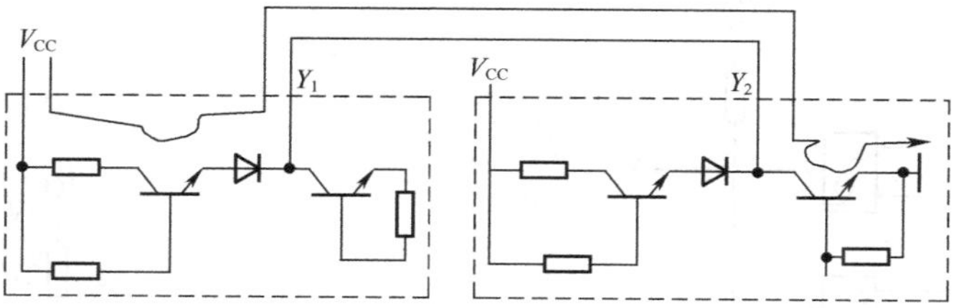

图 7.8　推拉式输出级并联的情况

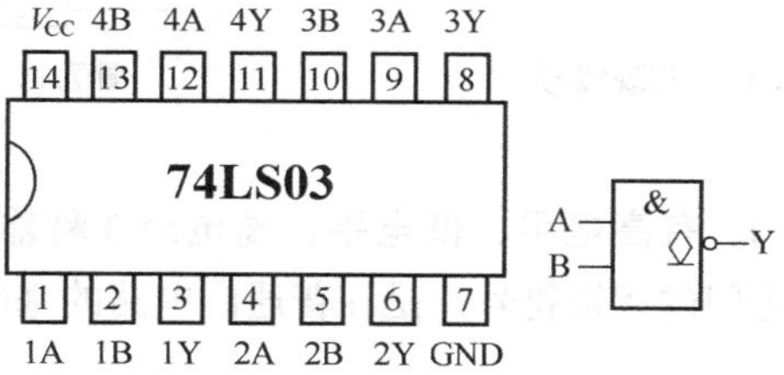

（a）引脚排列图　　（b）逻辑符号

图 7.9　OC 门

> **知识拓展**
>
> **普通与非门为什么不能线与**
>
> 由如图 7.8 所示电路可见，若一个门的输出是高电平而另一个门的输出是低电平，则输出端并联以后必然有很大的负载电流同时流过这两个门的输出级。这个电流的数值将远远超过正常工作电流，可能使门电路损坏。

OC 门的主要应用如下所述。

① 实现线与。几个 OC 门的输出端并联在一起使用，称为线与。为了保证 OC 门正常工作，必须再接上一个上拉电阻 R_L 与电源 V_{CC} 相连。如图 7.10 所示为由 3 个 OC 门输出端并联后经电阻 R_L 接 V_{CC} 的电路。这些 OC 门中只有当输入端 A、B、C、D、E、F 同时为高电平时，输出 Y 才是低电平，只有每个 OC 门的输入端中有一个为低电平时，输出 Y 才为高电平，其逻辑表达式为

$$Y=\overline{AB}\cdot\overline{CD}\cdot\overline{EF}$$

提示 这种与功能并不是由与门来实现的，而是由输出端线连接而产生的，也称为线与逻辑。

② 驱动显示器。显示电路采用 OC 输出结构，其输出管耐压值有 15V 和 30V 两种，导通时允许吸收电流为 10～40mA 不等，可用来驱动不同类型的显示器件(如发光二极管、荧光数码管等)。如图 7.11 所示为用 OC 门驱动发光二极管的显示电路。当 A、B 为高电平时，OC 门的输出才为低电平，二极管处于正向导通，发光；反之，输出高电平，发光二极管熄灭。

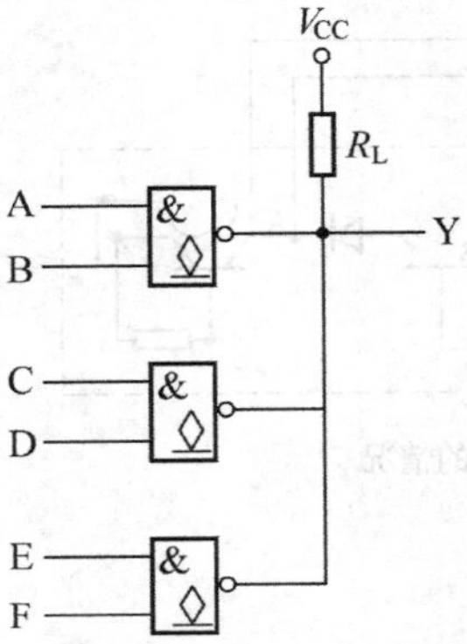

图 7.10　用 OC 门实现线与

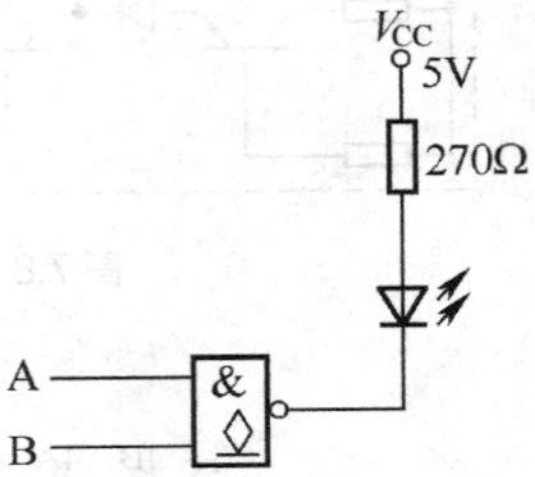

图 7.11　显示电路

（2）三态输出门（TS 门）。**有高电平、低电平、高电阻 3 种输出状态的门电路，称为三态门电路**。如图 7.12 所示为三态门的逻辑符号，是在普通门电路的基础上，多了一个控制端 EN 或 $\overline{EN}$，称为使能端。

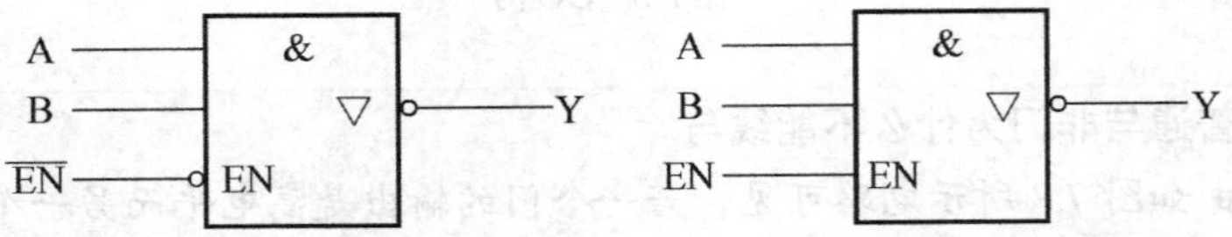

（a）$\overline{EN}$=0 有效　　（b）EN=1 有效

图 7.12　三态门的逻辑符号

图 7.12（a）中，$\overline{EN}$ 低电平有效。即当 $\overline{EN}$= 0 时，其逻辑功能与普通与非门功能相同。而当 $\overline{EN}$ = 1 时，输出呈现高阻状态，输出端相当于断路状态。

图 7.12（b）中，EN 高电平有效。即当 EN = 1 时，其逻辑功能与普通与非门功能相同。而 EN=0 时，输出呈现高阻状态，输出端相当于断路状态。

实际应用

利用三态门实现信号传输控制

（1）用三态输出门构成单向总线。如图 7.13 所示为由三态输出门构成的单向总线。当 EN_1、EN_2、EN_3 轮流为高电平 1，且任何时刻只有一个三态输出门工作时，输入信号 A_1B_1、A_2B_2、A_3B_3 轮流以与非关系将信号送到总线上，而其他三态输出门由于 EN=0 而处于高阻状态。

（2）用三态输出门构成双向总线。如图 7.14 所示为由三态输出门构成的双向总线。EN=1 时，G_2 输出高阻，G_1 工作，输入数据 D_O 经 G_1 反相后送到总线上；当 EN=0 时，G_1 输出高阻，G_2 工作，总线上的数据经 G_2 反相后输出。可见，通过 EN 的取值可控制数据的双向传输。

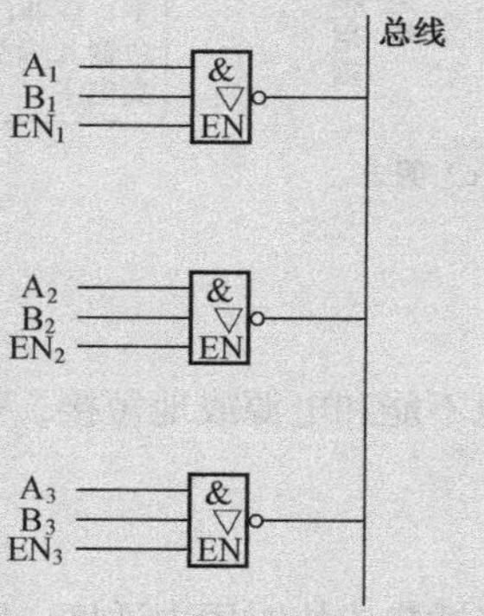

图 7.13　用三态输出门构成的单向总线

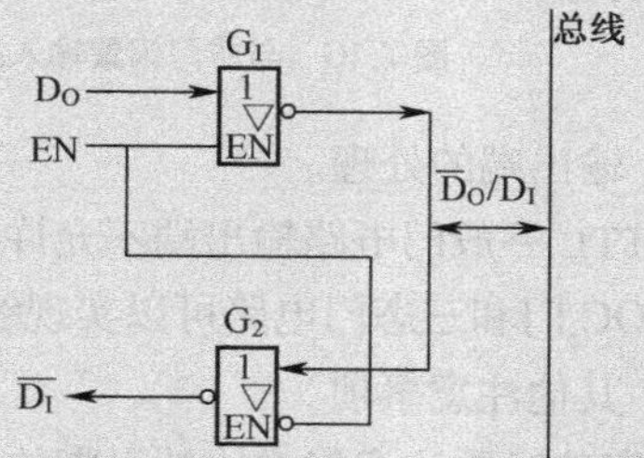

图 7.14　用三态输出门构成的双向总线

3. TTL 门电路使用注意事项

（1）TTL 集成电路引脚排列方法。如图 7.15 所示为 TTL 集成电路外形图。TTL 集成电路通常是双列直插式，不同功能的集成电路，其引脚个数不同。引脚编号排列方法是：把凹槽标志置于左方（图中箭头指向为凹槽），引脚向下，逆时针自下而上顺序排列。

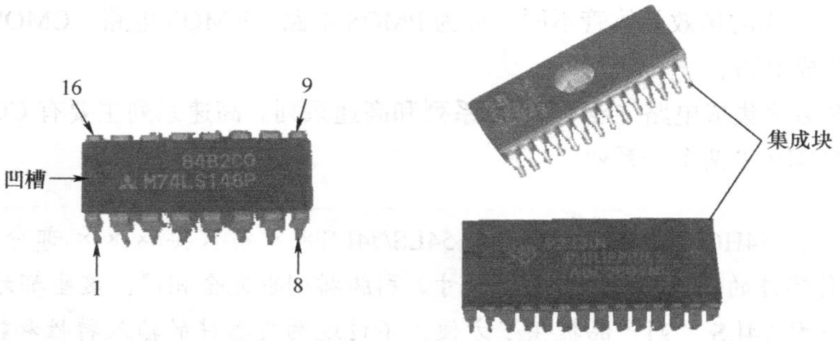

图 7.15　双列直插式 TTL 集成电路外形

（2）多余或暂时不用的输入端的处理。

① 对于与非门暂时不用的输入端可通过 1kΩ 电阻接电源，或当电源小于等于 5V 时可直接接电源，如图 7.16（a）所示。

② 不使用的与（与非）输入端可以悬空（**悬空输入端相当于接高电平 1**），不使用的或（或非）

输入端接地（接地相当于接低电平 0）。实际使用中，悬空的输入端容易接收各种干扰信号，导致工作不稳定，一般不提倡。

③ 将不使用的输入端并接在使用的输入端上，如图 7.16（b）所示。这种处理方法影响前级负载及增加输入电容，影响电路的工作速度。

④ TTL 电路输入端不可串接大电阻，不使用的与非输入端应剪短，如图 7.16（c）所示。

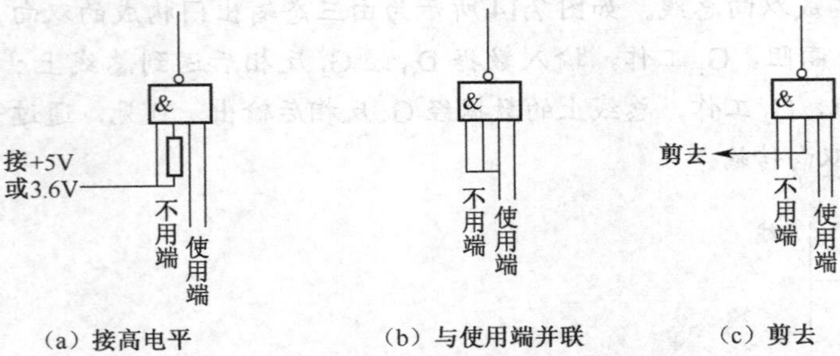

图 7.16　与非门闲置输入端的处理方法

简单地说，就是与非门的多余输入端不能接低电平；或非门的多余输入端不能接高电平

（3）输出端的处理。

① TTL 一般门电路输出端不允许线与连接，也不能和电源或地短接，否则将损坏器件。

② OC 门和三态门电路可以实现线与连接。

（4）其他注意事项。

① 安装时要注意集成块外引脚的排列顺序，接插集成块时用力适度，防止引脚折伤。

② 焊接时用 25W 烙铁较合适，焊接时间不宜过长。

③ 调试使用时，要注意电源电压的大小和极性，尽量稳定在 +5V，以免损坏集成块。

④ 引线要尽量短，若引线不能缩短时，要考虑加屏蔽措施或采用合线。要注意防止外界电磁干扰的影响。

二、CMOS 集成门电路

除了 TTL 集成电路以外，还有一种场效晶体管组成的集成电路，这就是 MOS 集成电路。MOS 集成电路按所用的场效晶体管不同，分为 PMOS 电路、NMOS 电路、CMOS 电路，这里重点介绍 CMOS 集成电路。

国产 CMOS 数字集成电路主要有 4000 系列和高速系列。高速系列主要有 CC54HC/CC74HC 和 CC54HCT/CC74HCT 两个子系列。

> **注意** CC54HC/CC74HC××× 与 54LS/74LS××× 只要 ××× 部分数字相同，则两种器件的逻辑功能、外形、尺寸、引脚排列也完全相同。这些都为 74HC 系列产品代替 74LS 系列产品提供了方便。不过这两类器件的输入特性和输出特性不同，多数情况下还不能简单地互换使用。

1. CMOS 反相器

CMOS 反相器由 N 沟道和 P 沟道的 MOS 管互补构成，其电路组成如图 7.17 所示。

当输入端 A 为高电平 1 时，输出 Y 为低电平 0；反之，当输入端 A 为低电平 0 时，输出 Y 为高电平，其逻辑表达式为 $Y=\overline{A}$。反相器集成电路 CC4069 的引脚图如图 7.18 所示。

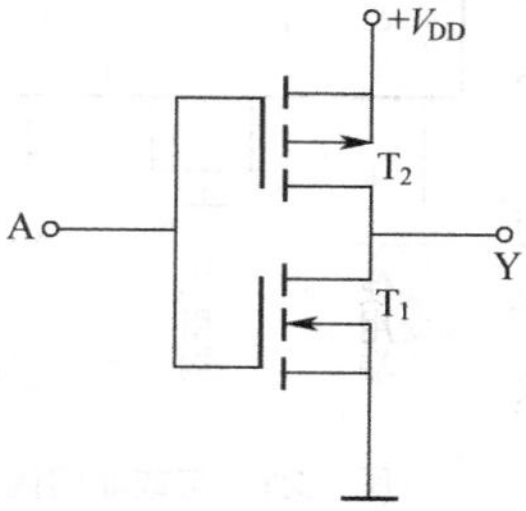

图 7.17　COMS 反相器电路图

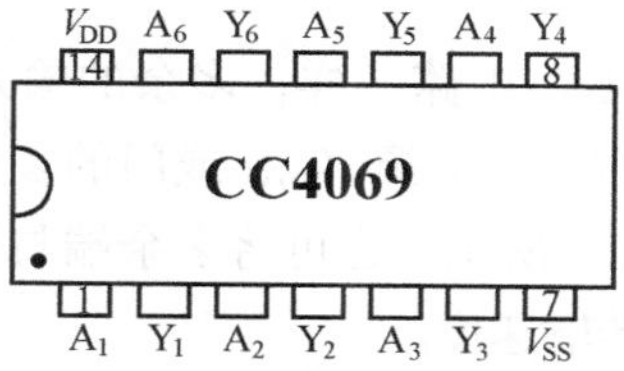

图 7.18　CC4069 六反相器引脚图

2. CMOS 与非门

常用的 CMOS 与非门如 CC4011 等，如图 7.19 所示为 CC4011 与非门引脚图。

3. CMOS 或非门

常用的 CMOS 或非门如 CC4001 等，如图 7.20 所示为 CC4001 或非门引脚图。

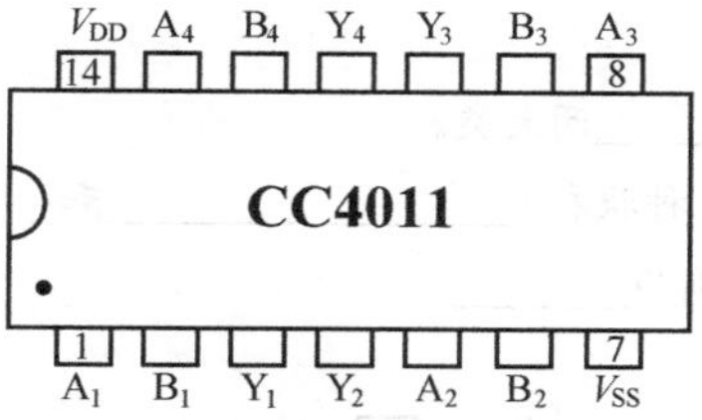

图 7.19　CC4011 四 2 输入与非门引脚图

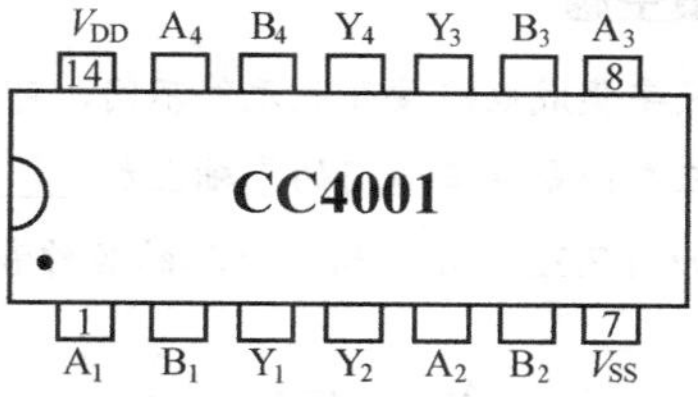

图 7.20　CC4001 四 2 输入或非门引脚图

4. CMOS 数字集成电路的特点

（1）静态功耗低。源电压 V_{DD}= 5V 时，中规模数字集成电路静态功耗小于 25 ～ 100μW。

（2）工作电源电压范围宽。对电源电压基本不要求稳压，CC4000 系列的电源电压为 3 ～ 15V，HCMOS 电路为 2 ～ 6V。

（3）噪声容限大。高低电平噪声容量一样大，为 30% 且随着电压的提高而增大。

（4）输入阻抗高。在正常工作电源电压范围内，输入阻抗可达 $10^8\Omega$ 以上。因此，其驱动功率极小，可忽略不计。

（5）扇出系数大。扇出系数是指 CMOS 门能带同类门的个数，它表示 CMOS 门带负载能力。CMOS 门电路带负载能力强且仅受负载电容的限制，输出端可带 50 个以上的同类门电路。对于 HCMOS 电路，可带 10 个 LS-TTL 负载门，如带同类门电路则还可多些。

5. CMOS 门电路使用注意事项

（1）测试 CMOS 电路时，禁止在 CMOS 本身没有接通电源的情况下输入信号。

（2）电源接通期间不应把器件从测试座上插入或拔出；电源电压为 3 ～ 5V，电源极性不能接反。

（3）焊接 CMOS 电路时，烙铁容量不得大于 20W，并要有良好的接地线。

（4）输出端不允许直接接地或接电源；除具有 OC 结构和三态输出结构的门电路外，不允许把输出端并联使用以实现线与逻辑。

（5）同 TTL 门电路一样，多余的输入端不能悬空，与门的多余输入端应接电源 V_{DD}，或门的多余输入端接低电平或 V_{SS}，如图 7.21 所示。也可将多余端与使用端并联，但这样会影响信号传输速度。

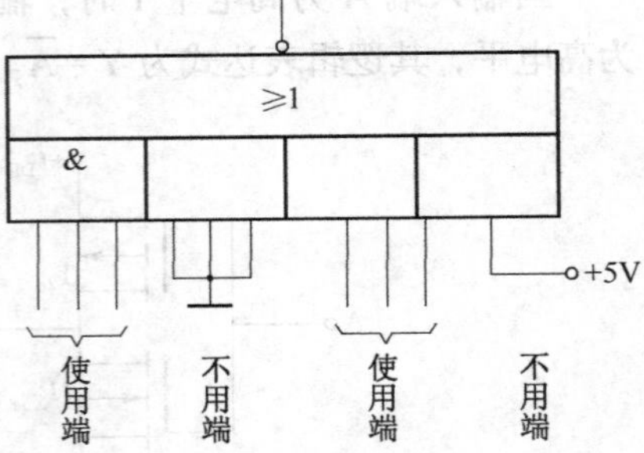

图 7.21　与或非门闲置输入端的处理

小练习

1. 判断题

（1）OC 门可直接线与，而普通 TTL 门不能将多个输出端直接相连。（　　）

（2）与门的输入端，若有闲置时，应将其接地以确保与门正常工作。（　　）

（3）或非门不使用的输入端悬空。（　　）

（4）三态门指输入有 3 种状态。（　　）

2. 填空题

（1）数字集成电路按开关元件不同，可分为________和________两大类。

（2）三态门是在普通门的基础上加________，它的输出有 3 种状态：________、________和________。

（3）如图 7.22 所示逻辑门电路的名称和输出逻辑表达式分别为________。

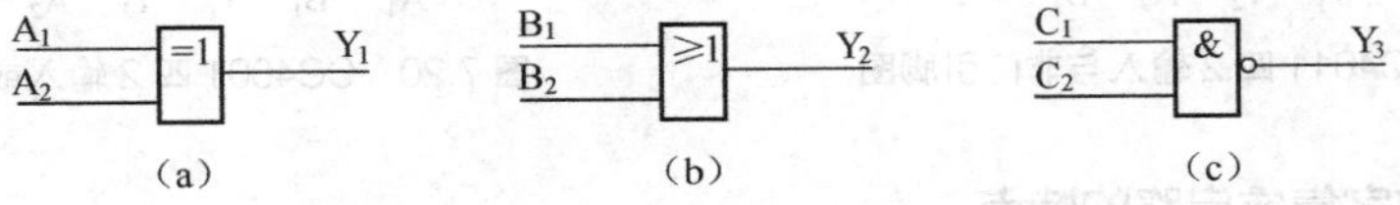

图 7.22　填空题（3）用图

（4）要利用 TTL 与非门实现输出线与应采用________门，要实现总线结构应采用________门。

3. 选择题

如图 7.23 所示中能实现 $Z=\overline{A}$ 功能的是（　　）

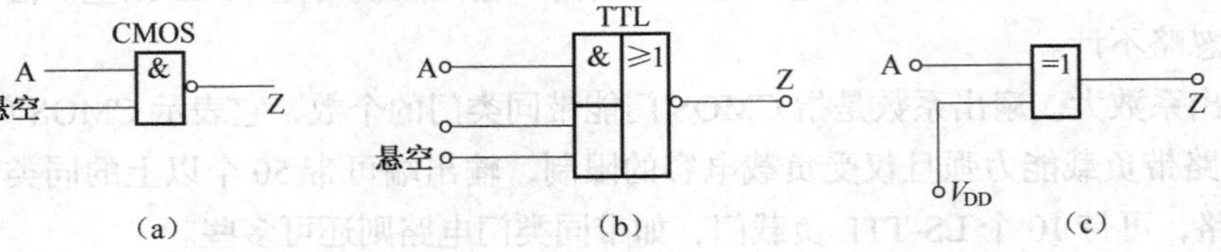

图 7.23　选择题用图

三、技能实训　门电路的检测

礼堂里正在进行选举表决如图 7.24 所示，每个成员面前有一个按键开关。会议主持人发令开始表决，多数人同意时灯泡亮，可是显示器突然出了问题。工作人员急忙抢修，控制电路主要是由门电路构成的，经测试发现其中一个逻辑门坏了，换上新的集成块以后，表决器修好了，选举继续进行。

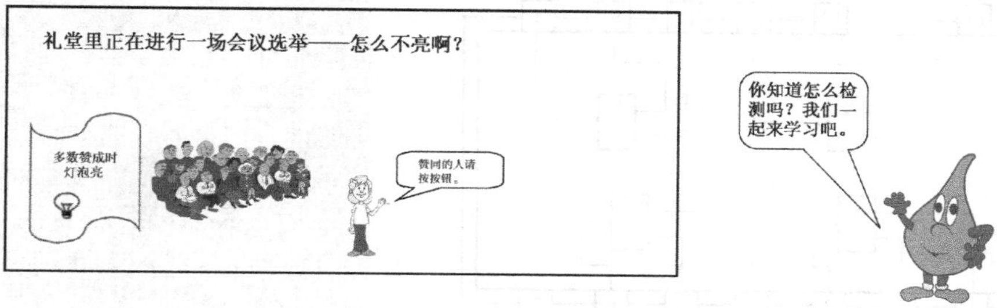

图 7.24 门电路的情景模拟示意图

1. 实训目标

（1）熟悉数字电路实验箱的结构、基本功能和使用方法。

（2）掌握 TTL 集成与非门的逻辑功能和主要参数的测试方法。

（3）掌握 TTL 器件的使用规则。

2. 实训解析

本实验采用二输入四与非门 74LS00，即在一块集成块内含有 4 个互相独立的与非门，每个与非门有两个输入端。其实物图、逻辑符号及引脚排列如图 7.25 所示。

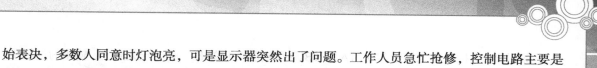

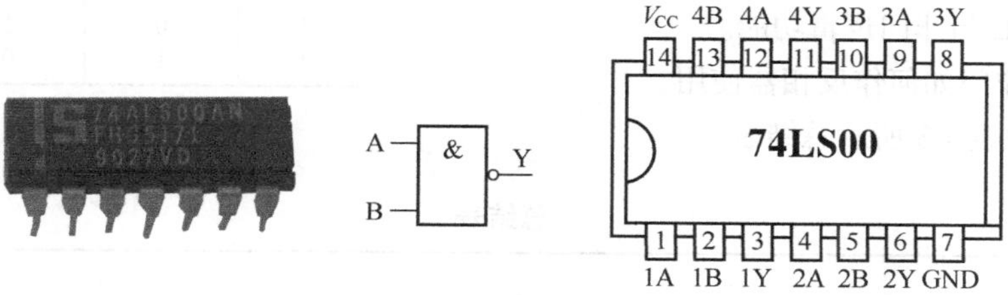

（a）实物图　（b）逻辑符号　（c）引脚排列图

图 7.25 实验原理用图

与非门的逻辑功能是：当输入端中有 1 个或 1 个以上是低电平时，输出端为高电平；只有当输入端全部为高电平时，输出端才是低电平（即“有 0 得 1，全 1 得 0”）。其逻辑表达式为 $Y=\overline{A \cdot B}$。

3. 实训操作

实训器材如表 7.1 所示。

表 7.1　实训器材

序　号	名　称	规　格	数　量
1	电子技术实验箱	ELB	1 台
2	万用表	FM47	1 台
3	集成电路	74LS00	1 块

TTL 与非门逻辑功能测试

（1）将 74LS00 插入实验系统中，接上电源和地。按如图 7.26（a）所示原理图接线，其中

1Y（即引脚 3）接发光二极管 VD，1A 和 1B 分别接逻辑开关 K_1、K_2。开关向上，输出为逻辑 1；开关向下为逻辑 0。发光二极管亮为逻辑 1，不亮为逻辑 0。如图 7.26（b）所示为实物连接图。

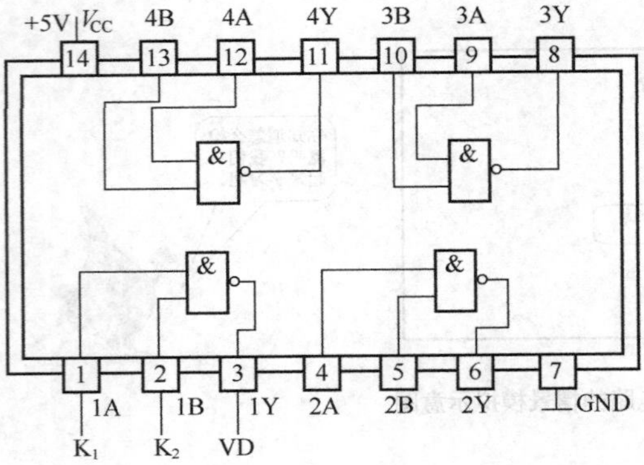

（a）实验原理图

（b）实验实物图

图 7.26　逻辑功能测试图

（2）按表 7.2 所示进行测试，并将结果填于表中。

表 7.2　　74LS00 与非门逻辑功能

输入		输出	
K_1	K_2	Y	灯
0	0	1	
0	1	1	
1	0	1	
1	1	0	

4. 实训总结

（1）整理实验数据，列出 TTL 与非门的逻辑功能。

（2）说一说 TTL 与非门使用规则及注意事项。

（3）根据实验结果回答下列问题。

① 总结 TTL 与非门逻辑功能。

② TTL 与非门如何作反相器使用？

（4）填写如表 7.3 所示总结表。

表 7.3　　总结表

课题							
班级		姓名		学号		日期	
实训收获							
实训体会							
实训评价	评定人	评　语				等级	签名
	自己评						
	同学评						
	老师评						
	综合评定等级						

实训拓展

数字电路中常需用与非—与非门实现与逻辑、或逻辑、与或逻辑等电路。如与或的逻辑表达式 Y = AB+AC，根据摩根定理有$Y = AB + AC = \overline{\overline{AB + AC}} = \overline{\overline{AB}\cdot\overline{AC}}$，因此，可以用与非—与非门实现与或门的逻辑功能。

用 74LS00 实现 Y = AB + AC 与或逻辑，如图 7.27 所示。

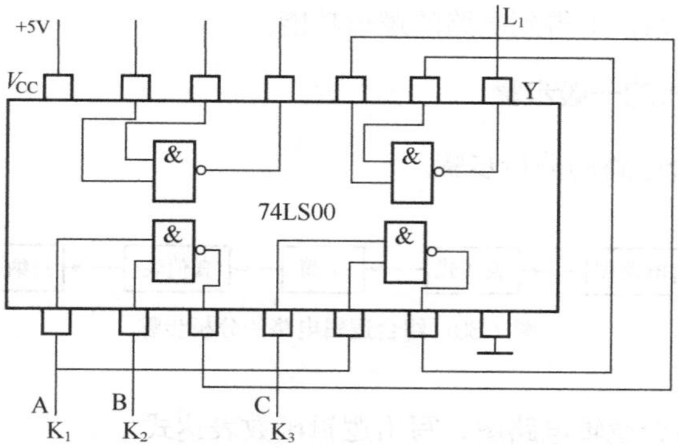

图 7.27 74LS00 实现与或逻辑功能

第 2 节 组合逻辑电路的分析和设计

如图 7.28 和图 7.29 所示是生活中常见的一些实际装置，图 7.28 所示为交通信号灯实例，图 7.29 所示为表决器实例。若十字路口两侧的交通信号灯同时显示为红色，则信号灯出现了故障。如何实现故障监测呢？本节介绍的组合逻辑电路可实现上述功能。

图 7.28 交通信号灯实例

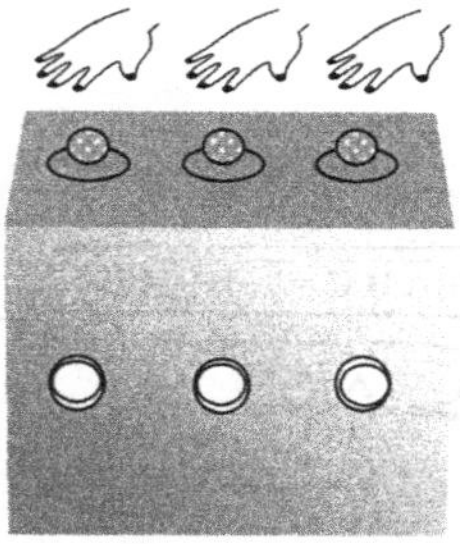

图 7.29 表决器实例

组合逻辑电路中任意时刻的输出状态取决于该时刻输入信号的状态，而与电路原来所处的状态无关，即电路不存在记忆和存储的功能。不同逻辑功能的实现，是利用第 1 节中介绍的常用典型门电路来完成的。

组合逻辑电路应用十分广泛，可以把一些特定功能的组合逻辑电路，例如加法器、编码器、数据选择器、数据分配器等，设计制作成中小规模集成电路产品。描述组合逻辑电路功能的方法有逻辑表达式、真值表、卡诺图、逻辑图、波形图等。在中小规模集成电路中，通常用逻辑表达式和真值表来表示逻辑功能。

一、组合逻辑电路的分析方法

如图 7.29 所示为一个 3 人投票表决器，而其功能是由如图 7.31 所示的逻辑电路来实现的。实际生活中有很多类似的设备，如何来了解它们的功能呢？组合逻辑电路分析是根据给定电路，找出输入和输出之间的关系，即得到电路的逻辑功能。

1. 组合逻辑电路分析的一般步骤

如图 7.30 所示是组合电路的分析步骤。

图 7.30 组合逻辑电路的分析步骤

（1）根据所给定的组合逻辑电路图，写出逻辑函数表达式；

（2）将表达式化简，以得到最简表达式；

（3）由表达式列真值表；

（4）根据真值表来确定电路的逻辑功能，用简练语言说明其功能。

2. 组合电路分析举例

【例 7.1】已知逻辑电路如图 7.31 所示，试分析其逻辑功能。

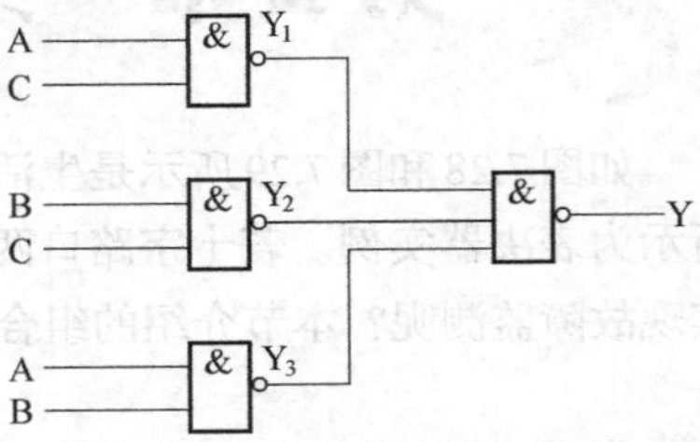

图 7.31 3 人表决器逻辑电路图

解：

第 1 步，根据如图 7.31 所示写出表达式

$Y_1=\overline{AC}$，$Y_2=\overline{BC}$，$Y_3=\overline{AB}$

$Y=\overline{Y_1Y_2Y_3}$，

$Y=\overline{\overline{AC}\,\overline{BC}\,\overline{AB}}$。

第 2 步，用逻辑公式对上式化简得

$Y=\overline{\overline{AC}\,\overline{BC}\,\overline{AB}}$ （利用 $\overline{A\,B\,C}=\overline{A}+\overline{B}+\overline{C}$ 化简）

$=\overline{\overline{AC}}+\overline{\overline{BC}}+\overline{\overline{AB}}$ （$\overline{\overline{A}}=A$）

$=AC+BC+AB$

第 3 步，根据化简的表达式列出真值表 7.4。

第 4 步，简述其逻辑功能。

由表 7.1 可以看出，在 3 个输入变量 A、B、C 中，有两个或两个以上为 1 时，输出 Y 为 1，否则 Y 为 0。因此如图 7.31 所示电路为 3 人投票表决器。

表 7.4 例 7.1 真值表

A	B	C	Y
0	0	0	0
0	0	1	0
0	1	0	0
0	1	1	1
1	0	0	0
1	0	1	1
1	1	0	1
1	1	1	1

二、组合逻辑电路的设计

如图 7.33 所示为某路口的交通信号设备，如果信号灯发生故障，如何能及时发现问题并排除呢？这就要求安装检测报警系统。组合逻辑电路的设计，就是根据给出的实际问题，求出能够实现这一逻辑功能的实际电路。它是组合电路分析的逆过程。

1. 组合逻辑电路的设计方法

如图 7.32 所示为组合逻辑电路的设计步骤。

图 7.32 组合逻辑电路的设计步骤

（1）分析实际问题，根据要求确定输入、输出变量，分析它们之间的关系，将实际问题转化为逻辑问题，确定逻辑变量并赋值。确定什么情况下为逻辑 1，什么情况下为逻辑 0，建立正确的逻辑关系。

（2）列真值表。根据逻辑功能的描述列真值表。

（3）由真值表写出逻辑表达式（写出函数最小项之和的标准式）并化简。

（4）根据最简逻辑表达式，画出相应的逻辑图。

2. 组合电路的设计举例

【例 7.2】设计一个监视交通信号灯工作状态的逻辑电路。每一组信号灯由红、黄、绿 3 盏灯组成，如图 7.33 所示。正常工作情况下，任何时刻必有一盏灯点亮，而且只允许有一盏灯点亮。而当出现其他 5 种点亮状态时，电路发生故障，这时要求发出故障信号，以提醒维护人员前去修理。

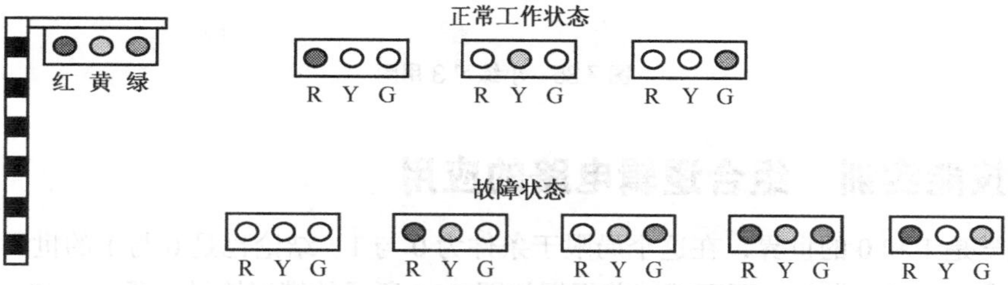

图 7.33 交通信号灯的正常工作状态与故障状态

解：第 1 步，按功能要求，确定输入 / 输出量并赋值。

取红、黄、绿 3 盏灯的状态为输入，分别用 R、Y、G 表示，并规定灯亮时为 1，不亮时为 0。取故障信号为输出变量，用 F 表示，并规定正常工作状态下 F 为 0，发生故障时 F 为 1。

第 2 步，列出真值表 7.5。

第 3 步，按真值表写逻辑表达式 $F=\overline{R}\,\overline{Y}\,\overline{G}+\overline{R}YG+R\overline{Y}G+RY\overline{G}+RYG$ 化简后得到 $F=\overline{R}\,\overline{Y}\,\overline{G}+RY+RG+YG$。

第 4 步，依据化简后的逻辑式画逻辑图如图 7.34 所示。

第 5 步，可仿真验证逻辑功能。

表 7.5　例 7.2 逻辑真值表

R	Y	G	F
0	0	0	1
0	0	1	0
0	1	0	0
0	1	1	1
1	0	0	0
1	0	1	1
1	1	0	1
1	1	1	1

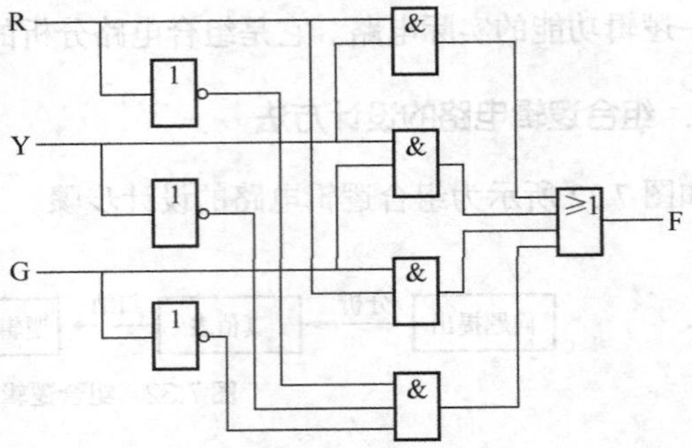

图 7.34　例 7.2 的逻辑图

小练习

1. 组合逻辑电路的特点是什么？如何对组合逻辑电路进行读图分析？
2. 组合逻辑电路的设计应如何进行？
3. 试分析如图 7.35 所示电路的逻辑功能。

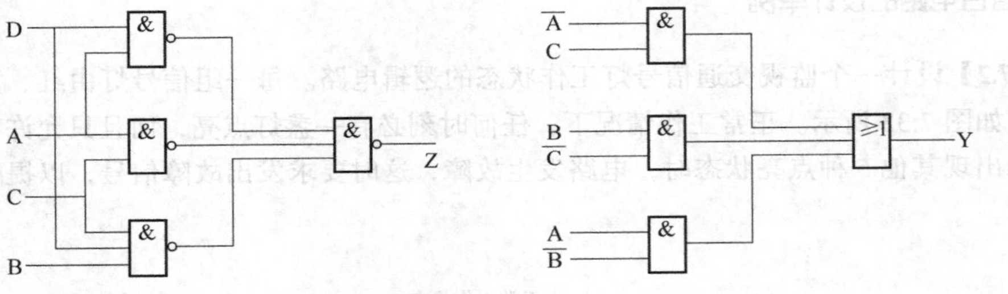

(a)　　　　(b)

图 7.35　小练习 3 用图

三、技能实训　组合逻辑电路的应用

逻辑数学是 1 和 0 的世界，在这个局限于条件为 0 与 1、结论也是 0 与 1 的世界中，无论有什么样的要求，均可以做到。下面就试着根据如图 7.36 所示的模拟情景，通过 0 和 1 的组合而得到实际电路。

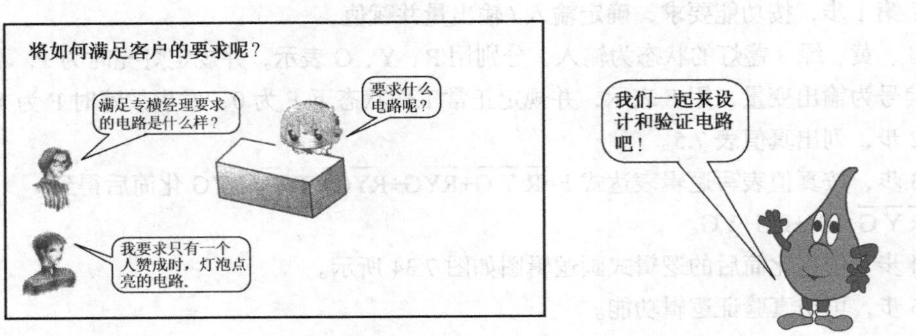

图 7.36　组合电路设计验证的情景模拟示意图

1. 实训目标

（1）了解集成组合逻辑电路引脚功能，掌握应用方法。

（2）了解组合电路逻辑功能的测试方法。

2. 实训解析

本实验采用二输入四与非门 74LS00，本实验还用到了三 3 输入端与非门 74LS10，其引脚排列如图 7.4（b）所示。

3. 实训操作

实训器材如表 7.6 所示。

表 7.6　　实训器材

序　　号	名　　称	规　　格	数　　量
1	直流稳压电源	ELB	1 台
2	万用表	FM47	1 台
3	集成电路	74LS00	1 块

表决器逻辑电路的安装和测试

（1）将两片 74LS00 插入实验系统中，接上电源和地。按如图 7.37 所示接线，其中输出 Y 接发光二极管 VD，输入端 A、B、C 分别接逻辑开关 K_1、K_2、K_3。开关向上为逻辑 1；开关向下为逻辑 0。发光二极管亮为逻辑 1，不亮为逻辑 0。

（2）按如图 7.37（a）所示的标号在实验箱上按如图 7.37（b）所示的引脚号连接，图中的“（1）1”代表第 1 片的第 1 个引脚，“（2）1”代表第 2 片的第 1 个引脚。

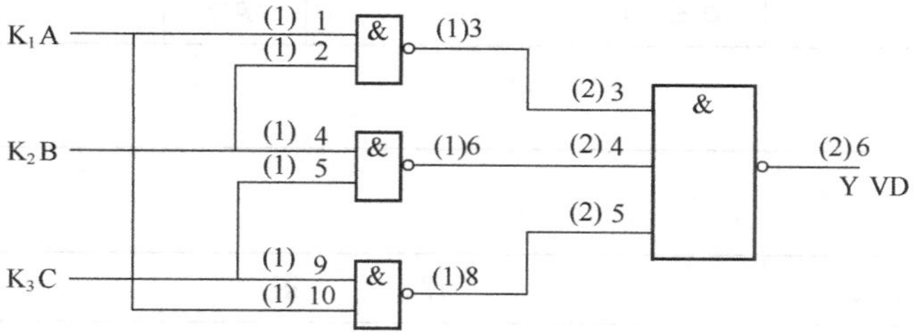

（a）逻辑功能图

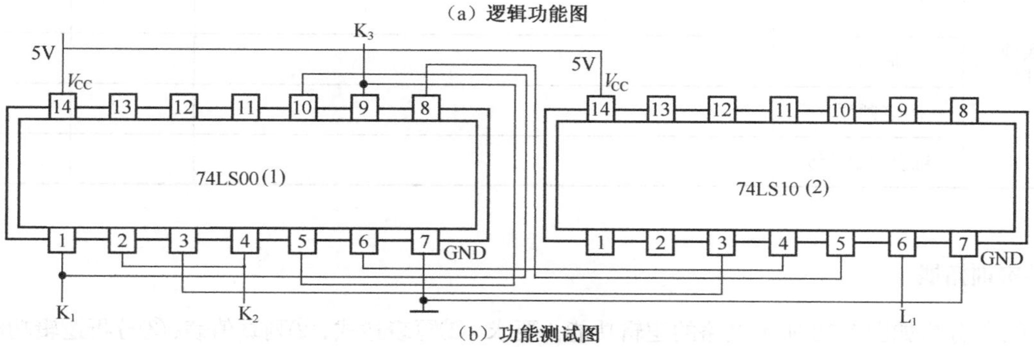

（b）功能测试图

图 7.37　表决器的逻辑功能测试图

（3）按表 7.7 进行测试，并将结果填于表中。

表 7.7　　表决逻辑电路功能测试

输入			输出
A	B	C	Y
0	0	0	
0	0	1	
0	1	0	
0	1	1	
1	0	0	
1	0	1	
1	1	0	
1	1	1	

4. 实训总结

（1）整理实验数据，说明逻辑功能。

（2）分析实验中出现的故障，总结排除故障的方法。

（3）分析利用 74LS00 实现实际电路的逻辑功能。

（4）如图 7.37 所示表决器的功能是什么？

（5）填写如表 7.8 所示总结表。

表 7.8　　总结表

课题							
班级		姓名		学号		日期	
实训收获							
实训体会							
实训评价	评定人	评语				等级	签名
	自己评						
	同学评						
	老师评						
	综合评定等级						

实训拓展

（1）分析如图 7.38 所示电路的逻辑功能（要求：①写表达式，②列真值表，③分析逻辑功能）。

（2）画出用中规模集成电路与非门实现其逻辑功能的原理图。

（3）连接电路验证其功能。如有困难可仿照图 7.37（b）。

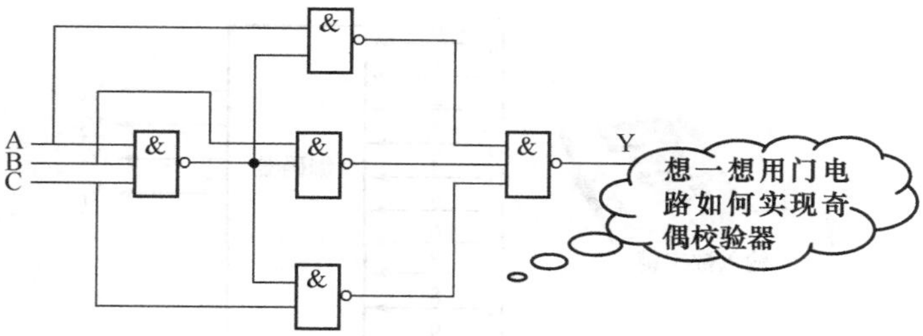

图 7.38　逻辑功能图

第 3 节　常用组合逻辑电路

常用组合逻辑电路有编码器、译码器、加法器、数据选择器及数据分配器等。

一、编码器

在计算器和计算机等数字电路中，处理的都是二进制数代表的信息。如图 7.39 所示，从计算机的键盘输入的是 A、B、C 或 123 等信息，而这些输入的内容变成所对应的只有 1 和 0 的符号后，才能进行运算处理。

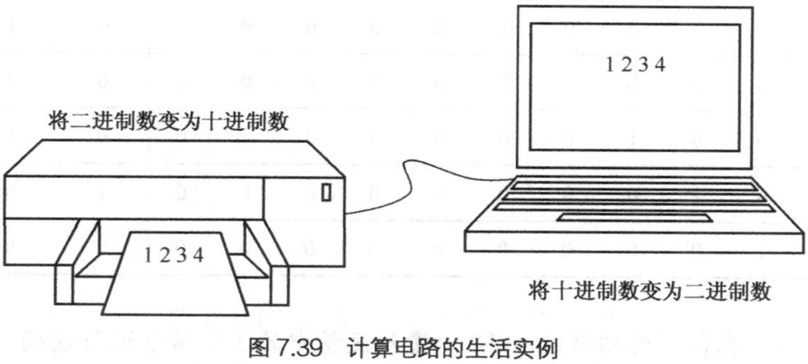

图 7.39　计算电路的生活实例

将十进制数、文字、字母等转换成若干位二进制信息符号的过程称为编码，能够完成编码功能的组合逻辑电路称为编码器（设置在数字电路的输入部分）。目前经常使用的编码器有普通编码器和优先编码器两类。

1. 普通编码器

在普通编码器中，任何时刻只允许输入一个编码信号，否则输出将发生混乱。下面以二—十进制编码器为例说明普通编码的原理。

二—十进制编码器是指将十进制数变为二进制数，常用的是 8421BCD 编码器。如图 7.40 所示是 8421BCD 编码器示意图。$I_0 \sim I_9$ 表示 10 路输入，分别代表十进制数 0 ~ 9 共 10 个数字。编码器的输出是 4 位二进制代码，用 Y_0、Y_1、Y_2、Y_3 表示，因此二—十进制编码器也称为 10 线—4 线编码器。编码器在任何时刻只能对 0 ~ 9 中的一个输入信号进行编号，不允许同时输入两个 1。由此得出编码器的真值表，如表 7.9 所示。

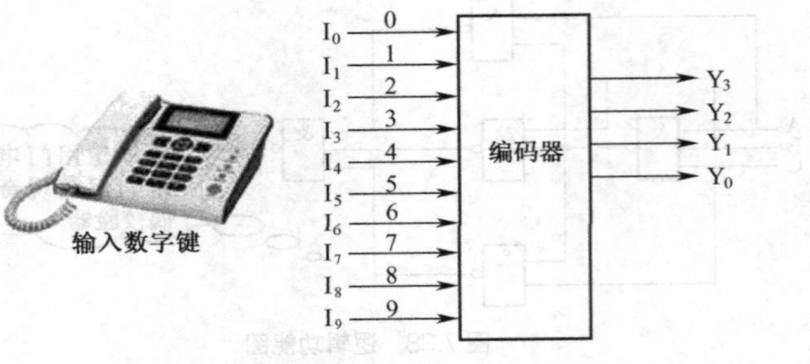

图 7.40　8421 BCD 编码器示意图

表 7.9　**8421BCD 编码器的真值表**

十进制	输入变量										输　出			
	I_9	I_8	I_7	I_6	I_5	I_4	I_3	I_2	I_1	I_0	Y_3	Y_2	Y_1	Y_0
0	0	0	0	0	0	0	0	0	0	1	0	0	0	0
1	0	0	0	0	0	0	0	0	1	0	0	0	0	1
2	0	0	0	0	0	0	0	1	0	0	0	0	1	0
3	0	0	0	0	0	0	1	0	0	0	0	0	1	1
4	0	0	0	0	0	1	0	0	0	0	0	1	0	0
5	0	0	0	0	1	0	0	0	0	0	0	1	0	1
6	0	0	0	1	0	0	0	0	0	0	0	1	1	0
7	0	0	1	0	0	0	0	0	0	0	0	1	1	1
8	0	1	0	0	0	0	0	0	0	0	1	0	0	0
9	1	0	0	0	0	0	0	0	0	0	1	0	0	1

提示

（1）在任一时刻只能对 10 个输入变量中的 1 个信号进行编码；

（2）在图中输入变量为高电平有效，任意时刻有 1 个输入为 1 时，其余均为 0；

（3）当 I_1 ～ I_9 均为 0 时，电路输出就是 I_0 的编码。

普通编码器中还常见二进制编码器，如图 7.41 所示是 3 位二进制编码器，也称 8 线—3 线编码器

2. 优先编码器

在优先编码器中，允许同时有两个或两个以上输入信号。但在设计时要将所有信号按优先顺序排队，当几个输入信号同时出现时，电路将对优先级别高的输入信号编码，这样的电路称为优先编码器。优先编码器的集成产品很多，如 10 线—4 线集成优先编码器常见型号有 54/74147、54/74LS147、CD4017 等，8 线—3 线常见型号为 54/74148、54/74LS148 等。

如图 7.42 所示为 8 线—3 线 74LS148 优先编码器的实物图及引脚排列图，其真值表如表 7.10 所示。

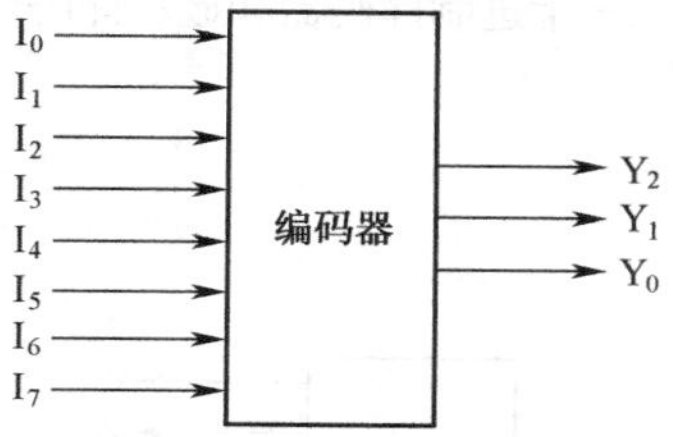

图 7.41　3 位二进制编码器示意图

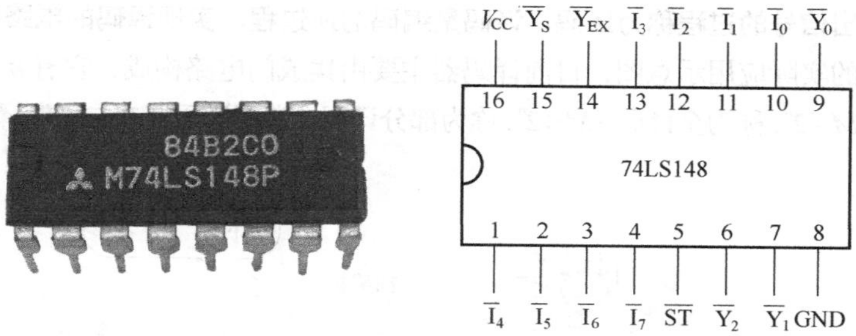

（a）实物图　　（b）引脚排列图

图 7.42　74LS148 优先编码器

表 7.10　　74LS148 集成电路真值表

输入									输出				
$\overline{ST}$	$\overline{I}_0$	$\overline{I}_1$	$\overline{I}_2$	$\overline{I}_3$	$\overline{I}_4$	$\overline{I}_5$	$\overline{I}_6$	$\overline{I}_7$	$\overline{Y}_2$	$\overline{Y}_1$	$\overline{Y}_0$	$\overline{Y}_S$	$\overline{Y}_{EX}$
1	×	×	×	×	×	×	×	×	1	1	1	1	1
0	1	1	1	1	1	1	1	1	1	1	1	0	1
0	×	×	×	×	×	×	×	0	0	0	0	1	0
0	×	×	×	×	×	×	0	1	0	0	1	1	0
0	×	×	×	×	×	0	1	1	0	1	0	1	0
0	×	×	×	×	0	1	1	1	0	1	1	1	0
0	×	×	×	0	1	1	1	1	1	0	0	1	0
0	×	×	0	1	1	1	1	1	1	0	1	1	0
0	×	0	1	1	1	1	1	1	1	1	0	1	0
0	0	1	1	1	1	1	1	1	1	1	1	1	0

表中 $\overline{I}_0$ ～ $\overline{I}_7$ 为输入端，$\overline{I}_7$ 的优先权最高，其余输入优先级依次为 $\overline{I}_6\,\overline{I}_5\,\overline{I}_4\,\overline{I}_3\,\overline{I}_2\,\overline{I}_1$。$\overline{Y}_0$、$\overline{Y}_1$、$\overline{Y}_2$ 为输出端，在 $\overline{ST}=0$ 电路正常工作状态下，输入低电平 0 有效，即 0 表示有信号，1 表示无信号，输出均为反码。当 $\overline{I}_7=0$ 时，无论其他输入端有无输入信号(表中以 × 表示)，输出端只对 $\overline{I}_7$ 编码，输出为 7 的 8421BCD 码的反码，即 $\overline{Y_2}\,\overline{Y_1}\,\overline{Y_0}=000$。当 $\overline{I}_7$=1、$\overline{I}_6$=0 时，无论其余输入端有无输入信号，只对 $\overline{I}_6$ 编码，输出为 $\overline{Y_2}\,\overline{Y_1}\,\overline{Y_0}=001$。

提示

（1）$\overline{ST}$ 为输入控制端（或称选通输入端），低电平有效，即当 $\overline{ST}$ 等于 0 时允许编码，当 $\overline{ST}$ 等于 1 时禁止编码；

（2）$\overline{Y}_S$ 为选通输出端，$\overline{Y}_{EX}$ 为扩展端，可用于扩展编码器的功能，如用 2 片 8 线—3 线编码器可扩展为 16 线—4 线优先编码器。计算机的键盘输入逻辑电路就是由编码器组成的。

此外，还可以用两片 74LS148 接成 16 线—4 线优先编码器，这里不再介绍。

二、译码器

如图 7.43 所示，计算机电路的运算输出是二进制数。但日常生活中是以十进制数为基础的，因此在输出这些运算结果时，必须将二进制数变成十进制数。**把二进制代码“翻译”成一个相对应的输**

出信号的过程称为译码，译码是编码的逆过程，实现译码的电路称为译码器。如图 7.44 所示为译码器的实际应用示意图，目前译码器主要由集成门电路构成，它有 n 个输入端，M 个输出端，$M \leqslant 2^n$。若 $M=2^n$，称为全译码；$M<2^n$，称为部分译码。常用译码器有二进制译码器、二—十进制译码器和显示译码。

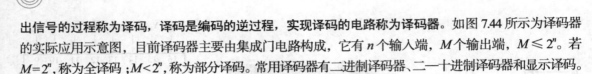

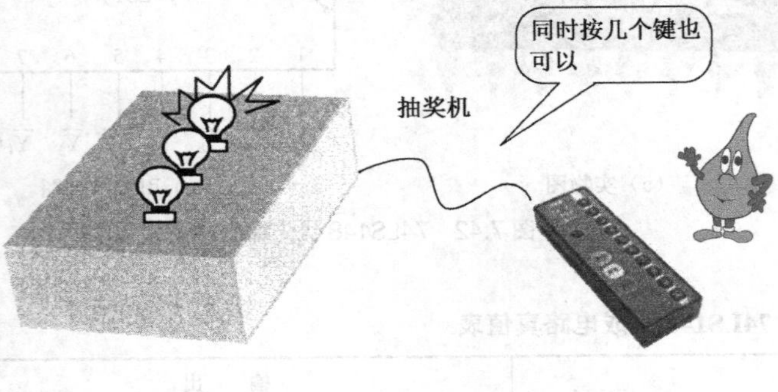

图 7.43　译码器应用示意图

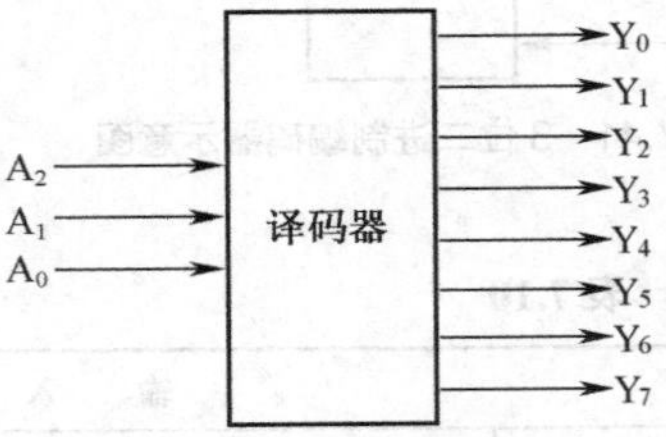

图 7.44　3 位二进制译码器示意图

1．二进制译码器

将 n 位二进制数译成 M 个输出状态的电路称为二进制译码器。常用的集成二进制译码器有 TTL 系列中的 54/74HC138、54/74LS138，CMOS 系列中的 54/74HC138、54/74HCT138 等。现以 74LS138 集成电路为例说明译码器的工作。

如图 7.44 所示是 3 位二进制译码器示意图，A_0、A_1、A_2 为输入线，Y_0 ～ Y_7 为输出线，因此 **3 位二进制译码器又称为 3 线—8 线译码器**。如图 7.45 所示是 74LS138 的实物图及外引脚排列图，输入（A_0、A_1、A_2）为二进制原码，即十进制数“0”的编码为“000”，“1”的编码为“001”；$\overline{Y}_0$ ～ $\overline{Y}_7$ 为 8 条输出线，输出低电平有效。ST_A、$\overline{ST}_B$、ST_C 被称为使能控制端。

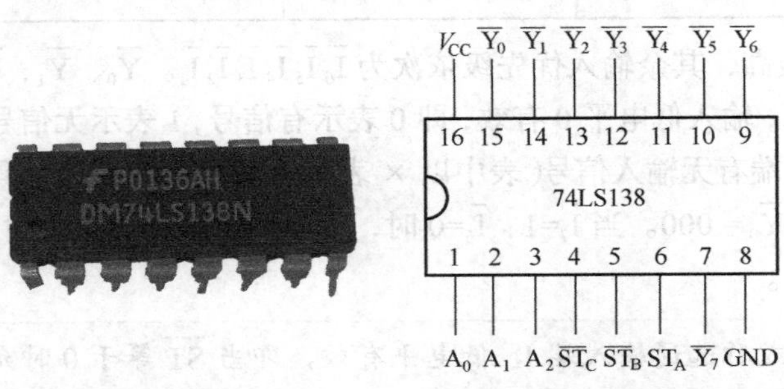

（a）实物图　　（b）引脚排列图

图 7.45　74LS138 集成译码器

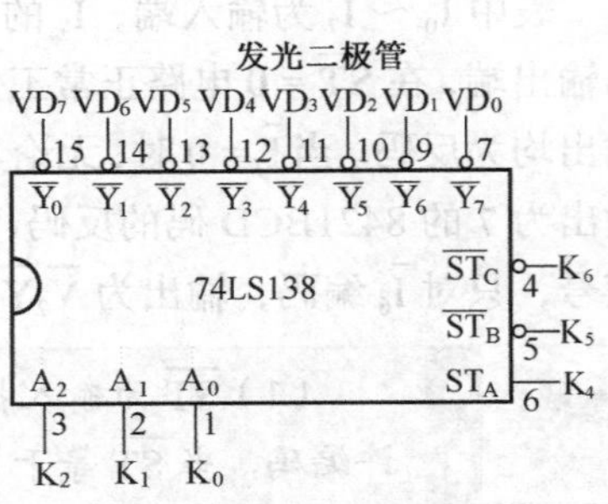

图 7.46　译码器功能测试

> **看一看**　按如图 7.46 所示连接电路，VD_0—VD_4 接发光二极管，第 8 引脚接地，第 16 引脚接 +5V（图中未画出），按表 7.11 输入信号状态（表 7.11 中 × 表示任意状态），观察输出状态的变化，并记录在表 7.11 中（灯亮计为 1，灯灭计为 0）。

实验现象

输出端 $\overline{Y}_0$ ～ $\overline{Y}_7$ 的状态变化如表 7.11 所示。

表 7.11　　74LS138 集成译码器的真值表

输入					输出							
ST_A	$\overline{ST}_B+\overline{ST}_C$	$\overline{A}_2$	$\overline{A}_1$	$\overline{A}_0$	$\overline{Y}_0$	$\overline{Y}_1$	$\overline{Y}_2$	$\overline{Y}_3$	$\overline{Y}_4$	$\overline{Y}_5$	$\overline{Y}_6$	$\overline{Y}_7$
×	1	×	×	×	1	1	1	1	1	1	1	1
0	×	×	×	×	1	1	1	1	1	1	1	1
1	0	0	0	0	0	1	1	1	1	1	1	1
1	0	0	0	1	1	0	1	1	1	1	1	1
1	0	0	1	0	1	1	0	1	1	1	1	1
1	0	0	1	1	1	1	1	0	1	1	1	1
1	0	1	0	0	1	1	1	1	0	1	1	1
1	0	1	0	1	1	1	1	1	1	0	1	1
1	0	1	1	0	1	1	1	1	1	1	0	1
1	0	1	1	1	1	1	1	1	1	1	1	0

知识探究

由表 7.11 可知

① 当 $ST_A=1$，$\overline{ST}_B=\overline{ST}_C=0$，允许译码，$\overline{Y}_0\sim\overline{Y}_7$ 由输入变量 A_2、A_1、A_0 所决定，处于译码工作状态；

② 当 $ST_A=0$ 或 $\overline{ST}_B+\overline{ST}_C=1$，处于译码禁止状态，$\overline{Y}_0\sim\overline{Y}_7$ 均为 1，即封锁了译码器的输出，所有输出端均为高电平。

③ A_0、A_1、A_2 输入为二进制原码，$\overline{Y}_0\sim\overline{Y}_7$ 输出低电平有效。

根据真值表可写出 74LS138 集成电路处于工作状态时各输出端的逻辑表达式为

$$\overline{Y}_0=\overline{\overline{A}_2\overline{A}_1\overline{A}_0}\qquad\overline{Y}_1=\overline{\overline{A}_2\overline{A}_1A_0}$$

$$\overline{Y}_2=\overline{\overline{A}_2A_1\overline{A}_0}\qquad\overline{Y}_3=\overline{\overline{A}_2A_1A_0}$$

$$\overline{Y}_4=\overline{A_2\overline{A}_1\overline{A}_0}\qquad\overline{Y}_5=\overline{A_2\overline{A}_1A_0}$$

$$\overline{Y}_6=\overline{A_2A_1\overline{A}_0}\qquad\overline{Y}_7=\overline{A_2A_1A_0}$$

【例 7.3】试用 74LS138 实现 $F=ABC+\overline{B}C$。

解：将 A、B、C 分别接到 74LS138 的 3 个输入端 A_2、A_1、A_0 则

$$\begin{aligned}F&=ABC+\overline{B}C\\&=ABC+(A+\overline{A})\overline{B}C\\&=ABC+A\overline{B}C+\overline{A}\overline{B}C\\&=\overline{\overline{ABC+A\overline{B}C+\overline{A}\overline{B}C}}\\&=\overline{\overline{ABC}\cdot\overline{A\overline{B}C}\cdot\overline{\overline{A}\overline{B}C}}\\&=\overline{\overline{Y}_7\cdot\overline{Y}_5\cdot\overline{Y}_1}\end{aligned}$$

第 1 步：利用公式 $A+\overline{A}=1$ 将与或表达式中少变量的项补成含 3 变量。

第 2 步：利用公式 $\overline{\overline{A}}$　A 写成双非形式

第 3 步：利用公式 $\overline{A+B}=\overline{A}\cdot\overline{B}$ 去一个大非号，写成与非 — 与非式。

第 4 步：对应将与非 — 与非式的各项用 74LS138 的输出 $\overline{Y}$ 替代。

因此，用 3 线—8 线译码器和一个三输入端与非门就可实现上述逻辑关系，如图 7.47 所示。

2. 二—十进制译码器

将 4 位 BCD 码翻译成对应的 10 个十进制输出信号的电路称为二—十进制译码器。如图 7.48

(a) 所示是二—十进制译码器示意图，从图中可见，其有 4 个输入端，10 个输出端，故二—十进制译码器又称为 **4 线 –10 线译码器**。如图 7.48（b）所示为译码器 74LS42 的引脚排列图，10 条输出线 $\overline{Y}_0 \sim \overline{Y}_9$，分别对应于十进制的 10 个数码，且输出低电平有效。其输入输出关系的真值表如表 7.12 所示。

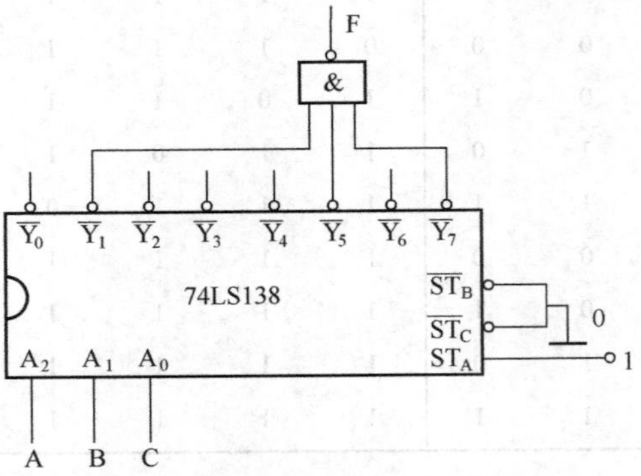

图 7.47 例 7.3 逻辑图

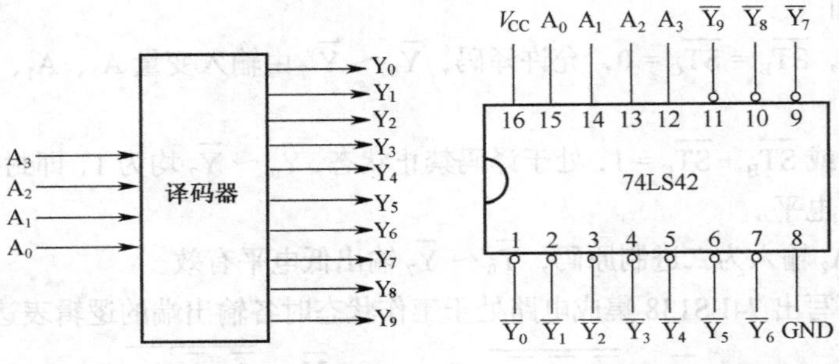

（a）二—十进制译码器示意图　　（b）74LS42 引脚排列图

图 7.48 二—十进制译码器

表 7.12　　4 线—10 线译码器的真值表

	输入				输出									
	A_3	A_2	A_1	A_0	$\overline{Y}_0$	$\overline{Y}_1$	$\overline{Y}_2$	$\overline{Y}_3$	$\overline{Y}_4$	$\overline{Y}_5$	$\overline{Y}_6$	$\overline{Y}_7$	$\overline{Y}_8$	$\overline{Y}_9$
	0	0	0	0	0	1	1	1	1	1	1	1	1	1
	0	0	0	1	1	0	1	1	1	1	1	1	1	1
	0	0	1	0	1	1	0	1	1	1	1	1	1	1
	0	0	1	1	1	1	1	0	1	1	1	1	1	1
	0	1	0	0	1	1	1	1	0	1	1	1	1	1
	0	1	0	1	1	1	1	1	1	0	1	1	1	1
	0	1	1	0	1	1	1	1	1	1	0	1	1	1
	0	1	1	1	1	1	1	1	1	1	1	0	1	1
	1	0	0	0	1	1	1	1	1	1	1	1	0	1
	1	0	0	1	1	1	1	1	1	1	1	1	1	0
伪码	1	0	1	0	1	1	1	1	1	1	1	1	1	1
	1	0	1	1	1	1	1	1	1	1	1	1	1	1
	1	1	0	0	1	1	1	1	1	1	1	1	1	1
	1	1	0	1	1	1	1	1	1	1	1	1	1	1
	1	1	1	0	1	1	1	1	1	1	1	1	1	1
	1	1	1	1	1	1	1	1	1	1	1	1	1	1

> **提示** （1）74LS42 集成译码器只对编码 0000 ～ 1001 进行译码，输出端 $\overline{Y_0}$ ～ $\overline{Y_9}$ 依次译码，输出为 0（输出低电平有效）。
>
> （2）编码 1010 ～ 1111 为 6 个无效状态（称为伪码），因此当输入为 1010 ～ 1111 伪码时，输出端 $\overline{Y_0}$ ～ $\overline{Y_9}$ 均为 1。

此外，二—十进制译码器常用的型号有：TTL 系列的 54/7442、54/74LS42 和 CMOS 系列中的 54/74HC42、54/74HCT42 等。

3. 显示译码器

在数字系统中，常常需要将测量的数据和运算结果直观地显示出来。这就需要由显示电路来完成。**译码显示电路的功能是将输入的 BCD 码译成对应的数字、文字、符号，再由驱动显示器显示出来。因此，显示译码器由译码器和显示器组成。**译码器和驱动器通常都集中在同一集成块中，输入为二进制代码，输出显示十进制数。下面介绍七段半导体显示译码器。

（1）七段半导体显示译码器。如图 7.49 所示为由 7 个发光二极管排列成的数码显示器的示意图。发光二极管分别用 a、b、c、d、e、f、g 7 个字母代表，按一定的形式排列成“日”字形。通过字段的不同组合，可显 0 ～ 9 共 10 个数字。

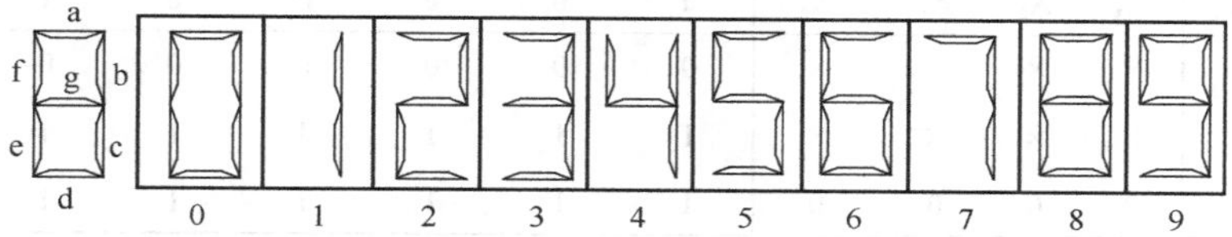

图 7.49　七段显示数字图形示意图

> **提示** 需要说明的是有的七段显示数字图形中的 6 和 9 少一横，显示如右字形：

7 个发光段有两种接法，即共阳极接法如图 7.50（a）所示，共阴极接法如图 7.50（b）所示，图中的 R 为限流电阻。在前一种接法中，译码器输出低电平来驱动显示段发光，而在后一种接法中，译码器需要输出高电平来驱动各显示段发光。

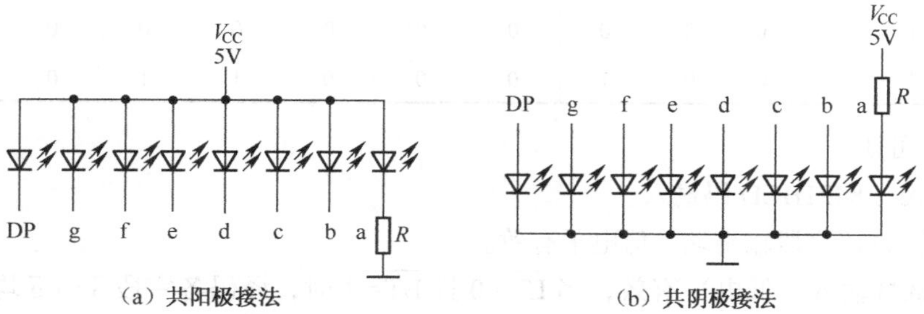

图 7.50　半导体数码显示器的内部接法

（2）集成显示译码器。集成显示译码器品种很多，如 TTL 系列有 74LS247、74LS47、74LS248 等，COMS 系列中也有 CC4511、CC4513 等，但功能都不尽相同。下面以 CT74LS247 为例，对各功能作一些简单的分析。

CT74LS247 的引脚排列图和逻辑功能示意图如图 7.51 所示。图中 $A_3 \sim A_0$ 是 8421BCD 码输入端；输入原码 $\overline{a} \sim \overline{g}$ 为输出端，低电平有效。另外，还有 3 个控制端。其功能表如表 7.13 所示。

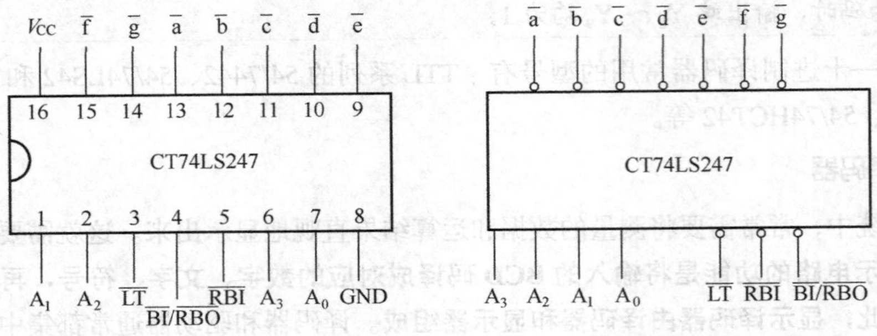

(a) 引脚图　　(b) 逻辑功能示意图

图 7.51　显示译码器 CT74LS247

表 7.13　**CT74LS247 功能表**

$\overline{LT}$	$\overline{RBI}$	$\overline{BI}/\overline{RBO}$	A_3	A_2	A_1	A_0	$\overline{a}$	$\overline{b}$	c	$\overline{d}$	$\overline{e}$	$\overline{f}$	$\overline{g}$	说明
0	×	1	×	×	×	×	0	0	0	0	0	0	0	试灯
×	×	0	×	×	×	×	1	1	1	1	1	1	1	熄灭
1	0	0	0	0	0	0	1	1	1	1	1	1	1	灭 0
1	1	1	0	0	0	0	0	0	0	0	0	0	1	显示 0
1	×	1	0	0	0	1	1	0	0	1	1	1	1	1
1	×	1	0	0	1	0	0	0	1	0	0	1	0	2
1	×	1	0	0	1	1	0	0	0	0	1	1	0	3
1	×	1	0	1	0	0	1	0	0	1	1	0	0	4
1	×	1	0	1	0	1	0	1	0	0	1	0	0	5
1	×	1	0	1	1	0	1	1	0	0	0	0	0	6
1	×	1	0	1	1	1	0	0	0	1	1	1	1	7
1	×	1	1	0	0	0	0	0	0	0	0	0	0	8
1	×	1	1	0	0	1	0	0	0	1	1	0	0	9

由表 7.13 可知

① $A_3 \sim A_0$：8421BCD 码输入。

② $\overline{a} \sim \overline{g}$：译码字段输出端，低电平有效。

③ $\overline{LT}$：试灯输入，低电平有效，当 $\overline{LT}$= 0 且 $\overline{BT}$= 1 时，译码各字段 $\overline{a} \sim \overline{g}$ 均输出低电平，点亮各字段，以检查七段字形数码管是否完好无损。不用时，$\overline{LT}$ 应置 1。

④ $\overline{BI}/\overline{RBO}$既是输入端，又是输出端。

$\overline{BI}/\overline{RBO}$ 作为输入端时，用作熄灭输入端，输入低电平，则不论其他端（如 $\overline{LT}$、$\overline{RBI}$、$A_3 \sim A_0$）为何种状态，$\overline{a} \sim \overline{g}$ 均为高电平，各段均不显示而熄灭。

$\overline{BI}/\overline{RBO}$作为输出端时，用作串行灭零输出。当 $\overline{RBI}$=0 且 $A_3 \sim A_0$ 均为 0 时，$\overline{RBI}$ 端本来要

显示 011.67，可以只显示 11.67，而把前面一个零去掉。为此，令第 1 位 $\overline{RBI}=0$，而把它的灭零输出 $\overline{RBI}$ 接到下一位的 $\overline{RBI}$ 端，当该位为 0 时，使它的零也不显示。如该位不为零，则仍能照常显示。

⑤ $\overline{RBI}$：灭零输入。当 $\overline{RBI}=0$ 时，若 $A_3 \sim A_0$ 为 0000，则此时 $\overline{a} \sim \overline{g}$ 均为高电平，不显示数字 0；但如 $A_3 \sim A_0$ 不为 0，而为其他数字时，仍照常显示。

小练习

1. 什么是编码器？
2. 什么是优先编码器？与普通的编码器相比较其主要优点是什么？
3. 什么是译码器？为什么说译码是编码的逆过程？
4. 用 3 线—8 线译码器和门电路实现：$Y=\overline{A}\,\overline{B}+AB\overline{C}$，$Y=ABC+\overline{A}(B+C)$。

三、技能实训　组装和测试篮球比赛 24 秒计时器的译码电路

将篮球比赛 24 秒计时器电路图按知识点进行拆分组装，分为译码显示电路、计数器电路、控制电路及秒信号发生电路。本实训按如图 7.52 所示进行组装和测试篮球比赛 24 秒计时器中译码显示电路。

1. 实训目标

（1）进一步掌握中规模集成电路译码显示器的逻辑功能。

（2）学会显示译码器计数器 74LS47 逻辑功能测试方法及应用。

（3）学会安装电路，实现译码显示器的逻辑功能。

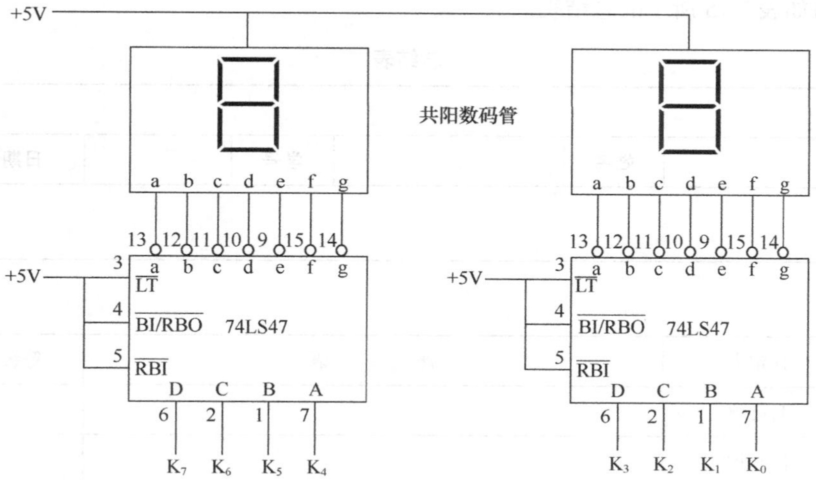

图 7.52　译码显示电路图

2. 实训解析

74LS47 的集成显示译码器，采用 8421BCD 编码输入，具有显示、灭 0、熄灭、试灯功能，其功能与 CT74LS247 的功能一样，如表 7.13 所示。引脚排列图如图 7.53 所示。

$\overline{LT}$：试灯输入，低电平有效，不用时，$\overline{LT}$ 应置 1。$\overline{RBI}$：灭零输入。$\overline{BI}/\overline{RBO}$ 既是输入端，

又是输出端。A_3 ～ A_0：8421BCD 码输入。$\overline{a}$ ～ $\overline{g}$：译码字段输出端，低电平有效。

3. 实训操作

实训器材如表 7.14 所示。

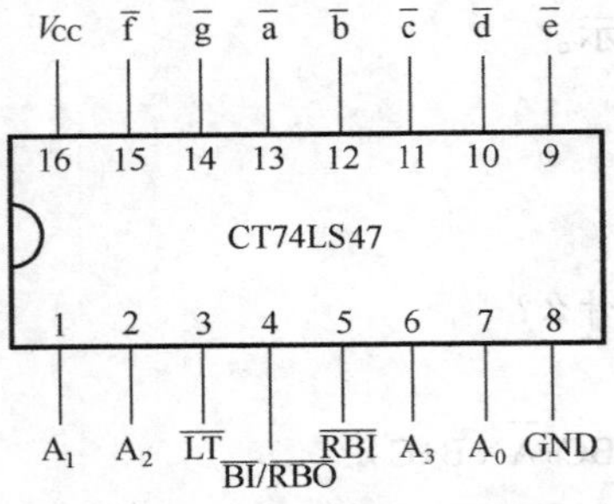

图 7.53　74LS47 引脚排列图

表 7.14　实训器材

序　号	名　称	规　格	数　量
1	集成电路	74LS47	2 块
2	七段字形显示器		2 块
3	电子技术实验箱	ELB	1 块
4	万用表	FM47	4 台

（1）按照如图 7.52 所示电路图连接电路。（K_0 ～ K_7 为实验箱的逻辑开关）

（2）检查无误后，通电测试。

（3）检查功能是否符合要求，指示是否正确。

改变逻辑输入端 K_0 ～ K_7 的输入状态，由 00000010-00011001 观察显示器的显示字型。

4. 实训总结

（1）对测试结果进行分析，得到实验结论。

（2）总结在制作过程中遇到的问题和处理方法。

（3）通过制作显示译码器，你有什么收获？

（4）填写如表 7.15 所示的总结表。

表 7.15　总结表

<table>
<tr><td>课题</td><td colspan="7"></td></tr>
<tr><td>班级</td><td></td><td>姓名</td><td></td><td>学号</td><td></td><td>日期</td><td></td></tr>
<tr><td>实训收获</td><td colspan="7"></td></tr>
<tr><td>实训体会</td><td colspan="7"></td></tr>
<tr><td rowspan="5">实训评价</td><td>评定人</td><td colspan="4">评　语</td><td>等级</td><td>签名</td></tr>
<tr><td>自己评</td><td colspan="4"></td><td></td><td></td></tr>
<tr><td>同学评</td><td colspan="4"></td><td></td><td></td></tr>
<tr><td>老师评</td><td colspan="4"></td><td></td><td></td></tr>
<tr><td>综合评定等级</td><td colspan="6"></td></tr>
</table>

实训拓展

想想如果将两位数字译码器改为 3 位、4 位，怎样画图？

(1)本单元重点介绍了目前应用最广泛的 TTL 和 CMOS 两类集成电路。

(2)组合逻辑电路由门电路组成，它的特点是输出仅取决于当前的输入，而与以前的状态无关。

(3)组合逻辑电路的分析是根据已知的逻辑电路，找出输出与输入信号间的逻辑关系，确定电路的逻辑功能。

(4)组合逻辑电路的设计是电路分析的逆过程，其任务是根据需要设计一个符合逻辑功能的最佳逻辑电路。

(5)组合逻辑电路现多采用集成电路来实现，组合逻辑电路种类很多，应用也很广泛，常见的有编码器、译码器，本单元讨论了以上常用集成组合逻辑电路的功能、工作原理及应用方法。

一、判断题

1. 判断下列各题正确与否（正确的画√，错误的画 ×）。

(1)组合逻辑电路的特点是具有记忆功能。 (　　)

(2)2 位二进制编码器有 4 个输入端，2 个输出端。 (　　)

(3)译码器的功能是将二进制码还原成给定的信号符号。 (　　)

2. 如图 7.54 所示 TTL 门电路，在实现规定的逻辑功能时，其连接有无错误？如有错误请改正。

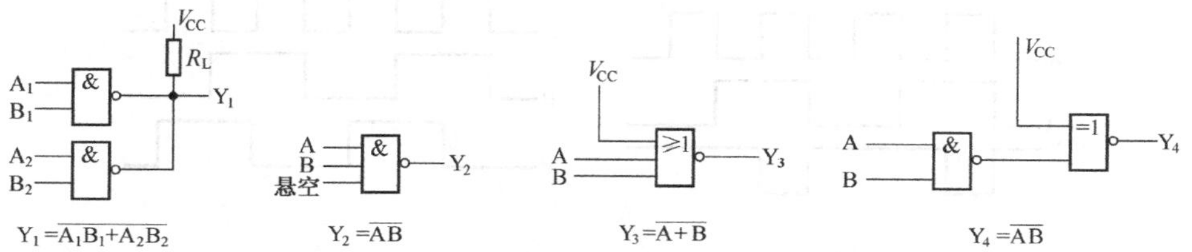

$Y_1=\overline{A_1B_1+A_2B_2}$　(a)　$Y_2=\overline{AB}$　(b)　$Y_3=\overline{A+B}$　(c)　$Y_4=\overline{AB}$　(d)

图 7.54　判断题 2 用图

3. 试判断如图 7.55 所示中 TTL 门电路输出与输入之间的逻辑关系哪些是正确的，哪些是错误的，并将错误的接法改正。

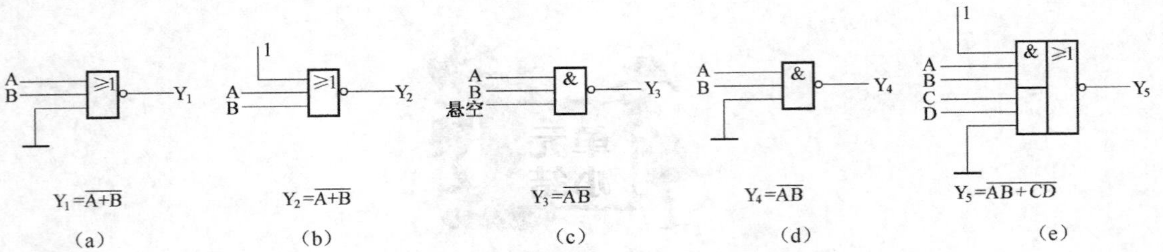

图 7.55　判断题 3 用图

二、填空题

1. 要利用 TTL 与非门实现输出线与应采用________门，要实现总线结构应采用________门。

2. TTL 电路中多余的输入端，一般不能用悬空办法处理，这是因为________。

3. CMOS 集成电路的优点是____。

4. 组合逻辑电路的特点是____。

5. 编码器的功能是把输入的信号（如________、________、________）转化为________数码。

6. 译码器按具体功能不同分为 3 种：________，________，________。

7. 半导体数码管按内部发光二极管的接法可分为________和________两种。

三、选择题

1. 能将输入信号转变为二进制代码的电路称为________。

A. 译码器　　B. 编码器　　C. 数据选择器　　D. 数据分配器

2. 优先编码器同时有两个输入信号时，是按________的输入信号编码。

A. 高电平　　B. 低电平　　C. 高频率　　D. 高优先级

3. 2 线—4 线译码器有________。

A. 2 条输入线，4 条输出线　　B. 4 条输入线，2 条输出线

C. 4 条输入线，8 条输出线　　D. 8 条输入线，2 条输出线

四、综合题

1. 已知门电路输入端 A、B 和输出端 Y 的波形如图 7.56 所示，试分别写出它们的真值表和输出逻辑表达式。

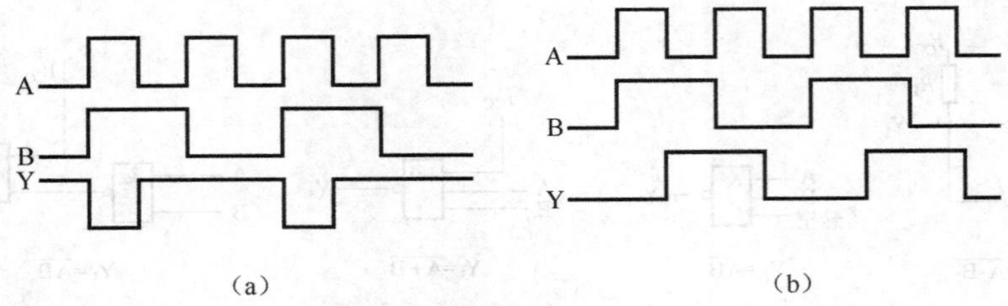

图 7.56　综合题 1 用图

2. 用与非门实现下列逻辑关系，画出逻辑图。

（1）Y=A+B+C；（2）Y=（A+B）C；（3）Y = A（B + C）+BC

3. 分析如图 7.57 所示电路的逻辑功能。

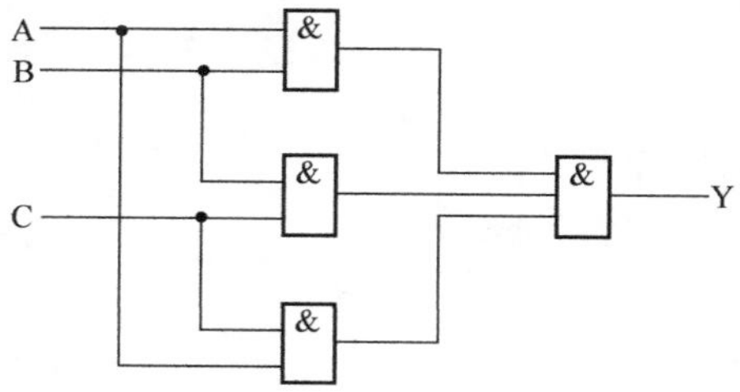

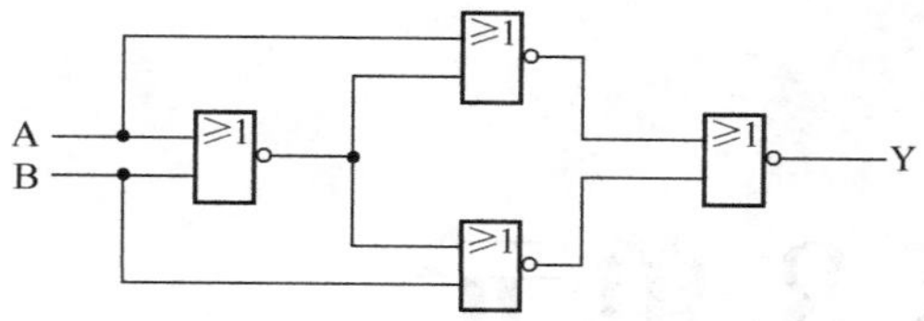

图 7.57　综合题 3 用图

4. 设计一个路灯控制电路，要求在 4 个不同的地方都能独立控制路灯的亮和灭，当一个开关动作后灯亮，另一个开关动作后灯灭。

5. 试用集成 3 线—8 线译码器 CT74LS138 和门电路实现下列逻辑函数。

（1）3 人表决器逻辑电路。

（2）交通信号灯故障检测器逻辑电路。

第 8 单元

触发器

知识目标

- 了解基本 RS 触发器的电路结构，熟知其符号、逻辑功能。
- 了解同步 RS 触发器的电路结构，掌握其逻辑功能。
- 熟悉 JK 触发器的符号、逻辑功能。
- 掌握 D 触发器的符号、逻辑功能。

技能目标

- 能正确使用集成触发器。
- 能借助手册合理选用集成触发器。
- 掌握集成触发器逻辑功能的测试方法。

情 景 导 入

在生活中人们常遇到多个用户申请同一服务，而服务者在同一时间只能服务于一个用户的情况，这时就需要把其他用户的申请信息先存起来，然后再进行服务，如图 8.1 所示就是一个这样的例子。其中将用户的申请信息先存起来的功能需要使用具有记忆功能的部件。在数字电路中，也同样会有这样的问题。

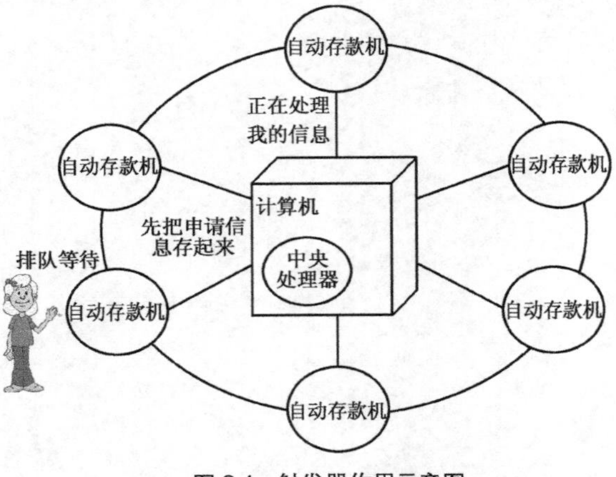

图 8.1 触发器作用示意图

本单元介绍构成数字电路系统的另一种基本单元电路——触发器，首先介绍各种触发器的电路组成、逻辑性能及因电路结构不同而带来的不同动作特点等。

第1节 概述

在数字电路中，同样会遇到存储信息的问题。如要对二值（0、1）信号进行逻辑运算，常要将这些信号和运算结果保存起来。因此，也需要使用具有记忆功能的基本单元电路。**把能够存储一位二值信号的基本单元电路称为触发器。**

触发器与组合电路的基本单元电路（门电路）不同，为实现存储一位二值信号的功能，触发器应具备以下两个基本特点。

（1）它具有两个稳定状态。

触发器有两个输出端，分别记作 Q 和 $\overline{Q}$，其状态是互补的。$Q=1$，$\overline{Q}=0$ 是一个稳定状态，称 1 态。$Q=0$，$\overline{Q}=1$ 是另一个稳定状态，称 0 态。

如出现 $Q=\overline{Q}=1$ 或 $Q=\overline{Q}=0$，因不满足互补的条件，故称为不定状态。

（2）根据输入的不同，触发器可以置于 0 态，也可以置于 1 态。所置状态在输入信号消失后保持不变，即它具有存储一位二值信号的功能。

触发器种类很多，按触发方式的不同，可以分为同步触发器（电平触发器）、主从触发器及边沿触发器等。根据逻辑功能的差异，可分为 RS 触发器、D 触发器、JK 触发器、T 触发器和 T' 触发器等类型。

第2节 基本 RS 触发器

基本 RS 触发器又称 RS 锁存器，它不仅是各种触发器电路中结构形式最简单的一种，同时也是许多电路结构复杂触发器的一个组成部分。

一、电路结构及工作原理

1. 电路结构

基本 RS 触发器的电路结构图和符号如图 8.2 所示。如图 8.2（a）所示为基本 RS 触发器的电路结构图，它是由两个与非门 G_1、G_2 交叉反馈连接而成。如图 8.2（b）所示为其图形符号。其中 $\overline{R}_D$、$\overline{S}_D$ 为两个输入端，平时 $\overline{R}_D$、$\overline{S}_D$ 为高电平，有信号时为低电平，也就是说，**$\overline{R}_D$、$\overline{S}_D$ 是低电平有效，符号 $\overline{R}_D$、$\overline{S}_D$ 上的非号就是反映这一概念。图形符号的输入端用小圆圈表示该触发器用负脉冲（0 电平）触发，**也是反映这一概念。Q 和 $\overline{Q}$ 为两个输出端。

2. 工作原理

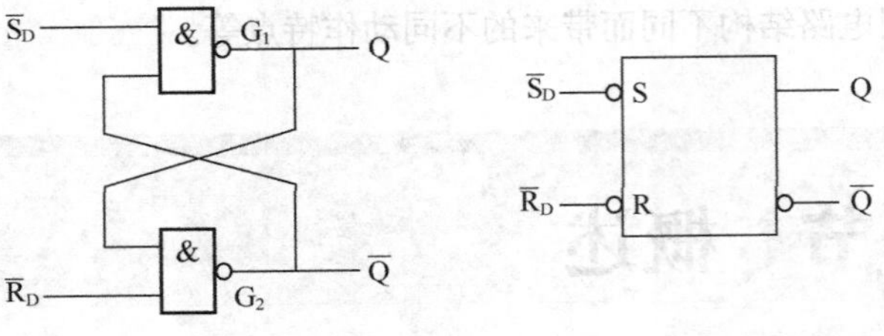

（a）电路结构图　　（b）图形符号

图 8.2　与非门构成的基本 RS 触发器

看一看　按如图 8.2(a)所示连接电路，Q 和 $\overline{Q}$ 接 0-1 指示器。给输入端 $\overline{R}_D$、$\overline{S}_D$ 分别加上(0，0)、(0，1)、(1，0)、(1，1) 电平，注意观察输出端 Q 和 $\overline{Q}$ 的状态。

实验现象

（1）$\overline{R}_D=1$，$\overline{S}_D=0$；$Q=1$，$\overline{Q}=0$。

（2）$\overline{R}_D=0$，$\overline{S}_D=1$；$Q=0$，$\overline{Q}=1$。

（3）$\overline{R}_D=\overline{S}_D=1$，触发器仍保持原来的状态不变。

（4）$\overline{R}_D=\overline{S}_D=0$；$Q=\overline{Q}=1$。

知识探究

通过实验现象分析可知

（1）只要 $\overline{S}_D$ 端加上负脉冲（低电平）时，输出 Q 就为 1。即使 $\overline{S}_D$ 端的负脉冲消失，触发器仍然保持在 1 状态，体现了触发器的记忆功能。通常把这种在 $\overline{S}_D$ 端加入负脉冲后，使触发器状态变为 1 状态的过程称为触发器置 1，故称 $\overline{S}_D$ 端为置 1 端或置位端。又因 $\overline{S}_D$ 是加负脉冲(低电平)时，触发器置 1，故说 $\overline{S}_D$ 是低电平有效。

（2）只要 $\overline{R}_D$ 端加一负脉冲（低电平）时，输出 Q 就为 0。通常把在 $\overline{R}_D$ 端加入负脉冲使触发器状态变为 0 状态的过程称为触发器置 0，故称 $\overline{R}_D$ 端为置 0 端或复位端，且低电平有效。

（3）当 $\overline{R}_D$ 和 $\overline{S}_D$ 均为 1 时，即 R_D 和 $\overline{S}_D$ 均处于无效电平，触发器维持原状态，故触发器具有保持功能。

（4）当 $\overline{R}_D$ 和 $\overline{S}_D$ 全为 0 时，即 $\overline{R}_D$ 和 $\overline{S}_D$ 同时处于有效电平，触发器无法判断是置 1 还是置 0，故输出为不定状态（$Q=\overline{Q}=1$）。这种状态应尽量避免出现。

用真值表表示出上述分析的原状态（Q^n）、次态（Q^{n+1}）和输入信号间的逻辑关系，称特性表，如表 8.1 所示。

表 8.1　基本 RS 触发器的特性表

$\overline{R}_D$	$\overline{S}_D$	Q^n	Q^{n+1}	功能
0	0	0 1	×	不定
0	1	0 1	0	置 0
1	0	0 1	1	置 1
1	1	0 1	0 1	保持

警告

当 $\overline{R}_D$ 和 $\overline{S}_D$ 全为 0 时，$Q=\overline{Q}=1$，破坏了触发器的逻辑关系，应避免这种情况出现。因为一旦输入端的负脉冲同时撤除以后，触发器的状态是不确定的。即约束条件为 $\overline{R}_D+\overline{S}_D=1$。

知识拓展

基本 RS 触发器工作原理

上面是从实验现象来分析基本 RS 触发器工作原理的，下面从电路结构来分析基本 RS 触发器工作原理。

（1）$\overline{R}_D=1$，$\overline{S}_D=0$

由与非门功能（只要有一个输入端为 0，与非门就被封锁，输出就为 1）可知：当 $\overline{S}_D$ 端加上负脉冲（低电平）时，无论 G_1 的另一输入端 $\overline{Q}$ 的原状态是 1 还是 0，门 G_1 的输出 Q 均为 1。Q 又反馈到门 G_2 的输入端使得输出 $\overline{Q}$ 为 0，触发器完成置 1 的功能。

（2）$\overline{R}_D=0$，$\overline{S}_D=1$

当 $\overline{S}_D$ 端保持高电平，而 $\overline{R}_D$ 端加一负脉冲（低电平）时，其工作过程与前述触发器置 1 过程相反，触发器为 0 状态，即触发器完成置 0 的功能。

（3）$\overline{R}_D=\overline{S}_D=1$

当 $\overline{R}_D$ 和 $\overline{S}_D$ 均为 1 时，若触发器原为 0 状态（$Q=0$，$\overline{Q}=1$），门 G_1 的两个输入均为 1，因此输出 Q 为 0，即触发器保持 0 状态不变。若触发器原为 1 状态（$Q=1$，$\overline{Q}=0$），门 G_1 的两个输入 $\overline{S}_D=1$、$\overline{Q}=0$，因此输出 Q 为 1，即触发器保持 1 状态不变。即触发器具有保持功能。

（4）$\overline{R}_D=\overline{S}_D=0$

当 $\overline{R}_D$ 和 $\overline{S}_D$ 全为 0 时，与非门被封锁，迫使 $Q=\overline{Q}=1$。

【例 8.1】已知基本 RS 触发器的 $\overline{R}_D$、$\overline{S}_D$ 的电压波形如图 8.3 所示，试画出 Q 和 $\overline{Q}$ 端对应的电压波形。设初态为 0 态。

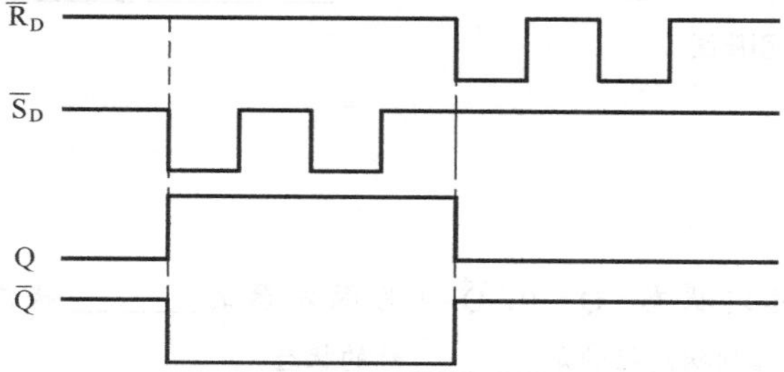

图 8.3　例 8.1 的电压波形图

解：这是一个用已知 $\overline{R}_D$、$\overline{S}_D$ 状态确定 Q 和 $\overline{Q}$ 状态的问题。只要根据每个时间里 $\overline{R}_D$、$\overline{S}_D$ 的状态，去查特性表中的 Q 和 $\overline{Q}$ 的相应状态，即可画出输出波形图。Q 和 $\overline{Q}$ 的波形如图 8.3 所示。

基本 RS 触发器也可由两个或非门组成，它是采用正脉冲置 1 或 0，感兴趣的同学可参阅其他书籍。

二、特点及用途

由图 8.2（a）可见，**在基本 RS 触发器中，输入信号直接加在输出门上，所以输入信号在全部的时间里都能直接改变输出端 Q 和 $\overline{Q}$ 的状态，这就是基本 RS 触发器的动作特点。**这点使基本 RS 触发器抗干扰性能较差。

正因为这个缘故，也把 $\overline{R}_D$ 端叫做直接复位端，$\overline{S}_D$ 端叫做直接置位端，并把基本 RS 触发器称为直接置位、复位触发器。

基本 RS 触发器不仅电路结构简单，是构成其他功能触发器的必不可少的组成部分，而且可用作数码寄存器、消抖动开关、单次脉冲发生器和脉冲变换电路等。但因为动作特点，使基本 RS 触发器抗干扰性能较差。

注意 由于基本 RS 触发器的输入端 $\overline{R}_D$、$\overline{S}_D$ 间有约束，因此，不允许两者连在一起作为计数输入。

三、集成基本 RS 触发器

在实际数字电路中，多采用集成触发器，如 74LS279、CC4044、CC4043 等都是集成基本 RS 触发器。如图 8.4 所示是 CC4043 引脚排列图，CC4043 是由 4 个或非门基本 RS 触发器组成的锁存器集成电路，其中 NC 表示空脚。它采用三态单端输出，由芯片的 5 脚 EN 信号控制。电路的核心是或非门结构，输入信号经非门倒相，高电平为有效信号。CC4043 功能如表 8.2 所示。

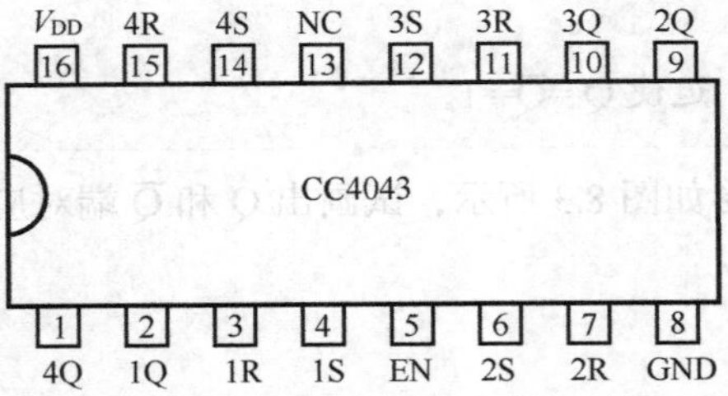

图 8.4 CC4043 引脚图

表 8.2 CC4043 功能表

输入			输出
S	R	EN	Q
×	×	0	高阻
0	0	1	Q^n（原态）
0	1	1	0
1	0	1	1
1	1	1	1

小练习

1. 填空题

（1）触发器有两个稳定状态：Q = 0、$\overline{Q}$= 1 为触发器的________状态；Q = 1、$\overline{Q}$= 0 为触发器的________状态。所以触发器的状态指的是________端的状态。

（2）由两个与非门组成的基本 RS 触发器，在正常工作时，不允许输入 $\overline{R}_D$ =$\overline{S}_D$ = 0 的信号，因此应遵守的约束条件是________。

2. 什么是触发器，它与门电路有何区别？触发器有哪几种类型？

3. 由两个与非门组成的基本 RS 触发器及其输入信号波形如图 8.5 所示，初态 Q = 0。

（1）在图 8.5（a）的逻辑电路中标出与 $\overline{R}_D$、$\overline{S}_D$ 端相对应的 Q 端和 $\overline{Q}$ 端。

（2）在图 8.5（b）中，设触发器的初态为 0，画出 Q 端和 $\overline{Q}$ 端的输出波形。

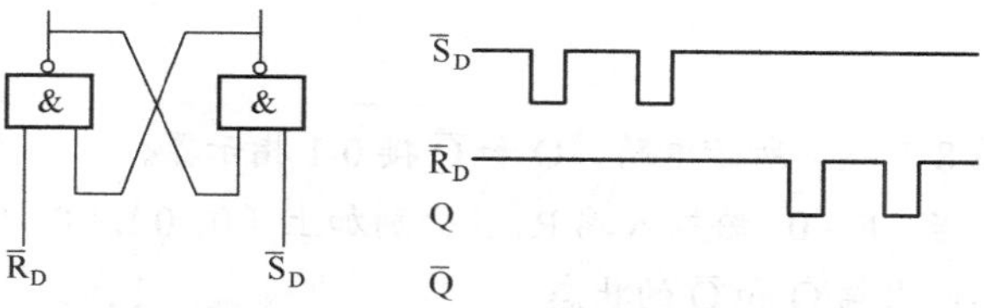

（a）基本 RS 触发器逻辑电路　　　　（b）输入波形

图 8.5　小练习题 3 基本 RS 触发器及其输入信号波形

第 3 节　同步 RS 触发器

在生活中，常常会遇到如图 8.6 所示的情况：要等时间到了，几个门同时打开，即同步。在数字系统中，为保证各部分电路工作协调一致，也常常要求某些触发器于同一时刻动作。因此引入同步信号，使这些触发器只有在同步信号到达时才能按输入信号改变状态。通常把这个同步控制信号称为时钟信号，简称时钟，用 CP 表示。把受时钟控制的触发器统称为时钟触发器或同步触发器。

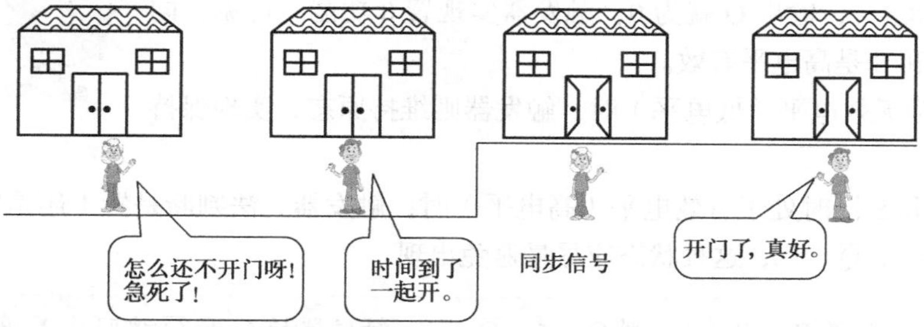

图 8.6　同步概念示意图

一、电路结构及工作原理

1. 电路结构

如图 8.7（a）所示是同步 RS 触发器的电路结构图。图中与非门 G_1、G_2 组成基本 RS 触发器，与非门 G_3、G_4 构成输入控制电路。如图 8.7（b）为同步 RS 触发器的图形符号。

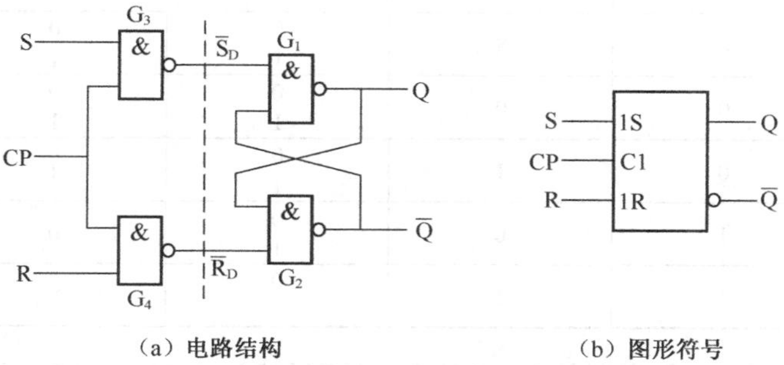

（a）电路结构　　　　（b）图形符号

图 8.7　同步 RS 触发器

2. 工作原理

看一看

如图 8.7（a）所示电路，Q 和 $\overline{Q}$ 接 0-1 指示器。

（1）当 CP＝0，给输入端 R、S 分别加上（0，0）、（0，1）、（1，0）、（1，1）电平，注意观察输出端 Q 和 $\overline{Q}$ 的状态。

（2）当 CP＝1，给输入端 R、S 分别加上（0，0）、（0，1）、（1，0）、（1，1）电平，再观察输出端 Q 和 $\overline{Q}$ 的状态。

实验现象

（1）当 CP＝0 时，无论 R 和 S 是什么信号，输出端 Q 和 $\overline{Q}$ 保持原状态不变。

（2）当 CP ＝ 1 时① R ＝ 0，S ＝ 1；Q ＝ 1、$\overline{Q}$ ＝ 1。② R ＝ 1，S ＝ 0；Q ＝ 0，$\overline{Q}$ ＝ 1。③ R ＝ S ＝ 0，触发器保持原来的状态不变。④ R ＝ S ＝ 1；Q ＝ 1，$\overline{Q}$＝ 1。

知识探究

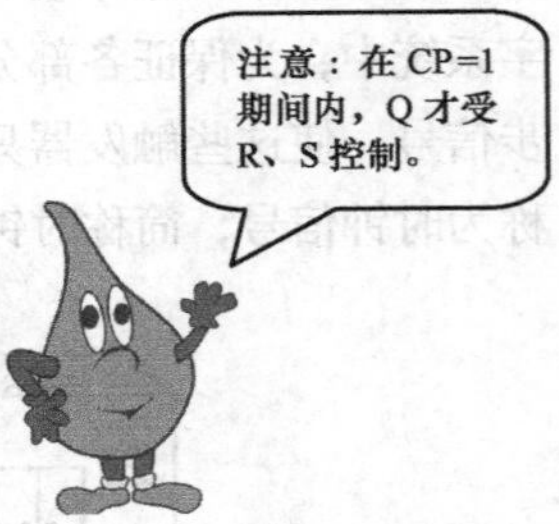

注意：在 CP=1 期间内，Q 才受 R、S 控制。

通过实验现象可知：只有在 CP＝1 期间，触发器才受 R、S 的控制，因此也称其为电平触发的 RS 触发器。

（1）只要 S＝1，输出 Q 就为 1，触发器实现置 1 功能。

（2）只要 R＝1，输出 Q 就为 0，触发器实现置 0 功能。可见，同步触发器中 R 和 S 是高电平有效。

（3）同时为无效电平（低电平）时，触发器则维持原态，实现保持功能。

（4）当 R 和 S 同时处于有效电平（高电平）时，触发器无法判断是置 1 还是置 0，故输出为不定状态（Q＝1，$\overline{Q}$＝1），这种状态应尽量避免出现。

警告

如果 R ＝ S ＝ 1，则 Q ＝ 1，$\overline{Q}$ ＝ 1，触发器的 Q 和 $\overline{Q}$ 端同为 1 状态，是不允许使用的不定状态，即约束条件为 S · R ＝ 0

二、特性表

由上述现象及分析可得到同步 RS 触发器的特性表，如表 8.3 所示。

表 8.3　　同步 RS 触发器的特性表

CP	R	S	Q^n	Q^{n+1}	功能
0	×	×	0 1	0 1	保持
1	0	0	0 1	0 1	保持
1	0	1	0 1	1	置 1
1	1	0	0 1	0	置 0
1	1	1	0 1	×	不定

【例 8.2】已知同步 RS 触发器的 R、S 的电压波形如图 8.8 所示，试画出 Q 和 $\overline{Q}$ 端对应的电

压波形。设触发器的初始状态为 0 态。

解：这是一个用已知 R、S 的状态确定 Q 和 $\overline{Q}$ 状态的问题。只要根据每个时间里 R、S 的状态，对应去查特性表中的 Q 和 $\overline{Q}$ 的相应状态，即可画出输出波形图，Q 和 $\overline{Q}$ 的波形如图 8.8 所示。

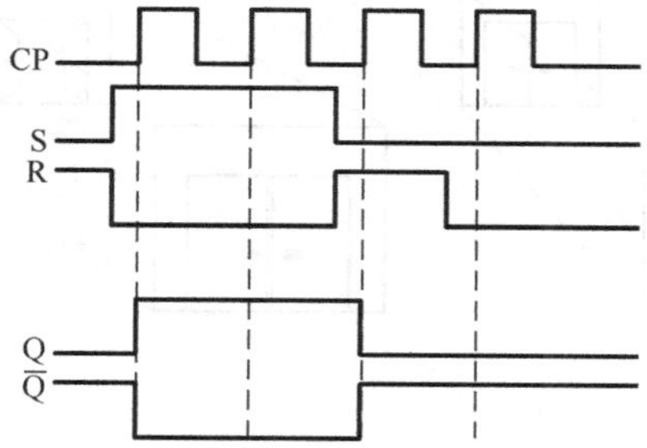

图 8.8　例 8.2 的输入输出电压波形

三、同步触发特点

在 CP=1 的全部时间里，R 和 S 的变化均将引起触发器输出端状态的变化。这就是同步 RS 触发器的动作特点。

由此可见，**在 CP = 1 期间，输入信号进行多次变化，触发器也随之进行多次变化，这种现象称为空翻**。空翻现象会造成逻辑上的混乱，使电路无法正常工作。这也是同步 RS 触发器除了存在状态不确定的缺点外，存在的另一个缺点——空翻现象。为了克服上述缺点，后面介绍功能更加完善的 JK 触发器和 D 触发器。

小练习

1. 同步 RS 触发器与基本 RS 触发器比较有何优缺点？
2. 同步触发器的 CP 脉冲何时有效？
3. 什么是空翻现象？
4. 同步 RS 触发器的输入波形如图 8.9 所示。设 Q 初态为 0。画出 Q 端和 $\overline{Q}$ 端的波形。

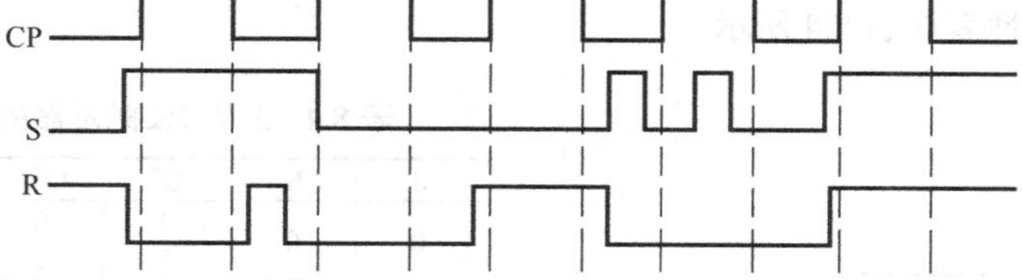

图 8.9　小练习题 4 同步 RS 触发器的输入波形

第 4 节　JK 触发器

为提高触发器工作的稳定性，希望在每个 CP 周期里输出端的状态只能改变一次。因此，在同步 RS 触发器的基础上设计出了主从结构触发器。

所谓主从结构可用如图 8.10 所示示意图来说明。第 1 道门相当于主门，接受来访者。第 2 道门相当于从门，当第 1 道门关上时，第 2 道门才打开让来访者进入。

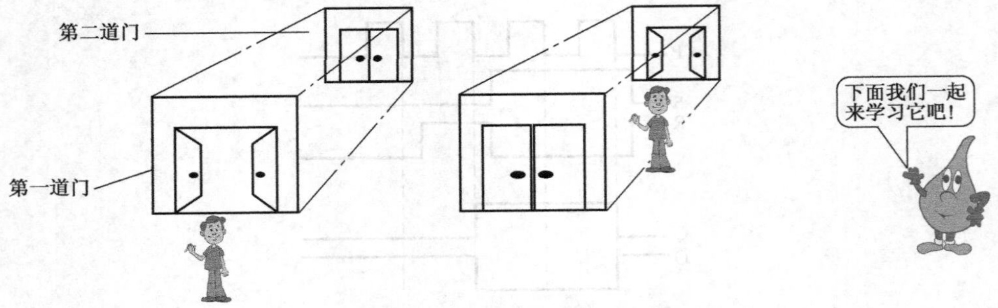

图 8.10　主从结构示意图

因此可见，主从结构触发器是由两级触发器构成。其中一级直接接收输入信号，称为主触发器，另一级接收主触发器的输出信号，称为从触发器。两级触发器的时钟信号互补，主触发器接收输入与从触发器改变输出状态分开进行，从而有效地克服了空翻。

主从 RS 触发器虽然解决了空翻的问题，但输入信号仍需遵守约束条件 **RS = 0**。为了使用方便，希望即使出现 R = S = 1 的情况，触发器的次态也是确定的，为此，改进触发器的电路结构，设计出了主从 JK 触发器。主从 RS 触发器这里不再介绍。

一、主从 JK 触发器

1. 图形符号

如图 8.11 所示为主从 JK 触发器的图形符号，由图中可见输入端 J、K 是高电平有效。逻辑符号中。"⌐"表示主从触发输出。

2. 逻辑功能

JK 触发器的逻辑功能与 RS 触发器的逻辑功能基本相同，不同之处是 JK 触发器没有约束条件，在 J = K = 1 时，每输入一个时钟脉冲后，触发器的状态翻转一次。

JK 触发器的特性表如表 8.4 所示。

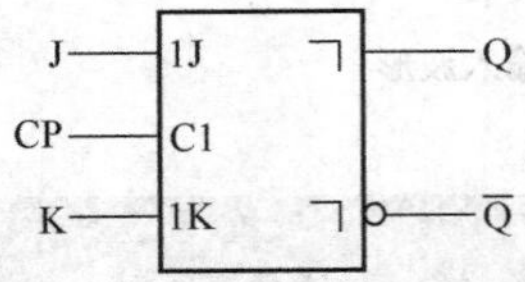

图 8.11　主从 JK 触发器图形符号

表 8.4　主从 JK 触发器的特性表

J	K	Q^n	Q^{n+1}	功能
0	0	0 1	0 1	保持
0	1	0 1	0 0	置 0
1	0	0 1	1 1	置 1
1	1	0 1	1 0	翻转

【例 8.3】已知主从 JK 触发器的输入 CP、J 和 K 的波形，如图 8.12 所示，试画出 Q 端对应的电压波形。设触发器的初始状态为 0 态。

解：这是一个用已知 J、K 状态确定 Q 状态的问题。只要根据每个时间里 J、K 的状态，去查特性表中 Q 的相应状态，即可画出输出波形图。得 Q 的波形如图 8.12 所示。

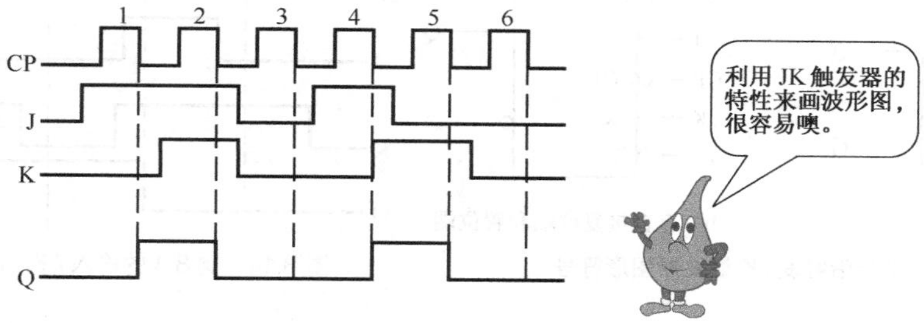

图 8.12　例 8.3 的输入 / 输出电压波形图

注意

在画主从 JK 触发器的波形图时应注意以下两点。

① 触发器的触发发生在时钟脉冲的下降沿。

② 在 CP = 1 期间，如果输入信号 J、K 的状态没有变化，则判断触发器次态的依据是时钟脉冲下降沿前一瞬间输入端 J、K 的状态。

警告

在使用主从 JK 触发器时，应尽量保证在 CP = 1 期间，输入信号 J、K 的状态不发生变化。否则，就必须考虑 CP = 1 期间输入状态的全部变化过程，才能确定时钟脉冲下降沿到来时触发器的状态。

二、边沿触发的 JK 触发器

为了提高触发器的可靠性，增强抗干扰能力，希望触发器的次态仅取决于时钟脉冲的下降沿或上升沿时刻输入信号的状态。为实现这一设想，人们相继研制出各种边沿触发器电路。这里介绍边沿触发的 JK 触发器。

1. 图形符号

如图 8.13 所示为下降沿触发的 JK 触发器图形符号。图中 J、K 为信号输入端，CP 为时钟脉冲。**在符号图中 CP 一端标有“∧”和小圆圈，表示脉冲下降沿有效。如果 CP 一端只标有“∧”而无小圆圈，则表示脉冲上升沿有效。**$\overline{R}_D$ 端是直接复位端（复位是使 Q 端输出为 0，$\overline{Q}$ 端输出为 1），$\overline{S}_D$ 端是直接置位端（置位与复位相反，使 Q 端输出为 1，$\overline{Q}$ 端输出为 0），$\overline{R}_D$ 端、$\overline{S}_D$ 端均是低电平有效。

2. 逻辑功能

负边沿触发的 JK 触发器的逻辑功能与主从 JK 触发器相同，除了对 CP 的要求不同以外，J、K、Q^n 和 Q^{n+1} 之间的逻辑关系完全相同。

【例 8.4】已知负边沿触发的 JK 触发器的输入 CP、J 和 K 的波形如图 8.14 所示，试画出 Q 对应的电压波形。设触发器的初始状态为 0 态。

解：这是一个用已知 J、K 的状态确定 Q 状态的问题。只要根据每个时间里 J、K 的状态，去查特性表中 Q 的相应状态，即可画出输出波形图。则 Q 的波形图如图 8.14 所示。

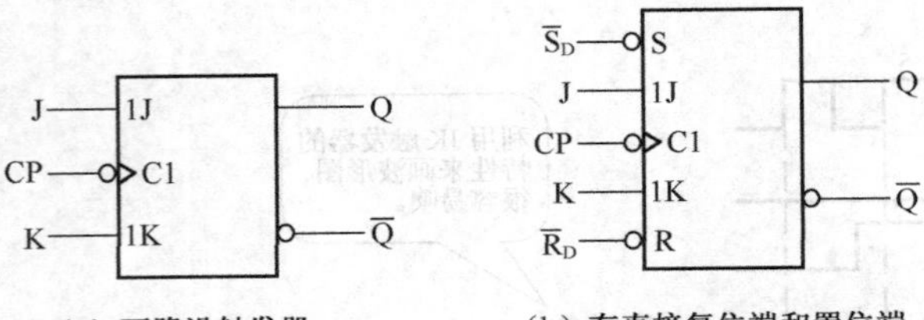

（a）下降沿触发器　　（b）有直接复位端和置位端

图 8.13　下降沿触发 JK 触发器图形符号

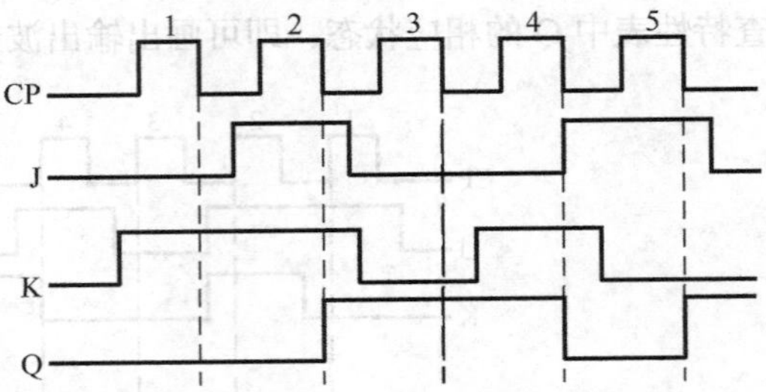

图 8.14　例 8.4 的输入 / 输出电压波形图

三、集成 JK 触发器

边沿触发的 JK 触发器和主从 JK 触发器的电路结构不同，但逻辑功能是相同的。常用的中规模集成 JK 触发器中上升沿触发的有 T2072、T4109、CT74LS109、CC4027、CC4095 等，下降沿触发的有 T108、T4112、T079、CT74LS112、CT74LS113、CT74LS107 等。如图 8.15 所示为 TTL 边沿 JK 触发器 CT74LS112。

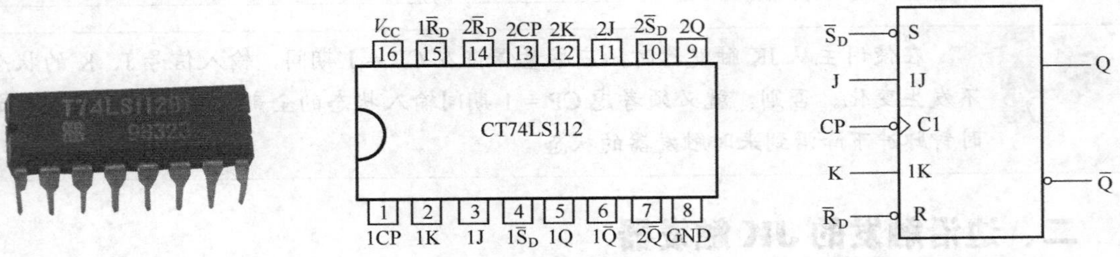

（a）实物图　　（b）外引脚排列图　　（c）逻辑符号

图 8.15　TTL 边沿 JK 触发器 CT74LS112

小练习

1. JK 触发器的逻辑功能有哪些？负边沿触发器的 CP 脉冲何时有效？

2. 已知 TTL 主从 JK 触发器输入端 J、K 以及时钟脉冲 CP 的波形如图 8.16 所示，设 Q 初态为 0。画出 Q 端和 $\overline{Q}$ 端的波形。

3. 芯片 74LS112 为双 JK 触发器，其输入端波形图如图 8.17 所示。

（1）这种触发器是上升沿触发还是下降沿触发？

（2）设触发器初态为 0，请画出 Q 端和 $\overline{Q}$ 端的相应波形。

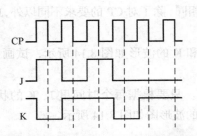

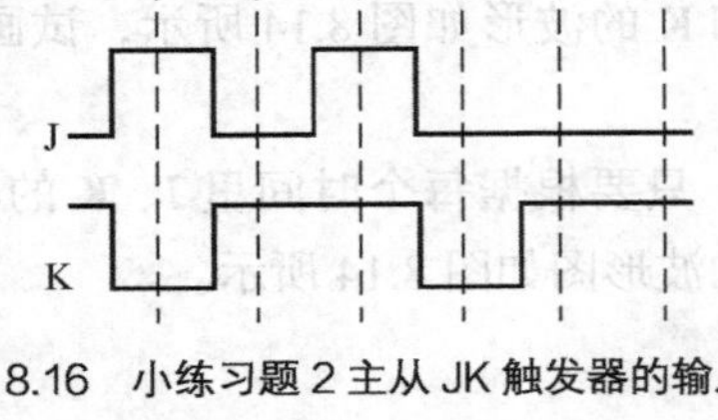

图 8.16　小练习题 2 主从 JK 触发器的输入波形

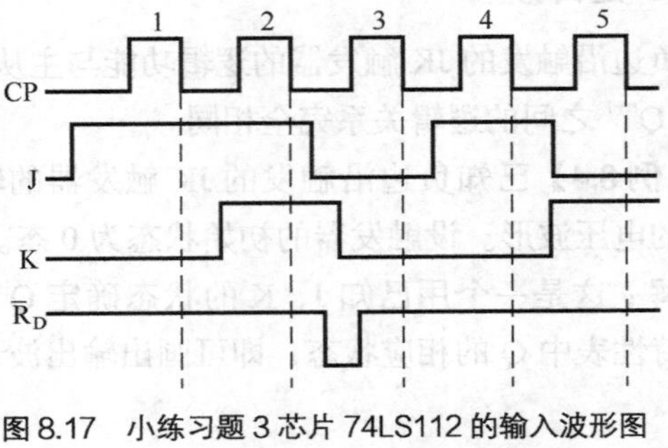

图 8.17　小练习题 3 芯片 74LS112 的输入波形图

*第 5 节 D 触发器

数字电路中另一种应用广泛的触发器是 D 触发器。D 触发器按结构不同分为同步 D 触发器、主从 D 触发器和边沿触发 D 触发器。这 3 种 D 触发器的结构虽不同，但逻辑功能基本相同。本节只介绍同步 D 触发器和边沿触发 D 触发器。

一、同步 D 触发器（D 锁存器）

1. 图形符号

如图 8.18 所示为同步 D 触发器的图形符号。图中 D 为信号输入端（数据输入端），CP 为时钟脉冲控制端。

2. 逻辑功能

D 触发器的特性表，如表 8.5 所示。

【例 8.5】已知同步 D 触发器的输入端 CP、D 的波形如图 8.19 所示，试画出 Q 和 $\overline{Q}$ 端对应的电压波形。设触发器的初始状态为 0 态。

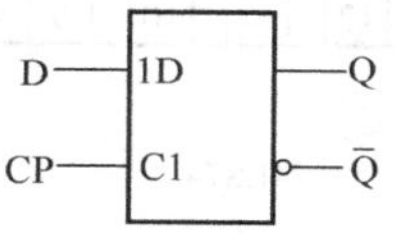

图 8.18 同步 D 触发器图形符号

表 8.5 D 触发器的特性表

D	Q^n	Q^{n+1}	功 能
0	0 1	0	置 0
1	0 1	1	置 1

解：这是一个用已知 D 的状态确定 Q 状态的问题。只要根据每个时间里 D 的状态，去查特性表中 Q 的相应状态，即可画出输出波形图，如图 8.19 所示。

> **注意** 同步触发的 D 触发器仍然存在空翻现象，因此，它只能用来锁存数据，而不能用来作计数器等使用。

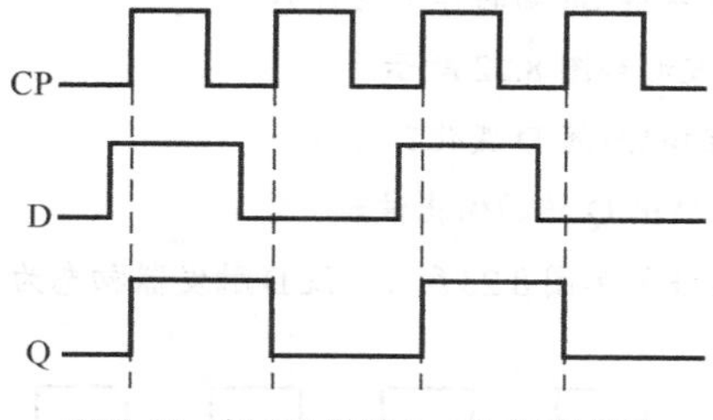

图 8.19 例 8.5 的输入 / 输出波形图

二、边沿触发 D 触发器

如图 8.20 所示为边沿触发 D 触发器图形符号。图中 D 为信号输入端（数据输入端），CP 为时钟脉冲控制端。$\overline{R}_D$ 为直接复位端，$\overline{S}_D$ 为直接置位端。CP 一端标有“∧”，表示脉冲上升沿有效。

边沿触发 D 触发器逻辑功能与同步 D 触发器基本相同，区别仅在于对 CP 的要求不同。边沿触发 D 触发器只能在 CP 脉冲上升沿（或下降沿）到来时，输出 Q 和 $\overline{Q}$ 的状态才能改变。

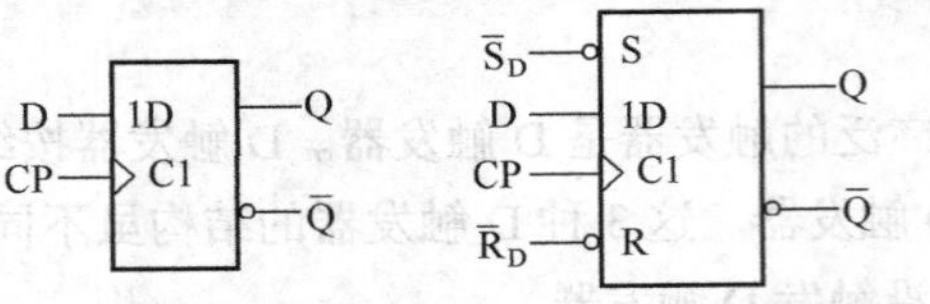

（a）上升沿触发器　（b）有直接复位端和置位端

图 8.20　边沿触发 D 触发器图形符号

三、集成 D 触发器

集成 D 触发器产品较多，如 74LS279、74LS373、74LS375、CC4042 等都是同步 D 触发器。74LS74、74HC74、74LS175、CC4013 等都是上升沿触发的边沿 D 触发器。74LS74 为双上升沿 D 触发器，其实物图及引脚排列图如图 8.21 所示。CP 为时钟输入端；D 为数据输入端；Q、$\overline{Q}$ 为互补输出端；$\overline{R}_D$ 为直接复位端，低电平有效；$\overline{S}_D$ 为直接置位端，低电平有效；$\overline{R}_D$ 和 $\overline{S}_D$ 可用来设置初始状态及直接置位和复位。

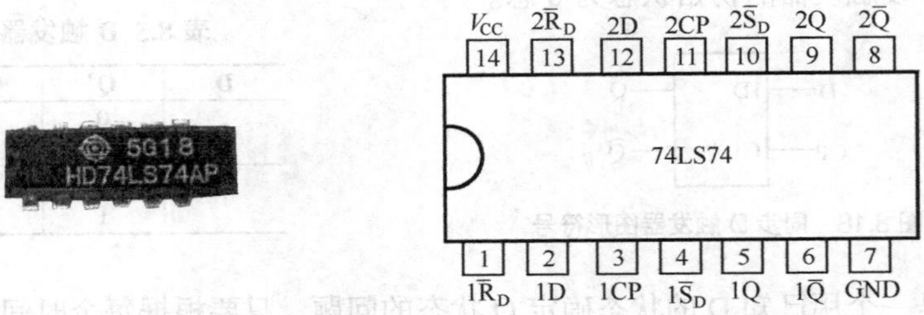

（a）实物图　（b）引脚排列图

图 8.21　集成双 D 触发器 74LS74

小练习

1. 边沿触发的 D 触发器中 $\overline{R}_D$ 端和 $\overline{S}_D$ 端的作用是什么？
2. 同步 D 触发器的输入信号波形如图 8.22 所示。

（1）问 CP 是什么状态时，Q 的状态随 D 变化？

（2）设 D 触发器的初态为 0，画出 Q 端的输出波形。

3. D 触发器的逻辑符号及输入波形如图 8.23 所示。设 D 触发器初态为 0，试画出 Q 端和 $\overline{Q}$ 端的输出波形。

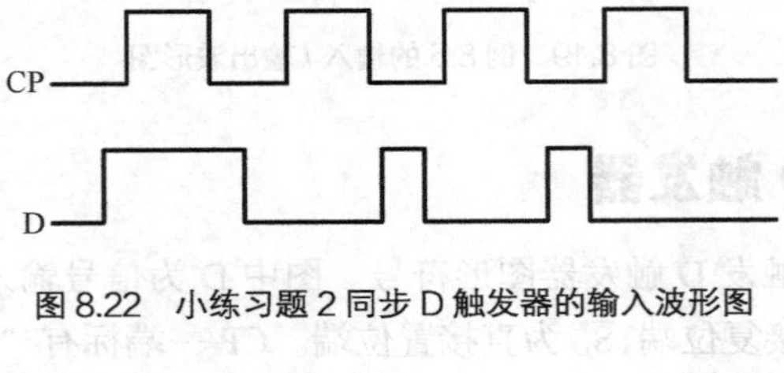

图 8.22　小练习题 2 同步 D 触发器的输入波形图

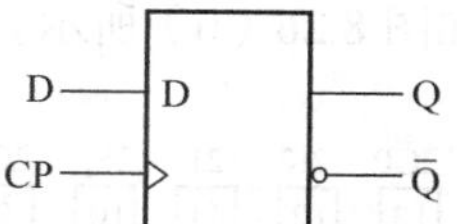

（a）逻辑符号

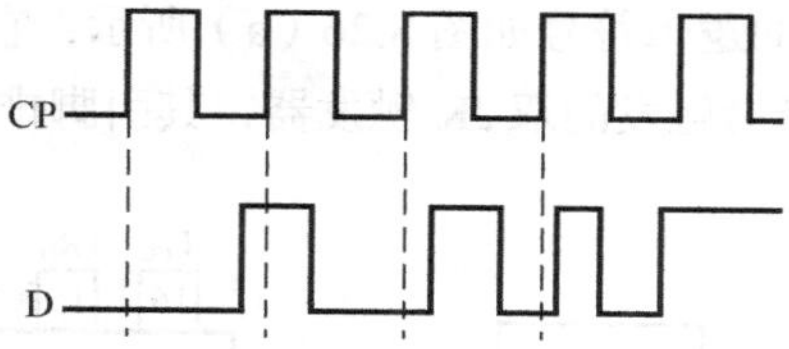

（b）输入波形

图 8.23 小练习题 3 的逻辑符号和输入波形

四、技能实训 学习集成触发器的使用及测试

礼堂里正在进行一场智力竞赛。比赛正在激烈地进行，可抢答器突然出了问题。工作人员拆开抢答器，经测试发现构成抢答器的 D 触发器坏了，如图 8.24 所示。

图 8.24 触发器情景模拟示意图

1. 实训目标

（1）进一步掌握 D 触发器、JK 触发器的逻辑功能。

（2）学会 D 触发器、JK 触发器逻辑功能的测试方法。

2. 实训解析

（1）D 触发器的逻辑符号如图 8.25（a）所示，它有两个功能——置 0、置 1。74LS74 是上升沿触发的双 D 触发器，其引脚排列如图 8.25（b）所示。

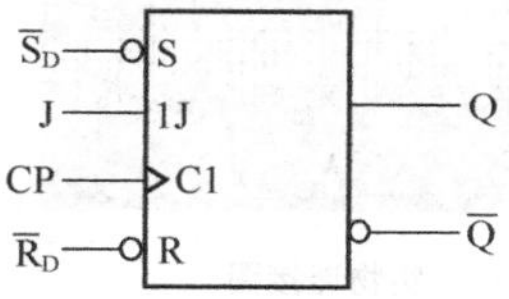

（a）D 触发器

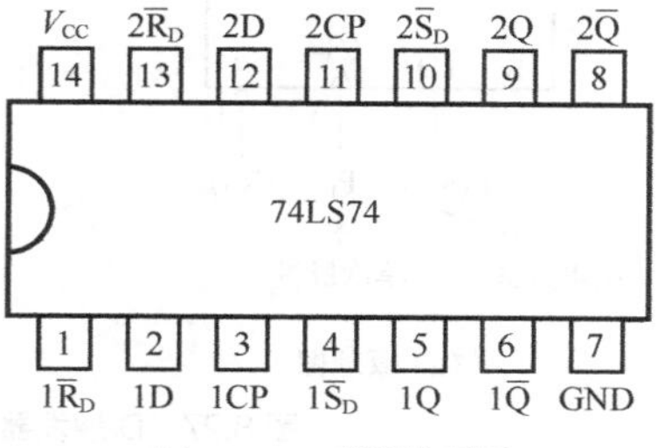

（b）74LS74 引脚排列图

图 8.25 D 触发器符号及 74LS74 引脚排列图

（2）JK 触发器的逻辑符号如图 8.26（a）所示，它具有置 0、置 1，保持和翻转功能。74LS112 是下降沿触发的双 JK 触发器，其引脚排列如图 8.26（b）所示。

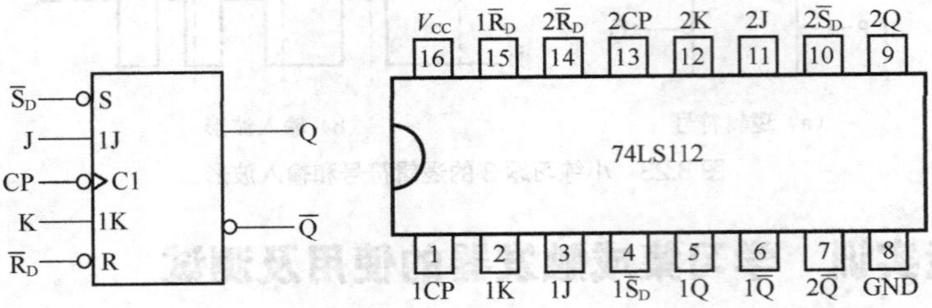

（a）JK 触发器　　（b）74LS112 引脚排列图

图 8.26　JK 触发器符号及 74LS112 引脚排列图

3. 实训操作

实训器材如表 8.6 所示。

表 8.6　　实训器材

序　号	名　称	规　格	数　量
1	电子技术实验箱	ELB 型	1 台
2	集成电路	74LS112	1 块
3	集成电路	74LS74	1 块
4	集成电路	74LS00	1 块

（1）D 触发器逻辑功能测试。

① 将 74LS74 插入实验系统中，接上电源和地。按如图 8.27（a）所示原理图接线，其中 Q 和 $\overline{Q}$ 分别接两只发光二极管 VD_1、VD_2，1D、R 和 S 分别接逻辑开关 K_1、K_2、K_3，C_1 接单次脉冲 P_1（实验箱中自备）。如图 8.27（b）所示为实物连接图。

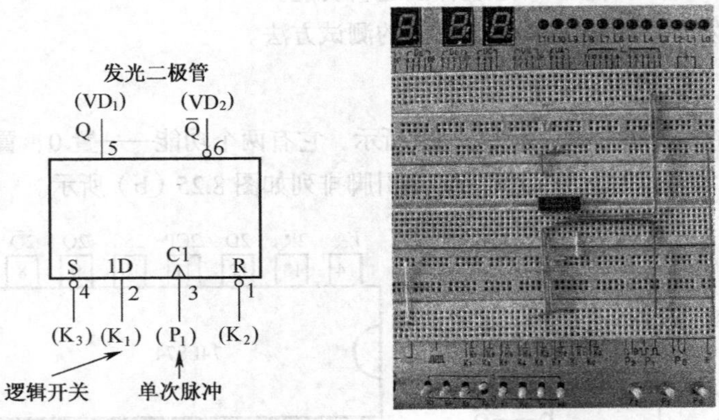

（a）原理图　　（b）实物连接图

图 8.27　D 触发器逻辑功能测试

② 按表 8.7 进行测试，并将结果填于表中。

表 8.7　　　　D 触发器逻辑功能测试表

输入（引脚）				输出（引脚）		
CP	D	R	S	Q	$\overline{Q}$	功能
3	2	1	4	5	6	
×	×	0	1			
×	×	1	0			
0	0	1	1			
0	1	1	1			
↑	0	1	1			
↑	1	1	1			

注：箭头向上表示 CP 上升沿，箭头向下表示 CP 下降沿。

（2）JK 触发器逻辑功能测试。

① 将 74LS112 插入实验系统中，接上电源和地。按如图 8.28（a）原理图接线，其中 Q 和 $\overline{Q}$ 分别接两只发光二极管 VD_1、VD_2，1J、1K、R 和 S 分别接逻辑开关 K_1、K_2、K_3、K_4，C_1 接单次脉冲 P_1（实验箱中自备）。如图 8.28（b）所示为实物连接图。

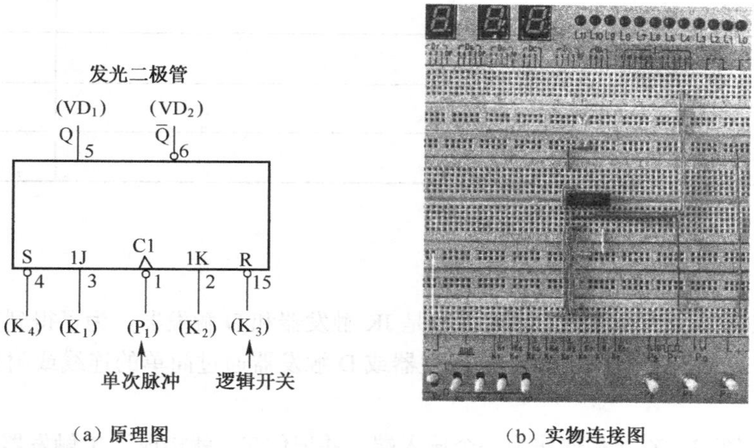

（a）原理图　　　　（b）实物连接图

图 8.28　JK 触发器逻辑功能测试

② 按表 8.8 进行测试，并将结果填于表中。

表 8.8　　　　JK 触发器逻辑功能测试表

输入（引脚）					输出（引脚）		
CP	J	K	R	S	Q	$\overline{Q}$	功能
1	3	2	15	4	5	6	
0	0	0	0	1			
1	0	0	0	1			
0	0	1	1	0			
1	1	1	1	0			

4. 实训总结

（1）整理实验数据，列出 D 触发器、JK 触发器的逻辑功能。

（2）说出 R、S 各端的作用，并说明是高电平还是低电平起作用？

（3）根据实验结果回答下列问题。

① D 触发器 74LS74 是在 CP 的什么部位触发的？

② JK 触发器 74LS112 是在 CP 的什么部位触发的？

表 8.9　　　　总结表

课题						
班级		姓名		学号		日期
实训收获						
实训体会						
实训评价	评定人	评　　语			等级	签名
	自己评					
	同学评					
	老师评					
	综合评定等级					

实训拓展

市场上中规模集成触发器的产品大多数是 JK 触发器和 D 触发器。为了得到其他功能的触发器（T 触发器和 T' 触发器等），可将 JK 触发器或 D 触发器通过简单的连线或附加一些逻辑门电路来转换实现。

将 JK 触发器的 J、K 端相连作为一个输入端，并记作 T，就构成了 T 触发器，如图 8.29（a）所示。其逻辑符号如图 8.29（b）所示。

如图 8.29（a）所示中 T 端输入 1 或 0，在 CP 脉冲下，就可得到 T 触发器的功能表，如表 8.10 所示。

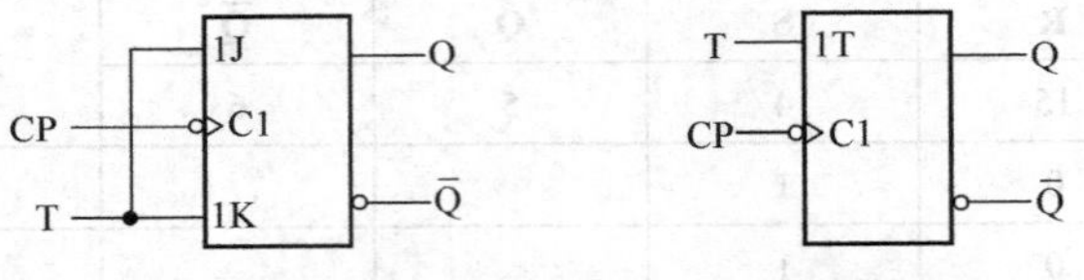

（a）JK 触发器转换成 T 触发器的示意图　（b）T 触发器逻辑符号

图 8.29　T 触发器

表 8.10　T 触发器的特性表

T	Q^{n+1}	功能
0	Q^n	保持
1	$\overline{Q^n}$	$\overline{Q}^n$ 翻转

（1）触发器是一种寄存 1 位二进制信息 0、1 的电路，有互补输出（Q 和 $\overline{Q}$）。

（2）触发器从逻辑功能上可分为 RS 触发器、D 触发器、JK 触发器、T 触发器和 T′触发器等。同一种逻辑功能的触发器可以有不同的电路形式及制作工艺。

（3）各种触发器性能的比较如表 8.11 所示。

表 8.11　　各种触发器性能比较表

<table>
<tr><th>触发器种类</th><th>逻辑符号</th><th>状态转换真值表</th></tr>
<tr><td>基本 RS 触发器</td><td>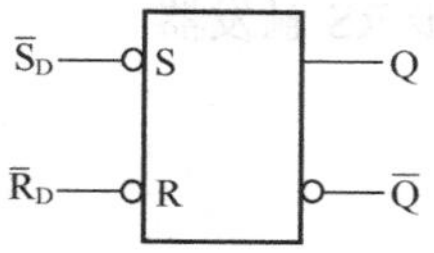
</td><td><table>
<tr><th>$\overline{R}_D$ $\overline{S}_D$</th><th>Q^{n+1}</th><th>功能</th></tr>
<tr><td>0 0</td><td>×</td><td>不定</td></tr>
<tr><td>0 1</td><td>0</td><td>置 0</td></tr>
<tr><td>1 0</td><td>1</td><td>置 1</td></tr>
<tr><td>1 1</td><td>Q^n</td><td>保持</td></tr>
</table></td></tr>
<tr><td>同步 RS 触发器</td><td>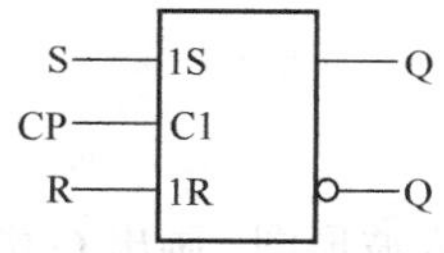
</td><td><table>
<tr><th>R S</th><th>Q^n+1</th><th>功能</th></tr>
<tr><td>0 0</td><td>Q^n</td><td>保持</td></tr>
<tr><td>0 1</td><td>1</td><td>置 1</td></tr>
<tr><td>1 0</td><td>0</td><td>置 0</td></tr>
<tr><td>1 1</td><td>×</td><td>不定</td></tr>
</table></td></tr>
<tr><td>JK 触发器</td><td>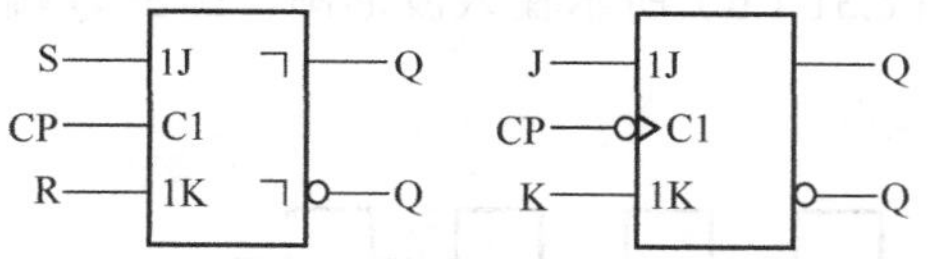
</td><td><table>
<tr><th>J K</th><th>Q^{n+1}</th><th>功能</th></tr>
<tr><td>0 0</td><td>Q^n</td><td>保持</td></tr>
<tr><td>0 1</td><td>0</td><td>置 0</td></tr>
<tr><td>1 0</td><td>1</td><td>置 1</td></tr>
<tr><td>1 1</td><td>$\overline{Q^n}$</td><td>翻转</td></tr>
</table></td></tr>
<tr><td>D 触发器</td><td>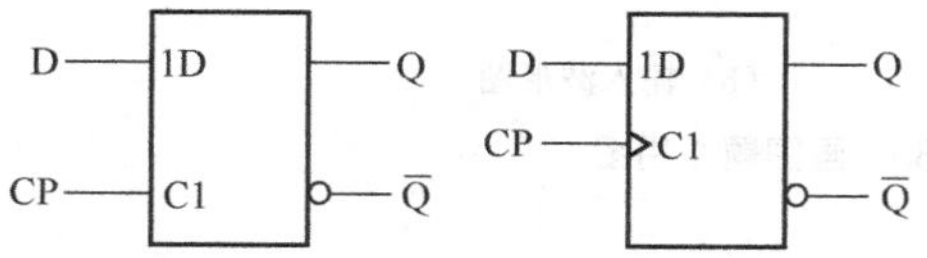
</td><td><table>
<tr><th>D</th><th>Q^{n+1}</th><th>功能</th></tr>
<tr><td>0</td><td>0</td><td>置 0</td></tr>
<tr><td>1</td><td>1</td><td>置 1</td></tr>
</table></td></tr>
</table>

一、填空题

1. 按逻辑功能分，触发器主要有________、________、________、________、________5 种类型。

2. RS 触发器提供了________、________、________3 种功能。

3. JK 触发器提供了________、________、________、________4 种功能。

*4. D 触发器提供了________、________两种功能。

5. 通常把一个 CP 脉冲引起触发器两次（或更多次）翻转的现象称为________。

*6. 如果在时钟脉冲 CP = 1 期间，由于干扰的原因使触发器的数据输入信号经常有变化，此时不能选用________型结构的触发器，而应选用________型和________型的触发器。

二、单选题

1. 基本 RS 触发器输入端禁止使用________。

A. $\overline{R}_D = 0$，$\overline{S}_D = 0$　　B. R = 1，S = 1　　C. $\overline{R}_D = 1$，$\overline{S}_D = 1$　　D. R=0，S=0

2. 同步 RS 触发器的 $\overline{S}_D$ 端称为________。

A. 直接置 0 端　　B. 直接置 1 端　　C. 复位端　　D. 置零端

*3. 用于计数的触发器有________。

A. 边沿触发 D 触发器　　B. 主从 JK 触发器

C. 基本 RS 触发器　　D. 同步 RS 触发器

三、判断题（对的打 √，错的打 ×）

1. 触发器能够存储一位二值信号。（　）

2. 当触发器互补输出时，通常规定 $\overline{Q} = 0$，Q = 1，称 0 态。（　）

3. 同步 D 触发器没有空翻现象。（　）

*4. 边沿触发 D 触发器的输出状态始终与输入状态相同。（　）

四、画图题

*1. 如图 8.30（a）所示触发器，根据如图 8.30（b）所示输入波形图，画出 Q 端的输出波形，设电路初态为 0。

2. 如图 8.31（a）所示电路，根据如图 8.31（b）所示输入波形图，画出 Q 端的输出波形，设电路初态为 0。

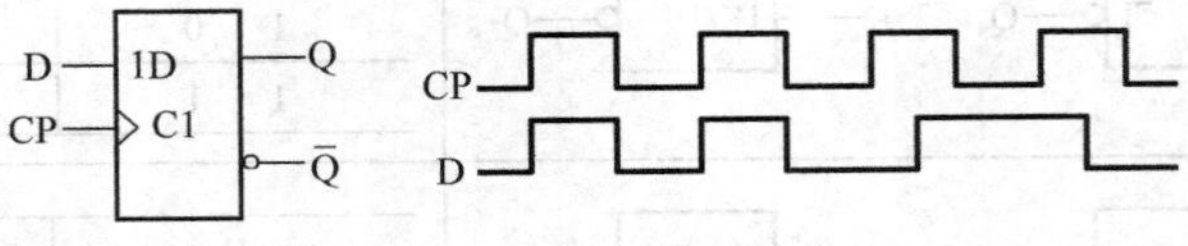

（a）触发器符号　　（b）输入波形图

图 8.30　画图题 1 用图

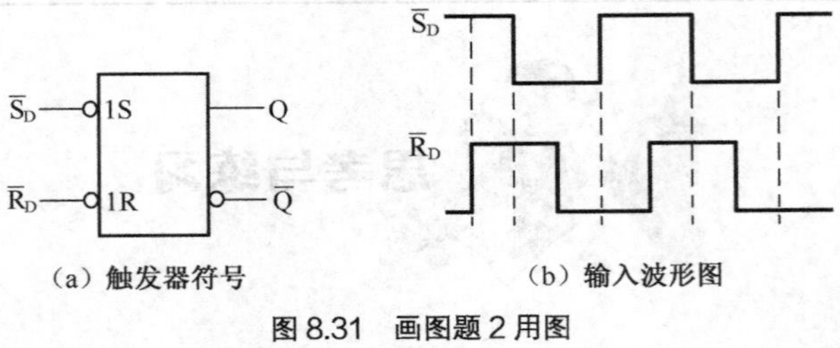

（a）触发器符号　　（b）输入波形图

图 8.31　画图题 2 用图

3. 如图 8.32（a）所示电路，根据如图 8.32（b）所示输入波形图画出 Q 端的输出波形，设电路初态为 0。

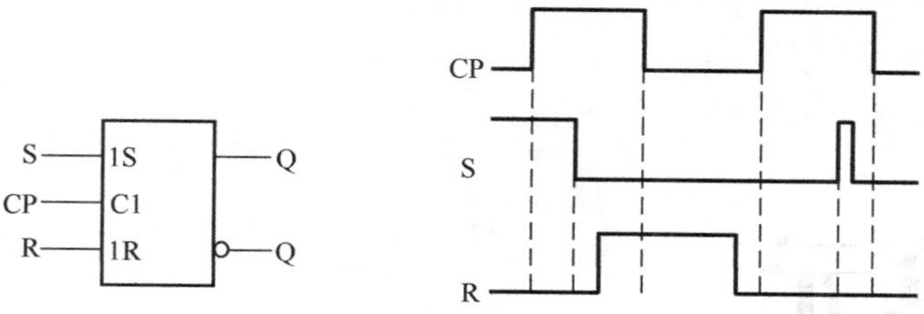

（a）触发器符号　（b）输入波形图

图 8.32　画图题 3 用图

4. 如图 8.33 所示电路，根据如图 8.33（b）所示输入波形图，画出 Q 端的输出波形，设电路初态为 0。

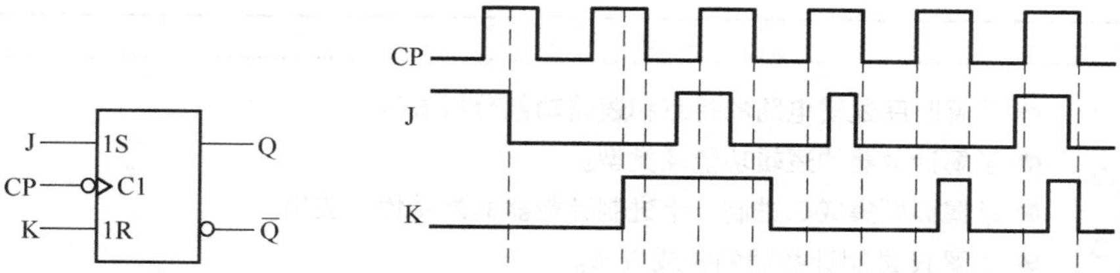

（a）触发器符号　（b）输入波形图

图 8.33　画图题 4 用图

五、实践题

查阅电子器件手册，回答下列问题。

*1. 四 D 锁存器（CMOS）的型号有________。

2. 高电平触发的三态 RS 触发器（CMOS），其型号主要有________。

3. 上升沿触发的双 JK 触发器，其型号主要有________。

第 9 单元

时序逻辑电路

知识目标

- 了解时序逻辑电路的特点和逻辑功能分析方法。
- 了解计数器的逻辑功能及类型。
- 掌握典型集成二进制、十进制计数器的外特性及应用。
- 了解 N 进制计数器的构成方法。
- 了解寄存器的功能，了解其工作原理和常见类型。

技能目标

- 能对时序电路常见故障进行检测。
- 掌握计数器逻辑功能的测试方法。
- 能借助集成电路手册，选用寄存器、计数器集成电路。

情 景 导 入

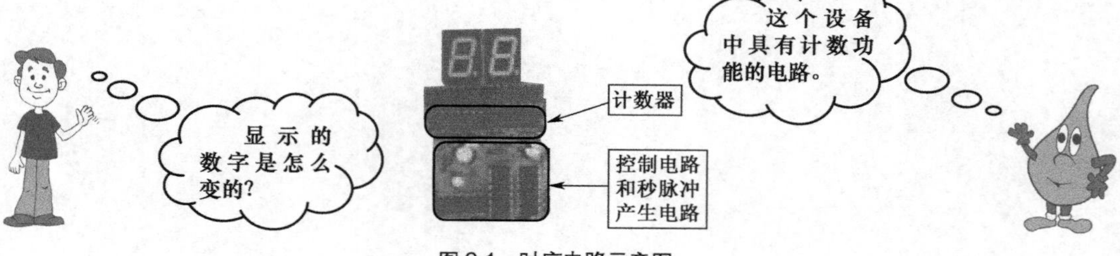

图 9.1　时序电路示意图

本单元首先介绍时序逻辑电路的特点、分类及其分析方法，接着介绍各种常用时序逻辑电路的工作原理和应用，在讨论中着重介绍这类电路的中规模集成电路器件的工作原理和使用方法。

第 1 节　概述

一、时序逻辑电路的结构及特点

时序逻辑电路简称时序电路，是指任意时刻的输出状态不仅取决于该时刻的输入状态，还与前一时刻的电路状态有关的电路。这与在第 7 单元所讨论的组合逻辑电路不同，组合逻辑电路中任意时刻的输出信号仅取决于当时的输入信号。

从电路结构上来说，时序电路有两个特点。第一，时序电路通常包含存储电路和组合电路两个部分。第二，存储电路的输出状态必须反馈到组合电路的输入端，与输入信号一起，共同决定组合电路的输出。

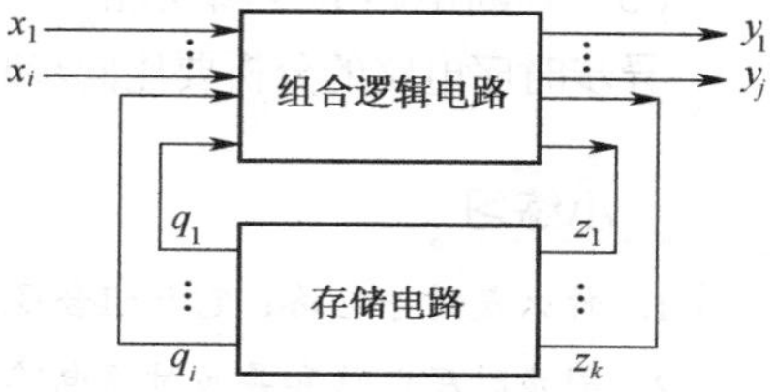

图 9.2　时序电路的结构框图

时序电路的结构框图可画成如图 9.2 所示的普遍形式。其中存储电路可由触发器、延迟线、磁性器件等构成，但最常见的是触发器。而组合逻辑电路的基本单元是门电路。$x_1 \cdots x_i$ 代表输入信号，$y_1 \cdots y_i$ 代表输出信号，$q_1 \cdots q_i$ 代表存储电路的输入信号，$z_1 \cdots z_i$ 代表存储电路的输出信号。

二、时序电路的分类

按电路状态转换情况的不同，**时序电路可分为同步时序电路和异步时序电路两大类**。其中，**同步时序电路中，所有触发器状态的变化都是在同一时钟信号操作下同时发生的**。如图 9.3（a）所示，两个 JK 触发器的时钟脉冲接的是同一时钟信号 CP。**而在异步时序电路中，触发器状态的变化不是同时发生的**。如图 9.3（b）所示，3 个 JK 触发器的时钟信号 CP 均不相同。

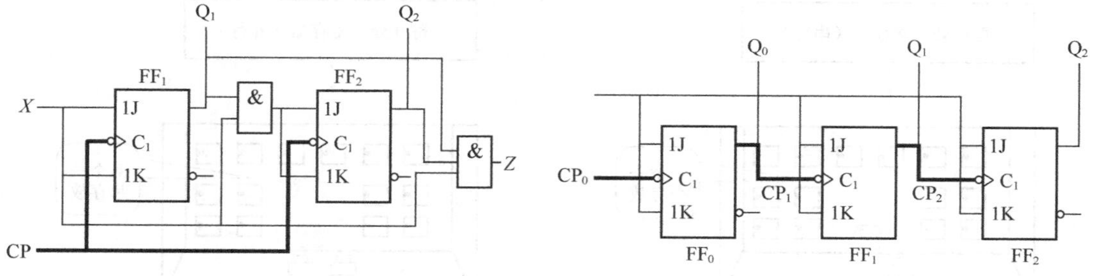

（a）同步时序电路　　（b）异步时序电路

图 9.3　时序电路分类

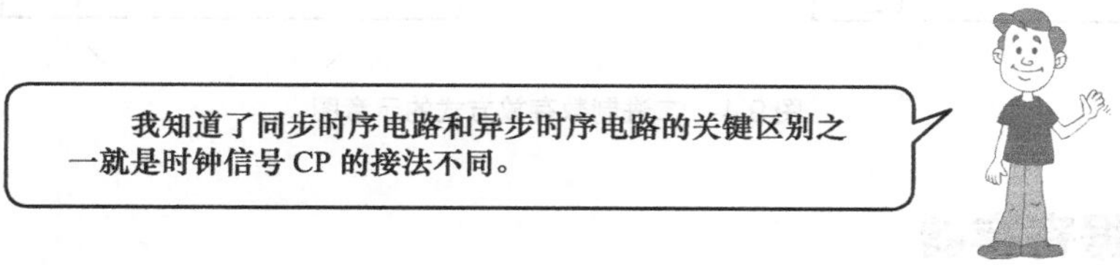

我知道了同步时序电路和异步时序电路的关键区别之一就是时钟信号 CP 的接法不同。

三、时序电路的分析方法

分析同步时序电路就是要找出给定电路的逻辑功能。在分析时序电路时只要把状态变量和输入信号一样当作逻辑函数的输入变量处理，那么分析组合电路的一些运算方法仍然可以使用。不过，由于时序电路任意时刻状态变量的取值都和电路的原状态有关，因此分析起来要比组合逻辑电路复杂一些。同步时序电路的分析步骤如下。

（1）确定各触发器的激励方程（根据逻辑图写出每个触发器的输入信号表达式）；

（2）确定时序电路的状态方程（将得到的激励方程代入相应触发器的特征方程，得出每个触发器的状态方程）；

（3）根据逻辑图，写出电路输出函数的表达式；

（4）列状态转换真值表（根据状态方程得到真值表），并根据此表，画出状态转换图；

（5）判断电路的逻辑功能。

异步时序电路的分析要比同步时序电路分析复杂，这里不作介绍，有兴趣的同学请参阅有关书籍。

小练习

1. 什么是时序电路？它与组合逻辑电路有何区别？
2. 同步时序电路和异步时序电路的主要区别是什么？

第 2 节　寄存器

寄存器是用于存储二进制数码的时序电路组件，它具有接收和寄存二进制数码的逻辑功能，被广泛地用于各类数字系统和数字计算机中。第 8 单元介绍的各种集成触发器，就是一种可以存储一位二进制数的寄存器，所以用 n 个触发器就可以存储 n 位二进制数。二进制数存入、取出的方法有串行和并行之分，如图 9.4 所示为二进制数存放方式的示意图。

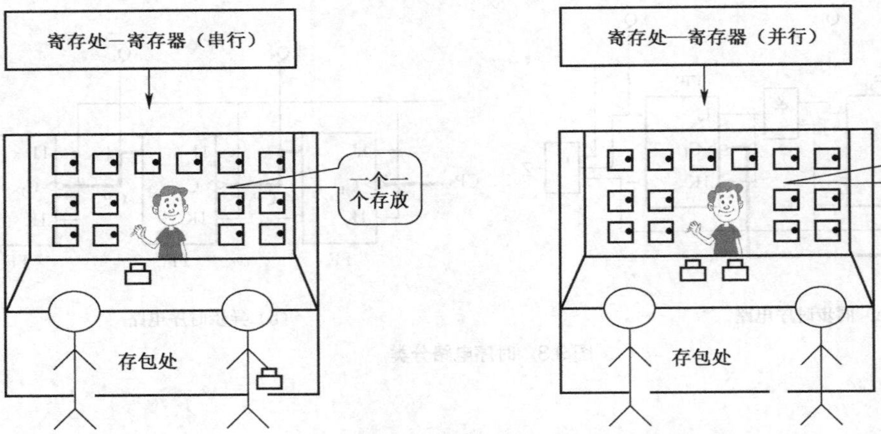

图 9.4　二进制数存放方式的示意图

一、数据寄存器

数据寄存器具有接收、存储和清除数码的功能。作为存放数据的存储电路，它可由 RS 触发器、D 触发器和 JK 触发器组成。如图 9.5 所示是 4 位集成寄存器 74LS175 的逻辑图、引脚排列图及实物图。

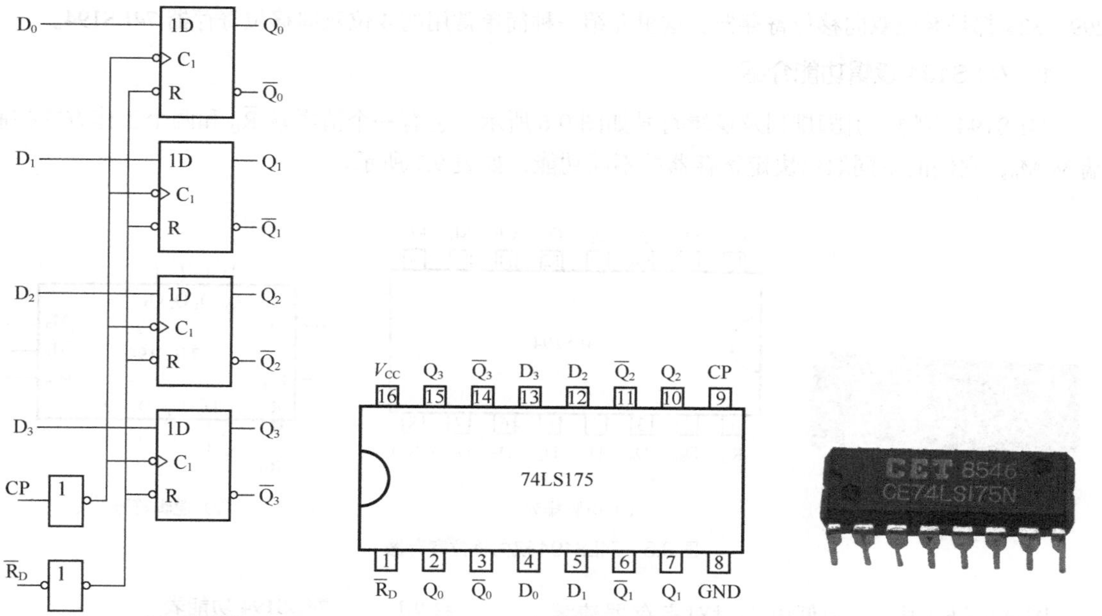

（a）逻辑图　（b）引脚排列图　（c）实物图

图 9.5　4 位集成寄存器 74LS175

1. 电路组成

74LS175 是由 4 个 D 触发器组成的 4 位数据寄存器，4 个触发器的时钟脉冲并联在一起，作为接收数据的控制端（CP），D_0 ～ D_3 为寄存器的数据输入端，Q_0 ～ Q_3 是数据输出端。各触发器的复位端并联在一起作为寄存器的异步清零端 ($\overline{R}_D$)，且低电平有效。

2. 工作原理

当 $\overline{R}_D = 0$ 时，4 个触发器同时被置零，寄存器输出 $Q_3Q_2Q_1Q_0 = 0000$。

当 $\overline{R}_D = 1$ 时，寄存数据送入 $D_3D_2D_1D_0$ 端，CP 上升沿经非门变为下降沿到达时刻，根据边沿 D 触发器的逻辑功能，$D_3D_2D_1D_0$ 的值被同时存入触发器，即 $Q_3Q_2Q_1Q_0 = D_3D_2D_1D_0$。只要 $\overline{R}_D = 1$，CP 没有上升沿，寄存器就处于保持状态，数据被保存起来。

从 74LS175 逻辑图中可见，4 个触发器是在同一接收脉冲作用下同时接收数据，所以称为并行输入方式。如要取出时，数据也是同时取出，称并行输出。因此 74LS175 采用了并行输入—并行输出的方式。

为了增加使用的灵活性，在有些寄存器电路中还附加了一些控制电路，使寄存器还具有三态控制、保持控制等功能，如 74LS173、CC4076 等都属于这样一种寄存器。

二、移位寄存器

移位寄存器除了具有存储代码的功能外，还具有移位功能。所谓移位的功能，是指寄存器里存储的代码能在移位脉冲的作用下依次左移或右移。因此，**移位寄存器不但可以存储代码，还可以用来实现数据的串行—并行转换、数值的运算以及数据处理等。**

移位寄存器按移动方式分为单向移位寄存器（左移、右移）和双向移位寄存器。在单向移位寄存器的基础上，增加由门电路组成的控制电路，就可构成双向移位寄存器。

移位寄存器输入输出方式有：串入、并入；并出、串出的各种组合形式。

移位寄存器的集成产品很多，如 74/54 系列中的 164、165、166 都是 8 位右移位寄存器，198、

299、323 都是 8 位双向移位寄存器。这里介绍一种简单常用的 4 位双向移位寄存器 74LS194。

1. 74LS194 逻辑功能介绍

74LS194 实物、引脚排列及逻辑符号如图 9.6 所示。它有一个清零端 $\overline{R}_D$ 和两个工作方式控制端 M_1M_0，它们的不同取值决定寄存器的不同功能，如表 9.1 所示。

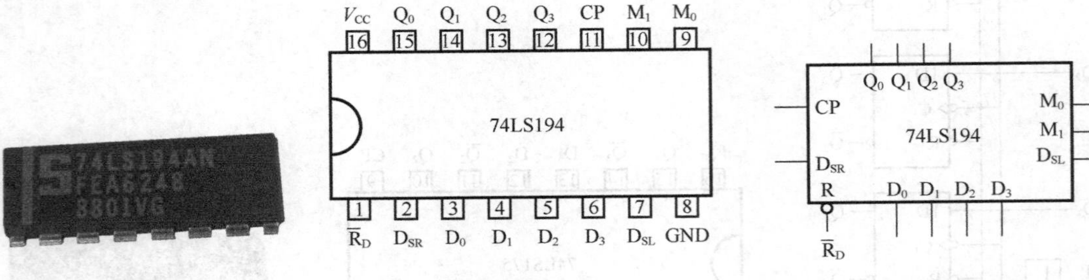

（a）实物图　（b）引脚排列　（c）逻辑符号

图 9.6　74LS194 双向移位寄存器

图 9.6（b）中 $\overline{R}_D$ 为低电平时对寄存器清零，正常工作时，$\overline{R}_D$ 为高电平 1。$M_1M_0=00$ 时，寄存器中数据保持不变；$M_1M_0=01$ 时，寄存器为右移方式，D_{SR} 为右移串行数据输入端。

表 9.1　74LS194 功能表

$\overline{R}_D$	M_1	M_0	工作状态
0	×	×	置零
1	0	0	保持
1	0	1	右移
1	1	0	左移
1	1	1	并行输入

2. 移位方法

以右移为例说明移位寄存器是如何进行移位的。

看一看　按如图 9.7 所示连接电路，Q_3、Q_2、Q_1、Q_0 接发光二极管。在 4 个时钟周期内，D_{SR} 端依次输入代码 1011，移位寄存器的初态为 $Q_3Q_2Q_1Q_0=0000$，在移位脉冲（即触发器时钟脉冲）作用下，注意观察输出端 Q_3、Q_2、Q_1、Q_0 的状态变化，并加以记录（发光二极管亮状态记为 1，灯灭记为 0）。

实验现象

在输入脉冲的作用下，输出端 Q_3、Q_2、Q_1、Q_0 的状态变化如表 9.2 所示。

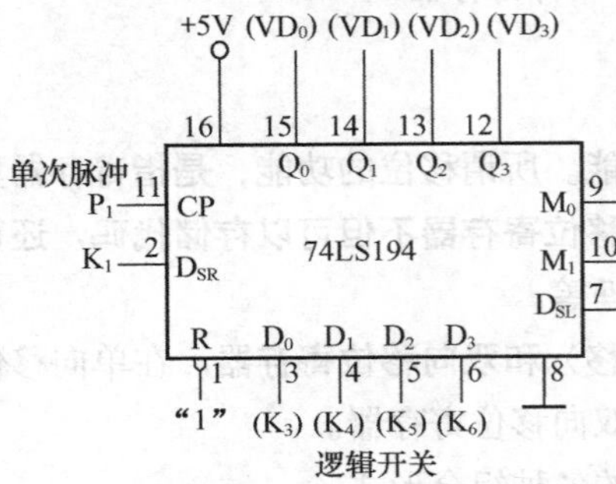

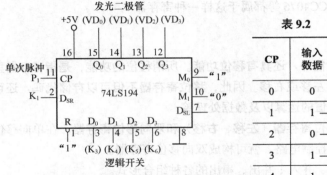

图 9.7　74LS194 实现右移功能

表 9.2　4 位右移移位寄存器移动状况

CP	输入数据	右移移位寄存器输出			
		Q_0	Q_1	Q_2	Q_3
0	0	0	0	0	0
1	1	1	0	0	0
2	0	0	1	0	0
3	1	1	0	1	0
4	1	1	1	0	1

知识探究

表 9.2 中箭头表示数据移动方向。从表中可以见到，经过 4 个时钟脉冲以后，串行输入的 4 位代码全部移入移位寄存器中，同时在 4 个触发器的输出端得到了并行输出的代码。因此，利用移位寄存器可以实现代码的串行—并行转换。

如果先将 4 位数据并行地送入移位寄存器中，再连续输入 4 个触发脉冲，则移位寄存器里的 4 位代码将从串行输出端 D_0 依次送出，从而实现了数据的并行—串行转换。

实际应用

利用移位寄存器可以构成分频器、数据转换器，还可以构成计数器，这是在工程实际中经常用到的。例如用移位寄存器构成环形计数器、扭环形计数器和自启动扭环形计数器等。如图 9.8 所示为用 74LS194 构成的环形计数器。

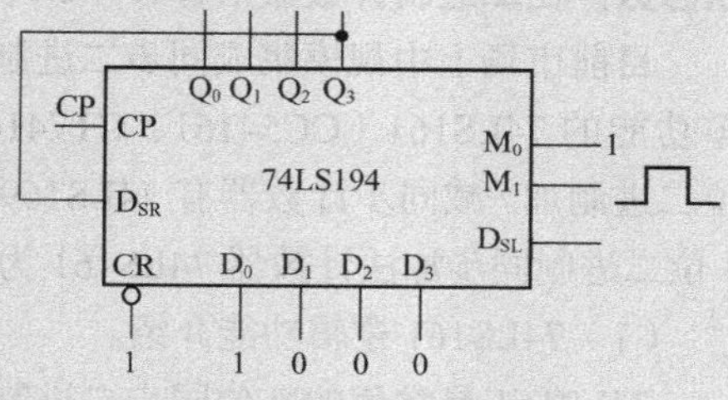

图 9.8 环形计数器

输入 4 个移位脉冲，完成一次移位循环，即此电路为 M＝4 的环形计数器。这种环形计数器不能自启动，必须在启动前，先置某个数在移位寄存器内，然后再进行循环计数。

小练习

1. 寄存器的功能是什么？
2. 数据寄存器和移位寄存器各自的功能是什么？

第 3 节 同步计数器

计数器是一种常用的数字部件，是触发器的重要应用之一。顾名思义，**计数器就是能够累计输入脉冲数目的数字电路**，如图 9.9 所示为计数器计数示意图。**计数器是一种记忆系统，除用作计数外，还可用于定时、分频和脉冲序列等。**

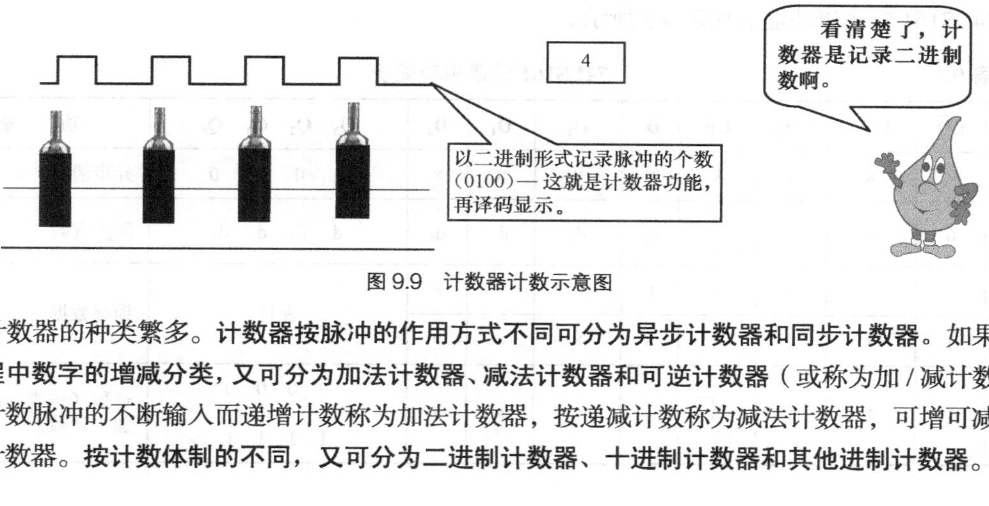

图 9.9 计数器计数示意图

计数器的种类繁多。**计数器按脉冲的作用方式不同可分为异步计数器和同步计数器。如果按计数过程中数字的增减分类，又可分为加法计数器、减法计数器和可逆计数器**（或称为加 / 减计数器）。随着计数脉冲的不断输入而递增计数称为加法计数器，按递减计数称为减法计数器，可增可减称为可逆计数器。**按计数体制的不同，又可分为二进制计数器、十进制计数器和其他进制计数器。**

一、同步计数器

在同步计数器中，时钟 CP 同时加在各个触发器上，它们的状态同时变化，计数速度较快。目前生产的同步计数器芯片基本上分为二进制和十进制两种。

1. 同步二进制计数器

二进制计数器是构成其他各种计数器的基础，其可由 JK 触发器、D 触发器等构成。二进制计数器是指按二进制编码方式进行计数的电路。用 n 表示二进制代码的位数，用 N 表示有效计数状态数，在二进制计数器中有 $N=2^n$ 个状态，如 n 为 4，则 N 为 $2^4=16$。

目前市场上中规模集成同步二进制计数器类型很多，常见的 4 位二进制同步计数器有异步清零功能的 74LS161（CC54161、CT74161），同步清零功能的 74LS163（CC54163、CT74163）；4 位二进制加 / 减同步计数器有 74LS169（CC54169）、74LS191（CC54181）、CT74193 等。下面以 4 位二进制同步加法计数器 74LS161 为例说明计数器的工作情况。

（1）74LS161 逻辑功能介绍。

74LS161 是常用的 4 位同步二进制加法计数器，具有计数、同步置数、异步清零等功能，其实物图引脚排列图和逻辑符号如图 9.10 所示。

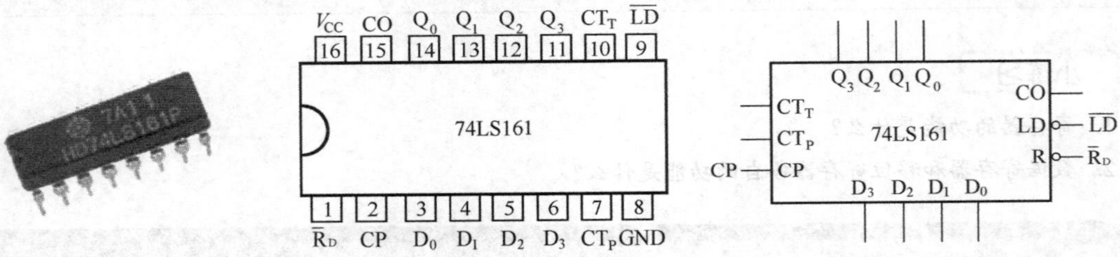

（a）实物图　　（b）引脚排列图　　（c）逻辑符号

图 9.10　74LS161

各引脚功能如下：

CP 为输入计数脉冲，也是加到各个触发器的时钟信号端的时钟脉冲，上升沿有效；$\overline{R}_D$ 为异步清零端；$\overline{LD}$ 为预置数控制端；D_0 ～ D_3 为并行输入数据端；CT_T 和 CT_P 为两个计数器工作状态控制端；CO 为进位信号输出端；Q_0 ～ Q_3 为计数器状态输出端。

74LS161 的逻辑功能表如表 9.3 所示。

表 9.3　　74LS161 的逻辑功能表

$\overline{R}_D$	$\overline{LD}$	CT_T	CT_P	CP	D_3	D_2	D_1	D_0	Q_3	Q_2	Q_1	Q_0	功　能
0	×	×	×	×	×	×	×	×	0	0	0	0	异步清零
1	0	×	×	↑	d_3	d_2	d_1	d_0	d_3	d_2	d_1	d_0	同步置数
1	1	0	×	×	×	×	×	×	保持				锁存数据
1	1	×	0	×	×	×	×	×					
1	1	1	1	↑	×	×	×	×	0 0 0 0 … 1 1 1 1				计数（每来一次 CP，加 1 计数）

由表 9.3 可知，74LS161 具有以下功能。

① 异步清零。当复位端 $\overline{R}_D=0$ 时，不管其他输入端的状态如何，无论有无时钟脉冲，计数器输出端将直接置零（$Q_3Q_2Q_1Q_0=0000$），称异步清零。

② 同步预置数功能。当 $\overline{R}_D=1$，预置控制端 $\overline{LD}=0$，且在 CP 上升沿作用时，并行输入数据被置入计数器的输出端，使 $Q_3Q_2Q_1Q_0=D_3D_2D_1D_0$。由于这个操作要与 CP 同步，因此称同步预置数。

③ 保持功能。当 $\overline{R}_D=\overline{LD}=1$，$CT_T \cdot CT_P=0$ 时，输出 $Q_3Q_2Q_1Q_0$ 保持不变。这时如 $CT_P=0$、$CT_T=1$，则进位输出信号 CO 保持不变；$CT_P=1$、$CT_T=0$，进位输出信号 CO 为低电平。

④ 二进制同步加法计数功能。当 $\overline{CR}=\overline{LD}=CT_P=CT_T=1$，CP 为上升沿有效时，实现计数功能。

有些同步计数器（如 74LS162、74LS163）是采用同步清 0 方式的，与 74LS161 异步置 0 方式不同。在同步清 0 方式电路中，$\overline{CR}$ 出现低电平后要等 CP 脉冲到达时才能将计数器置 0。

（2）计数方法。

看一看　按如图 9.11 所示连接电路，Q_3、Q_2、Q_1、Q_0、CO 接发光二极管。在输入脉冲的作用下，注意观察输出端 Q_3、Q_2、Q_1、Q_0 的状态变化，并加以记录（发光二极管亮状态记为 1，灯灭记为 0）。

实验现象

在输入脉冲的作用下，输出端 Q_3、Q_2、Q_1、Q_0、CO 的状态变化如表 9.4 所示。

知识探究

由表 9.4 可知，计数器按加 1 计数，则可得到如图 9.12 所示状态转换图。

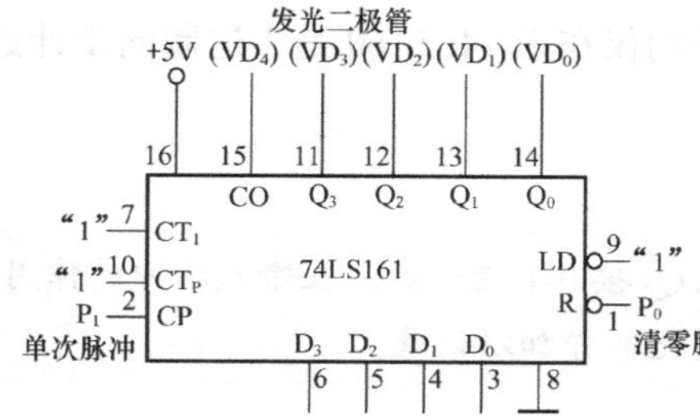

图 9.11　4 位同步二进制加法计数器

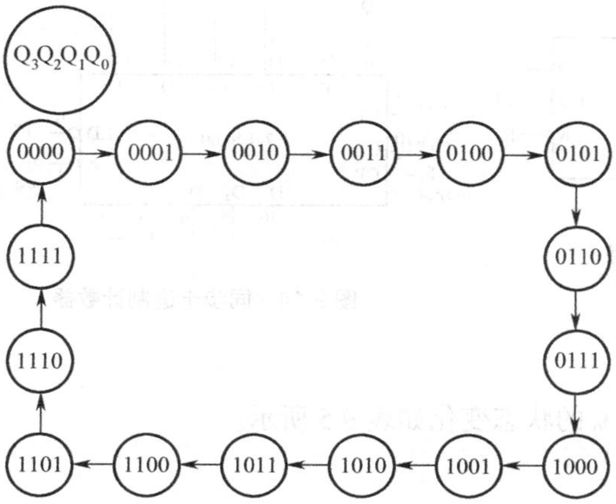

图 9.12　4 位同步二进制加法计数器的状态转换图

表 9.4　4 位同步二进制加法计数器状态转换表

CP	计数器现态 $Q_3^nQ_2^nQ_1^nQ_0^n$	计数器次态 $Q_3^{n+1}Q_2^{n+1}Q_1^{n+1}Q_0^{n+1}$	进位 CO
1	0000	0001	0
2	0001	0010	0
3	0010	0011	0
4	0011	0100	0
5	0100	0101	0
6	0101	0110	0
7	0110	0111	0
8	0111	1000	0
9	1000	1001	0
10	1001	1010	0
11	1010	1011	0
12	1011	1100	0
13	1100	1101	0
14	1101	1110	0
15	1110	1111	1
16	1111	0000	0

可见，如图 9.12 所示的 4 位二进制加法计数器是从 0000 开始，其状态逐次加 1 递增，直到第 15 个脉冲输入后，计数器状态到最大 1111，并有进位输出。第 16 个脉冲输入后，由 1111 恢复为初态 0000。从 0000 计到 1111 共 16 个状态，所以，此计数器又称为同步十六进制加法计数器。

2. 同步十进制计数器

虽然二进制计数器具有电路结构简单、运算方便等优点，但日常生活中人们使用的是十进制计数器。因此，数字系统中经常要用到十进制计数器。**十进制计数器是按照二—十进制编码方式进行计数的。**它的电路构成可在二进制计数器电路上略加修改构成。

目前实际的同步十进制集成计数器有很多型号可供选用。例如 4 位十进制同步计数器具有异步清零功能的计数器 74LS160（CC54160），同步清零功能的计数器 74LS162（CC54162），异步置位十进制可逆计数器 74LS190、74LS191，同步置位计数器 74LS168、74LS169、CC4510，双时钟异步清零、异步置位计数器 74LS192、74LS193、CC40192。下面以 74LS160 为例说明十进制计数器的工作情况。

（1）74LS160 的逻辑功能介绍。

74LS160 是十进制同步计数器，具有计数、同步置数、异步清零等功能。其引脚排列图和逻辑符号如图 9.13 所示。

各引脚功能如下：

CP 为输入计数脉冲，也是加到各个触发器的时钟信号端的时钟脉冲，上升沿有效；$\overline{R}_D$ 为清零端；$\overline{LD}$ 为预置数控制端；D_0 ～ D_3 为并行输入数据端；CT_T 和 CT_P 为两个计数器工作状态控制端；CO 为进位信号输出端；Q_0 ～ Q_3 为计数器状态输出端。

74LS160 与 74LS161 的功能表 9.4 相同，它们的不同仅在于 74LS160 是十进制同步计数器，而 74LS161 是十六进制同步计数器。

（2）计数方法。

看一看 按如图 9.14 所示连接电路，Q_3、Q_2、Q_1、Q_0 接 0-1 指示器。在输入脉冲的作用下，注意观察输出端 Q_3、Q_2、Q_1、Q_0 的状态变化，并加以记录。

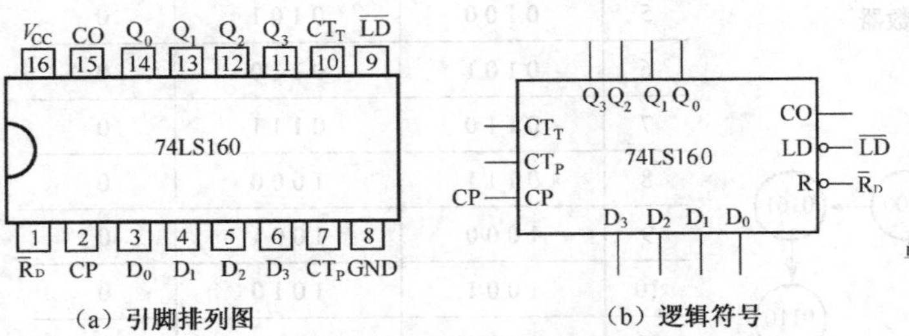

（a）引脚排列图　（b）逻辑符号

图 9.13　74LS160 引脚排列图和逻辑符号

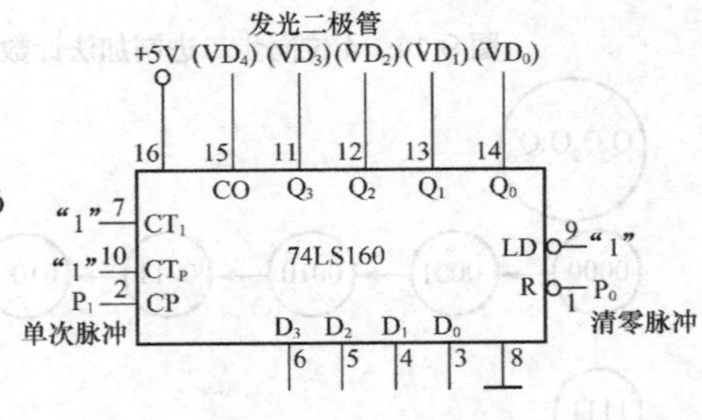

图 9.14　同步十进制计数器

实验现象

在输入脉冲的作用下，输出端 Q_3、Q_2、Q_1、Q_0 的状态变化如表 9.5 所示。

知识探究

由表 9.5 可得到如图 9.15 所示状态转换图。

表 9.5 同步十进制加法计数器状态表

CP	$Q_3^nQ_2^nQ_1^nQ_0^n$	$Q_3^{n+1}Q_2^{n+1}Q_1^{n+1}Q_0^{n+1}$	十进制数
0	0000	0000	0
1	0000	0001	1
2	0001	0010	2
3	0010	0011	3
4	0011	0100	4
5	0100	0101	5
6	0101	0110	6
7	0110	0111	7
8	0111	1000	8
9	1000	1001	9
10	1001	0000	0

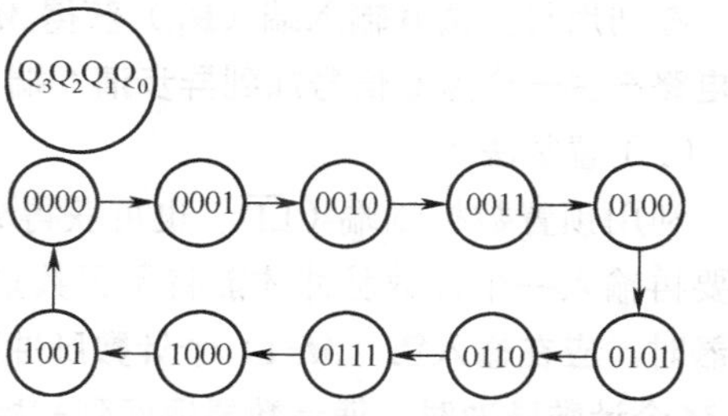

图 9.15 同步十进制加法计数器的状态转换图

从图 9.15 中可见，第 10 个计数脉冲来到后，计数器返回 0000 状态，完成一次十进制计数循环。从 0000 计到 1001（9）共 10 个状态，因此称为同步十进制加法计数器。

二、异步计数器

异步计数器和同步计数器相比具有逻辑电路简单的优点，但异步计数器也存在缺点。一是工作频率较低，原因就是异步计数器的各级触发器的时钟是串行连接的，因此，在各级触发器经过一定的传输延迟时间后，新状态才能稳定建立起来。二是在电路状态译码时存在竞争—冒险现象。同一个门的一组输入信号，到达门输入端的时间有先有后，这种现象称为竞争。逻辑门因输入端的竞争而输出产生不应有的尖峰干扰脉冲的现象称为冒险。这两点使异步计数器的应用受到了很大的限制。

异步计数器与同步计数器一样也分二进制计数器和十进制计数器，且计数状态转换图也是基本相同，两者之间关键的区别就是各触发器之间的触发方式不同。

中规模集成异步计数器种类很多。目前常见的异步二进制计数器产品有 4 位异步二进制计数器（如 74LS290、74LS293、74LS393、74HC393）、7 位异步二进制计数器（如 CC4024）、12 位异步二进制计数器（如 CC4040）、14 位异步二进制计数器（如 CC4060）等类型。这里不再具体介绍了。

三、任意进制计数器的构成

在电子世界中，常使用二进制计数。可在人们的生活中，不仅有十进制计数，而且有类似钟表时间刻度中所看到的，12 进制和 60 进制，以及其他进制，如图 9.16 所示。

图 9.16 任意进制计数器

从降低成本考虑，集成电路的定型产品必须有足够的批量。因此，目前常见的计数器芯片在计数进制上只制作成应用较广的二进制、十进制、十六进制等。在需要其他进制时，只能利用已有的计数产品通过外电路的不同连接来得到。下面以 74LS160 为例来介绍任意进制计数器的构成方法。

假设已有的是 N 进制计数器，而要得到的是 M 进制计数器，利用 74LS160 的各功能引出端 $\overline{R}_D$、$\overline{LD}$、CO 可以灵活的组成 M 进制计数器。

1. 组成 $N > M$ 进制计数器

（1）置 0 法。

在利用异步清 0 输入端（$\overline{R}_D$）获得 M 进制计数器时，应在输入第 M 个计数脉冲后，通过控制电路产生一个置 0 信号加到异步清 0 端，使计数器置 0，即实现 M 进制计数。

（2）置数法。

利用预置数控制端（$\overline{LD}$）也可获得 M 进制计数。由于同步预置数控制端获得置数信号时，需要再输入一个计数脉冲才能将预置数置入计数器中。因此，**利用预置数控制端获得 M 进制计数器时，应在输入第（M-1）个计数脉冲时，使同步预置数控制端获得置数信号，这样，在输入第 M 个计数脉冲时，使计数器返回到初始预置数状态，从而实现 M 进制计数。**

【例 9.1】 利用 74LS160 构成六进制计数器。

解：74LS160 兼有异步清 0 和预置数功能，所以置 0 法和置数法均可采用。

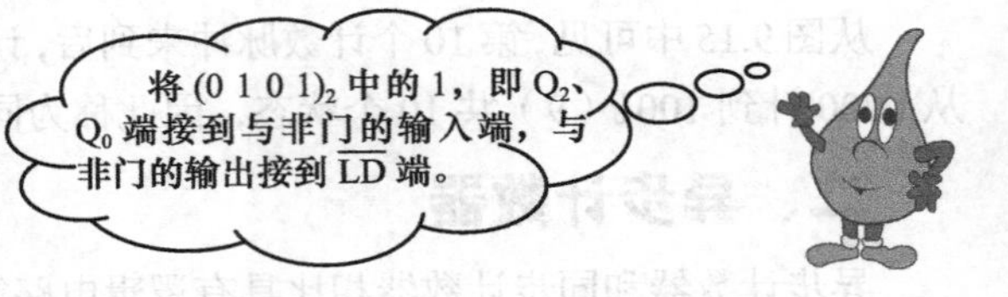
将 $(0\,1\,0\,1)_2$ 中的 1，即 Q_2、Q_0 端接到与非门的输入端，与非门的输出接到 $\overline{LD}$ 端。

方法一：置数法——利用预置数控制端实现复位，如图 9.17（a）所示电路。

$$M-1=6-1=5=(0\,1\,0\,1)_2$$

$Q_3\ Q_2\ Q_1\ Q_0$

计数过程：当输入 1～4 个脉冲时，计数器在 0000～0100 状态间按加 1 计数。当第 5 个脉冲到达时，电路状态变为 0101，门 G_1 输出为 0，$\overline{LD}=0$。在第 6 个脉冲到达时，将预置数 0000 置入，计数器复位，实现同步清 0，从而得到一个六进制计数器。

实质上采用置数法可以从计数循环中的任意一个状态置入适当的数值而得到 M 进制计数器。

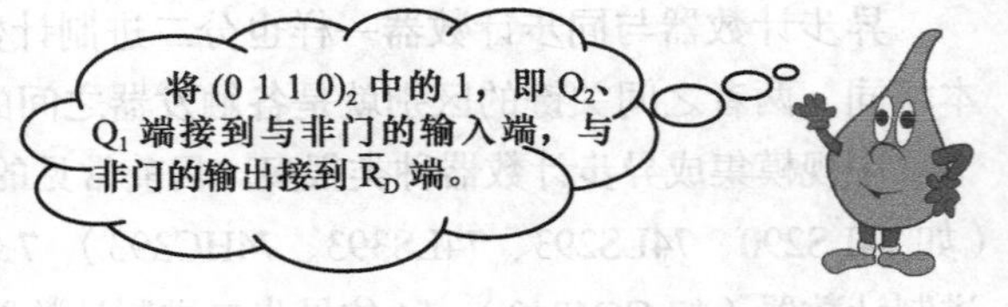
将 $(0\,1\,1\,0)_2$ 中的 1，即 Q_2、Q_1 端接到与非门的输入端，与非门的输出接到 $\overline{R}_D$ 端。

方法二：置 0 法——利用异步清零端实现复位，如图 9.17（b）所示电路。

$$M=6=(0\,1\,1\,0)_2$$

$Q_3\ Q_2\ Q_1\ Q_0$

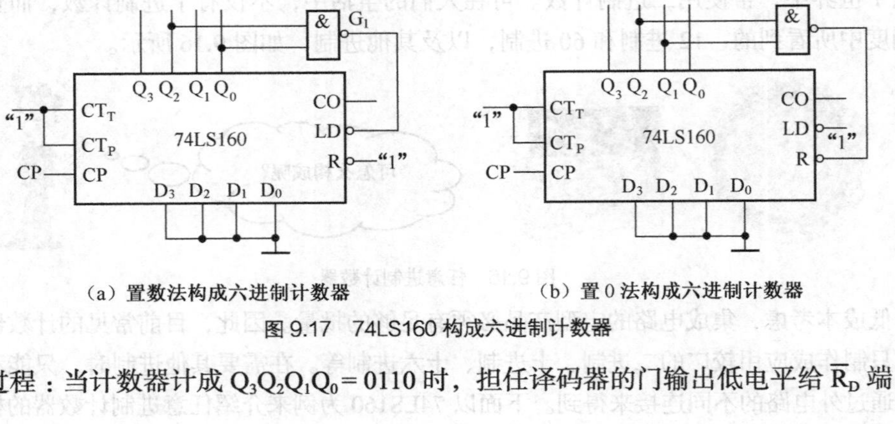

（a）置数法构成六进制计数器　　（b）置 0 法构成六进制计数器

图 9.17　74LS160 构成六进制计数器

计数过程：当计数器计成 $Q_3Q_2Q_1Q_0=0110$ 时，担任译码器的门输出低电平给 $\overline{R}_D$ 端，将计数器清 0，回到 0000 状态。由于电路一进入 0110 状态后立即被置成 0000 状态，因此，0110 状态在极短的瞬间出现，在稳定的状态循环中不包括 0110 状态。这样，电路仅在 0000 ～ 0101 状态内循环，成为六进制计数器（或称模 6 计数器）。

这种方法有一个缺点，即可靠性较差。

*2. 利用集成计数器的级联获得 $N<M$ 进制计数器

如要构成大容量计数器，这时必须用多片 N 进制计数器组合起来，才能构成 M 进制计数器。一片 74LS160 可构成从二进制到十进制之间任意进制的计数器，则利用两片 74LS160，就可构成从二进制到一百进制之间任意进制的计数器。**而各片之间的连接方式可采用同步级联和异步级联，整体置零方式和整体置数方式等。**

同步级联方式是以低位片的进位输出信号（CO）作为高位片的工作状态控制信号（CT_P 和 CT_T），两片的 CP 输入端同时接计数脉冲。异步级联是以低位片的进位输出信号（CO）作为高位片的时钟输入信号。

【例 9.2】 试用 74LS160 构成 43 进制计数器。

解： 利用两片 74LS160 就可构成 43 进制计数器。两片之间的连接采用同步级联、整体置零的连接方式，如图 9.18 所示。74LS160（1）为低位片，接成“3（0011）”，74LS160（2）为高位片接成“4（0100）”。

计数过程：计数器从全 0 状态开始计数，当低位片从 0（0000）计数到 9（1001）时，CO 输出变为高电平，下一个 CP 信号到达时高位片为计数工作状态，计入一个 1，而低位片计成 0（0000）。接着低位片再从 0（0000）继续计数，当低位片计到 9（1001）时，CO 输出变为高电平，下一个 CP 信号到达时高位片为计数工作状态，高位片计入一个 1，变为 2（0010），……直到当高位片计到 4（0100），低位片计到 3（0011）时，经与非门 G_1 产生一个低电平信号立即将两片 74LS160 同时置 0，于是便得到了 43 进制计数器。

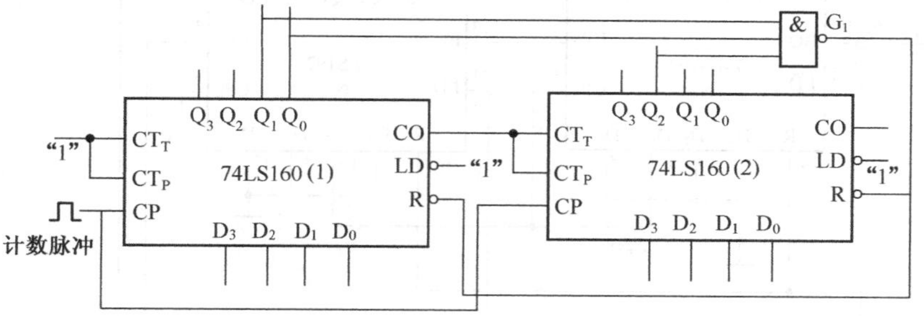

图 9.18　例 9.2　43 进制计数器

小练习

1. 计数器的功能是什么？它是如何分类的？
2. 如图 9.19 所示为 74LS160 芯片，用异步清 0 法组成九进制计数器。
3. 利用 74LS160 芯片采用置数法组成八进制计数器。

*4. 试用两片 74LS160 构成 29 进制计数器。

5. 异步二进制计数器的优缺点是什么？

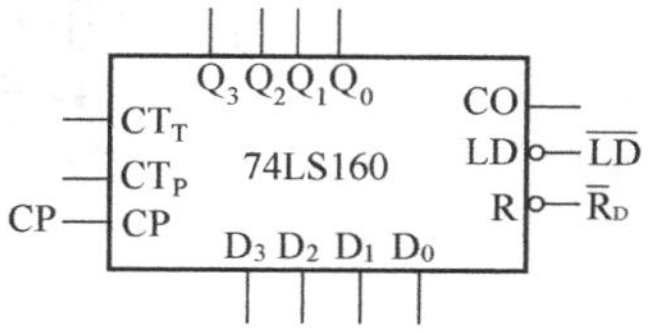

图 9.19　小练习题 2 用图

第4节　小制作综合分析　篮球比赛24秒计时器

一、电路组成

本小制作的核心部分是设计一个24秒计数器，并且对计数结果进行实时显示；同时还要实现通过外部操作开关，控制计数器直接清零、启动以及暂停/连续操作；计时器为24秒递减计时，计时间隔为1秒，当计时器递减到零时，数码显示器不能灭灯，同时发出光电报警信号。实现的框图见小制作3实例图3.2。参考电路图如图9.20所示。

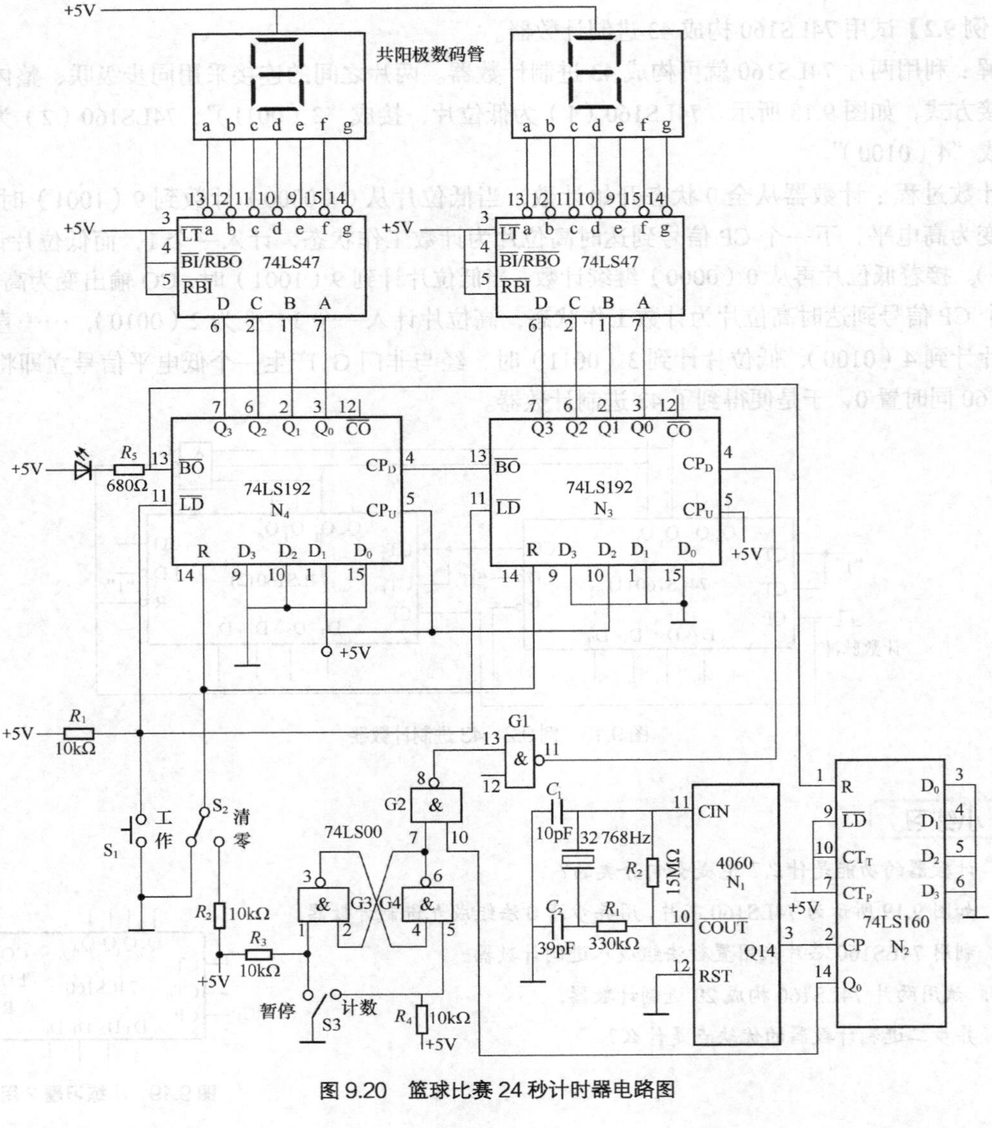

图9.20　篮球比赛24秒计时器电路图

二、电路工作过程简介

1. 秒脉冲发生器

如图 9.20 所示由晶体振荡器、电阻、电容和 4060 内含的振荡电路共同构成振荡器，产生 32 768Hz 的矩形波，经 4060 内部的 14 级计数器分频，得到频率为 2Hz 的矩形波，然后再由 74LS160 进行二分频得到频率为 1 Hz 的秒脉冲信号。

2. 24 秒计数器

24 秒计数器采用两片（N_3、N_4）十进制同步加法 / 减法计数器 74 LS192 设计，74LS192 用 8421BCD 编码，具有直接清零、异步置数功能。如图 9.20 所示预置数为 $N = (00100100)_{8421BCD} = (24)_{10}$，当低位计数器（$N_3$）的借位输出端 $\overline{BO}$ 输出借位脉冲时，高位计数器才进行减法计数。当高位、低位计数都为零时，高位计数器（N_4）的借位输出端 $\overline{BO}$ 输出借位脉冲，通过控制电路，在 CP_U 端输入脉冲作用下，进行下一循环的减法计数。

3. 控制电路

控制电路由 G_1 ～ G_4、电阻、开关等构成。如图 9.20 所示 S_2 拨向清零端时，74LS192 的 $R = 1$，计数器清零；当 S_2 拨向工作端时，$R = 0$，计数器进入工作状态。这时，若按下启动按键 S_1，计数器置数，若松开 S_1，则计数器开始递减计数。当 S_3 拨向连续端时，G_4 输出高电平，此时如果 $\overline{BO} = 1$，则 G_2 将打开，秒脉冲进入计数器，计数器进行连续计数；当 S_3 拨向暂停端时，G_4 输出低电平，将 G_2 封锁，计数器没有秒脉冲送入，暂停计数。当计数器计满 24 个脉冲，高位计数器（N_3）的 $\overline{BO}$ 输出低电平，一方面将 G_2 封锁，另一方面点亮发光二极管，发出警报信号。

4. 译码电路和显示电路

译码电路和显示电路有两片 74LS47 和两个七段显示数码管组成。如图 9.19 所示将 74LS192 输出 Q_0 ～ Q_3 作为译码器的输入，由 74LS47 驱动七段显示数码管显示数字。

三、技能实训　组装和测试篮球比赛 24 秒计时器的计数电路

在第 7 单元完成了显示译码电路的组装和测试，本实训按图 9.21 所示继续完成 24 秒计时器中的计数器及其控制电路等剩余电路的组装和测试。

1. 实训目标

（1）进一步掌握中规模集成电路计数器的逻辑功能。

（2）学会计数器 74LS160、74LS192 逻辑功能测试方法及应用。

（3）学会安装电路，实现计时器的逻辑功能。

2. 实训解析

74LS192 是十进制同步加法 / 减法计数器，采用 8421BCD 编码，具有直接清零、异步置数功能。其功能表如表 9.6 所示，引脚排列如图 9.22（a）所示。

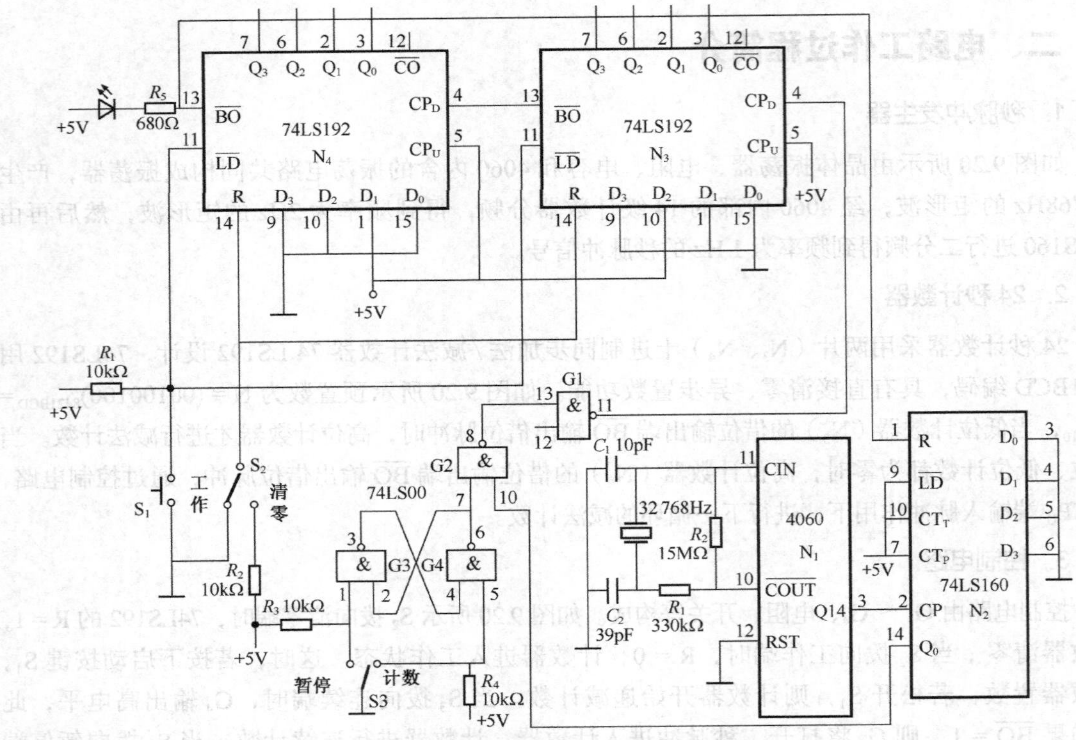

图 9.21 计数器及控制电路等部分电路图

表 9.6 **74LS192 功能表**

CP_U	CP_D	$\overline{LD}$	R_D	操　　作
×	×	0	0	置数
↑	1	1	0	加计数
1	↑	1	0	减计数
×	×	×	1	清零

CP_U 为加计数时钟输入端，CP_D 为减计数时钟输入端；$\overline{LD}$ 为预置输入控制端，异步预置；R_D 为复位输入端，高电平有效，异步清除；$\overline{CO}$ 为进位输出：1001 状态后负脉冲输出；$\overline{BO}$ 为借位输出：0000 状态后负脉冲输出。

CC4060（14 位的异步计数器）引脚排列如图 9.22（b）所示。74LS00 的引脚排列如图 7.4（a）所示。74LS160 的引脚排列如图 9.13（a）所示。

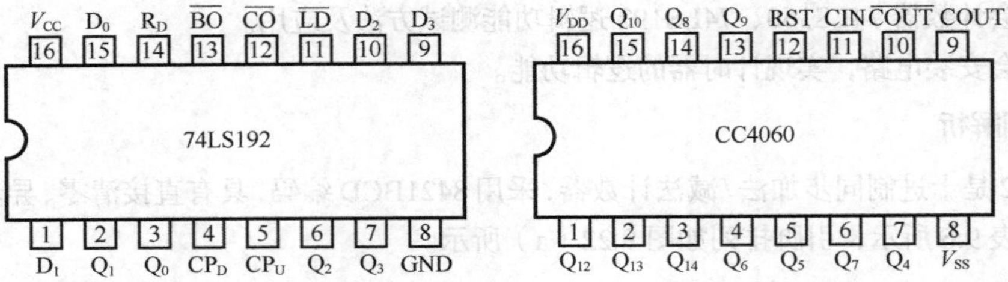

（a）74LS192 引脚排列　　（b）CC4060 引脚排列

图 9.22　74LS192 和 CC4060 引脚排列

3. 实训操作

实训器材如表 9.7 所示。

表 9.7　　实训器材

序　　号	名　　称	规　　格	数　　量
1	集成电路	CC4060	1 块
2	集成电路	74LS160	1 块
3	集成电路	74LS00	1 块
4	集成电路	74LS192	2 块
5	发光二极管	Φ3mm	1 个
6	开关	按键开关	1 个
7	波动开关	1×1 波动开关	2 个
8	陶瓷振荡器	32 768Hz	1 个
9	电容	10pF、39 pF	各 1 个
10	电阻	330kΩ、15MΩ、680kΩ	各 1 个
11	电阻	10kΩ	4 个

篮球比赛 24 秒计时器中的译码和显示电路在第 7 单元实训中已完成。这里继续完成 24 秒计数器等其余电路的连接及整体功能测试。

（1）按照如图 9.21 所示连接电路图。

（2）检查无误后，通电调试。

（3）检查功能是否符合要求，指示是否正确。

① S_2 拨向清零端，计数器清零。

② S_2 拨向工作端，按下启动按键 S_1，计数器完成置数功能，显示器显示 24 秒字样。当松开 S_1，则计数器开始递减计数。

③ S_3 拨向暂停端，暂停计数，显示器显示原来的数，且维持不变。

④ S_3 拨向连续端，计数器正常计数。

⑤ 计数器递减到零时，计数器保持状态不变，发光二极管亮，发出警报信号。

4. 实训总结

（1）对测试结果进行分析，得到实验结论。

（2）总结在制作过程中遇到的问题和处理方法。

（3）填写如表 9.8 所示总结表。

表 9.8　　总结表

课题							
班级		姓名		学号		日期	
实训收获							
实训体会							

续表

	评定人	评　　语	等级	签名
实训评价	自己评			
	同学评			
	老师评			
	综合评定等级			

实训拓展

想想如果将24秒计数器改为其他时间，怎样设计？此计时器还能用在哪些方面？

（1）时序电路具有在任意时刻，电路的输出状态不仅取决于该时刻的输入状态，还与前一时刻电路的状态有关的特点，其通常包含存储电路和组合电路两个部分，应用十分广泛。

（2）时序逻辑电路分为同步时序电路和异步时序电路两大类。

（3）计数器是能够累计输入脉冲数目的数字电路。它除用作计数外，还可用于定时、分频和脉冲序列等。

计数器的种类繁多。计数器按脉冲的作用方式不同可分为异步计数器和同步计数器；按计数过程中数字的增减可分为加法计数器、减法计数器和可逆计数器；按计数体制的不同，又可分为二进制计数器、十进制计数器和其他进制计数器。

（4）寄存器具有接收和寄存二进制数码的逻辑功能，被广泛地用于各类数字系统和数字计算机中。

移位寄存器除了具有存储代码的功能外，还具有移位功能，可以用来实现数据的串行—并行转换、数值的运算以及数据处理等。

一、填空题

1. 时序逻辑电路由________电路和________电路两部分组成。

2. 对于时序电路来说，某时刻电路的输出不仅决定于该时刻的________，而且还决定于电路________，因此时序电路具有________性。

3. 能累计输入脉冲个数的数字电路称为________，数值随输入脉冲增长而增加的计数器为________计数器，数值随输入脉冲增长而减少的计数器为________计数器。

4. 计数器按计数长度，分为________进制计数器、________进制计数器和________进制计数器。

5. 计数器除了直接用于计数外，还可用于________和________。

6. 计数器电路是将________作为基本单元而构成的。

7. 八进制计数器可计数十进制数中从0到________为止的数，在二进制数中最大能计到________。

8. 用来暂时存放数码的具有记忆功能的数字逻辑部件称为________，按其作用不同可分为________和________两大类。

9. 寄存器输入数码方式有________和________两种，输出数码方式也有________和________两种。

10. 在8位串行移位寄存器中，要将数据写入必须要________个时钟脉冲。

二、判断题

1. 同步计数器中各触发器时钟是连在一起的，异步计数器各时钟不是连在一起的。（ ）
2. *N*进制计数器有*N*个有效状态。（ ）
3. 有*n*个触发器可组成2*n*位的二进制代码的寄存器。（ ）
4. 计数器是执行连续加1操作的逻辑电路。（ ）
5. 同步计数器中各触发器是同时更新状态的。（ ）
6. 4位右移移位寄存器用串行输入方式存放一个数码，需要4个移位脉冲。（ ）
7. 数据寄存器只能并行输入数据。（ ）
8. 移位寄存器只能串行输入数据。（ ）

三、选择题

双向移位寄存器的逻辑功能是________。

A. 左移移位和右移移位交替进行　　B. 既能串行输入又能并行输入

C. 既能左移移位又能右移移位

四、设计题

1. 用4位十进制计数器74LS160组成五进制计数器。

（1）采用异步置0法实现。

（2）采用置数法实现。

*2. 用74LS160组成48进制计数器。

五、实践题

查阅集成电路手册，识读可逆十进制计数器CC4510集成电路各引脚功能，并完成表9.9。

表9.9　实践题用表

R_D	PE	$\overline{CI}$	CP	$U/\overline{D}$	D_3	D_2	D_1	D_0	Q_3	Q_2	Q_1	Q_0	功能
1	×	×	×	×	×	×	×	×	0	0	0	0	
0	1	×	×	×	d_3	d_2	d_1	d_0					
0	0	1	×	×	×	×	×	×					
									0000 → 1001				加1计数
0	0	0	↑	0	×	×	×	×	1001 → 0000				

小制作 4

眼睛会循环变频闪动的玩具

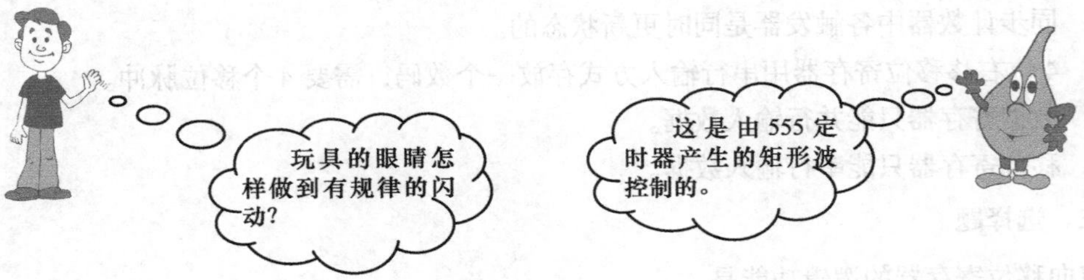

玩具的眼睛怎样做到有规律的闪动？
这是由555定时器产生的矩形波控制的。

在最后一个小制作中，将引导大家共同完成一个新产品的研制。通过这个过程，可以将所学过的各自独立的基本知识融会贯通起来，使死知识变成活知识，并可以培养构建一个完整系统的能力，这正是素质教育、能力教育所需要的。

两个状态的循环转换是电子产品及玩具的一个基本功能，例如：指示灯一亮一灭、两个小灯交替闪亮（眼珠左右闪动）、摇头摆尾之类的动作等。两个状态的转换频率一般是固定的，本小制作的任务就是将固定频率改进为可以循环变化的频率。改进后的循环变频振荡器可用于需要这种功能的电子产品或玩具。实例图 4.1 是一种眼珠可以左右循环变频闪动的电子玩具，找一个普通玩具作外壳，将研制成的电路装进去，一个新产品就研制成功了。

实现此功能的原理框图如实例图 4.2 所示。它所涉及的新知识主要是 555 定时器（作压控振荡器）和数模转换器（作数控电压源）等，将在第 10 单元介绍。

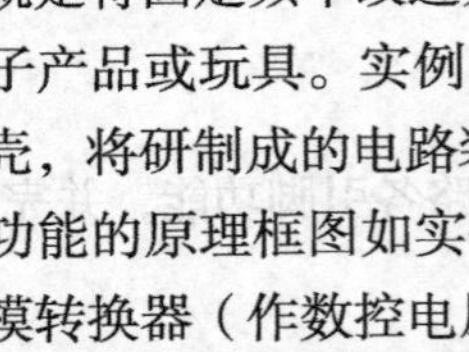

实例图 4.1 眼睛会闪动的玩具

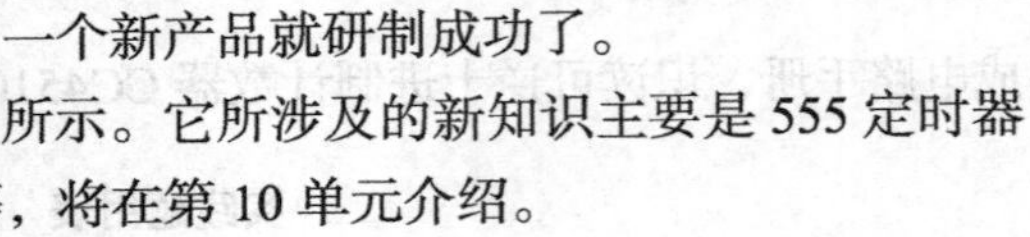

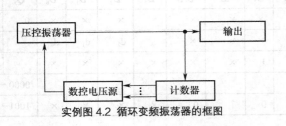

实例图 4.2 循环变频振荡器的框图

*第10单元

555集成电路及模数转换电路

知识目标

- 了解555定时器的功能及典型应用。
- 了解单稳态触发器、多谐振荡器、施密特触发器的概念及基本应用。
- 理解数模与模数转换器的概念、指标。
- 了解数模与模数转换器的电路工作原理及应用。

技能目标

- 能用555定时器构成单稳态触发器、多谐振荡器、施密特触发器。
- 掌握数模与模数转换器的使用常识。

情景导入

555集成定时器是一种多用途的数字—模拟混合集成电路，它具有使用灵活、适用范围宽的特点，它只需外接少量几个阻容元件就可以组成各种不同用途的脉冲电路，如多谐振荡器、单稳态电路和施密特触发器等。除此之外555集成定时器在测量与控制、仪器仪表、声响报警、家用电器、电子玩具等许多领域中都得到了应用。如图10.1所示为555集成定时器应用的示意图——贵重物品防盗报警器。

图10.1　555集成定时器应用示意图——贵重物品防盗报警器

本单元系统介绍一些常用电路的基本工作原理及应用。首先介绍广泛使用的 555 定时器和用它构成单稳态触发器、多谐振荡器、施密特触发器的方法。之后，介绍模数和数模转换的工作原理及常见电路。

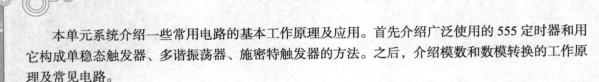

第 1 节　555 集成电路及应用

555 集成定时器产品型号繁多，但所有双极性产品型号最后的 3 位数码都是 555，所有 CMOS 产品最后的 4 位数码都是 7555。而且，它们的外部引脚排列和功能都相同。

一、555 集成电路的组成及功能

1. 电路结构

555 集成电路又称为 555 定时器，实物图如图 10.2（a）所示，引脚排列如图 10.2（b）所示，其内部结构如图 10.2（c）所示。

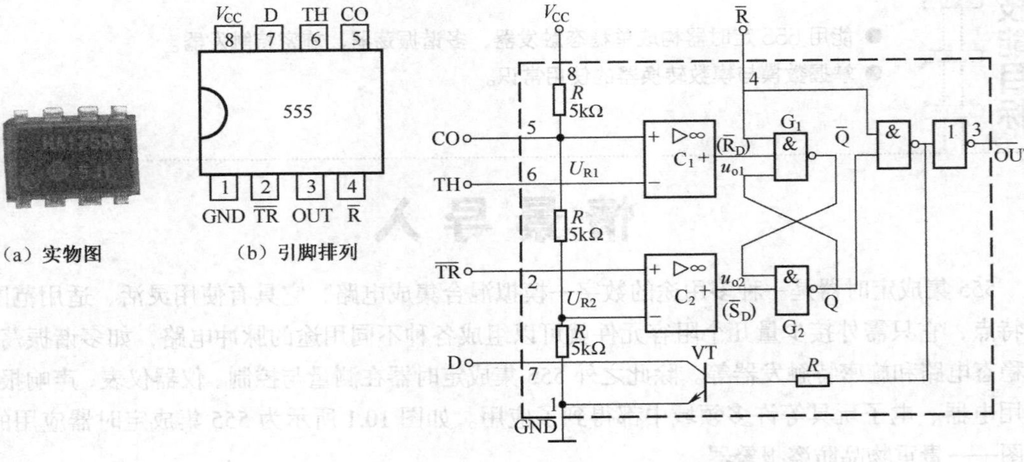

（a）实物图　（b）引脚排列　（c）内部结构图

图 10.2　555 定时器

555 定时器一般由分压器、比较器（C_1 和 C_2）、基本 RS 触发器和放电开关（VT）4 部分组成。555 定时器共有 8 个引脚，分别为：（1）GND 接地端；（2）$\overline{TR}$ 为低电平触发端；（3）OUT 为输出端；（4）$\overline{R}$ 为复位端，低电平有效；（5）CO 为控制端；（6）TH 为阈值输入端；（7）D 为放电端；（8）V_{CC} 为电源端，电压范围为 4.5 ～ 16V。

2. 基本功能

555 定时器的基本功能如表 10.1 所示。

表 10.1　　555 定时器功能表

$\overline{R}$	阈值输入端 TH	触发输入端 $\overline{TR}$	OUT	VT
0	×	×	0	导通
1	$>\frac{2}{3}V_{CC}$	$>\frac{1}{3}V_{CC}$	0	导通
1	$<\frac{2}{3}V_{CC}$	$>\frac{1}{3}V_{CC}$	保持原状态不变	保持原状态不变
1	$<\frac{2}{3}V_{CC}$	$<\frac{1}{3}V_{CC}$	1	截止
1	$>\frac{2}{3}V_{CC}$	$<\frac{1}{3}V_{CC}$	1	截止

二、单稳态触发器

1. 单稳态触发电路特性及应用

单稳态触发电路有稳态和暂态两种工作状态，而且只有在外界触发脉冲的作用下，才能从稳态翻转到暂态，在暂态维持一段时间以后，自动回到稳态。暂态维持时间的长短取决于电路本身的参数，与触发脉冲信号无关。

由于单稳态触发电路具有这些特点，它被广泛应用于整形、延时及定时等电路。

鉴于单稳态触发电路的应用十分普遍，在 TTL 电路和 CMOS 电路的产品中，都生产了单片集成的单稳态触发电路，如 54/74121、54/74221、54/74HC123、CD4098、CD4538、CC14528 等。

应用实例

楼道延时照明灯

如图 10.3 所示是利用单稳态触发电路的功能实现延时照明灯。晚间楼道出现来人脚步或拍手等声响时，开关将接通电源，开启后延时一定时间关闭（延时的时间由单稳态触发电路的暂态决定），从而实现了自控制照明灯的开关。

图 10.3　楼道延时照明灯

2. 555 定时器构成单稳态触发电路

（1）电路结构。

单稳态触发器电路结构如图 10.4（a）所示。

（2）工作原理。

看一看

按如图 10.4（a）所示连接电路。在输入端（2 引脚）加上脉冲波，用示波器观察输出端（3 引脚）及电容 C 上的电压波形。

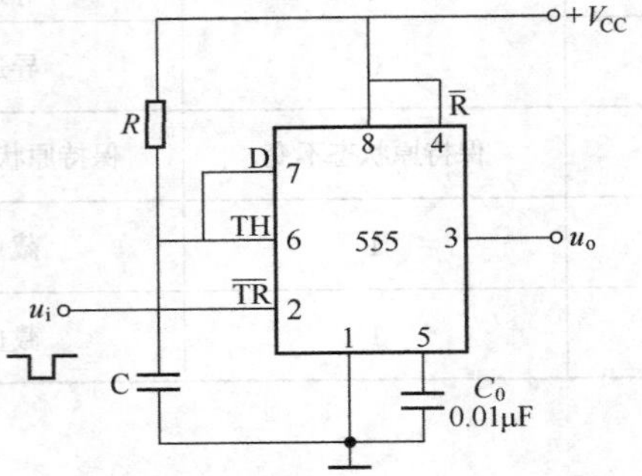

（a）电路图

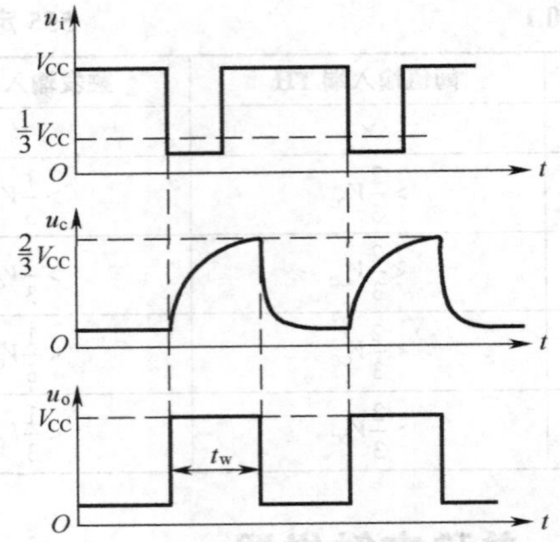

（b）波形图

图 10.4　单稳态触发器

实验现象

在输入端（2引脚）加上脉冲波后，通过示波器看到输出端（3引脚）及电容 C 上的电压波形如图 10.4（b）所示。

知识探究

① 从波形图中可以看到以下状态。

稳态。无触发脉冲信号输入时，电路处于稳态，555 定时器输出低电平，电容 C 两端电压近似为零。

暂态。当 u_i 输入一个触发脉冲信号（短暂的低电平）时，555 定时器输出变为高电平，电容 C 开始充电，电路进入暂态。当电容充电使其两端电压上升到 $u_C \geqslant \frac{2}{3}V_{CC}$时，555 定时器输出变为低电平，电容 C 开始放电，直至近似为零，暂态结束。

如果没有触发脉冲信号的到来，电路始终处于稳态，555 定时器输出低电平。

② 暂稳状态时间（输出脉冲宽度）：暂稳状态持续的时间又称输出脉冲宽度，用 t_W 表示。它由电路中电容 C 两端的电压来决定，可以推导出

$$t_W \approx 1.1RC \tag{10-1}$$

t_W 与触发脉冲无关，仅决定于电路本身的参数。当一个触发脉冲使单稳态触发器进入暂稳状态以后，t_W 时间内的其他触发脉冲对触发器就不起作用；只有当触发器处于稳定状态时，输入的触发脉冲才起作用。

注意　输入脉冲的低电平持续时间不能大于 t_W。如果超过，应在输入端加微分电路。

【例 10.1】由 5G555 组成的单稳态触发器如图 10.4（a）所示，其中 $R=500\text{k}\Omega$，$C=10\mu\text{F}$，V_{CC}=6V。（1）试根据如图 10.5 所示给出的输入 u_i 的波形，画出 u_c 和 u_o 的波形。（2）求出输出脉冲 u_o 的宽度 t_w。（3）若其他条件不变，减小电阻 R 的值，则 t_w 是增加、减少、还是不变？

解：（1）u_c 和 u_o 的波形如图 10.5 所示。

（2）输出脉冲 u_o 的宽度为

$$t_W \approx 1.1RC = 1.1 \times 500 \times 10^3 \times 10 \times 10^{-6}\text{s} = 5.5\text{s}$$

（3）由式（10-1）可知，若其他条件不变，减小电阻 R 的值，则 t_W 将减小。

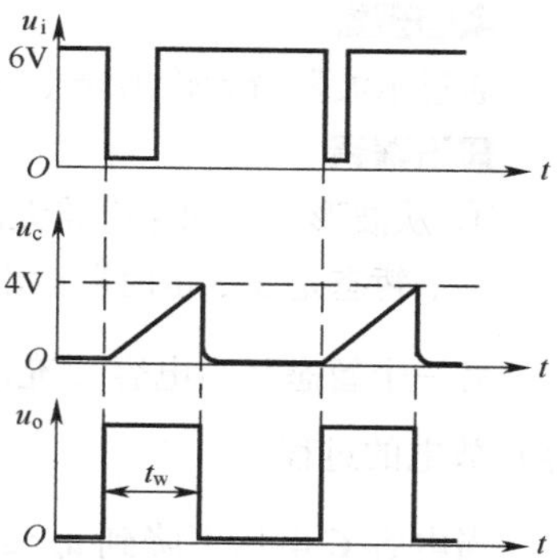

图 10.5 例 10.1 波形图

三、多谐振荡器

1. 多谐振荡器的特点及应用

多谐振荡器是一种自激振荡器，它具有两个暂稳态，在接通电源后，不需外加触发信号，就可在两个暂稳态之间自动转换，产生一定频率和一定带宽的矩形脉冲。

多谐振荡器经常用作脉冲信号发生器，是数字系统中重要的硬件组成部分。

生活应用

警示灯

如图 10.6 所示是利用多谐振荡器的工作特点制成的闪灯装置。闪动的频率由多谐振荡器的两个暂态时间长短决定。可将该装置装在汽车后部的窗口处或放在路上，在对汽车进行修理时，作为警告灯用；也可作为交通路障警示灯。

图 10.6 警示灯

2. 555 定时器构成多谐振荡器

（1）电路的结构。由 555 定时器构成的多谐振荡器的电路结构如图 10.7（a）所示。图中将定时器的两个输入端（$\overline{TR}$、TH）连在一起经 R_2、R_1 接 V_{CC}。

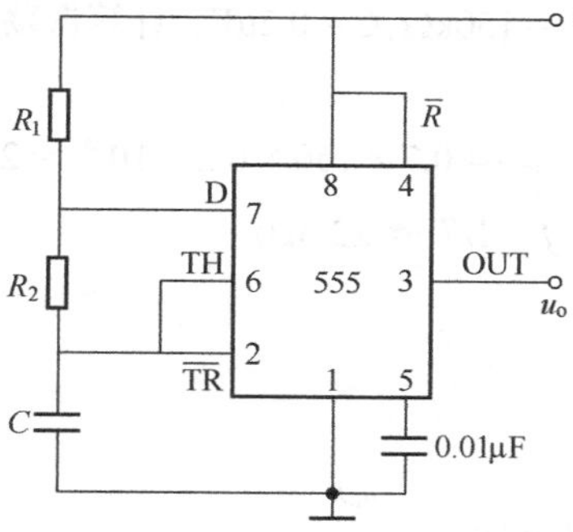

（a）电路图

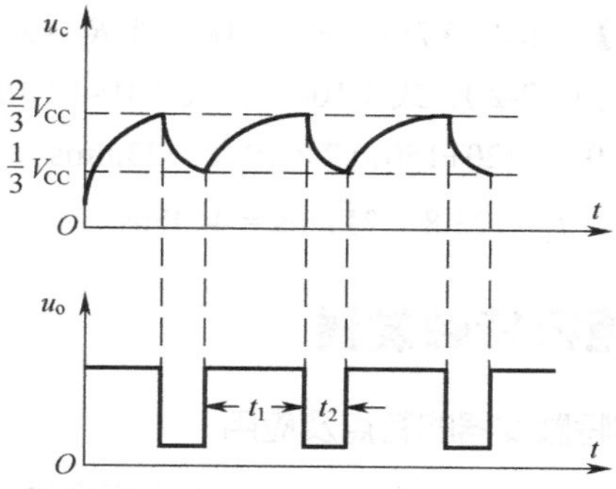

（b）波形图

图 10.7 555 定时器构成的多谐振荡器

（2）多谐振荡器的工作原理。

看一看

按如图 10.7（a）所示连接电路。用示波器观察输出端（3 引脚）的电压波形。

实验现象

通过示波器看到输出端（3 引脚）的电压波形如图 10.7（b）所示。

知识探究

① 从波形图可知：电路无需外加输入信号，可自行产生振荡脉冲，且电路有两个暂态。

一个暂态是 555 定时器输出高电平，电容 C 进行充电的过程。

另一个暂态是当电容 C 充电到其两端电压 $u_c \geqslant \frac{2}{3}V_{CC}$ 时，555 定时器输出转换为低电平，电容 C 放电的过程。

当电容 C 电压下降到 $u_c \leqslant \frac{1}{3}V_{CC}$ 时，555 定时器输出又变为高电平，电容 C 重新开始充电，回到前一个暂态，重复上述过程，形成振荡脉冲。

② 参数计算

可推导出充电时间 t_1 和放电时间 t_2 为

$$t_1 \approx 0.7(R_1+R_2)C \qquad t_2 \approx 0.7R_2C \tag{10-2}$$

多谐振荡器的振荡周期 T

$$T=t_1+t_2 \approx 0.7\,(R_1+2R_2)\,C \tag{10-3}$$

电路的振荡频率 f

$$f=\frac{1}{T}=\frac{1.43}{(R_1+2R_2)C} \tag{10-4}$$

输出波形占空比 q

定义：$q=t_1/T$，即脉冲宽度与脉冲周期之比，称为占空比。

$$q=\frac{t_1}{T}=\frac{R_1+R_2}{R_1+2R_2} \tag{10-5}$$

【例 10.2】 如图 10.7（a）所示电路，如 $R_1=20\text{k}\Omega, R_2=150\text{k}\Omega, C=0.2\mu\text{F}$。计算振荡周期和频率。

解：由式（10-2）、式（10-3）、式（10-4）可得

$t_1 \approx 0.7\times(20+150)0.2\times10^{-3}\text{s}=23.8\text{ms}$　　$t_2 \approx 0.7\times150\times0.2\times10^{-3}\text{s}=21\text{ms}$

$T=t_1+t_2=(23.8+21)\ \text{ms}=44.8\text{ms}$　　$f=1/T \approx 22.3\text{Hz}$

四、施密特触发器

1. 施密特触发器的特点及应用

施密特触发器是一种应用广泛的波形变换及整形电路，它有两个特点。

（1）在输入信号从低电平上升的过程中，电路状态转换时对应的输入电平，与输入信号从高电平下降过程中对应的输入转换电平不同，即具有不同的阈值电压。说明电路有滞回电压传输特性，如图 10.8 所示。

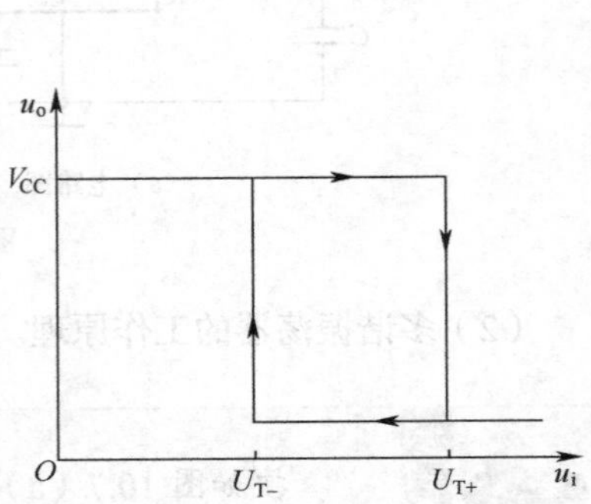

图 10.8 施密特触发器的电压传输特性

图 10.8 中 U_{T+} 是高电平阈值电压，U_{T-} 是低电平阈值电压。

而Δ $U_T=U_{T+}-U_{T-}$ 称回差电压。**回差电压越大，施密特触发器的抗干扰性越强，但施密特触发器的灵敏度也会相应降低。**

（2）电路状态转换时，输出电压变化很快，具有陡峭的跳变沿。

利用这两个特性，**施密特触发器可以进行脉冲整形、波形变换和幅度鉴别等工作。**

施密特触发器的应用非常广泛，无论是在 TTL 电路中还是在 CMOS 电路中，都有单片集成的施密特触发器产品，如 74LS32、CC4016 等。

生活应用

温控器

如图 10.9 所示是利用施密特触发器的滞回电压传输特性制成温控器来避免在一定温度范围内用电器反复工作的一个实例。例如空调制冷温度为 20℃，当温度超过 20℃时，空调制冷开始工作，当温度降下来时就停止制冷了。如一会儿温度又升为 20.1℃，如没有施密特触发器，空调又将开始制冷，以至将不断反复。正因为有了施密特触发器，使空调在 20℃一定温度范围内不制冷。还有冰箱、热水器等电器的温控也是这个原理。

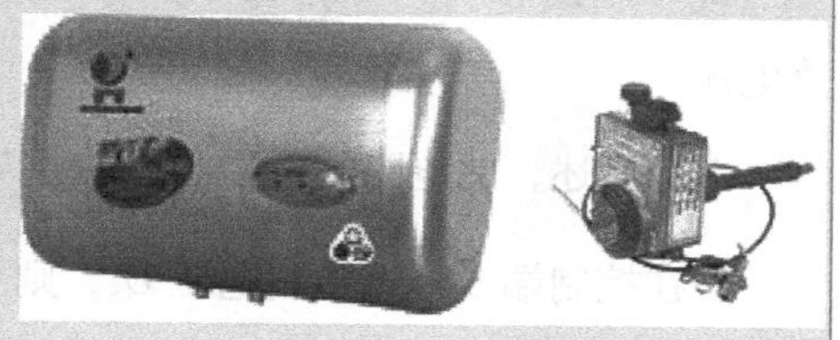

图 10.9　温控器

2. 555 定时器构成施密特触发器。

（1）电路结构。将 555 时基电路的阈值输入端（6 引脚）和低触发输入端（2 引脚）连在一起，即可构成施密特触发器，如图 10.10（a）所示。

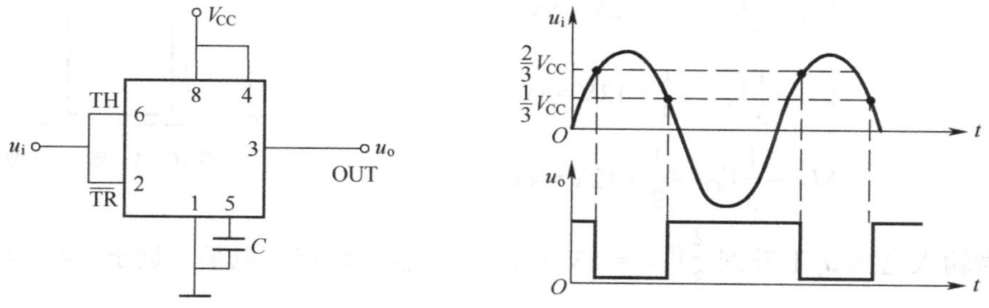

（a）电路图　　（b）波形图

图 10.10　施密特触发器

（2）工作原理。

看一看

按如图 10.10（a）所示连接电路。在输入端（2 引脚和 6 引脚）加上正弦波，用示波器观察输出端（3 引脚）的电压波形。

实验现象

在输入端（2 引脚和 6 引脚）加上脉冲波后，通过示波器看到输出端（3 引脚）的电压波形如图 10.10（b）所示。

知识探究

通过波形图可见：

① 当 u_i 处于 $0 < u_i < \frac{1}{3}V_{CC}$ 上升区间时，$u_o=1$；

② 当 u_i 处于 $\frac{1}{3}V_{CC} < u_i < \frac{2}{3}V_{CC}$ 上升区间时，u_o 仍保持原状态 1 不变；

③ 当 u_i 处于 $u_i \geqslant \frac{2}{3}V_{CC}$ 区间时，u_o 将由 1 状态变为 0 状态，此刻对应的 u_i 值称为高阈值电压；

④ 当 u_i 处于 $\frac{1}{3}V_{CC} < u_i < \frac{2}{3}V_{CC}$ 下降区间时，u_o 保持原状态 0 不变；

⑤ 当 u_i 处于 $u_i \leqslant \frac{1}{3}V_{CC}$ 区间时，u_o 又将由 0 状态变为 1 状态，此刻对应的 u_i 值称为低阈值电压。

综上所述，此电路的 $U_{T+}=\frac{2}{3}V_{CC}$，$U_{T-}=\frac{1}{3}V_{CC}$，$\Delta U_T=\frac{1}{3}V_{CC}$ （10-6）

若在控制端 5 外接控制电压 U_S，则 $U_{T+}=U_S$，$U_{T-}=\frac{1}{2}U_s$ （10-7）

【例 10.3】如图 10.10（a）所示为 555 定时器构成的施密特触发器，其中，$V_{CC}=12V$，输入 u_i 为三角波，如图 10.11 所示。（1）试计算引出端未接 U_S 时，电路的 U_{T+}、U_{T-}、ΔU_T 各为多少？（2）在引出端接 U_S，如 $U_S=10V$，电路的 U_{T+}、U_{T-}、ΔU_T 各为多少？（3）根据输入 u_i 波形，画出输入电压 u_i、输出电压 u_o 的波形图。

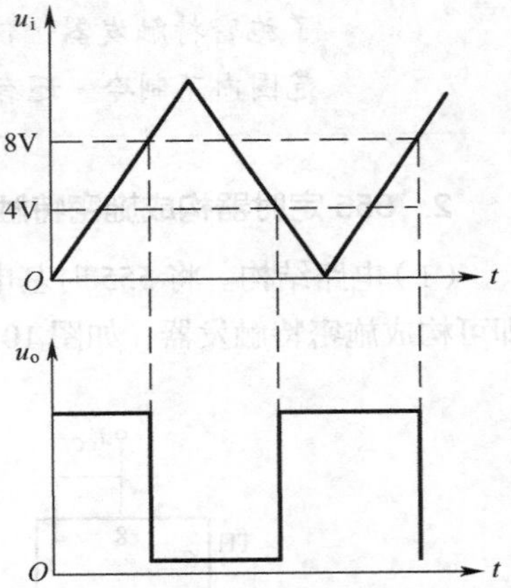

图 10.11 例 10.3 波形图

解：（1）未接 U_S 时，根据式（10-6）可知

$$U_{T+}=\frac{2}{3}V_{CC}=\frac{2}{3}\times12V=8V$$

$$U_{T-}=\frac{1}{3}V_{CC}=\frac{1}{3}\times12V=4V$$

$$\Delta U_T=\frac{1}{3}V_{CC}=\frac{1}{3}\times12V=4V$$

（2）当输入电压 u_i 上升到 $\frac{2}{3}V_{CC}=8V$ 时，u_{o1}、u_{o2} 均输出低电平，近于 0V；当 u_i 从峰值下降到 $\frac{1}{3}V_{CC}=4V$ 时，u_{o1}、u_{o2} 均输出高电平，但 u_{o1} 输出 12V，u_{o2} 输出 9V。波形如图 10.11 所示。

（3）引出端 5 为控制输入端，若接 U_S，由式（10-7）可知

$$U_{T+}=U_s=10V；U_{T-}=\frac{1}{2}U_s=5V；\Delta U_T=U_{T+}-U_{T-}=(10-5)V=5V$$

小练习

1. 说明 555 定时器各引脚的功能。
2. 单稳态触发器有哪几种工作状态？
3. 说明单稳态触发器的工作特点及主要用途。

4. 说明施密特触发器的工作特点及主要用途。

5. 如图 10.7（a）所示的多谐振荡器中，已知 R_1 = 10kΩ, R_2 = 15kΩ, C = 0.01μF，求电路的振荡频率及占空比 q。

6. 如图 10.10（a）所示施密特触发器中，已知 V_{CC}=6V，计算 U_{T+}、U_{T-}、ΔU_T 各为多少？

第 2 节　模数与数模转换电路

随着数字电子技术以及电子计算机技术的发展，数字信号的传输与处理技术在生活、生产中被广泛应用。在计算机用于过程控制时，通常需要对许多参量进行采集、处理和控制，这些参量多数是以模拟量的形式存在，如声音、温度、压力、速度等。当计算机要处理这些模拟量时，必须将它们转换成相应的数字信号形式，才能为计算机或数字系统识别和处理；当计算机处理完这些数字信号后，通常需要将它们转换成模拟信号，才能直接控制生产过程中各种装置，以完成自动控制任务。**把模拟信号转换成数字信号的过程称为模数转换，简称 A/D 转换。完成 A/D 转换的电路称为模数转换器，简称 ADC。把数字量转换成模拟量的过程称为数模转换，简称 D/A 转换。完成 D/A 转换的电路称为数模转换器，简称 DAC。**如图 10.12 所示为 A/D、D/A 转换应用示意图。

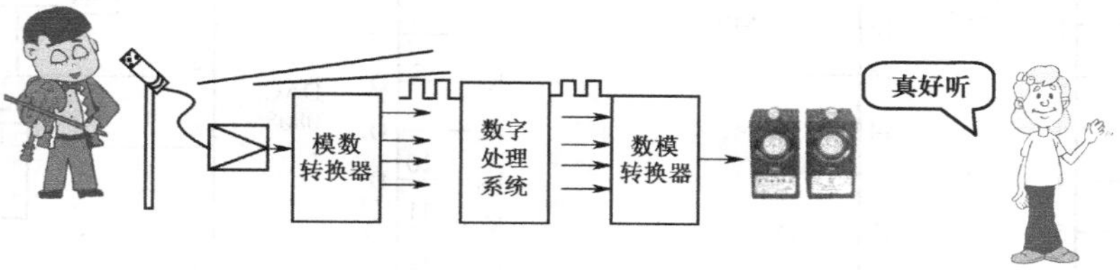

图 10.12　模数、数模转换示意图

一、数模转换器

1. 数模转换器的基本原理

计算机输出的信号是以数字形式给出的，而一般控制系统的执行单元要求提供模拟的电流或电压，故必须将计算机输出的数字量转换成模拟的电流或电压，这个任务是由数模转换器来完成的。即数模转换器**是将输入的二进制数字量转换为与该数字量成比例的电压或电流。**

数模转换器芯片一般内部有数据锁存器，能将计算机输给它的数字量存下来以便内部的数模转换电路将其转换成模拟的电流或电压。数模转换器的输出电流或电压一般不足以推动执行部件工作，还需功率放大，因此，有的芯片就将放大电路一同集成在数模转换器的芯片内，方便使用。

如图 10.13 所示是数模转换器的输入、输出关系框图，$D_0 \sim D_{n-1}$ 是输入的 n 位二进制数，U_o 是与输入二进制数成比例的输出电压。

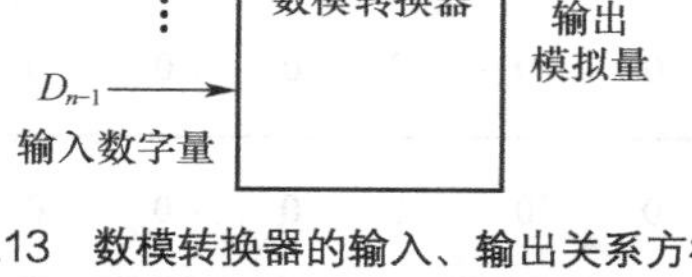

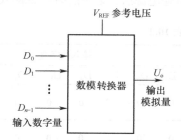

图 10.13　数模转换器的输入、输出关系方框图

图中 U_o、D、V_{REF} 三者之间关系可用数学表达式

表示为：$U=KDV_{REF}$。式中 K 为比例系数。不同的数模转换器有各自对应的 K。

能实现数模转换的电路很多，常见的有权电阻网络型、倒 T 电阻网络型、权电流型、权电容型以及开关树型等类型。

2. 集成数模转换器简介

随着集成技术的发展，中规模的数模转换集成块相继出现，应用十分方便。目前，常用的芯片型号很多，有 8 位（如 AD7528）、10 位（如 AD7533）、12 位（如 AD7398）、14 位（如 AD7535）等转换器。下面主要介绍 8 位权电流型数模转换器 DAC0808。

（1）DAC0808 的引脚功能。DAC0808 的引脚排列如图 10.14 所示。其中 $D_7 \sim D_0$ 为 8 位数字输入端，D_7 为最高位，D_0 为最低位。I_o 是求和电流输出端。$+V_{REF}$ 和 $-V_{REF}$ 接基准电流发生电路中运算放大器的反相输入端和同相输入端，COMP 供外接补偿电容之用。V_{CC} 和 $-V_{EE}$ 为正、负电源输入端，分别为 +5V 和 −15V。

（2）DAC0808 的典型应用。DAC0808 这类器件在构成数模转换器时需要外接运算放大器和产生基准电流用的 R_r，如图 10.15 所示。

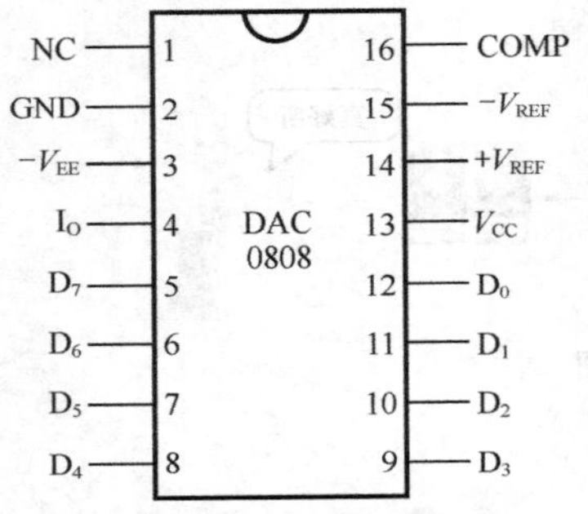

图 10.14　DAC0808 引脚排列图

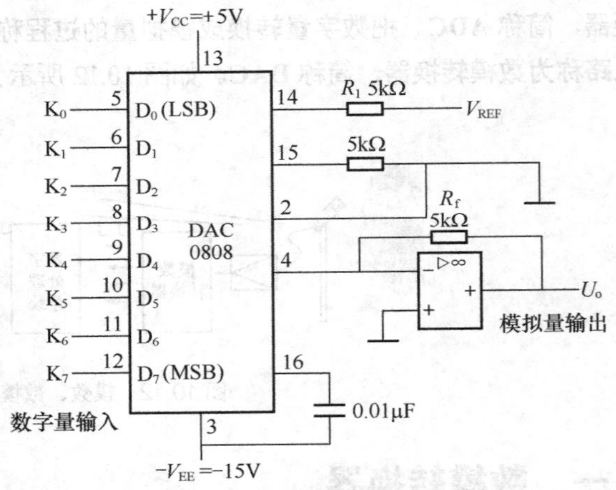

图 10.15　DAC0808 的典型应用

看一看　按如图 10.15 所示连接电路。其中 $D_7 \sim D_0$ 分别接逻辑开关 $K_7 \sim K_0$。将逻辑开关 $K_7 \sim K_0$ 按表 10.2 置位，用电压表（数字电压表）测量输出电压 U_o 的值，并记录结果。

实验现象

接通电源后，记录的结果如表 10.2 所示。

表 10.2　DAC0808 数据记录

输入数字量								输出模拟量（V）	
D_7	D_6	D_5	D_4	D_3	D_2	D_1	D_0	理论值	实测值
0	0	0	0	0	0	0	0	$V_{REF}\left(\frac{0}{256}\right)$	0
0	0	0	0	0	0	0	1	$V_{REF}\left(\frac{1}{256}\right)$	0.039

续表

输入数字量								输出模拟量（V）	
0	0	0	0	0	0	1	1	$V_{REF}\left(\frac{3}{256}\right)$	0.117
0	0	0	0	0	1	1	1	$V_{REF}\left(\frac{7}{256}\right)$	0.273
0	0	0	0	1	1	1	1	$V_{REF}\left(\frac{15}{256}\right)$	0.586
0	0	0	1	1	1	1	1	$V_{REF}\left(\frac{31}{256}\right)$	1.21
0	0	1	1	1	1	1	1	$V_{REF}\left(\frac{63}{256}\right)$	2.46
0	1	1	1	1	1	1	1	$V_{REF}\left(\frac{127}{256}\right)$	4.96
1	1	1	1	1	1	1	1	$V_{REF}\left(\frac{255}{256}\right)$	9.96

知识探究

从表 10.2 中可见，在 $V_{REF}=10V$、$R_1=5k\Omega$、$R_f=5k\Omega$ 的情况下，当输入的数字量在全 0 和全 1 之间变化时，输出模拟电压的变化范围为 0 ～ 9.96V。即输出电压为：

$$U_o=\frac{V_{REF}}{2^8}(D_7 2^7+D_6 2^6+\cdots+D_1 2^1+D_0 2^0) \quad (10\text{-}8)$$

【例 10.4】如图 10.15 所示，若 $V_{REF}=10V$，求当数字输入量为 10011001 时，U_o 输出电压值。

解：由式（10-8）得

$$U_0=\frac{10}{2^8}(1\times 2^7+0\times 2^6+0\times 2^5+1\times 2^4+1\times 2^3+0\times 2^2+0\times 2^1+1\times 2^0)$$

$$=\frac{10\times 153}{256}=5.98V$$

3. 数模转换器的主要技术指标

（1）转换精度。

① 分辨率。

分辨率是指数模转换器最小输出电压（对应的输入数字量仅最低位为 1）与最大输出电压（对应的输入数字量各有效位全为 1）之比，其值越小，分辨能力越强。对于一个 n 位的数模转换器，分辨率可表示为

$$分辨率=\frac{1}{2^n-1} \quad (10\text{-}9)$$

【例 10.5】8 位和 10 位数模转换器的分辨率各为多少？

解：利用式（10-9）可得

8 位数模转换器　分辨率 $=\frac{1}{2^8-1}\approx 0.004$，

10 位数模转换器　分辨率 $=\frac{1}{2^{10}-1}\approx 0.001$

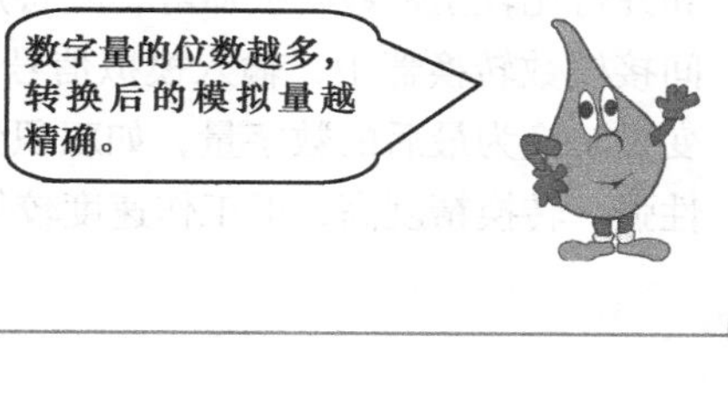

数字量的位数越多，转换后的模拟量越精确。

可见，n（数模转换的位数）越大，分辨率越小，转换精度越高。所以，在实际应用中，常用数字量的位数表示数模转换器的分辨率。

② 转换误差。

转换误差是指数模转换器实际输出模拟电压值与理论输出模拟电压值之差。显然，这个差值越小，电路的转换精度越高。它不仅与数模转换器中的元器件参数的精度有关，而且还与周围环境的温度、求和运算放大器的温度漂移以及转换器的位数有关。所以要获得较高精度的数模转换结果，除了正确选用数模转换器的位数外，还要选用低漂移高精度的求和运算放大器。

（2）转换速度。

转换速度是指数模转换器从输入数字信号开始到输出模拟电压或电流达到稳定值时所用的时间。它是反映数模转换器工作速度的指标，转换时间越小，工作速度越高。

二、模数转换器

模拟信号转换成数字信号，可以提高电路对噪声的抗干扰能力和声音的传输质量。此外，数字信号还比较容易补偿和修正。

1. 模数转换的基本原理

模数转换是将模拟信号转换为数字信号。而其输入的模拟电流或电压一般是由传感器输送的，如图 10.16 所示。

如图 10.16 所示是模数转换器的输入、输出关系框图。**转换过程通常包括取样、保持、量化和编码 4 个过程。**首先是对输入的模拟电压信号取样，取样结束后进入保持时间，在这段时间内将取样的电压量化为数字量，并按一定的编码形式给出转换结果。然后再进行下一次取样。这 4 步并不是分别完成，而是取样和保持一次完成，量化和编码一次完成。如图 10.17 所示。

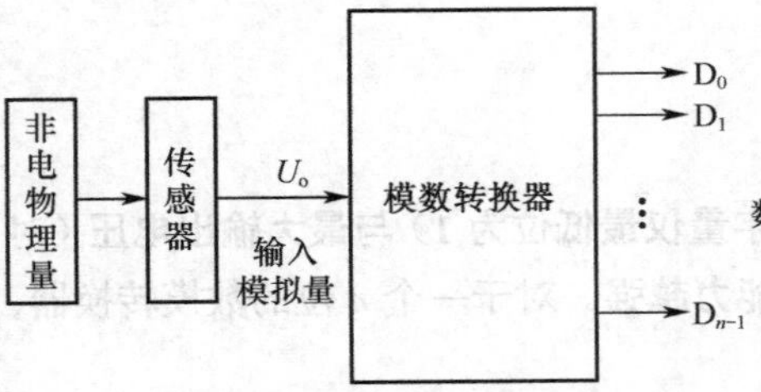

图 10.16　模数转换器框图

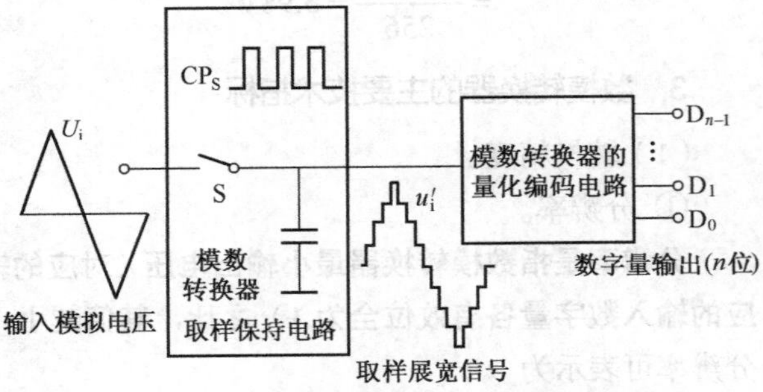

图 10.17　模拟量到数字量的转换过程

模数转换器可分为直接模数转换器和间接模数转换器两大类。在直接模数转换器中，输入模拟信号直接被转换成相应的数字信号。常用的电路有计数型模数转换器、逐次逼近型模数转换器和并行比较型模数转换器等，其特点是工作速度高，转换精度容易保证，调准也比较方便。而在间接模数转换器中，输入模拟信号先被转换成某种中间变量（如时间、频率等），然后再将中间变量转换为最后的数字量，如双积分型模数转换器、单次积分型模数转换器等，其特点是抗干扰性强，转换精度高，但工作速度较低，一般在测试仪表中用得较多。

知识拓展

传感器

能够将非电物理量转换成电量（电流或电压）的器件被称为传感器。一般传感器是由电阻、电容、电感或热敏材料组成，在外加激励电流或电压的驱动下，不同类型的传感器会随不同非电物理量的变化，引起传感器的组成材料发生变化，使得输出连续的电流或电压与非电物理量的变化成正比。例如，用遥控器来操作电视机时，就是由遥控器的红外线发光二极管发出信号，并由电视机内的红外线感光传感器来检测这些信号的。常用传感器类型有温度传感器、光传感器、压力传感器、磁传感器等。图 10.18 所示为常见传感器实物图。

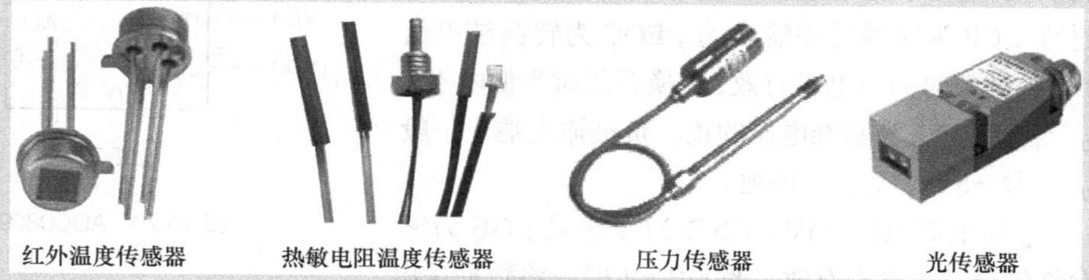

图 10.18　常用传感器实物图

2. 集成模数转换器件简介

集成模数转换器件是计算机接口电路及数字电路的重要组成部分。其芯片种类很多，转换精度有 8 位（如 AD570）、10 位（如 AD9200）、12 位（如 AD7874）、16 位（如 AD7656）及 24 位（如 AD7794）等。现介绍 ADC0809 芯片。

（1）ADC0809 的引脚功能。

ADC0809 是一种逐次逼近型模数转换器，它是采用 CMOS 工艺制成的 8 位 8 通道单片模数转换器，转换时间最快可达 10μs，适用于分辨率较高而转换速度适中的场合。ADC0809 的实物图和引脚排列图如图 10.19 所示。

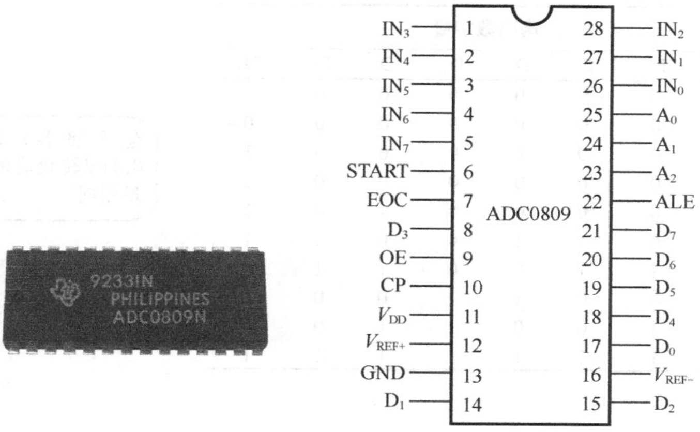

（a）实物图　　（b）引脚排列图

图 10.19　ADC0809

芯片上各引脚的名称和功能如下：

$IN_0 \sim IN_7$ 为8路单端模拟输入电压的输入端；$A_2 \sim A_0$ 为模拟输入通道的地址选择线，A_2 为最高位，A_0 为最低位，用来选通8路输入；ALE为地址锁存允许信号，高电平有效，当ALE = 1时，将地址信号有效锁存，并经译码器选中其中一个通道；$D_0 \sim D_7$ 为转换器的数码输出线，D_7 为高位，D_0 为低位；START为启动脉冲信号输入端，当需启动模数转换过程时，在此端加一个正脉冲，脉冲的上升沿将所有的内部寄存器清零，下降沿时开始模数转换过程；CP为时钟脉冲输入端；EOC为转换结束信号，转换结束时为高电平有效，转换开始时为低电平；$V_{REF(+)}$、$V_{REF(-)}$ 为基准电压的正、负极输入端。一般 $V_{REF(+)}$ 接+5V，$V_{REF(-)}$ 接地。

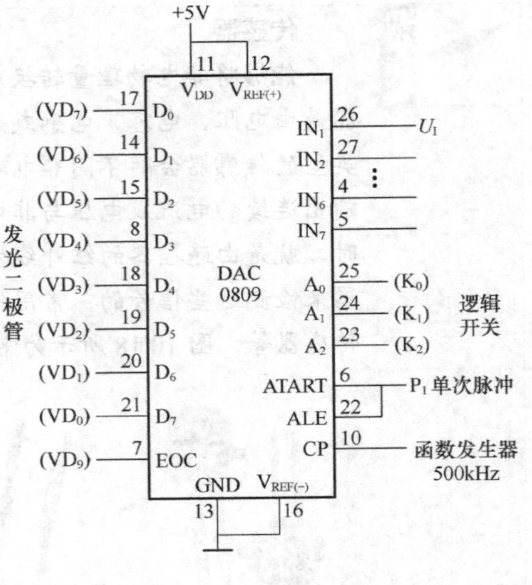

图10.20 ADC0809应用

V_{DD} 为电源电压+5V；GND为接地端；OE为输出允许信号，高电平有效。当OE = 1时，将数据送出。

（2）ADC0809典型应用。

ADC0809可以与微机系统连接，也可单独使用，如图10.20所示为ADC 0809单独使用的例子。

看一看

按如图10.20所示连接电路。其中 $D_7 \sim D_0$ 分别接8个发光二极管，CP接函数发生器，使其输出500kHz方波，地址码 $A_2 \sim A_0$ 接逻辑开关 $K_2 \sim K_0$，并将逻辑开关置成000。ALE、START接单次脉冲。U_I 接可调直流电压源，并按表10.3中的输入电压值调节，观察发光二极管 $VD_7 \sim VD_0$ 的状态（灯亮为1，灯灭为0），并记录数据。

实验现象

接通电源后，测试记录的结果如表10.3所示。

表10.3　　ADC0809数据记录

输入模拟量	输出数字量							
U_I/V	D_7	D_6	D_5	D_4	D_3	D_2	D_1	D_0
0	0	0	0	0	0	0	0	0
0.01	0	0	0	0	0	0	0	0
0.02	0	0	0	0	0	0	0	1
0.03	0	0	0	0	0	0	0	1
0.1	0	0	0	0	0	1	0	1
1.0	0	0	1	1	0	0	1	1
2.0	0	1	1	0	0	1	1	0
3.0	1	0	0	1	1	0	0	1
4.0	1	1	0	0	1	1	0	0
5.0	1	1	1	1	1	1	1	1

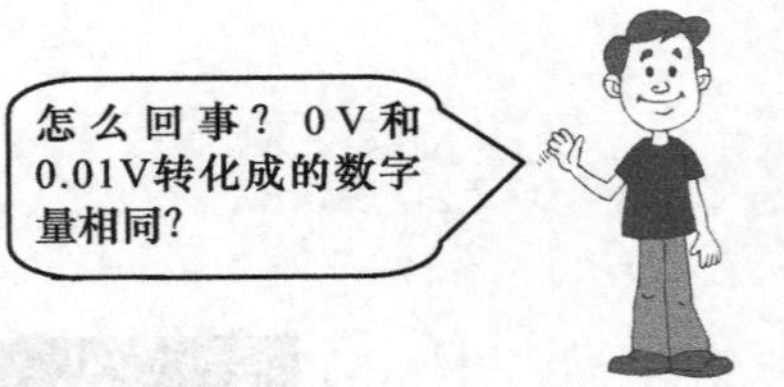

怎么回事？0V和0.01V转化成的数字量相同？

知识探究

从表10.3中可见，不同的模拟量转变成了与之对应的数字量。地址码 $A_2 \sim A_0$ 为000，选通了 IN_0 路输入模拟电压 U_I，其输入范围为0～5V。再有0V和0.01V，0.02V和0.03V转变成的数字量分别相同，说明当模拟量之间的差别太小时，数字量是分辨不出来的，这就是接下来要介绍的分辨率的问题。

3. 模数转换器的主要技术指标

（1）分辨率。

模数转换器的分辨率是指模数转换器对输入模拟信号的分辨能力，即模数转换器输出数字量的最低位变化一个数码时，对应输入模拟量的变化量。常以输出二进制数码的位数 n 来表示。位数越多，量化单位越小，分辨率越高。

$$\text{分辨率} = \frac{1}{2^n}\text{FSR} \tag{10-10}$$

式中，FSR 是输入的满量程模拟电压。

【例 10.6】 如输入模拟电压满量程为 5V，10 位模数转换器分辨率为多少？

解：由式（10-10）得

$$\text{分辨率} = \frac{1}{2^{10}} \times 5\text{V} = 4.88\text{mV}$$

转换误差的描述与数模转换器相同。

（2）转换速度。

转换速度是指模数转换器完成一次转换所需要的时间，即从接到模拟信号开始到输出端出现稳定的数字信号所需要的时间。转换时间越短，说明转换速度越高。并行模数转换器速度最快，约为数十纳秒；逐次逼近型模数转换器速度次之，约为数十微秒，最高可达 0.4μs；双积分型模数转换器速度最慢，约为数十毫秒。

三、模数和数模转换器综合应用

1. 应用领域

数字电子技术和计算机技术几乎渗透到了各个领域，例如通信、自动测试与测量设备、多媒体计算机系统、数字应用系统等。如图 10.21 所示就是数模和模数转换器用在数据传输系统的方框图。

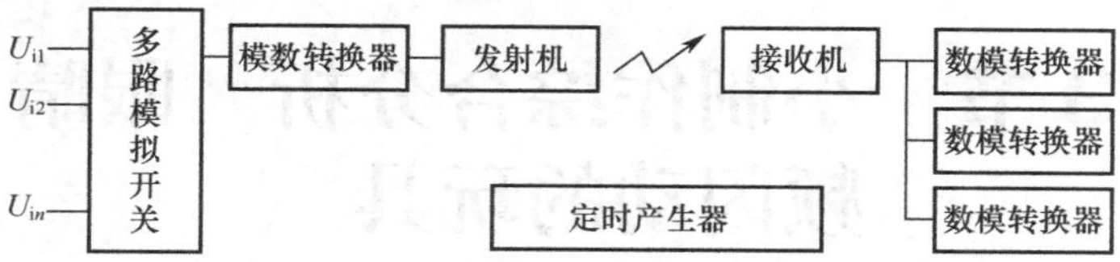

图 10.21 数据传输系统的方框图

从图 10.21 中可见，数据传输系统的构成特点就是共用模数转换器、信道和数模转换器，并采用多路模拟开关。

2. 模数转换器与数模转换器产品选用原则

（1）电路类型选择。根据模数转换器与数模转换器产品在系统中的作用以及与系统中其他电路的关系进行选择，不但可以减少电路的辅助环节，还可以避免出现一些不易发现的逻辑与时序错误。

（2）转换速率选择。每种类型的模数转换器与数模转换器产品的结构不同，决定其转换速度不同，要根据系统的要求选取。

（3）分辨率与精度选择。在精度要求不高的场合，选用8位模数转换器与数模转换器即可满足要求，而不必选用更高分辨率的产品。

（4）功能选择。尽量选用恰好符合要求的产品。多余的功能不但无用，还有可能造成意想不到的故障。

（5）性能价格比选择。

总之，要根据实际情况对上述几方面综合考虑，全面衡量。

3. 模数、数模转换器的发展方向

近年来，随着数模和模数转换技术迅速的发展，转换器主要制造商不断推出低成本、高性能的转换产品。数模和模数转换器趋势是朝着新结构、高分辨率、高精度、高速度、低电压、低能耗、小型化和单片系统化的方向发展。

小练习

1. 什么是模数转换、数模转换？
2. 常见的数模转换器有哪几种？
3. 影响数模转换器精度的主要因素有哪些？
4. 模数转换包括几个过程？
5. 如输入模拟电压满量程为10V，8位模数转换器分辨率为多少？
6. 直接模数转换器和间接模数转换器各有什么特点？
7. 如图10.15所示电路中，若V_{REF}=8V，求对应数字输入为11000011时的输出电压值。
8. 试说出几种模数转换器、数模转换器的应用领域。
9. 模数转换器与数模转换器产品选用应从几方面考虑？

第3节 小制作综合分析 眼睛会循环变频闪动的玩具

循环变频振荡器的原理框图见小制作4实例图4.2。需要先单独研究555定时器作压控振荡器、数模转换器作数控电压源，然后再整合出一个完整的设计，最后再尽可能的进行简化，一个新产品才算研制完成。

一、555应用——压控振荡器

555定时器作多谐振荡器的基本电路如图10.7所示，改成压控振荡器的常用方法是用压控电流源为电容C提供充、放电的电流。另外，直接控制5脚电压也可以简单的控制555定时器的振

荡频率。实验电路如图 10.22（a）所示，（b）是其波形图。（a）图是 555 作多谐振荡器的基本电路，只是 5 脚接控制电压 V_C。

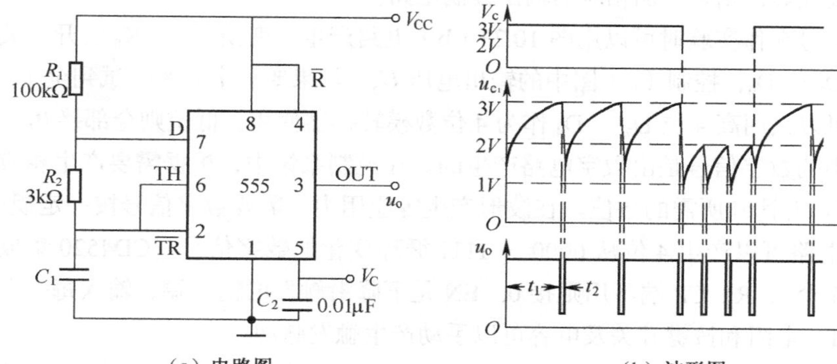

（a）电路图　　（b）波形图

图 10. 22　555 定时器实验

（b）波形图中，当控制电压 V_C 为 3V 时，C_1 电压 u_{C1} 在 1.5 ～ 3V 之间，充电时间相对较长；当 V_C 为 2V 时，u_{C1} 在 1 ～ 2V 之间，充电时间相对较短。至于放电时间，从 3 ～ 1.5V 和从 2 ～ 1V 的 RC 放电时间是一样的（都是 $0.7R_2C_1$），因此电路中 R_2 取值较小，放电时间相对很短，频率主要由充电时间决定。输出 u_o 的频率随充电时间的变化而变，即随控制电压 V_C 的变化而变，V_C 减小则 u_o 的频率增大。

输出 u_o 的波形是宽脉冲，如需方波，可接 2 分频器再输出。

二、数模转换器应用——数控电压源

图 10.23（a）是在前文图 10.15 基础上增加了由基准电压源 TL431 提供参考源 V_{REF} 的具体电路。TL431 是高精度的稳压器件，可通过分压电阻调节 3、2 脚的稳压值，本图 V_{REF} 为 10V。采用 TO-92 封装的 TL431 的外形与管脚序号与一般塑封小功率晶体管相似。

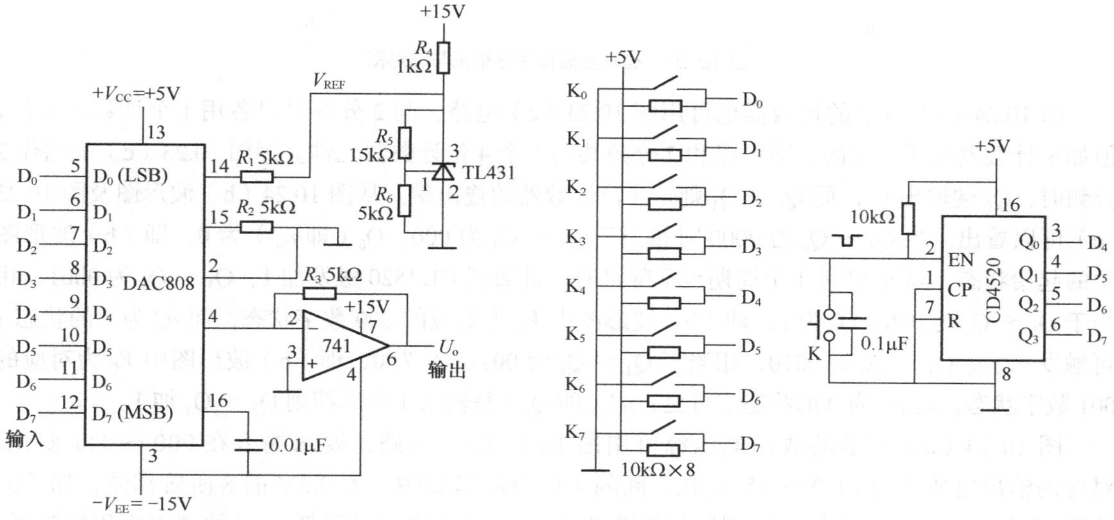

（a）　　（b）　　（c）

图 10. 23　数模转换器实验

图 10.23（a）中，输入数字信号 D7 ～ D0 在 00000000~11111111 范围变化，控制输出电压 U_o 在 0 ～ 10V 范围变化，这实际上就是一个数控电压源。如果需要较大的输出电流、较高的输出电压以及双极性等，则要增加相应的输出控制电路。

输入数字信号在作实验时可以用图 10.23（b）电路产生。变换 K_7 ～ K_0 的开、关组合就可以变换数字信号 D_7 ～ D_0，控制（a）图中的输出电压 U_o。如果要从全 0 逐一试到全 1，则 8 位的测试次数太多，可以只用高 4 位 D_7 ～ D_4 作为 4 位数模转换器使用，低位则全部接 0。

实际应用中的数字信号是由数字电路产生的。在控制系统中，根据需要产生相应的数字信号去控制输出电压 U_o 达到所需的数值。在波形产生等应用中，需要数字信号按一定规律循环变化。图 10.23（C）电路可以产生 4 位从 0000 ～ 1111 循环变化的数字信号。CD4520 集成了 2 个 4 位计数器（只用 1 个），R、CP 端不用则接 0。EN 是下降沿触发的输入端，输入每一个下降沿时输出 Q_3 ～ Q_0 加 1。电阻和按键开关及电容可以手动产生触发脉冲。

Q_3 ～ Q_0 接（a）图的高 4 位输入 D_7 ～ D_4（D_3 ～ D_0 接 0），就可以在输出 U_o 端得到 16 阶的阶梯波，如果只用 Q_3 ～ Q_1 接高 3 位输入 D_7 ～ D_5（D_4 ～ D_0 接 0），则可以得到 8 阶的阶梯波。

三、555 定时器与数模转换器组合应用——循环变频振荡器

图 10.24（a）所示是循环变频振荡器的框图，（b）是波形图。其中压控振荡器可用图 10.22（a）电路，其输出电压 u_o 的波形如（b）图所示，经 2 分频后输出 u_o' 的波形也如（b）图所示。u_o 的每个下降沿 u_o' 均翻转 1 次，因此 u_o' 的频率是 u_o 的 1/2，而波形则是方波。2 分频可用 1 位二进制计数器，如图 10.23（c）电路（去掉手动触发部分），EN 端接 u_o 则 Q_0 端输出即 u_o'。

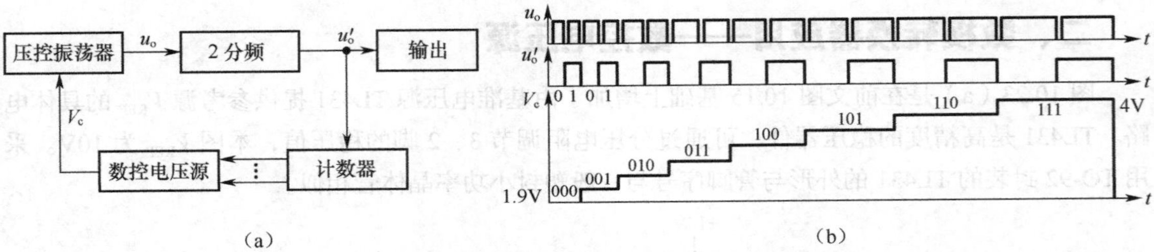

图 10.24　循环变频振荡器框图与波形图

图 10.24（a）所示的计数器也可用图 10.23（c）电路，与 2 分频可以各用 1 个计数器元件，但如果计数器只要 3 位的，则可以和 2 分频共用 1 个 4 位计数器元件。用图 10.23（c）电路作 2 分频时，Q_0 端输出 u_o'，而 Q_3 ～ Q_1 则是 3 位计数器的输出端。从图 10.24（b）波形图及图 10.23（c）可以看出：当 Q_3 ～ Q_0 为 0000 时相当于 Q_3 ～ Q_1 为 000、Q_0（即 u_o'）为 0，即（b）波形图中的起始状态；当 u_o 经过 1 个周期至下降沿时，计数器 CD4520 触发加 1，Q_3 ～ Q_0 为 0001，相当于 Q_3 ～ Q_1 为 000、Q_0 为 1，即（b）波形图中 V_C 为对应的 000 数字状态，而 u_o' 为 1 的状态；再触发一次，Q_3 ～ Q_0 为 0010，相当于 Q_3 ～ Q_1 为 001、Q_0 为 0，即（b）波形图中 V_C 为对应的 001 数字状态，而 u_o' 为 0 的状态；可见，u_o'（即 Q_0）每输出 1 个周期则 Q_3 ～ Q_1 加 1。

图 10.24（a）所示的数控电压源可用图 10.23（a）电路，要求输入在 000 ～ 111 变化，对应的输出电压 V_C 在 1.9 ～ 4V 变化，间隔（即分辨率 LSB）为 0.3V 的 8 阶阶梯波，如（b）波形图所示。V_C 逐级增加，控制压控振荡器输出 u_o 的频率逐级降低，u_o' 的频率也逐级降低，计数器的 8 个数字状态和 V_C 的 8 级电压的持续时间则逐级增加，如（b）波形图所示。u_o、

u_o' 连续输出，计数器的输出和 V_C 的阶梯电压则循环变化。因此，u_o' 即可输出循环变频的方波。

图 10.25 所示是用 555 和 DAC0808 实现循环变频振荡器的电路图。555 定时器构成压控振荡器，其输出作为 CD4520EN 端的触发信号，Q_0 端为 2 分频输出，即循环变频振荡器的输出，Q_3 ～ Q_1 为 3 位计数器输出。DAC0808 部分与图 10.23（a）基本相同，用高 3 位输入 D_7 ～ D_5 作输入端构成 3 位数模转换器，D_4 ～ D_0 则接 0，由于输出电压 U_o 范围较小，所以电源只用 +5V、−5V 即可。741 的同相输入端经 R_9、R_8 分压约为 1.9V 的偏置（有的型号 DAC 集成电路不能这样接），当 D_7 ～ D_5 输入 000 时，DAC0808 的 4 脚输出电流为 0，741 的输出端 U_o 即等于 1.9V。当 D_7 ～ D_5 输入 111 时，DAC0808 的 4 脚输出电流在 R_7 上转换成的电压按图中数据约为 2.1V，再叠加同相端 1.9V 的偏置电压，741 输出端的实际电压约为 4V。

图 10.25 是用发光二极管 D_1 ～ D_4 作为循环变频振荡器的输出负载，R_3、R_4 是限流电阻。当输出（CD4520 的 Q_0 端）为 0 时，D_3、D_4 发光，当输出为 1 时，D_1、D_2 发光，从交替闪光的频率变化情况可以看出循环变频振荡器的频率循环变化的效果。

CD4520 的 Q_0 端输出电流较小，需要时可另接放大电路。

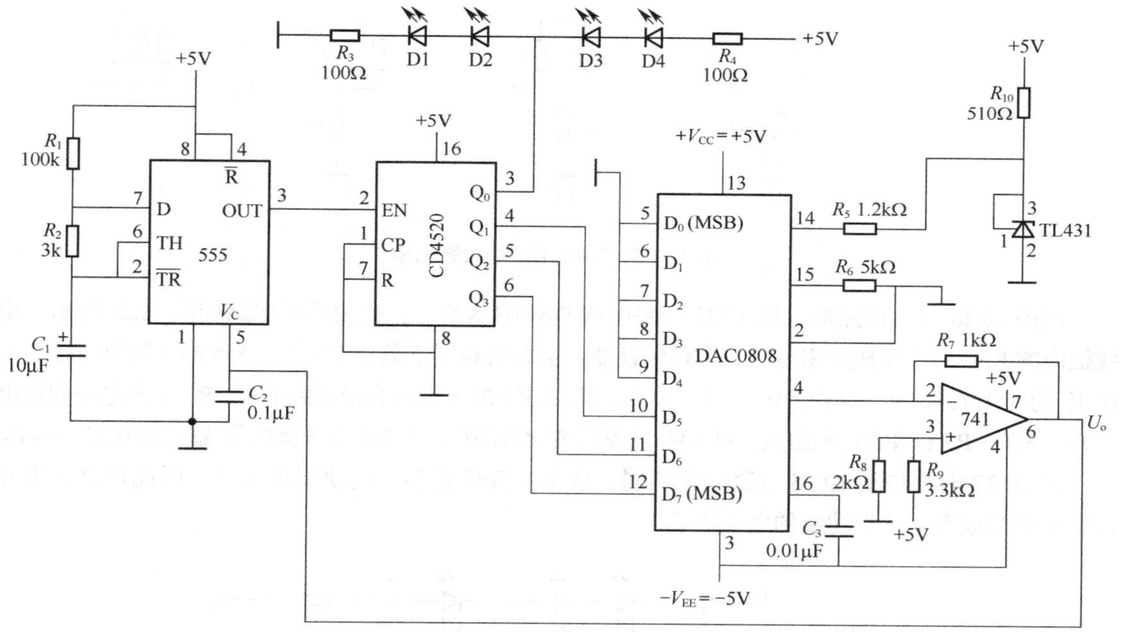

图 10. 25　555 定时器与 DAC0808 组合应用电路图

四、化简

化简的思路是用较简单的数模转换电路取代图 10.25 中 DAC0808 部分。

图 10.26（a）所示的一组电阻就构成一种简单的数模转换电路，可以称为电阻分压式数模转换器，其各阻值之间的关系与权电阻相同但用法不同。（a）图是 3 位数模转换器，D_2 ～ D_0 输入数字信号，输入 $+V_{CC}$ 则为 1，输入 0V 则为 0。模拟电压输出端 U_o 则是所有电阻的连接点，U_o 通过所有输入为 1 的一组电阻并联接到 $+V_{CC}$，而通过所有输入为 0 的一组电阻并联接到 0V，输出电压 U_o 则是这两组电阻分压的结果。

图 10.26（b）是输入 000 ～ 111 所对应的电阻分压情况。输入 000 时，U_o 通过 3 个电阻均接 0V，

所以 $U_o = 0\text{V}$；输入 001 时，U_o 通过 4R 的电阻接 $+V_{CC}$，而通过 R 和 $2R$ 电阻并联接到 0V，所以 $U_o = (1/7)\,V_{CC}$；其他情况均画在（b）图中。输入数字信号从 000 ～ 11，输出电压 U_o 则从 0V ～ $+V_{CC}$。可以证明，对于由 n 个权电阻组成的 n 位电阻分压式数模转换器，其分辨率 LSB $= V_{CC}/(2^n-1)$。

图 10.26（a）所示电路一般使用时应该接高阻负载，如跟随器。若负载电阻不大，则相当于并联在分压电阻上，将缩小输出电压 U_o 的变化范围。

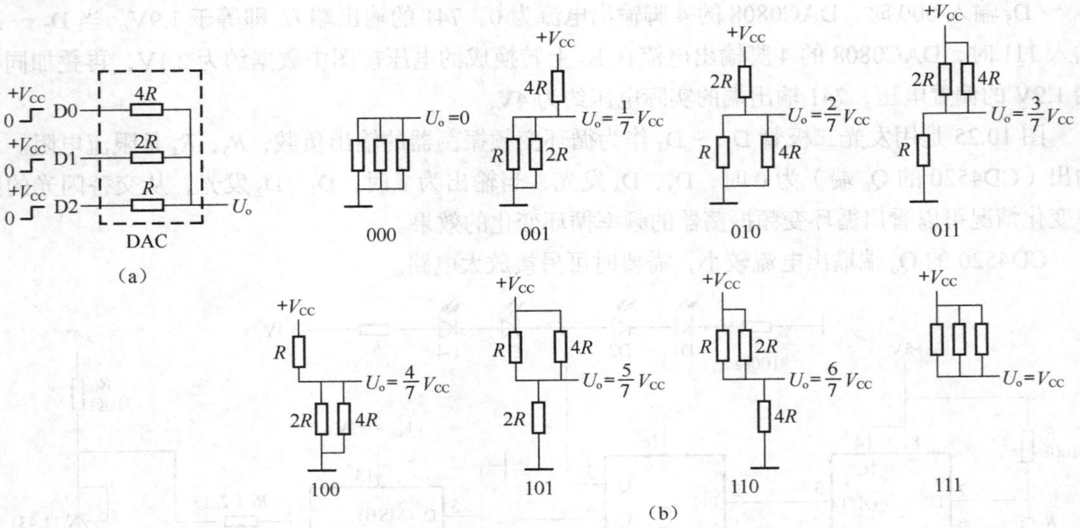

图 10.26　简单数模转换器原理图

用图 10.26（a）电路取代图 10.25 电路中的 DAC0808 部分，化简后的电路如图 10.27 所示。虚线框内的 R5 ～ R7 组成电阻分压式数模转换器，空载时相当于数控电压源。555 的 5 脚所需控制电压 V_C 的变化范围 1.9 ～ 4V 比 0 ～ $+V_{CC}$ 要小，所以 555 的 5 脚可直接接到 R5 ～ R7 组合电路的输出 U_o 端，R5 ～ R7 选择合适的阻值，可以使 U_o 端的变化范围在接上 555 的 5 脚作负载后变为约 2 ～ 4V。

图 10.27 电路与图 10.25 电路功能相同，成本却降低很多，还使用单电源，因此适合用来开发电子玩具或需要此类功能的电子产品。

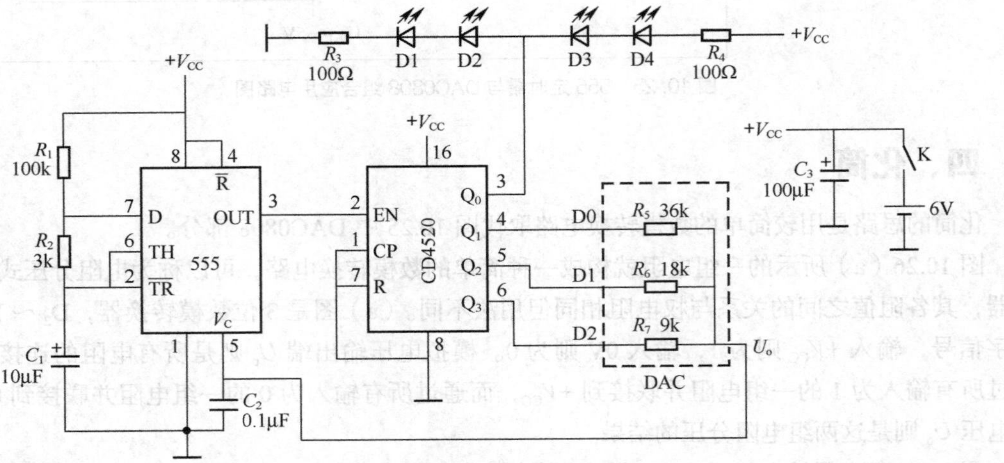

图 10.27　化简后的产品电路图

五、技能实训　制作眼睛会循环变频闪动的玩具

可以找一个自己喜欢的大眼睛玩具作为外壳，如图 10.28 所示。发光二极管安装如图 10.29 所示。

图 10.28　眼睛会闪动的玩具

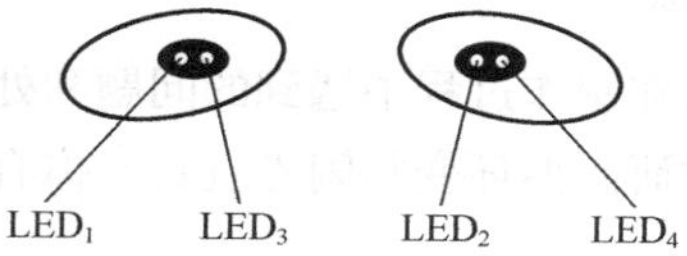

图 10.29　发光二极管安装图

1. 实训目标

（1）进一步熟悉 555 定时器的功能。

（2）了解数模转换器的基本功能。

2. 实训解析

电路图如图 10.27 所示，555 定时器的引脚排列如图 10.2（b）所示。本电路只要接线无误，通电后发光二极管 LED_1、LED_2 和 LED_3、LED_4 就会不停地轮流交替循环变频发光。

CD4520 是双 4 位二进制同步加法计数器，它的引脚排列如图 10.30 所示，引脚图中的 $Q_4 \sim Q_1$ 相当于电路图 10.27 中的 $Q_3 \sim Q_0$。功能如表 10.4 所示。

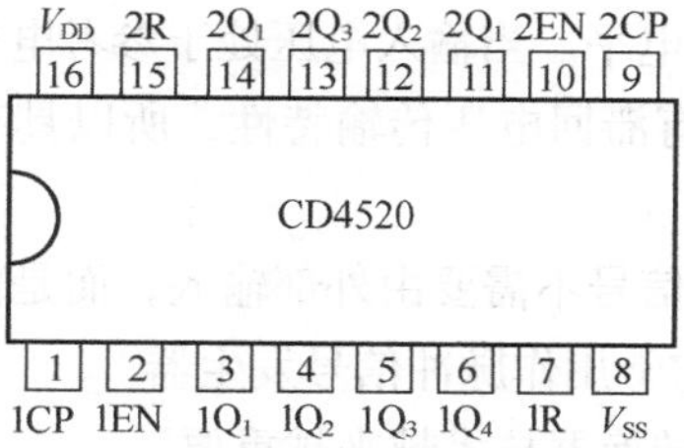

图 10.30　CD4520 引脚排列

表 10.4　　CD4520 功能表

CP　EN　R	工作方式
↑　1　0	加计数
0　↓　0	加计数
↓　×　0	不变
×　↑　0	不变
↑　0　0	不变
1　↓　0	不变
×　×　1	$Q_1 \sim Q_4$=0

3. 实训操作

实训器材如表 10.5 所示。

表 10.5　　实训器材

序　　号	名　　称	规　　格	数　　量
1	555 定时器	XX555	1
2	计数器	CD4520	1
3	发光二极管	Φ3mm	4
4	电阻	见图	7
5	电容 1	10 μF	1
6	电容 2	0.1 μF	1
7	电容 3	100 μF	1
8	拨动开关	1×1 拨动开关	1
9	电池	1.5V	4

发光二极管 LED_1、LED_2、LED_3 和 LED_4 分别嵌放在左右两眼中，如图 10.29 所示。

（1）按照电路图连接电路。

（2）检查无误后，合上开关。

（3）观察现象——LED_1、LED_2 和 LED_3、LED_4 就会不停地轮流交替循环变频发光。

4. 实训总结

（1）总结在制作过程中遇到的问题和处理方法。

（2）通过研制循环变频闪光玩具，你有什么收获？

实训拓展

增大或减小 C_1 数值，观察 LED_1、LED_2 和 LED_3、LED_4 交替发光的频率节奏变化。

（1）555 定时器是一种用途广泛的集成电路，可构成施密特触发器、单稳态触发器和多谐振荡器。

① 在单稳态触发器中，触发脉冲使电路由稳态进入暂态，而从暂稳态返回到稳态时不需要输入触发脉冲。因此，它被广泛应用于整形、延时及定时等电路。

② 施密特触发器有两个稳态，其状态取决于输入信号电平。当输入电压处于参考电压 U_{T+} 和 U_{T-} 之间时，施密特触发器保持原来的输出状态不变，具有滞回电压传输特性，所以具有较强的抗干扰能力。它被广泛应用于波形变换及整形电路等。

③ 多谐振荡器又称无稳态电路。在状态变换时，触发信号不需要由外部输入，而是由其电路中的 RC 电路提供，状态的持续时间也由 RC 电路决定。它常用作脉冲信号发生器。

（2）随着计算机在各个领域的广泛应用，模数和数模转换器技术越来越重要。

① 数模转换是将数字量转换成与之对应的模拟量。

② 模数转换是将模拟量转换成与之成正比的数字量。其转换过程包括取样、保持、量化和编码 4 个过程。

③ 模数转换器和数模转换器的主要技术参数是转换精度和转换速度，在与系统连接后，转换器的这两项指标决定了系统的精度与速度。

思考与练习

一、填空题

1. 单稳态触发电路有________和________两种工作状态，而且只有在________作用下，才能从稳态翻转到暂态，在暂态维持一段时间以后，自动回到稳态。暂态维持时间的长短取决于________参数，与________无关。它被广泛应用于________、________及________等电路。

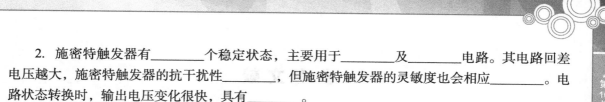

2. 施密特触发器有________个稳定状态，主要用于________及________电路。其电路回差电压越大，施密特触发器的抗干扰性________，但施密特触发器的灵敏度也会相应________。电路状态转换时，输出电压变化很快，具有________。

3. 模数转换器通常分为________和________转换两大类。________型属于前一类；________型属于后一类。

4. 模数转换通常经过________、________、________、________4 个步骤。采样信号频率至少是模拟信号最高频率的________倍。

5. 设模数转换器输入模拟电压的幅度为 U_m，把它转换成 n 位数字信号，那么模数转换器的分辨率是________。

6. 模数转换器的最大输入模拟电压为 12V，当转换成 10 位二进制数时，模数转换器可以分辨的最小模拟电压是________mV；若转换成 16 位二进制数，则模数转换器可以分辨的最小模拟电压是________mV。

二、判断题

1. 就模拟与数字信号形式互相转换来看，模数转换器相当于编码器，数模转换器则相当于译码器。 (   )

2. 8 位数模转换器比 10 位数模转换器的转换精度要高，即数字信号的位数越多，转换精度越低。 (   )

3. 将数字量转换成与之成比例模拟量的过程称模数转换。 (   )

4. 在数模转换器中，转换时间越大，工作速度越高。 (   )

5. 在模数转换器中，若输入模拟信号的最高频率为 200Hz，则取样信号的频率至少应大于 200Hz。 (   )

三、计算题

1. 如图 10.31 所示为由 555 定时器构成的施密特触发器，输入 u_i 为 8V 的正弦波。

（1）如引脚 5 未接 U_S 时，电路的 U_{T+}、U_{T-} 各为多少？

（2）根据输入 u_i，画出由引出端 3 输出的 u_{o1}、u_{o2} 波形。

（3）在引脚 5 加上 U_S，它起什么作用？如 U_S=10V，试计算此时的回差电压 ΔU_T。

2. 如图 10.32 所示为 555 定时器组成的多谐振荡器。求振荡周期 T 及频率 f，并画出 u_c 和 u_o 的波形。

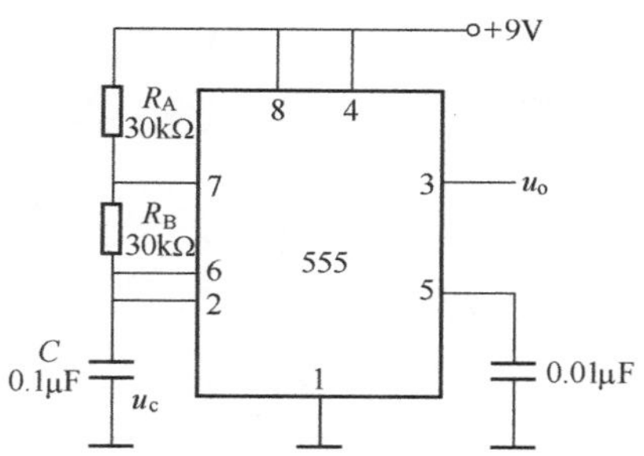

图 10.31　计算题 1 的用图

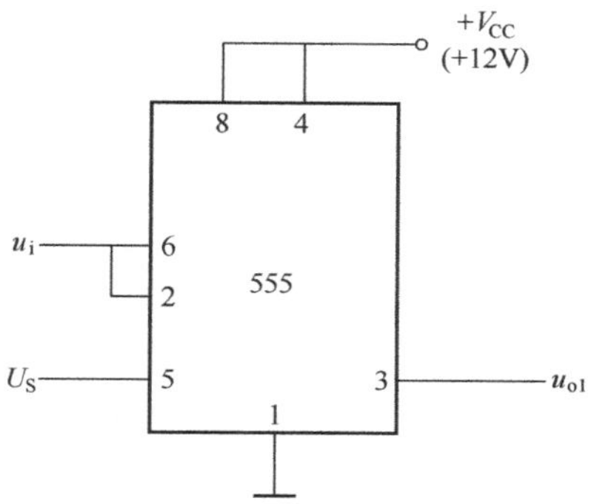

图 10.32　计算题 2 的用图

3. 如图 10.15 所示电路，若 V_{REF}=5V，求对应数字输入为 11100001 时输出电压值。

参考文献

[1] 陈振源．电子技术基础．北京：高等教育出版社，2001.

[2] 阎石．数字电路．北京：高等教育出版社，2005.

[3] 徐海军，胡越山．电子技术基础同步辅导．北京：航空工业出版社，2004.

[4] 陈传虞．脉冲与数字电路．北京：高等教育出版社，2002.

[5] 周谟彦．电子技术及应用．南京：东南大学出版社，2003.

[6] 郁汉琪．数字电子技术实验及课题设计．北京：高等教育出版社，1995.

[7] 陈永甫．新编 555 集成电路应用 800 例．北京：电子工业出版社，2001.

[8] 梁得厚．数字电子技术及应用．北京：机械工业出版社，2004.

[9] 肖耀华．电子技术．北京：高等教育出版社，2001.

[10] 刘连青，丁景红．数字电路试题解答．北京：机械工业出版社，2000.

[11] 陈传虞．脉冲与数字电路习题集．北京：高等教育出版社，1997.

[12] 童诗白．模拟电子技术基础．北京：高等教育出版社，1988.

[13] 李小军，刘志平，王军伟．模拟电路．北京：电子工业出版社，1991.

[14] 薛文，柯成节．模拟电子技术基础．北京：电子工业出版社，1983.

[15] 陈大钦，彭容修．模拟电子技术基础学习与解题指南（修订版）．武汉：华中科技大学出版社，2003.

[16] 尹宏业．模拟电路基础．北京：机械工业出版社，2000.

[17] 陈继生．电子线路．北京：高等教育出版社，1985.

[18] 陈有卿．555 时基电路趣味制作．北京：人民邮电出版社，1996.

[19] 毕满清．电子技术实验与课程设计．北京：机械工业出版社，2005.

[20] 郝云芳等．数字电子技术．北京：人民邮电出版社，2005.